중등과학 1·1

이투스북 과학 연간 검토단

물리학 파트

고민규	미래탐구학원	송태영	뿌리와샘학원
김경남	서울보성고등학교	심윤보	강남한국학원
김남용	싸이코과학학원	심창용	파란나무학원
김도곤	더오름수학과학학원	오경진	네오과학학원
김민경	판다교육학원	이다솔	인하대학교사범대학부속고등학교
김세원	에듀EMS학원	이민주	이지수학과학전문학원
김재길	과수원학원	이석민	동탄신수연수학과학
김재동	계성고등학교	이승태	목동탐탐과학교습소
김종필	올에이과학학원	임효섭	메타과학교습소
민관식	예산고등학교	전 훈	청명대입학원
민지홍	본과학전문학원	정소은	남천올타과학
박상준	마산용마고등학교	정영숙	김은미단과학원
박영지	한양대학교사범대학부속고등학교	정 욱	조인식수학과학전문학원
박우진	박우진과학김민재수학학원	조준현	심슨대폭발과학사회전문학원
방재식	목동강수학과학학원	천경목	슈퍼하이&MK학원/달서고방과후강사
방철환	엠에스스퀘어학원	최기원	필아카데미학원
백대성	하이탑수학과학 전문학원	황정원	황샘과학
송승헌	부산대성학원	황제선	콴다과외

화학 파트

강태훈	강태훈과학학원	오유승	박승준과학학원
곽일룡	해원과학수학학원	오일선	빅뱅과학학원
구민수	단국대학교사범대학교부속고등학교	오준석	서울깡수학과학학원
권일준	HM학원	윤소영	평내호평유투엠
김남형	해찬과학교습소	이민숙	상문고등학교
김병조	유베스트학원	이선학	why+수학-과학교습소
김승경	하이필학원	이진봉	부산대저고등학교
김은석	대치플라즈마학원	이효숙	세교동하연영재과학교습소
김종인	서초메가스터디기숙학원	임도영	준과학전문학원
김지연	델타사이언스	임성환	송양고등학교
김진효	전문과외	정희진	은평해법수학
김학재	중계토피아고등부	조경아	전문과외
김한나	케이비즈학원	최예슬	미래탐구미래영재센터
박선혜	썬즈과학학원	최유영	본수학과학전문학원
신승태	연세과학전문학원	최필녀	필쌤융합교실_공부방
안종수	서산미래학원	황기찬	루트스카이학원
엄순근	이에스케이엄순근과학전문학원		

구성과 특징 Structure

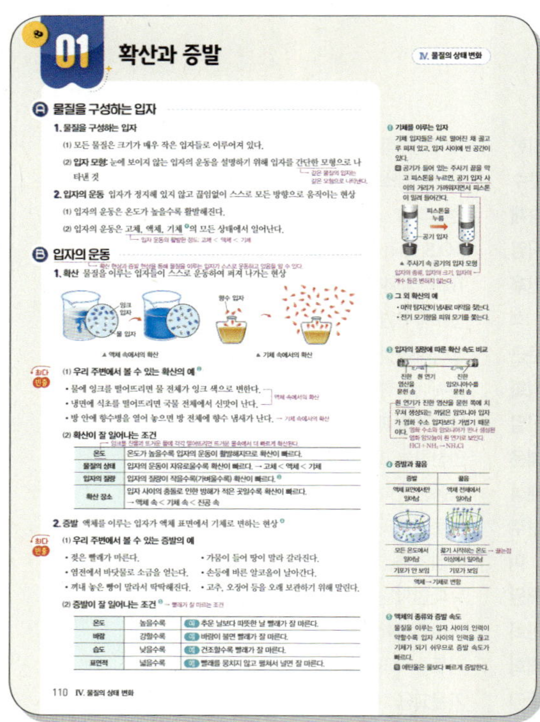

개념 정리

교과서의 주요 개념과 시험에 자주 나오는 내용을 다양한 시각 자료와 함께 정리하였습니다.

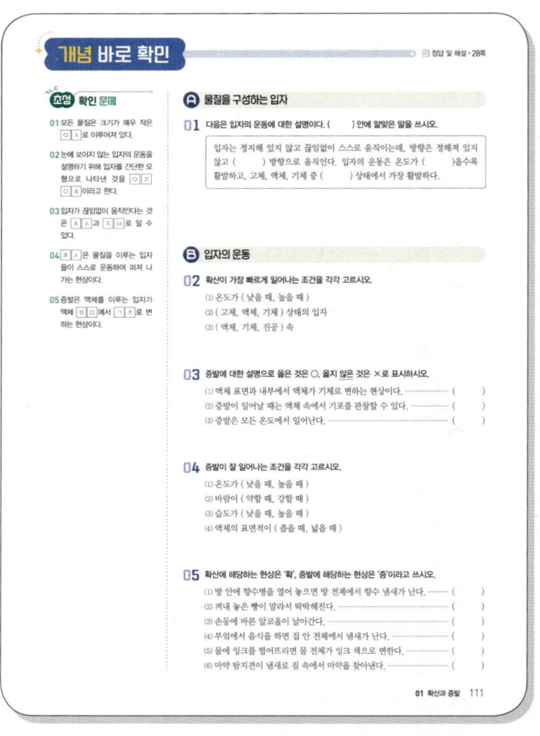

개념 바로 확인

학습한 개념을 바로 확인할 수 있는 문제로 구성하였습니다.

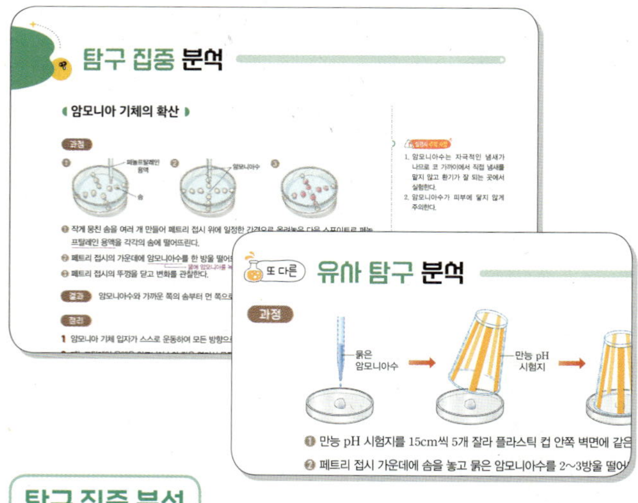

탐구 집중 분석

• 시험에 자주 출제되는 주요 탐구를 과정부터 결과까지 집중적으로 분석하였습니다.

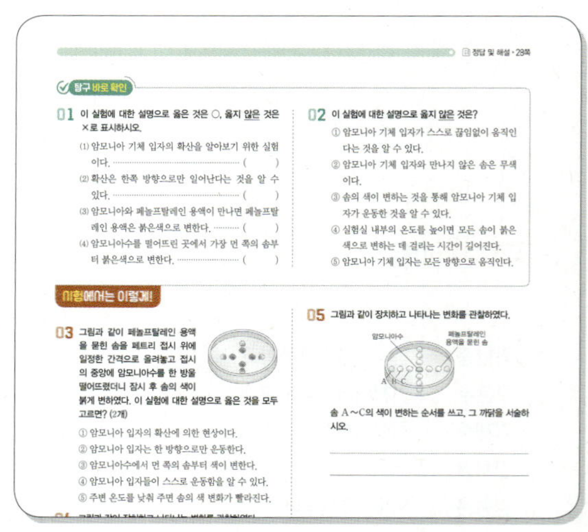

• 학교 시험에서 탐구와 관련된 문제가 어떻게 출제되는지 제시하였습니다.

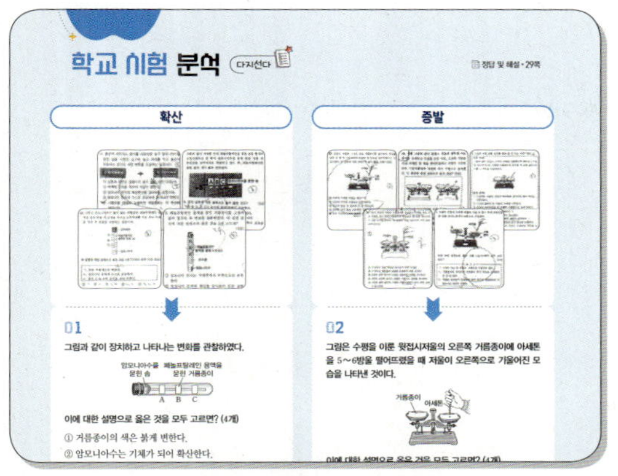

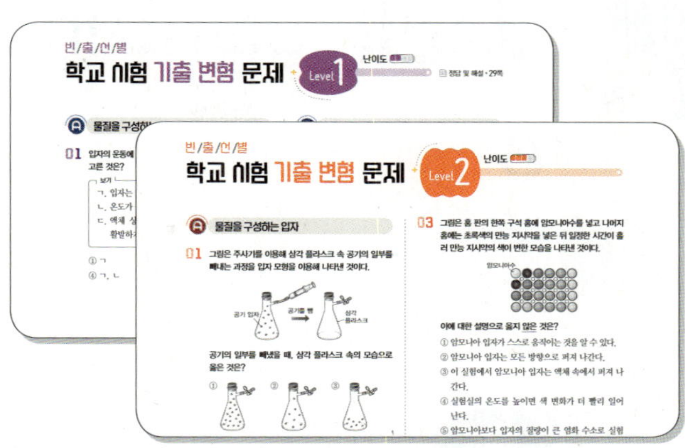

학교 시험 분석_다지선다

실제로 출제된 학교시험지를 분석하여 시험에 출제될 수 있는 다양한 선택지를 제시하였습니다.

학교 시험 기출 변형 문제 Level 1, 2

학교시험지를 빈도별, 유형별로 분석하여 시험에 출제될 가능성이 높은 문제를 난이도별로 구분하여 구성하였습니다.

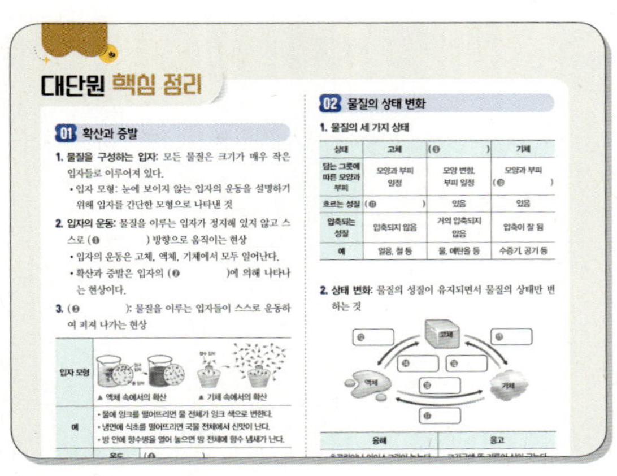

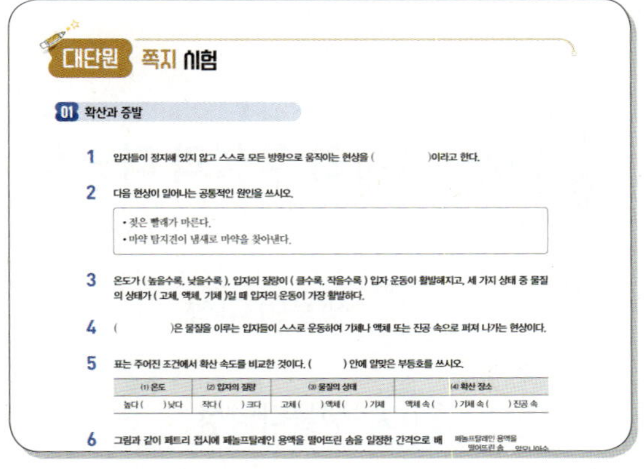

대단원 핵심 정리

시험 직전 단원별 핵심 개념을 다시 한 번 확인합니다.

대단원 쪽지 시험

배운 내용을 확실히 알고 있는지 점검해 봅니다.

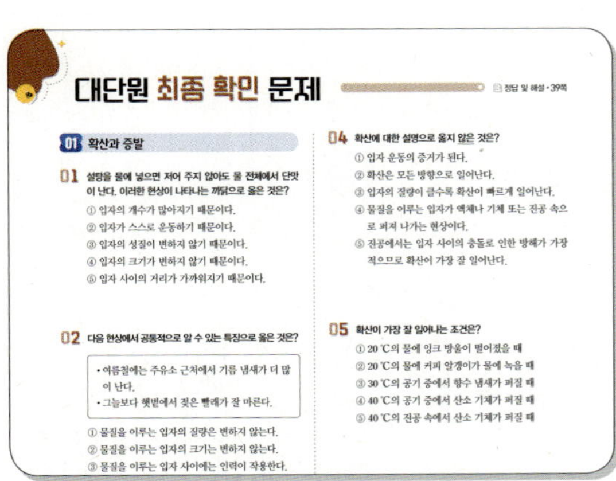

대단원 최종 확인 문제

대단원을 마무리하는 실전 문제로 최종 점검해 봅니다.

차례 Contents

Ⅰ 과학과 인류의 지속가능한 삶

Ⅱ 생물의 구성과 다양성

I

과학과 인류의 지속가능한 삶

01 과학과 인류의 지속가능한 삶

Ⓐ 과학적 탐구 방법

1. 문제 해결을 위한 과학적 탐구 방법

문제 인식	발견한 문제에 관한 질문을 분명히 나타내는 과정
가설 설정	발견한 문제를 해결하기 위한 잠정적인 결론인 가설을 세우는 과정
탐구 설계 및 수행	설정한 가설을 확인하기 위한 탐구 과정을 설계하고, 탐구를 수행하는 과정❶
자료 해석	탐구 수행 과정을 통해 알게 된 결과를 표나 그래프로 정리하여 해석하는 과정
결론 도출	탐구 결과로부터 가설이 맞는지 판단하고, 탐구의 결론을 내리는 과정 ➜ 만약 결론이 가설과 맞지 않다면, 가설을 수정하여 탐구를 다시 설계

Ⓑ 과학의 발전과 인류 문명

1. 과학의 발전이 인류 문명에 미친 영향

교통	증기 기관차의 등장으로 먼 곳까지 빠르게 많은 물건을 옮길 수 있게 되었고, 항공 기술의 발전으로 군사, 운송, 우주 개발 등의 분야가 급속도로 발전되었다.
인쇄·출판	금속 활자의 발명으로 대량 인쇄가 가능해져 책을 통한 지식과 정보의 전달이 가능해졌고, 스마트 기기를 활용한 전자 출판이 발달하여 수많은 책을 간편하게 휴대할 수 있게 되었다.
의학	백신의 개발로 전염병을 예방할 수 있게 되어 인류의 수명이 늘어났고, 유전자 지도❷ 완성, 나노 의학 기술❸의 개발 등으로 다양한 질병을 정확하게 진단하여 치료할 수 있게 되었다.
농업	스마트팜이나 농업용 로봇, 드론 등을 활용하여 더욱 편리하게 작물을 재배할 수 있게 되었고, 유전자 조작 기술로 해충에 강한 농산물을 생산할 수 있게 되었다.
정보 통신	인터넷을 통해 다양한 정보를 공유할 수 있게 되었고, 인공위성의 개발로 전 세계와 통신하며 다양한 통신 서비스 및 자세한 기상 예보 등이 가능해졌다.

2. 첨단 과학기술의 활용과 미래 생활

인공지능 (AI)	사람의 지능을 컴퓨터 시스템으로 구현한 기술로 자율주행 자동차, 의료 진단 및 치료, 언어 번역 등 다양한 분야에서 큰 변화를 불러올 수 있다.
3D 프린팅	입체 물체를 출력할 수 있는 기술로 인공 기관 등을 만들거나 우주 공간에서 기지를 건설하는 등 다양한 분야에서 활용할 수 있다.
사물 인터넷 (IoT)	우리 주변의 각종 사물을 인터넷에 연결하여 서로 연결하는 기술로 집 밖에서도 가전제품을 제어할 수 있고, 무인 상점에서의 자동 결제, 쓰레기 처리 등에 사용되고 있다.
혼합 현실	현실 세계에 가상 현실을 혼합한 기술로 현실 세계에서 가상의 물체를 볼 수 있어 교육, 의료, 건축, 게임 등 다양한 분야에서 적용되고 있다.

Ⓒ 인류의 지속가능한 삶을 위한 노력❹

┌─ 현재의 인류가 더 나은 환경을 유지하며, 다음 세대까지 지속될 수 있도록 고민하고 실천하는 삶

1. 지속가능한 삶을 위한 과학기술의 역할
화석 연료의 지나친 사용으로 나타난 환경 문제를 해결하는 데 과학기술을 활용하고 있다.❺

2. 지속가능한 삶을 위해 할 수 있는 활동

(1) **사회적 차원**: 녹지 및 생태 공원 조성, 친환경 제품 개발, 재생 가능한 에너지원 개발, 사회적 캠페인 활동 등

(2) **개인적 차원**: 대중 교통 및 자전거 이용, 일회용 비닐봉지 대신 장바구니 사용, 재활용품 분리배출 등

---

❶ **변인 통제**
탐구 결과에 영향을 줄 수 있는 조건을 확인하고 통제하는 과정
- **조작변인**: 가설 검증을 위한 실험에서 서로 다르게 해 주어야 할 조건
- **통제변인**: 실험에서 일정하게 유지시키는 조건
- **종속변인**: 실험의 결과
  예 음료수의 종류에 따라 얼음이 녹는 데 걸리는 시간이 다를 것이다.
- **조작변인**: 서로 다른 종류의 음료수
- **통제변인**: 음료수의 처음 온도, 음료수의 양, 얼음의 개수 등
- **종속변인**: 얼음이 녹을 때까지 걸린 시간

❷ **유전자 지도**
염색체상의 유전자의 순서 및 위치에 대한 공간 배열을 이해하기 위해 만든 지도

❸ **나노 의학 기술**
나노(nano)는 단위 앞에 붙는 10억분의 1을 나타내며, 1 nm(나노미터)는 10억분의 1 m의 길이에 해당한다. 나노미터 크기의 로봇인 나노봇이 환자의 혈류 속에서 움직이며 손상된 세포를 수리하고, 바이러스를 제거하는 등의 역할을 수행한다.

❹ **인류가 직면한 문제**
- 지나친 채취에 의한 화석 연료 고갈
- 폐기물 배출에 의한 수질 오염
- 기후 변화에 의한 사막화

❺ **지속가능한 삶을 위한 과학기술의 역할**
- 신재생 에너지 개발 예 태양광 발전, 풍력 발전, 수소 연료 전지
- 대기오염 물질의 발생량 감소 기술 개발 예 전기 자동차
- 방출된 오염 물질의 제거 기술 개발 예 대기 중의 이산화 탄소를 제거하는 탄소 포집 장치

효성 확인 문제

01 발견한 문제에 관한 질문을 분명히 나타내는 과정을 ⬚⬚ ⬚⬚이라고 한다.

02 발견한 문제를 해결하기 위해서 잠정적으로 내리는 결론을 ⬚⬚이라고 한다.

03 사람의 지능을 컴퓨터 시스템으로 구현한 기술을 ⬚⬚⬚⬚이라고 한다.

04 ⬚⬚⬚⬚의 발전으로 자세한 기상 예보가 가능해졌다.

05 현재의 인류가 더 나은 환경을 유지하며 풍요로운 사회를 이루고, 다음 세대까지 지속되도록 고민하고 실천하는 삶을 ⬚⬚ ⬚⬚한 삶이라고 한다.

A 과학적 탐구 방법

01 다음은 과학적 탐구 방법의 과정을 순서대로 나열한 것이다. 빈칸에 알맞은 말을 쓰시오.

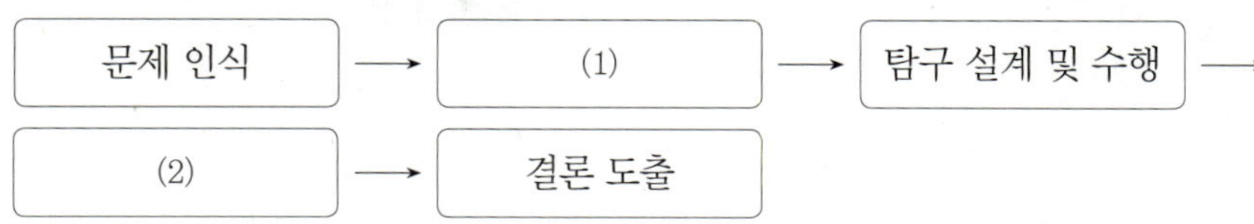

02 과학적 탐구의 단계별 과정을 서로 연결하시오.

(1) 문제 인식 •   • ㉠ 탐구 결과를 정리하여 자료를 해석한다.
(2) 가설 설정 •   • ㉡ 문제를 발견한다.
(3) 탐구 설계 및 수행 •   • ㉢ 탐구의 결론을 내린다.
(4) 자료 해석 •   • ㉣ 문제에 대한 잠정적인 결론인 가설을 세운다.
(5) 결론 도출 •   • ㉤ 탐구 과정을 설계하고, 수행한다.

03 다음은 에이크만이 각기병을 치료하는 물질을 찾아낸 과정의 일부이다.

> 에이크만은 건강한 닭을 두 무리로 나누어 한 무리는 백미만 먹이고, 다른 한 무리는 현미만 먹이며 각기병 증상이 나타나는지 관찰하였다.

이 과정의 탐구 단계를 쓰시오.

B 과학의 발전과 인류 문명

04 과학의 발전과 인류 문명에 미친 영향으로 가장 적절한 것을 서로 연결하시오.

(1) 유전자 지도 완성 •   • ㉠ 군사, 운송, 우주 개발 등의 분야 발전
(2) 항공 기술의 발전 •   • ㉡ 가상 환경에서의 교육 체험 및 의학 치료
(3) 혼합 현실 기술 활용 •   • ㉢ 개인의 특성에 맞춘 정확한 치료

C 인류의 지속가능한 삶을 위한 노력

05 지속가능한 삶을 위해 할 수 있는 활동 중 사회적 차원은 '사회', 개인적 차원은 '개인'이라고 쓰시오.

(1) 자전거 및 도보 이용 (   )   (2) 사회적 캠페인 활동 (   )
(3) 친환경 제품 생산 (   )   (4) 대중교통 이용 (   )
(5) 녹지 및 생태 공원 조성 (   )   (6) 재활용품 분리배출 (   )

학교 시험 기출 변형 문제

Level 1 난이도

정답 및 해설 • 2쪽

Ⓐ 과학적 탐구 방법

01 |보기|는 과학적 탐구 방법의 과정을 순서 없이 나열한 것이다.

> 보기
> ㄱ. 가설 설정　　　ㄴ. 결론 도출
> ㄷ. 문제 인식　　　ㄹ. 탐구 설계 및 수행
> ㅁ. 자료 해석

과학적 탐구 방법의 과정을 순서대로 옳게 나열한 것은?

① ㄱ → ㄴ → ㄷ → ㄹ → ㅁ
② ㄱ → ㄷ → ㄹ → ㅁ → ㄴ
③ ㄷ → ㄱ → ㄹ → ㄴ → ㅁ
④ ㄷ → ㄱ → ㄹ → ㅁ → ㄴ
⑤ ㄷ → ㄴ → ㄱ → ㄹ → ㅁ

02 과학적 탐구 방법의 각 과정에 대한 설명으로 옳은 것은?

① 문제 인식: 탐구 결과를 정리하는 과정
② 가설 설정: 탐구 결과로 결론을 내리는 과정
③ 자료 해석: 잠정적인 결론인 가설을 세우는 과정
④ 탐구 설계 및 수행: 탐구를 설계하고 수행하는 과정
⑤ 결론 도출: 문제에 관한 질문을 분명히 나타내는 과정

Ⓑ 과학의 발전과 인류 문명

03 과학기술의 발전이 인류 문명 발달에 미친 영향으로 옳지 않은 것은?

① 백신의 개발로 전염병을 예방할 수 있다.
② 스마트팜의 발달로 편리하게 작물을 재배할 수 있다.
③ 인터넷을 이용해 한정된 지역의 정보만을 공유할 수 있다.
④ 유전자 조작 기술로 해충에 강한 농산물을 생산할 수 있다.
⑤ 전자 출판이 발달하여 수많은 책을 간편하게 휴대할 수 있다.

04 미래 생활에 다음과 같은 영향을 주게 될 첨단 과학기술의 사례로 옳은 것은?

> • 집 밖에서도 가전제품을 제어할 수 있다.
> • 무인 상점 등에서 물건을 자동으로 결제를 할 수 있다.

① 인공지능　　　② 혼합 현실
③ 3D 프린팅　　　④ 사물 인터넷
⑤ 나노 의학 기술

Ⓒ 인류의 지속가능한 삶을 위한 노력

05 지속가능한 삶에 대한 설명으로 옳지 않은 것은?

① 지속가능한 삶을 위해서는 지구의 환경을 보전해야 한다.
② 과학기술은 지속가능한 삶에 부정적인 영향만을 미친다.
③ 지속가능한 삶을 위해서는 친환경 에너지를 사용해야 한다.
④ 지속가능한 삶을 위해서는 개인과 사회가 모두 노력해야 한다.
⑤ 다음 세대를 위해 현재의 인류가 더 나은 환경을 만드는 것이다.

서술형 문제

🔑 필수 키워드　필수 키워드를 포함하여 답안을 작성해 보세요.

06 탐구 결과를 바탕으로 가설이 맞는지 확인하고 결론을 내리는 과정에서 가설이 맞지 않다면 어떻게 해야 하는지 서술하시오.

🔑 필수 키워드　가설, 탐구

학교 시험 기출 변형 문제

📋 정답 및 해설 • 2쪽

A 과학적 탐구 방법

01 다음은 과학적 탐구 방법의 과정을 순서대로 나열한 것이다.

> 문제 인식 → 가설 설정 → ___(가)___ → 자료 해석 → 결론 도출

(가) 단계에서 해야 할 것으로 가장 적절한 것은?

① 조작변인과 통제변인을 설정한다.
② 가설을 수정하여 탐구를 다시 설계한다.
③ 탐구의 결과를 표나 그래프로 정리한다.
④ 탐구 결과로부터 가설이 맞는지 판단한다.
⑤ 발견한 문제에 관한 질문을 분명히 나타낸다.

02 다음은 과학적 탐구 활동의 한 사례이다.

> (가) 소금물은 물보다 낮은 온도에서 얼 것이라고 생각했다.
> (나) 같은 양의 물과 소금물을 냉각해 주며, 얼기 시작할 때의 온도를 측정하였다.
> (다) 소금물은 물보다 낮은 온도에서 언다는 결론을 내렸다.
> (라) 실험 결과 소금물은 물보다 낮은 온도에서 얼기 시작한다는 점을 확인할 수 있었다.
> (마) 겨울철에 물이 들어 있던 장독대는 깨지지만, 소금물이 들어 있던 장독대는 깨지지 않는다는 것을 발견하고, 그 까닭이 궁금해졌다.

탐구 활동의 사례와 과학적 탐구 과정의 단계를 옳게 연결한 것은?

① (가) − 문제 인식
② (나) − 가설 설정
③ (다) − 결론 도출
④ (라) − 탐구 설계 및 수행
⑤ (마) − 자료 해석

B 과학의 발전과 인류 문명

03 다음은 과학의 발전이 인류 문명에 미친 영향의 사례이다.

> (가) 고속 열차   (나) 금속 활자   (다) 3D 프린팅

이에 대한 설명으로 옳은 것을 |보기|에서 모두 고른 것은?

> **보기**
> ㄱ. (가)의 개발로 사람들은 먼 거리를 과거보다 빠르게 다닐 수 있게 되었다.
> ㄴ. (나)의 발명으로 대량 인쇄가 가능해져 책을 통한 지식과 정보 전달이 가능해졌다.
> ㄷ. (다)의 기술로 인공 기관 등을 만들 수 있게 되었다.

① ㄱ ② ㄴ ③ ㄱ, ㄷ ④ ㄴ, ㄷ ⑤ ㄱ, ㄴ, ㄷ

서술형 문제

04 다음은 플레밍이 페니실린을 발견한 과정의 일부이다.

> 플레밍은 푸른곰팡이에서 생성되는 물질을 알아보기 위해서 세균이 배양된 접시들을 두 집단으로 나누어 실험을 진행하였다. 일부 배양 접시에는 푸른곰팡이를 접종하여 세균을 배양하였고, 나머지 배양 접시에는 푸른곰팡이를 접종하지 않고 세균을 배양하였다. 실험 결과 푸른곰팡이를 접종한 배양 접시에서는 세균이 증식하지 않았다.

이 실험에서 플레밍이 설정한 가설로 적절한 것을 서술하시오.

____

05 얼음의 크기에 따라 물이 차가워지는 빠르기에 차이가 있는지를 알아보는 탐구를 설계하려고 한다. 다음 요인을 조작변인과 통제변인을 구분하여 서술하시오.

> 물의 양, 컵의 크기, 얼음의 크기, 물의 처음 온도

____

____

Ⅱ

생물의 구성과 다양성

01 생물의 구성

Ⓐ 세포

┌─ 모든 생물은 세포로 이루어져 있다.

1. 세포 생물을 이루는 <u>구조적 기본 단위</u>이자, 생명활동을 수행하는 기능적 기본 단위이다.

   (1) **단세포 생물**[1]: 몸이 하나의 세포로 이루어진 생물 【예】 세균, 짚신벌레

   (2) **다세포 생물**: 몸이 여러 개의 세포로 이루어진 생물 【예】 동물, 식물

2. 세포의 모양과 크기

   (1) 생물의 종류에 따라 세포의 모양과 크기가 다양하다.[2]

   (2) 한 생물에서도 부위와 기능에 따라 세포의 모양과 크기가 다양하다.

적혈구	신경세포	상피세포
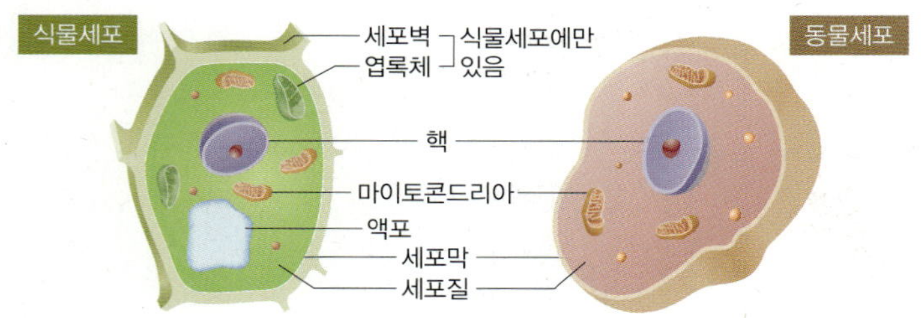		
가운데가 오목한 원반 모양으로, 혈관을 따라 몸속을 이동하여 온 몸으로 산소를 운반한다.	나뭇가지처럼 사방으로 길게 뻗은 모양으로, 신호를 받아들이고 전달한다.	주로 넓고 얇게 퍼진 모양으로, 몸 표면이나 몸속 기관의 안쪽 표면을 덮어 몸을 보호한다.

   (3) 세포는 일정 크기가 되면 더 이상 커지지 않으며, 생물의 크기는 세포의 수에 따라 결정된다.

Ⓑ 세포의 구조와 기능

┌─ 보통 하나의 세포는 1개의 핵을 가진다.

1. 세포의 구조 세포는 핵막으로 둘러싸인 <u>핵</u>과 핵의 바깥 부분부터 세포막까지에 해당하는 부분인 세포질[3]로 구성되며, 세포질에 여러 세포소기관[4]이 존재한다.

2. 세포소기관의 종류와 기능 〔최다빈출〕

구조	기능 및 특징
핵	유전물질이 들어 있어 세포의 생명활동을 조절하며, 핵막으로 싸여 있다.
세포막	세포를 둘러 싸고 있는 막으로, 세포의 내부를 보호하고 여러 물질이 드나드는 것을 조절한다.
액포[5]	물, 색소, 노폐물 등을 저장하는 역할을 하고, 주로 식물세포에서 발달한다.
세포벽	식물세포에서 막의 바깥쪽에 위치하고, 두껍고 단단하여 식물세포를 보호하며, 일정한 모양을 유지하는 역할을 한다.
엽록체	빛에너지를 흡수하여 양분을 만드는 광합성이 일어난다.
마이토콘드리아	산소를 이용하여 세포의 생명활동에 필요한 에너지를 생성하며, 세포호흡이 일어나는 장소이다.

(핵 행) → DNA

(엽록체 행) → 식물세포의 잎에서 이산화 탄소, 물, 햇빛을 이용해 영양분과 산소를 만드는 과정

(마이토콘드리아 행) ATP

곁주

❶ 단세포 생물의 세포분열

단세포 생물의 세포분열은 곧 자손을 번식시키는 생식을 의미한다. 유글레나, 아메바, 종벌레, 돌말 등과 같은 원생동물도 단세포 생물에 해당한다.

❷ 다양한 세포의 모양과 크기

신경세포 — 1 m

— 100 mm

달걀

— 10 mm

개구리의 알

— 1 mm

사람의 난자

동물세포 — 100 μm

식물세포 — $1\mu m = 10^{-6}$ m

적혈구 — 10 μm

❸ 세포질

세포소기관이 있는 곳으로, 다양한 생명활동이 일어난다.

❹ 식물세포와 동물세포의 세포소기관 비교

• 식물세포에만 있는 세포소기관: 세포벽, 엽록체
• 동물세포와 식물세포에 모두 있는 세포소기관: 핵, 세포막, 마이토콘드리아

❺ 동물세포의 액포

동물세포의 액포는 식물세포의 액포와 기능이 다르다. 예로, 일부 원생동물의 경우 세포내 소화를 위해 액포 형태를 띠는 식포가 존재하고, 짚신벌레의 경우 체내 삼투압을 조절하기 위한 수축포를 가지고 있다.

초성 확인 문제

01 ㅅㅍ는 생물을 구성하는 구조적 · 기능적 기본 단위이다.

02 세포의 모양과 크기는 생물의 종류에 따라 다양하며, 이는 세포의 ㄱㄴ과 관련이 있다.

03 ㅅㅍ세포는 주로 넓고 얇게 퍼진 모양으로, 표면을 덮어 몸을 보호한다.

04 세포는 일정 크기가 되면 더 이상 커지지 않으며, 생물의 크기는 세포의 ㅅ에 따라 결정된다.

05 ㅎ은 유전물질이 들어 있어 세포의 생명활동을 조절한다.

06 세포의 생명활동에 필요한 에너지를 생성하는 세포소기관은 ㅁㅇㅌㅋㄷㄹㅇ이다.

07 동물세포에는 없고 식물세포에만 있는 세포소기관은 ㅇㄹㅊ와 세포벽이다.

A 세포

01 세포에 대한 설명으로 옳은 것은 ○, 옳지 않은 것은 ×로 표시하시오.

(1) 세포는 생물을 이루는 구조적 · 기능적 기본 단위이다. .... (   )

(2) 모든 세포는 크기가 작아서 현미경으로만 볼 수 있다. .... (   )

(3) 신경세포는 가운데가 오목한 원반형 모형이며, 신호를 전달한다. ..... (   )

(4) 한 생물의 몸을 구성하는 세포는 부위에 관계없이 일정한 모양이다.
.... (   )

(5) 단세포 생물은 살아가는 데 필요한 생명활동이 하나의 세포에서 일어난다.
.... (   )

B 세포의 구조와 기능

02 그림 (가)와 (나)는 동물세포와 식물세포의 구조를 순서 없이 나타낸 것이다.

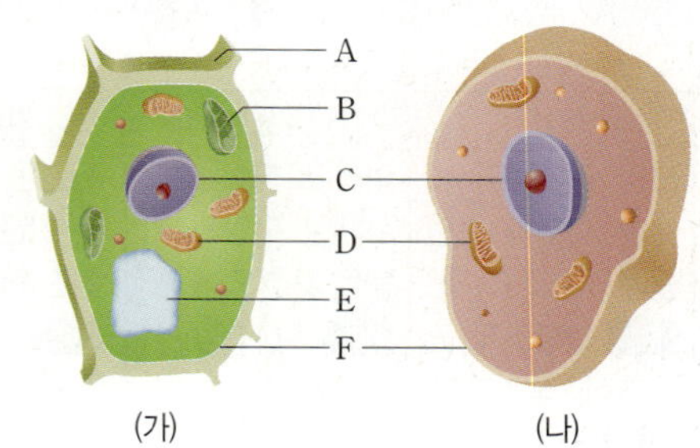

(1) A~F 구조의 이름을 쓰시오.
(2) (가)와 (나) 중 동물세포는 어느 것인지 쓰시오.

03 다음 세포소기관과 그 기능을 알맞게 연결하시오.

(1) 핵   •   • ㉠ 세포호흡 장소
(2) 세포막   •   • ㉡ 생명활동 조절
(3) 엽록체   •   • ㉢ 광합성 작용
(4) 세포벽   •   • ㉣ 세포 형태 유지
(5) 마이토콘드리아 •   • ㉤ 물, 노폐물 저장
(6) 액포   •   • ㉥ 물질 출입 조절

01 생물의 구성

생물의 구성 단계

1. 생물의 구성 단계 여러 세포가 모여 조직, 기관 등의 단계를 거쳐 복잡한 구조를 갖는 개체가 된다.

세포 ➡ 조직 ➡ 기관 ➡ 개체

2. 동물의 구성 단계 세포 → 조직 → 기관 → 기관계[6] → 개체

┌ 식물의 구성 단계에는 없다.

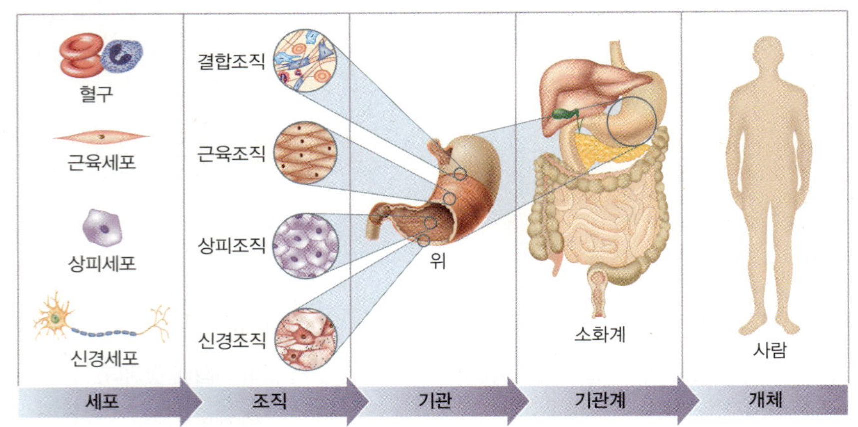

세포	조직[7]	기관	기관계[8]	개체
생물의 몸을 구성하는 기본 단위	모양과 기능이 비슷한 세포가 모인 단계	여러 조직이 모여 고유한 모양과 기능을 갖춘 단계	관련된 기능을 하는 기관들로 이루어진 단계	여러 기관계가 모여 독립적인 생명활동을 하는 하나의 생명체
예 혈구, 근육세포, 상피세포, 신경세포 등	예 결합조직, 근육조직, 상피조직, 신경조직 등	예 위, 소장, 심장, 혈관 등	예 소화계, 순환계, 호흡계, 배설계 등	예 사람, 고양이, 소 등

3. 식물의 구성 단계 세포 → 조직 → 조직계 → 기관 → 개체

┌ 동물의 구성 단계에는 없다.

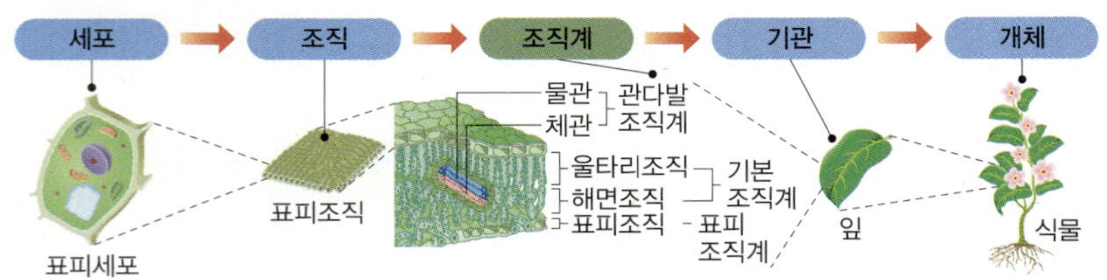

세포	조직[9]	조직계[10]	기관[11]	개체
생물의 몸을 구성하는 기본 단위	모양과 기능이 비슷한 세포가 모인 단계	몇 가지 조직이 모여 이루어진 단계	여러 조직계가 모여 고유한 모양과 기능을 갖춘 단계	여러 기관이 모여 독립적인 생명활동을 하는 하나의 생명체
예 표피세포, 공변세포 등	예 표피조직, 해면조직, 울타리조직, 물관, 체관 등	예 표피조직계, 기본조직계, 관다발조직계 등	예 잎, 뿌리, 줄기, 열매 등	예 봉선화, 소나무 등

[6] 동물에서 다양한 기관계가 발달한 이유
동물은 식물과 달리 스스로 양분을 만들지 못하므로 먹이를 찾아 이동하고, 소화하며, 배설하는 등의 다양한 생명활동을 위한 기관계의 상호작용이 필요하기 때문이다.

[7] 동물에서 조직의 종류
- **결합조직:** 조직이나 기관을 서로 연결하거나 지지하는 조직
- **근육조직:** 근육이나 내장기관을 구성하는 조직
- **상피조직:** 몸의 표면이나 소화관 등의 내면을 덮고 있는 조직
- **신경조직:** 자극을 받아들이고 전달하는 신경세포가 모여 이루어진 조직

[8] 기관계의 종류와 해당하는 기관
- **소화계:** 입, 위, 작은창자, 큰창자, 이자, 항문
- **순환계:** 심장, 혈관
- **배설계:** 콩팥, 방광, 요도
- **호흡계:** 코, 기관, 기관지, 폐

[9] 식물에서 조직의 종류
- **분열조직:** 세포분열이 활발하게 일어나는 조직 예 생장점, 형성층
- **영구조직:** 세포분열과 생장이 끝난 조직 예 표피조직, 울타리조직, 해면조직, 물관, 체관

[10] 조직계의 종류와 해당하는 조직
- **표피조직계(표면을 덮어 내부 보호):** 표피조직
- **기본조직계(양분의 합성과 저장):** 울타리조직, 해면조직
- **관다발조직계(물과 양분의 이동 통로):** 물관, 체관

[11] 식물에서 기관의 종류
- **영양기관:** 양분을 합성하거나 저장하는 기관 예 뿌리, 줄기, 잎
- **생식기관:** 씨를 만들어 번식하는 데 관여하는 기관 예 꽃, 열매

개념 바로 확인

초성 확인 문제

08 생물의 구성 단계는 ㅅㅍ → 조직 → 기관 → 개체이다.

09 동물에서 ㄱㅎ조직은 조직이나 기관을 서로 연결하거나 지지하는 조직이다.

10 위와 폐는 동물의 구성 단계 중 ㄱㄱ에 해당한다.

11 동물의 구성 단계 중 식물의 구성 단계에 없는 것은 ㄱㄱㄱ이다.

12 식물의 구성 단계 중 동물의 구성 단계에 없는 것은 ㅈㅈㄱ이다.

13 식물에서 표피조직, 울타리조직과 같이 세포분열과 생장이 끝난 조직을 ㅇㄱ조직이라고 한다.

14 관다발조직계에 해당하는 조직으로는 ㅁㄱ과 체관이 있다.

C 생물의 구성 단계

04 표는 생물의 공통 구성 단계와 동물과 식물의 구성 단계를 순서대로 나타낸 것이다. ( ) 안에 알맞은 말을 쓰시오.

구분	구성 단계
공통	㉠( ) → 조직 → ㉡( ) → 개체
동물	세포 → 조직 → ㉢( ) → ㉣( ) → 개체
식물	세포 → ㉤( ) → ㉥( ) → 기관 → 개체

05 그림은 동물의 구성 단계의 일부를 순서 없이 나타낸 것이다.

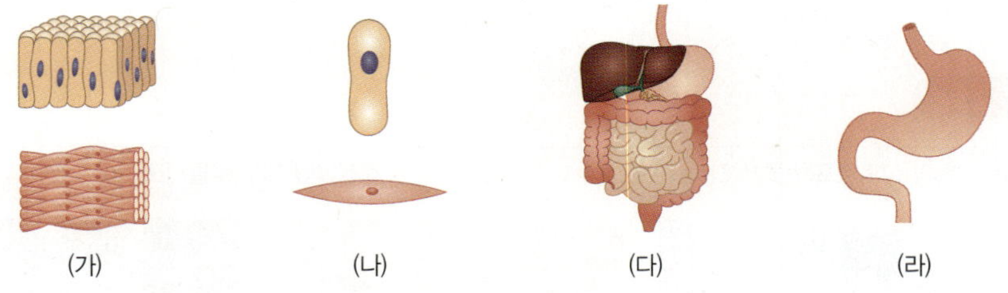

(1) (가)~(라)에 해당하는 단계를 쓰시오.
(2) (가)~(라) 중 모양과 기능이 비슷한 세포가 모인 단계를 기호로 쓰시오.
(3) (가)~(라) 중 식물의 구성 단계에서 볼 수 없는 단계를 기호로 쓰시오.
(4) 동물의 구성 단계에 맞게 작은 구성 단계부터 순서대로 기호로 쓰시오.

06 그림은 식물의 구성 단계를 순서 없이 나타낸 것이다.

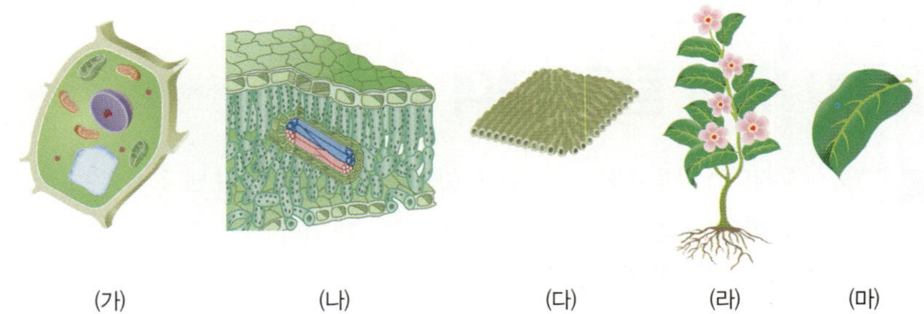

(1) (가)~(마)에 해당하는 단계를 쓰시오.
(2) (가)~(마) 중 동물의 구성 단계에서 볼 수 없는 단계를 기호로 쓰시오.
(3) 식물의 구성 단계에 맞게 작은 구성 단계부터 순서대로 기호로 쓰시오.

탐구 집중 분석

◀ 동물세포와 식물세포의 관찰 ▶

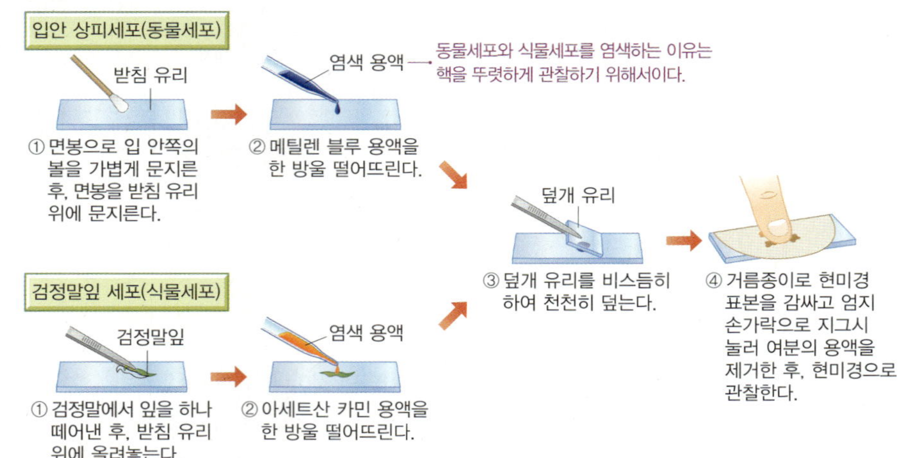

결과

입안 상피세포(동물세포)	검정말잎 세포(식물세포)	
푸른색으로 염색된 핵이 뚜렷하게 관찰된다.	붉은색으로 염색된 핵이 뚜렷하게 관찰된다.	염색하지 않은 검정말잎 세포는 핵이 관찰되지 않는다.

정리

1 입안 상피세포(동물세포)와 검정말잎 세포(식물세포)의 관찰 비교

구분	핵	세포벽	엽록체	세포 모양
입안 상피세포	있음	없음	없음	일정하지 않은 모양으로 불규칙하게 배열되어 있음
검정말잎 세포	있음	있음	있음	일정한 모양으로 규칙적으로 배열되어 있음

세포 관찰 시 유의점 및 특징

- 입안 상피세포는 붉은색을 띠는 세포가 많기 때문에 핵을 푸르게 염색시키는 메틸렌 블루 용액을 사용한다.
- 검정말잎 세포 대신 양파의 표피세포를 관찰하기도 한다.
- 아세트산 카민 용액 대신 아세트올세인 용액을 사용하기도 한다.
- 현미경 관찰 시 저배율로 상을 먼저 찾은 후, 고배율로 바꾸어 관찰한다.
- 덮개 유리는 비스듬히 하여 천천히 덮어야 기포가 생기지 않는다. 기포가 생길 경우 세포 구조를 관찰하기 어렵다.
- 교과서 일부에서는 과정 ②와 ③의 순서를 바꿔 덮개 유리를 먼저 덮은 후, 덮개 유리 한쪽에 염색 용액을 떨어뜨리고 거름종이로 여분의 용액을 흡수하는 과정을 수행하는데, 이는 덮개 유리가 약해서 세게 눌렀을 때 깨질 수 있음을 방지하기 위함이다.

또 다른 유사 탐구 분석

과정
❶ 양파의 안쪽에 칼집을 내고, 핀셋으로 표피세포를 벗겨 낸다.

❷ 양파의 표피세포를 아세트올세인 용액으로 염색한 후, 현미경 표본을 만들어 현미경으로 관찰한다.

정리
1 양파의 표피세포는 핵과 세포벽은 있지만, 검정말잎 세포와 달리 엽록체가 없다.

2 양파의 표피세포는 일정한 모양으로 규칙적으로 배열되어 있다.

결과

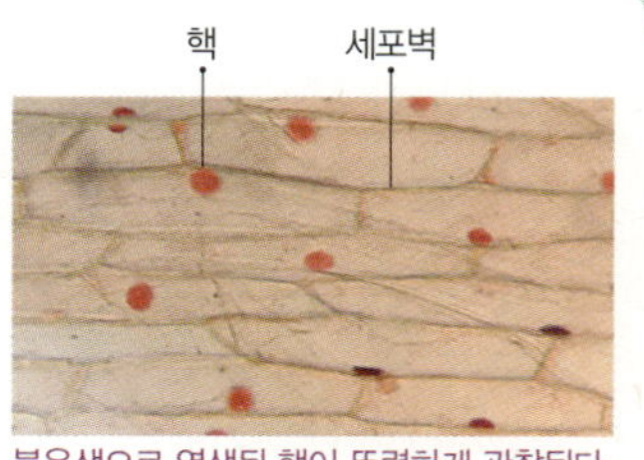

붉은색으로 염색된 핵이 뚜렷하게 관찰된다.

✔ 탐구 바로 확인

01 이 탐구에 대한 설명으로 옳은 것은 ○, 옳지 <u>않은</u> 것은 ×로 표하시오.

(1) 입안 상피세포는 일정한 모양으로 관찰된다.
.... (   )

(2) 검정말잎 세포는 메틸렌 블루 용액으로 염색한다.
.... (   )

(3) 핵은 입안 상피세포와 검정말잎 세포에서 모두 관찰된다. .... (   )

02 표는 입안 상피세포와 검정말잎 세포를 관찰한 결과를 나타낸 것이다. (   ) 안에 알맞은 말을 쓰시오.

구분	핵	세포벽	엽록체	세포 모양
입안 상피세포	㉠( )	없음	없음	불규칙적
검정말잎 세포	있음	㉡( )	있음	㉢( )

시험에서는 이렇게!

03 그림은 입안 상피세포와 검정말잎 세포를 현미경으로 관찰한 결과를 순서 없이 나타낸 것이다.

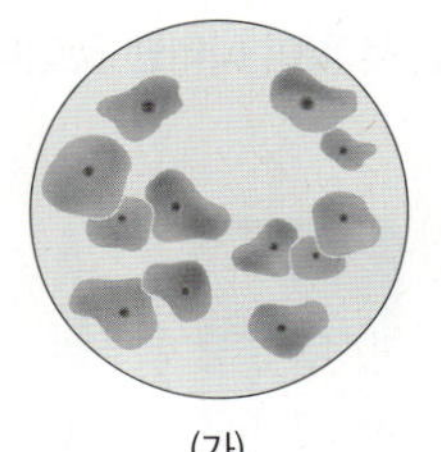 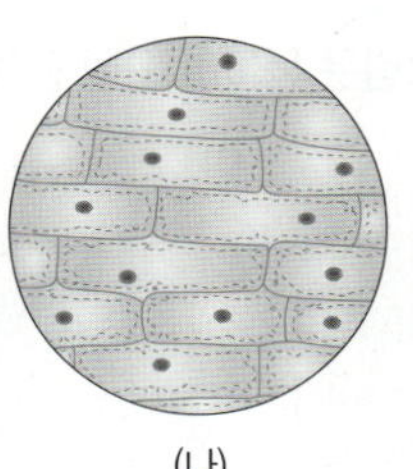

(가)   (나)

(1) (가)와 (나)는 각각 어떤 세포를 관찰한 것인지 쓰시오.

(2) (나)의 세포에서만 관찰할 수 있는 구조를 2가지 쓰시오.

04 그림은 입안 상피세포와 검정말잎 세포를 현미경으로 관찰한 결과를 순서 없이 나타낸 것이다.

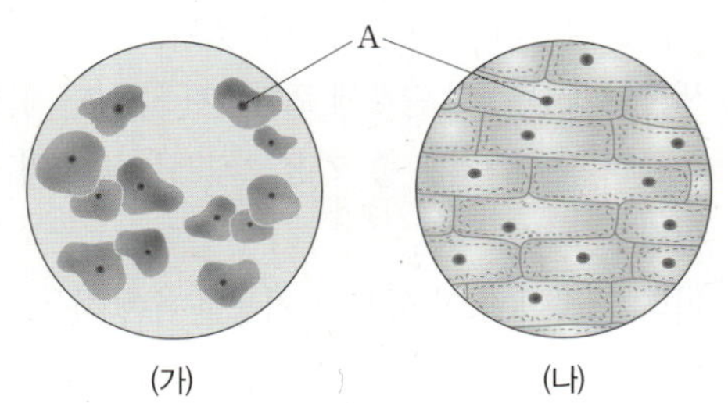

(가)   (나)

이에 대한 설명으로 옳지 <u>않은</u> 것은?

① A를 뚜렷하게 관찰하기 위해 염색 용액을 사용한다.
② (가)에서 엽록체를 관찰할 수 있다.
③ (나)는 검정말잎 세포를 관찰한 것이다.
④ (나)는 세포벽에 의해 규칙적인 모양을 갖는다.
⑤ (가)와 (나)에서 모두 세포막과 세포질을 관찰할 수 있다.

05 그림은 검정말잎 세포를 관찰하기 위해 현미경 표본을 만드는 과정의 일부를 순서 없이 나타낸 것이다.

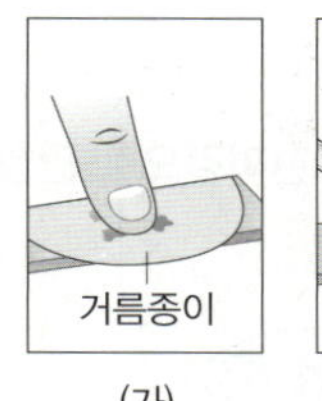  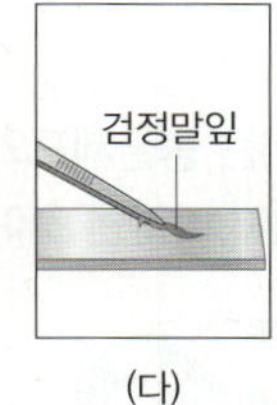 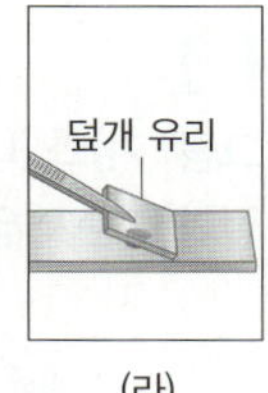

(가)   (나)   (다)   (라)

(1) 현미경 표본을 만드는 순서대로 바르게 나열하시오.

(2) (라)에서 덮개 유리를 비스듬히 하여 천천히 덮는 이유를 서술하시오.

06 그림은 검정말잎 세포를 관찰하기 위해 현미경 표본을 만드는 과정을 순서대로 나타낸 것이다.

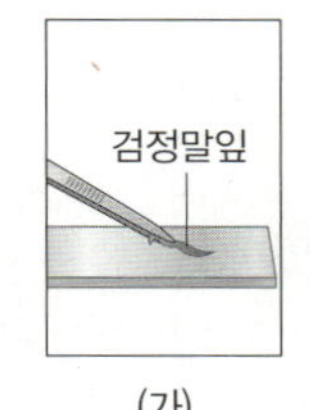  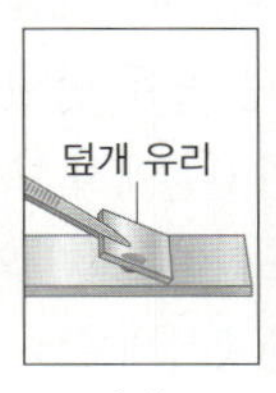 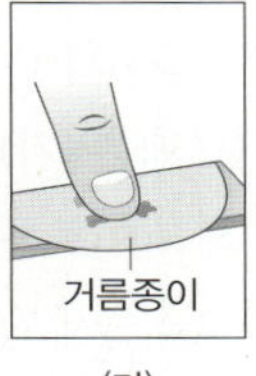

(가)   (나)   (다)   (라)

이에 대한 설명으로 옳은 것은?

① 검정말잎 세포를 뚜렷하게 관찰하기 위해 (가)에서 여러 장의 검정말잎을 겹쳐 놓는다.
② (나)에서 아세트산 카민 용액이 사용된다.
③ (나)의 결과 세포의 핵은 푸른색으로 염색된다.
④ (다)에서 덮개 유리를 덮을 때 수직으로 빠르게 덮어 준다.
⑤ (라)에서 염색 용액이 골고루 퍼지도록 엄지손가락으로 세게 눌러준다.

세포의 구조와 기능

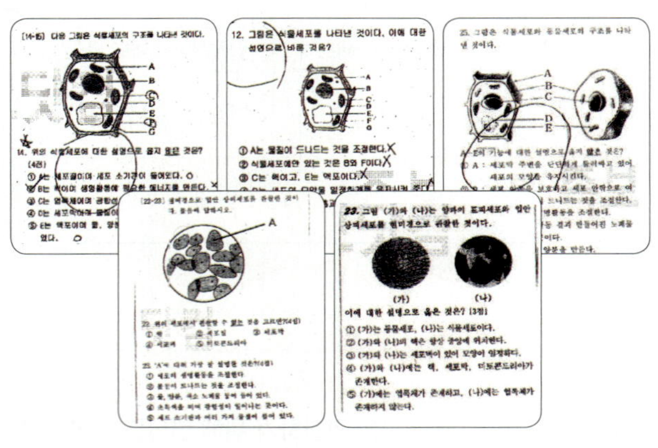

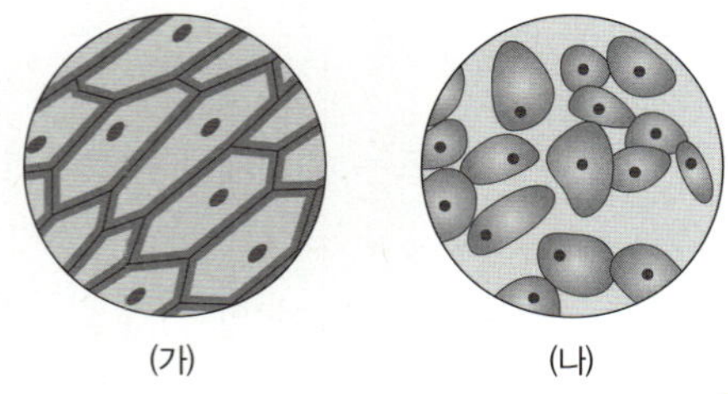

01

그림 (가)와 (나)는 동물세포와 식물세포를 현미경으로 관찰한 결과를 순서 없이 나타낸 것이다.

이 자료에 대한 설명으로 옳은 것을 모두 고르면? (3개)

① (가)는 동물세포이다.
② 엽록체는 (나)에서 관찰된다.
③ (가)와 (나)는 모두 단세포 생물이다.
④ 핵은 (가)와 (나)에서 모두 관찰된다.
⑤ 마이토콘드리아는 (가)와 (나)에 모두 있다.
⑥ 식물세포와 동물세포는 세포막의 유무로 구분할 수 있다.
⑦ 세포를 관찰할 때 염색 용액으로 염색해야 핵을 뚜렷하게 관찰할 수 있다.
⑧ (가)의 관찰을 위해 메틸렌 블루 용액을, (나)의 관찰을 위해 아세트산 카민 용액을 사용한다.

생물의 구성 단계

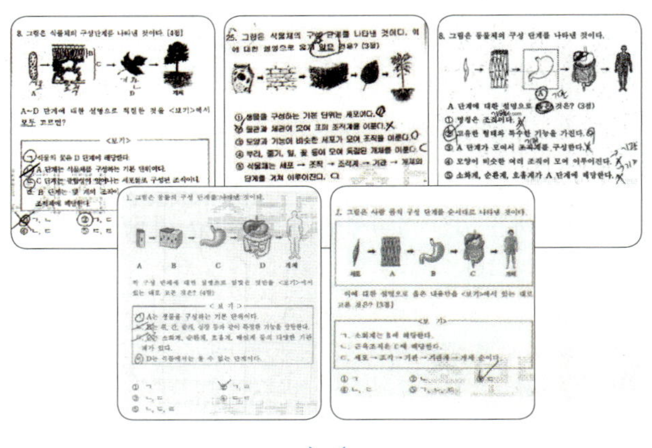

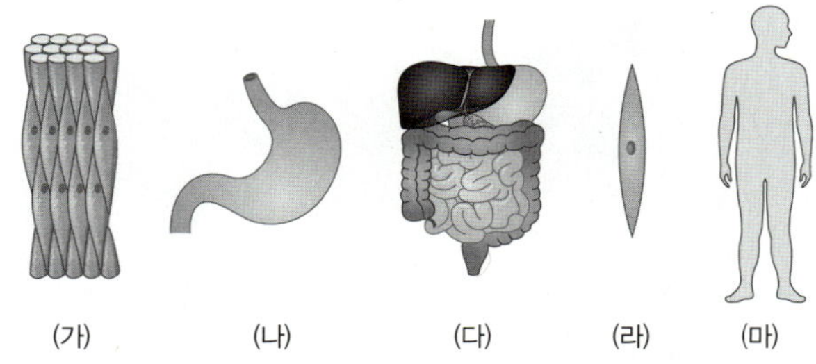

02

그림은 동물의 구성 단계를 순서 없이 나타낸 것이다.

이 자료에 대한 설명으로 옳은 것을 모두 고르면? (4개)

① (가)는 세포이다.
② 소장은 (나)에 해당한다.
③ 근육조직은 (다)에 해당한다.
④ (나)는 식물의 구성 단계에도 있다.
⑤ 생물의 공통 구성 단계에 포함되지 않는 단계는 (다)이다.
⑥ 식물의 구성 단계 중 기본조직계는 (나)의 예에 해당한다.
⑦ 여러 조직이 모여 특정한 기능을 수행하는 단계는 (다)이다.
⑧ 동물의 구성 단계는 (라) → (가) → (나) → (다) → (마)이다.

학교 시험 기출 변형 문제

Level 1   난이도   

정답 및 해설 • 4쪽

Ⓐ 세포

01 세포에 대한 설명으로 옳은 것을 |보기|에서 모두 고른 것은?

> |보기|
> ㄱ. 세균과 짚신벌레는 단세포 생물이다.
> ㄴ. 개구리와 해바라기는 다세포 생물이다.
> ㄷ. 세포는 생명활동을 수행하는 역할을 한다.

① ㄱ   ② ㄷ   ③ ㄱ, ㄴ
④ ㄴ, ㄷ   ⑤ ㄱ, ㄴ, ㄷ

최다 빈출

02 세포에 대한 설명으로 옳은 것을 |보기|에서 모두 고른 것은?

> |보기|
> ㄱ. 동물세포는 핵을 가진다.
> ㄴ. 세포의 크기는 수명이 다할 때까지 커진다.
> ㄷ. 세포의 모양과 크기는 모든 생물이 비슷하다.

① ㄱ   ② ㄴ   ③ ㄷ
④ ㄱ, ㄴ   ⑤ ㄱ, ㄷ

03 그림은 사람의 몸을 구성하는 여러 가지 세포의 모양을 나타낸 것이다.

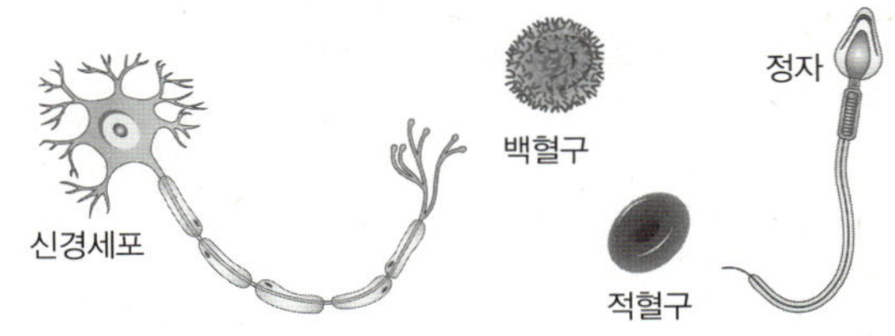

이 자료를 통해 알 수 있는 사실로 옳은 것은?

① 세포의 모양이 달라도 세포의 기능은 같다.
② 세포는 기능에 따라 모양과 크기가 다양하다.
③ 한 생물의 몸을 구성하는 세포의 모양은 같다.
④ 한 생물의 몸을 구성하는 세포의 크기는 같다.
⑤ 생물이 생장함에 따라 세포의 모양이 계속 변한다.

04 다음은 우리 몸의 어떤 세포에 대한 설명이다.

> • 가운데가 오목한 원반형 모양이다.
> • 혈관을 따라 온몸을 이동하여 산소를 운반한다.

이 세포에 해당하는 것은?

① 정자   ② 적혈구   ③ 신경세포
④ 상피세포   ⑤ 공변세포

Ⓑ 세포의 구조와 기능

05 핵에 대한 설명으로 옳은 것을 |보기|에서 모두 고른 것은?

> |보기|
> ㄱ. 세포에 대부분 한 개씩 들어 있다.
> ㄴ. 세포의 생명활동을 조절한다.
> ㄷ. 유전물질을 가지고 있다.

① ㄱ   ② ㄴ   ③ ㄷ
④ ㄱ, ㄴ   ⑤ ㄱ, ㄴ, ㄷ

06 다음에서 설명하고 있는 세포소기관은?

> • 식물세포와 동물세포에 모두 있다.
> • 산소를 이용하여 세포의 생명활동에 필요한 에너지를 생성한다.

① 핵   ② 세포막   ③ 세포벽
④ 엽록체   ⑤ 마이토콘드리아

최다 빈출

[07~08] 그림은 식물세포의 구조를 나타낸 것이다.

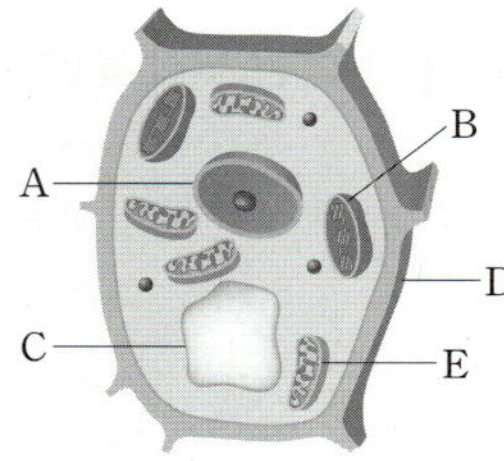

07 A~E에 대한 설명으로 옳은 것은?

① A : 세포 안팎의 물질 출입을 조절한다.
② B : 세포호흡이 일어나는 장소이다.
③ C : 광합성 기능을 담당한다.
④ D : 세포의 형태를 유지한다.
⑤ E : 생명활동 결과 생긴 노폐물을 저장한다.

08 A~E 중 동물세포에는 없고 식물세포에만 있는 것을 모두 고른 것은?

① A, B   ② A, C   ③ B, D
④ B, E   ⑤ D, E

09 다음은 입안 상피세포의 표본을 만들어 현미경으로 관찰하는 과정을 순서대로 나열한 것이다.

> (가) 면봉으로 입 안쪽의 볼을 가볍게 문지른 후, 면봉을 받침 유리 위에 문지른다.
> (나) 염색 용액을 한 방울 떨어뜨린다.
> (다) 덮개 유리를 비스듬히 하여 천천히 덮은 후, 거름종이로 여분의 염색 용액을 제거한다.
> (라) 현미경으로 관찰한다.

이에 대한 설명으로 옳지 <u>않은</u> 것은?

① (나)의 염색 용액은 메틸렌 블루 용액이다.
② (나) 과정을 거치면 핵이 뚜렷하게 염색된다.
③ (다)에서 덮개 유리를 비스듬히 하여 천천히 덮는 이유는 기포가 생기는 것을 방지하기 위해서이다.
④ (라)의 결과 세포벽이 뚜렷하게 관찰된다.
⑤ (라)에서 현미경 관찰 시 저배율에서 고배율로 관찰한다.

10 그림은 검정말잎 세포를 관찰하기 위해 현미경 표본을 만드는 과정을 순서 없이 나타낸 것이다.

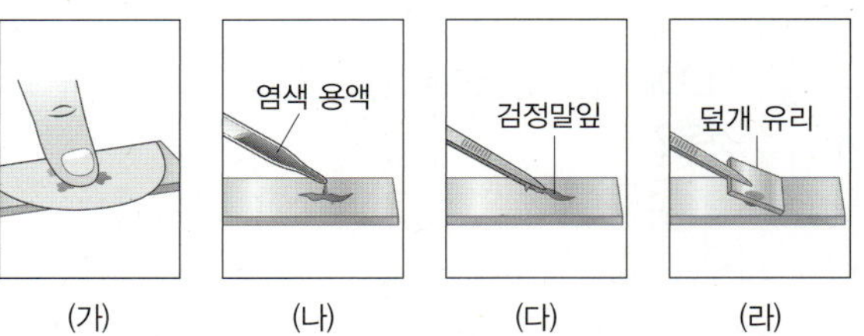

이에 대한 설명으로 옳은 것을 |보기|에서 모두 고른 것은?

> **보기**
> ㄱ. (나)에서 아세트산 카민 용액으로 염색한다.
> ㄴ. (라)에서 덮개 유리를 비스듬히 하여 천천히 덮어 준다.
> ㄷ. 현미경 표본의 제작 순서는 (다) → (나) → (가) → (라)이다.

① ㄱ   ② ㄴ   ③ ㄷ
④ ㄱ, ㄴ   ⑤ ㄱ, ㄴ, ㄷ

11 세포의 관찰을 위해 현미경 표본을 제작할 때 염색 용액을 한 방울 떨어뜨리고 거름종이로 흡수한다. 이 과정이 필요한 이유에 대한 설명으로 옳은 것은?

① 핵을 뚜렷하게 관찰하기 위해서
② 세포의 모양을 고정하기 위해서
③ 기포가 생기지 않게 하기 위해서
④ 거름종이의 색 변화를 관찰하기 위해서
⑤ 검정말잎 세포의 엽록체를 염색하기 위해서

C **생물의 구성 단계**

12 다음 중 생물의 공통 구성 단계에 포함되지 <u>않는</u> 것은?

① 세포   ② 조직   ③ 기관
④ 기관계   ⑤ 개체

13 동물의 구성 단계를 순서대로 옳게 나열한 것은?

① 세포 → 기관 → 기관계 → 조직 → 개체
② 세포 → 조직 → 기관 → 기관계 → 개체
③ 세포 → 조직 → 조직계 → 기관 → 개체
④ 조직 → 세포 → 기관 → 기관계 → 개체
⑤ 조직 → 조직계 → 기관 → 기관계 → 개체

14 동물의 구성 단계에 대한 설명으로 옳은 것은?

① 식물의 구성 단계와 같다.
② 신경세포들이 모여 신경조직을 이룬다.
③ 동물을 구성하는 기본 단위는 조직이다.
④ 폐, 기관, 기관지 등이 모여 순환계를 이룬다.
⑤ 모양과 기능이 비슷한 세포들이 모여 기관계를 이룬다.

[16~17] 다음 (가) ~ (라)는 동물의 구성 단계를 순서 없이 나타낸 것이다.

> (가) 결합조직이 속하는 단계
> (나) 생물을 구성하는 기본 단위
> (다) 생명활동이 가능한 독립적인 생물체
> (라) 여러 조직이 모여 특정한 기능을 하는 단계
> (마) 비슷한 기능을 하는 기관이 모여 일정한 역할을 하는 단계

16 작은 구성 단계부터 순서대로 바르게 나열한 것은?

① (가) → (나) → (다) → (라) → (마)
② (나) → (가) → (라) → (마) → (다)
③ (나) → (다) → (마) → (라) → (가)
④ (다) → (마) → (나) → (라) → (가)
⑤ (라) → (나) → (가) → (마) → (다)

15 그림은 우리 몸의 구성 단계 중 일부를 나타낸 것이다. (가) ~ (라)는 각각 세포, 조직, 기관, 기관계 중 하나이다.

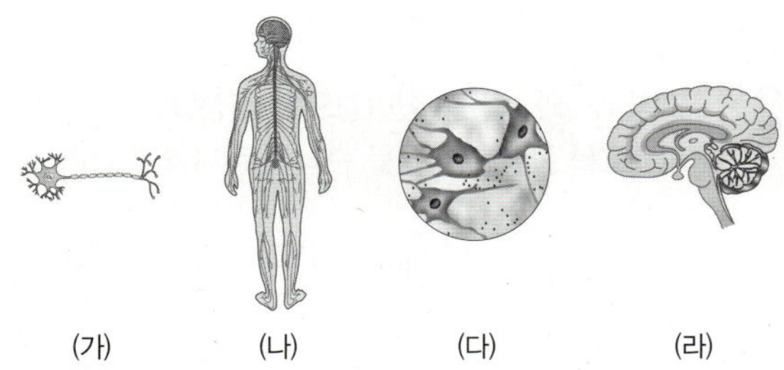

이에 대한 설명으로 옳은 것은?

① (가)는 조직이다.
② (나)는 우리 몸을 구성하는 기본 단위이다.
③ (나)는 (라)의 단계가 모여 관련된 기능을 수행하는 단계이다.
④ (다)는 여러 조직이 모인 단계인 기관이다.
⑤ 동물의 구성 단계는 (가) → (라) → (다) → (나)의 순으로 구성된다.

17 (가) 단계에 해당하는 것은?

① 간   ② 뇌   ③ 혈액
④ 적혈구   ⑤ 소화계

18 기관계와 이에 해당하는 기관을 옳게 짝 지은 것은?

	기관계	기관
①	소화계	입
②	소화계	요도
③	순환계	코
④	배설계	항문
⑤	호흡계	혈관

19 그림은 식물의 구성 단계를 순서 없이 나타낸 것이다.

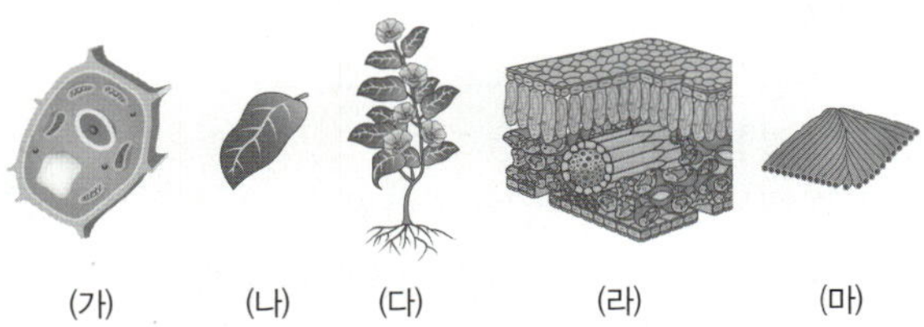

이에 대한 설명으로 옳은 것은?

① (가)는 조직이다.
② (다)는 모양이나 기능이 비슷한 세포가 모인 단계이다.
③ (라)는 식물에만 있는 구성 단계이다.
④ (마)는 식물을 구성하는 가장 작은 단위이다.
⑤ 식물의 구성 단계는 (가) → (마) → (나) → (라) → (다)이다.

[20~21] 다음 (가) ~ (마)는 식물의 구성 단계를 순서 없이 나타낸 것이다.

> (가) 여러 기관이 모여 독립된 구조와 기능을 가지는 완전한 생물체
> (나) 여러 조직계가 모여 일정한 기능을 수행하는 단계
> (다) 여러 조직이 모여 일정한 기능을 수행하는 단계
> (라) 모양과 기능이 비슷한 세포들이 모인 단계
> (마) 생물을 구성하는 기본 단위

20 작은 구성 단계부터 순서대로 바르게 나열한 것은?

① (가) → (나) → (다) → (라) → (마)
② (나) → (다) → (라) → (마) → (가)
③ (다) → (마) → (라) → (나) → (가)
④ (마) → (다) → (라) → (나) → (가)
⑤ (마) → (라) → (다) → (나) → (가)

21 (나) 단계에 해당하는 것은?

① 물관　　② 열매　　③ 체관
④ 공변세포　　⑤ 표피조직계

필수 키워드를 포함하여 답안을 작성해 보세요.

서술형 문제

22 그림은 식물세포의 구조를 나타낸 것이다.

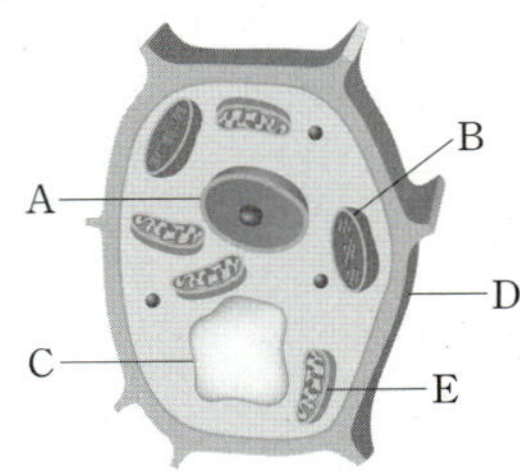

A~E 중 동물세포에는 없고, 식물세포에만 있는 세포소기관을 모두 쓰고, 그 세포소기관의 기능을 서술하시오.

🔍 **필수 키워드** 엽록체, 세포벽

____

____

23 그림 (가)와 (나)는 현미경으로 검정말잎 세포와 입안 상피세포를 관찰한 결과를 순서대로 나타낸 것이다.

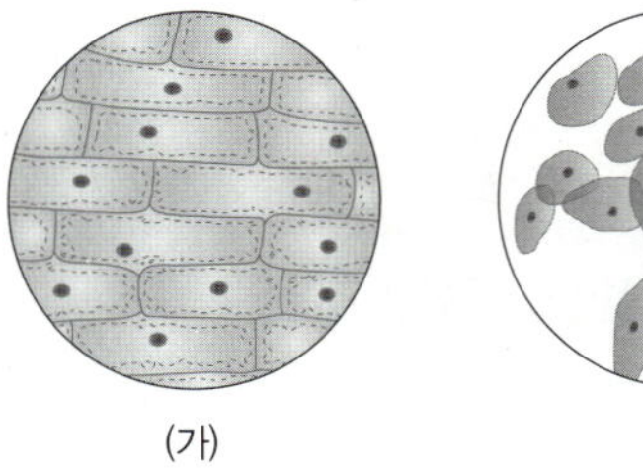

(가)와 (나)의 차이점을 2가지 서술하시오.

🔍 **필수 키워드** 모양, 세포벽

____

____

학교 시험 기출 변형 문제

난이도

정답 및 해설 • 5쪽

A 세포

01 세포에 대한 설명으로 옳은 것을 |보기|에서 모두 고른 것은?

> |보기|
> ㄱ. 짚신벌레는 다세포 생물이다.
> ㄴ. 모든 생물은 세포로 이루어져 있다.
> ㄷ. 생물의 크기가 클수록 세포의 크기도 크다.

① ㄱ ② ㄴ ③ ㄷ
④ ㄱ, ㄴ ⑤ ㄴ, ㄷ

02 다음 |보기|에서 단세포 생물에 해당하는 것을 모두 고르시오.

> |보기|
> ㄱ. 소 ㄴ. 세균 ㄷ. 아메바
> ㄹ. 소나무 ㅁ. 짚신벌레 ㅂ. 무당벌레

03 그림은 우리 몸을 구성하는 3종류의 세포를 나타낸 것이다. (가) ~ (다)는 각각 적혈구, 신경세포, 상피세포 중 하나이다.

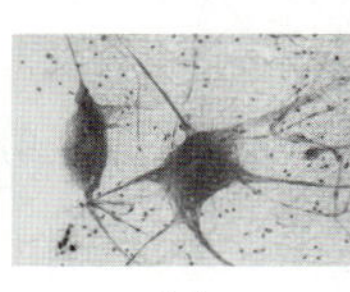 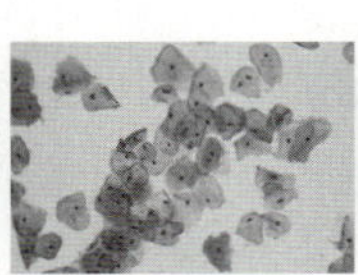 

(가) (나) (다)

이에 대한 설명으로 옳은 것을 |보기|에서 모두 고른 것은?

> |보기|
> ㄱ. (가)는 상피세포이다.
> ㄴ. (나)는 신호를 받아들이고 전달하는 역할을 한다.
> ㄷ. (다)는 가운데가 오목한 원반 모형으로, 혈관을 따라 이동한다.

① ㄱ ② ㄴ ③ ㄷ
④ ㄱ, ㄷ ⑤ ㄴ, ㄷ

B 세포의 구조와 기능

04 그림은 동물세포의 구조를 나타낸 것이다.

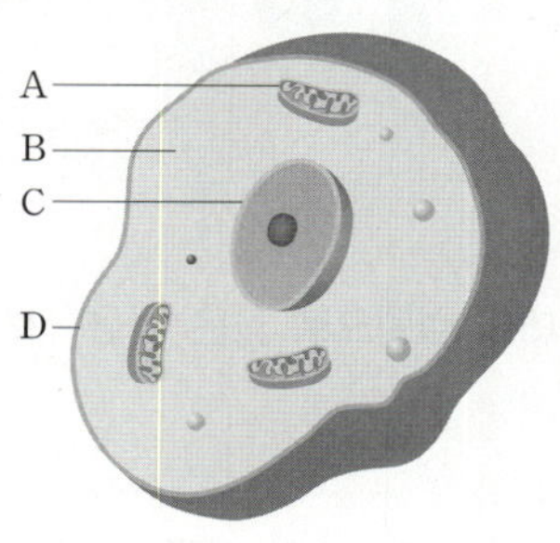

이에 대한 설명으로 옳은 것을 |보기|에서 모두 고른 것은?

> |보기|
> ㄱ. A에서 생명활동에 필요한 에너지가 생성된다.
> ㄴ. B에 여러 세포소기관이 존재한다.
> ㄷ. C와 D는 식물세포에도 있다.

① ㄱ ② ㄷ ③ ㄱ, ㄴ
④ ㄴ, ㄷ ⑤ ㄱ, ㄴ, ㄷ

05 그림은 식물세포와 동물세포의 구조를 나타낸 것이다.

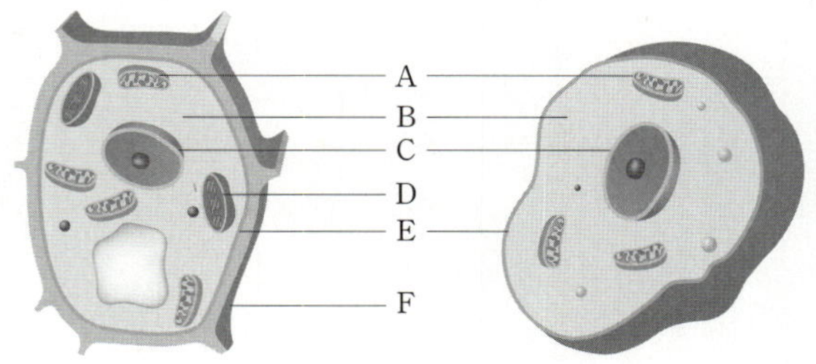

이에 대한 설명으로 옳은 것은?

① A에서 광합성이 일어난다.
② B는 생명활동을 조절한다.
③ 원생동물은 C가 존재하지 않는다.
④ D와 F는 식물세포에서만 발견된다.
⑤ E는 세포의 형태를 유지하는 역할을 한다.

[06~08] 그림은 식물세포의 구조를 나타낸 것이다.

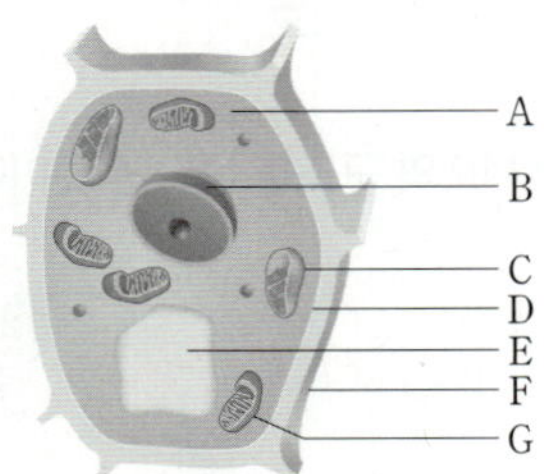

06 이에 대한 설명으로 옳은 것을 |보기|에서 모두 고른 것은?

> **보기**
> ㄱ. A는 세포막의 안쪽 부분으로, 여러 세포소 기관이 존재한다.
> ㄴ. B에서 빛을 이용하여 광합성이 일어난다.
> ㄷ. G에서는 산소를 이용하여 세포호흡이 일어난다.

① ㄱ ② ㄴ ③ ㄷ
④ ㄱ, ㄷ ⑤ ㄱ, ㄴ, ㄷ

07 A~G 중 동물세포에는 없고 식물세포에만 있는 것을 모두 고른 것은?

① A, B ② A, E ③ B, E
④ C, F ⑤ D, G

08 A~G 중 다음 설명에 해당하는 구조는?

> • 식물세포에서만 관찰된다.
> • 세포의 형태를 유지하는 데 관여한다.

① A ② C ③ E
④ F ⑤ G

최다 빈출

09 그림은 동물세포와 식물세포를 현미경으로 관찰한 결과를 순서 없이 나타낸 것이다.

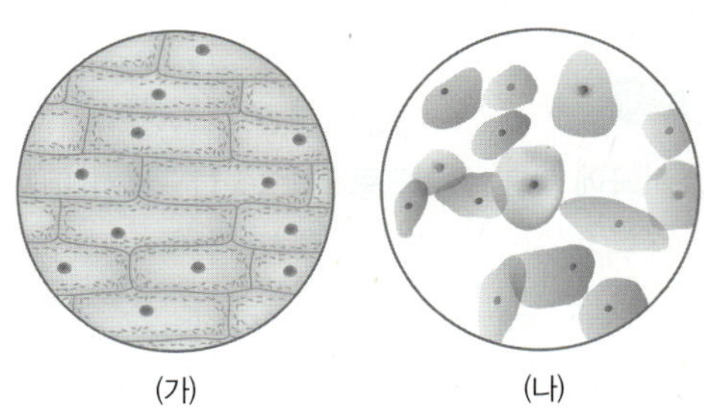

(가)와 (나)를 비교한 것으로 옳은 것은?

	구분	(가)	(나)
①	핵	있음	없음
②	세포벽	있음	있음
③	세포 종류	동물세포	식물세포
④	세포 배열	규칙적	불규칙적
⑤	염색 용액	메틸렌 블루 용액	아세트산 카민 용액

ⓒ 생물의 구성 단계

10 생물의 구성 단계에 대한 설명으로 옳은 것은?

① 식물의 구성 단계에는 기관계가 있다.
② 조직은 생물을 구성하는 기본 단위이다.
③ 조직계는 비슷한 기능을 하는 기관들이 모인 단계이다.
④ 기관은 연관된 조직 또는 조직계가 모여 일정한 기능을 담당하는 단계이다.
⑤ 생물은 공통으로 세포 → 조직 → 조직계 → 개체의 구성 단계를 가진다.

11 다음 중 식물의 구성 단계가 다른 하나는?

① 체관 ② 물관 ③ 열매
④ 형성층 ⑤ 울타리조직

12 그림은 동물의 구성 단계를 순서 없이 나타낸 것이다.

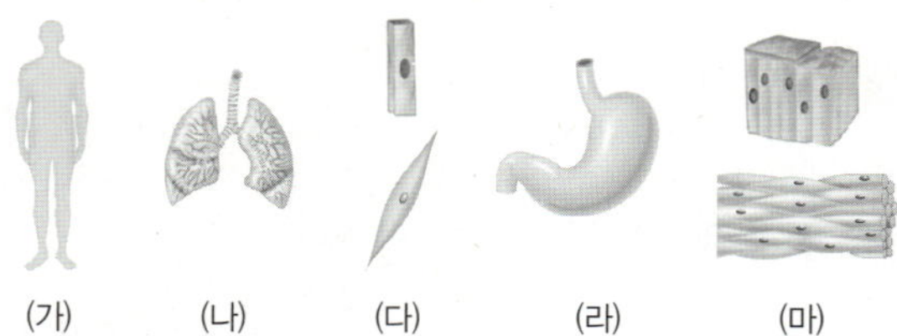

이에 대한 설명으로 옳은 것을 |보기|에서 있는 대로 고른 것은?

> 보기
>
> ㄱ. (가)는 여러 기관계가 모여 이루어진 하나의 개체이다.
> ㄴ. 한 생물 내에서 (다)의 모양은 다양하다.
> ㄷ. (라)는 생물의 구성 단계 중 가장 작은 단계이다.
> ㄹ. 동물의 구성 단계는 (다) → (나) → (마) → (라) → (가)이다.

① ㄱ, ㄴ　　② ㄱ, ㄷ　　③ ㄴ, ㄷ
④ ㄴ, ㄹ　　⑤ ㄷ, ㄹ

13 그림은 식물의 구성 단계를 순서 없이 나타낸 것이다.

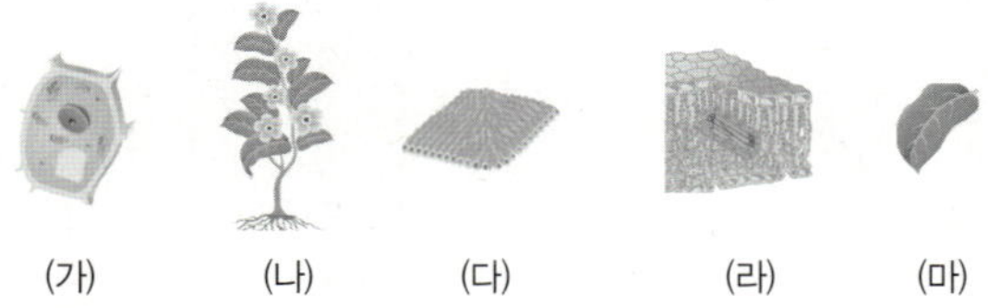

이 그림에 대한 설명으로 옳은 것은?

① (가)는 동물에 없는 단계이다.
② (나)는 가장 작은 구성 단계이다.
③ (다)는 비슷한 기능을 하는 (라)가 모인 것이다.
④ 동물의 뇌는 (마)의 예에 해당한다.
⑤ 식물의 구성 단계는 (가) → (다) → (마) → (라) → (나)이다.

서술형 문제

14 코끼리는 쥐보다 몸집이 훨씬 크다. 그 이유를 세포 수와 관련지어 서술하시오.

____

____

15 그림은 식물세포의 구조를 나타낸 것이다.

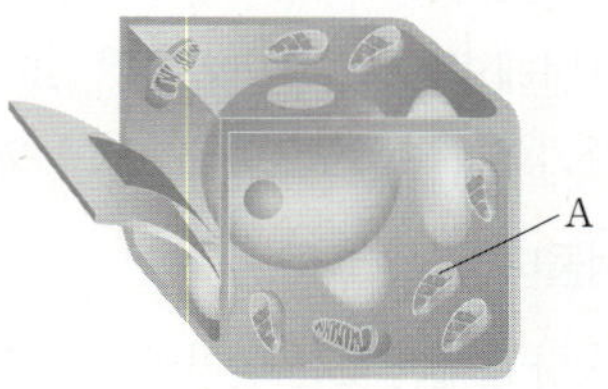

A의 이름을 쓰고, 그 기능에 대해 서술하시오.

____

____

16 동물은 소화계, 호흡계, 순환계, 배설계 등 다양한 기관계가 발달하였다. 식물과 달리 동물이 다양한 기관계가 발달한 이유에 대해 서술하시오.

____

____

02 생물다양성

Ⓐ 생물다양성

1. 생물다양성

(1) **생물다양성**: 특정 지역에 살고 있는 생물의 다양한 정도

(2) 생물다양성에는 생태계[1]의 다양함, 생물 종류의 다양함, 같은 종류의 생물에서 나타나는 특징의 다양함이 포함된다.

생태계의 다양함	산림, 강, 바다, 사막, 초원 등과 같은 다양한 생태계가 있음을 의미한다.
생물 종류의 다양함	하나의 생태계에는 다양한 종류의 생물들이 살고 있음을 의미한다.
같은 종류의 생물에서 나타나는 특징의 다양함	같은 종류의 생물이라도 생김새, 크기, 색깔 등과 같은 특징이 다르게 나타남을 의미한다.

(3) **생물다양성의 결정 기준**[2]: 생태계가 다양할수록, 한 생태계에 살고 있는 생물 종류가 많을수록, 같은 종류의 생물에서 나타나는 특징이 다양할수록 생물다양성이 높고, 여러 생물이 고르게 분포할수록 생물다양성이 높다.

Ⓑ 변이와 생물다양성

1. 변이
같은 종의 생물 사이에서 생김새, 크기, 색깔 등의 특징이 개체마다 조금씩 다르게 나타나는 것으로, 환경이나 유전적인 영향[3]으로 다양한 변이가 나타난다.

예 무당벌레의 반점 무늬와 색[4], 조개껍데기 무늬와 색깔, 사람의 피부색, 얼룩말 줄무늬의 크기와 간격, 코스모스 꽃잎 색깔 등

2. 변이와 생물다양성

(1) 생물이 다양해진 것은 변이와 관련이 있다. → 변이가 다양하면 급격한 변화에도 생물이 살아남을 가능성이 높아져 멸종될 확률이 낮아진다.

(2) 변이는 특정 환경에서 생물의 생존과 번식에 영향을 줄 수 있다. **예** 갈라파고스제도의 핀치

- 작은 섬들이 있는 갈라파고스제도에 서식하는 핀치들이 환경과 먹이에 따라 부리 모양과 크기가 달랐다.
- 열매나 씨를 먹는 핀치는 부리가 짧고 두꺼운 반면, 곤충이나 선인장을 먹는 핀치는 부리가 길고 가늘었다.
- → 이는 핀치가 지리적으로 격리되면서 각각의 환경에 적응[5]하여 서로 다른 방향으로 진화되었기 때문이다.

(3) 환경이 달라지면 생존에 유리한 변이도 달라진다. **예** 여우의 생김새, 호랑나비의 몸집과 색

온도에 따른 여우의 생김새[6]		계절에 따른 호랑나비의 몸집과 색[7]	

▲ 추운 북극에 사는 북극여우	▲ 더운 사막에 사는 사막여우	▲ 봄에 태어난 호랑나비	▲ 여름에 태어난 호랑나비

---

❶ 생태계
어떤 환경 안에서 살고 있는 생물적 요소와 빛, 온도, 공기와 같은 비생물적 요소로 구성된 체계

❷ 생물다양성의 비교
자연 상태를 유지하고 보전한 곳(들판, 벌판, 개울 등)은 사람이 인위적으로 개발한 곳(아파트, 논, 밭 등)보다 생물다양성이 더 높다.

❸ 유전적인 영향
무당벌레의 반점 무늬와 색, 조개껍데기의 무늬와 색깔, 사람의 피부색, 얼룩말 줄무늬의 크기와 간격 등과 같이 어떤 한 지역에 사는 같은 종에서 서로 다른 특징을 나타내는 것은 부모로부터 물려받은 유전자가 다르기 때문이다.

❹ 무당벌레의 반점 무늬와 색

❺ 적응
환경에 따라 생물의 구조와 기능, 생활 습성 등이 변하는 현상으로, 생물은 빛, 온도, 물, 먹이 등의 환경에 적응하여 살아간다.

❻ 온도에 따른 여우의 생김새
추운 북극에 사는 북극여우는 귀가 작고 몸집이 커서 열의 손실을 줄일 수 있는 반면, 더운 사막에 사는 사막여우는 귀가 크고 몸집이 작아서 몸의 열을 방출하기 쉽다.

❼ 계절에 따른 호랑나비의 몸집과 색
계절에 따른 환경의 차이로 봄에 태어난 호랑나비는 여름에 태어난 호랑나비에 비해 몸의 크기가 작고 색깔도 연하다.

개념 바로 확인

01 특정 지역에 살고 있는 생물의 다양한 정도를 ㅅㅁㄷㅇㅅ 이라고 한다.

02 ㅅㅁ ㅈㄹ의 다양함은 하나의 생태계에는 다양한 종류의 생물들이 살고 있음을 의미한다.

03 같은 종의 생물 사이에서 생김새, 크기, 색깔 등의 특징이 개체마다 조금씩 다르게 나타나는 것을 ㅂㅇ라고 한다.

04 생물이 다양해진 것은 ㅂㅇ 와 관련이 있다.

05 생물은 ㅎㄱ이나 ㅇㅈ적 인 영향으로 다양한 변이가 나타난다.

06 변이는 특정 환경에서 생물의 ㅅㅈ과 ㅂㅅ에 영향을 줄 수 있다.

07 ㅈㅇ은 환경에 따라 생물의 구조와 기능, 생활 습성 등이 변하는 현상이다.

A 생물다양성

01 다음은 생물다양성에 대한 설명이다. ( ) 안에 알맞은 말을 쓰시오.

> 생물다양성에는 ( )의 다양함, 생물 종류의 다양함, 같은 종류의 생물에서 나타나는 ( )의 다양함이 포함된다.

02 생물다양성에 대한 설명으로 옳은 것은 ○, 옳지 <u>않은</u> 것은 ×로 표시하시오.

(1) 생태계의 다양함은 생물다양성에 포함된다. ························· ( )

(2) 한 생태계에 살고 있는 생물 종류가 많을수록 생물다양성이 높다. ························· ( )

(3) 생태계의 다양함은 하나의 생태계에 다양한 종류의 생물들이 살고 있음을 의미한다. ························· ( )

(4) 자연 상태를 유지하고 보전한 곳은 사람이 인위적으로 개발한 곳보다 생물다양성이 더 낮다. ························· ( )

B 변이와 생물다양성

03 변이에 대한 설명으로 옳은 것은 ○, 옳지 <u>않은</u> 것은 ×로 표시하시오.

(1) 같은 종의 생물 사이에서 나타나는 특징이 조금씩 다른 것이다. ······· ( )

(2) 부모로부터 자손에게 전해지는 생김새만을 의미한다. ····················· ( )

(3) 환경이나 유전적인 영향을 받지 않는다. ································· ( )

(4) 생물이 다양해진 것과 관련이 있다. ·································· ( )

04 다음 ( ) 안에 알맞은 말을 쓰시오.

> 어떤 한 지역에 사는 같은 종의 무당벌레, 얼룩말 등에서 각각 서로 다른 특징이 나타나는 것은 부모로부터 물려받은 ( )가 다르기 때문이다.

05 그림 (가)와 (나)는 사막여우와 북극여우를 순서 없이 나타낸 것이다.

(가)　　　　　　　(나)

이 자료에 대한 설명으로 옳은 것은 ○, 옳지 <u>않은</u> 것은 ×로 표시하시오.

(1) (가)는 온도가 낮은 지방에 사는 북극여우이다. ························· ( )

(2) 같은 종이라도 서식지의 온도에 의해 변이가 나타날 수 있다. ········· ( )

(3) (나)는 (가)에 비해 귀가 작고 몸집이 커서 열의 손실을 줄일 수 있다. ·· ( )

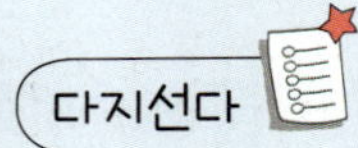

생물다양성

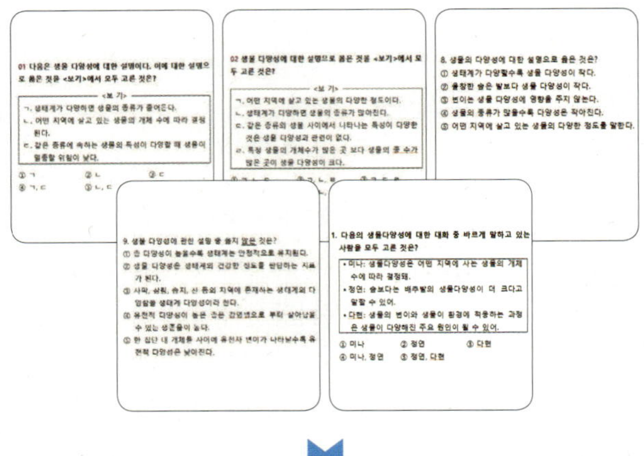

변이와 생물다양성

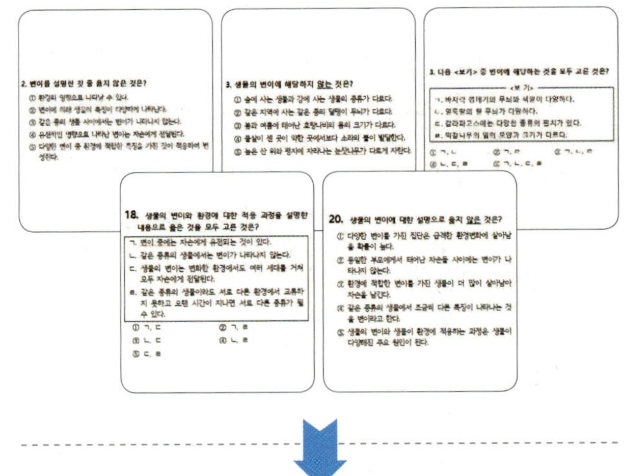

01

생물다양성에 대한 설명으로 옳은 것을 모두 고르면? (4개)

① 숲이 밭보다 생물다양성이 높다.

② 극지방은 열대지방보다 생물다양성이 높다.

③ 생물다양성은 생물의 종류와는 관계가 없다.

④ 생물의 종류가 많은 곳일수록 생물다양성이 높다.

⑤ 어떤 지역에 다양한 생태계가 있으면 생물의 종류는 단순해진다.

⑥ 생물의 종류가 다양하다는 것은 생태계가 안정되어 있음을 의미한다.

⑦ 사막, 초원, 삼림, 습지, 산, 호수, 강, 농경지 등은 생태계 다양성을 의미한다.

⑧ 같은 종류에 속하는 생물의 특성이 다양하면 급격한 환경 변화가 나타났을 때 멸종될 가능성이 높다.

02

변이에 대한 설명으로 옳은 것을 모두 고르면? (4개)

① 생물이 다양한 것은 변이와 관련이 있다.

② 변이는 생물의 생존에 영향을 줄 수 없다.

③ 환경이 달라지면 생존에 유리한 변이도 달라진다.

④ 조개껍데기의 무늬와 색깔이 조금씩 다른 것은 변이의 예이다.

⑤ 변이는 다른 종류의 생물 사이에서 나타나는 생김새나 특성의 차이이다.

⑥ 환경에 가장 적합한 변이를 가진 개체가 자손을 많이 남길 수 있다.

⑦ 변이가 다양하게 나타나는 생물일수록 환경이 변했을 때 멸종 가능성이 높다.

⑧ 얼룩말 줄무늬의 크기와 간격이 개체마다 조금씩 다른 것은 변이에 해당하지 않는다.

학교 시험 기출 변형 문제

A 생물다양성

01 다음은 생물다양성에 해당하는 요인에 대한 설명이다.

> (가) 어떤 생태계 내에 존재하는 생물의 종류가
>   다양함을 의미한다.
> (나) 사막, 초원, 강, 습지 등 다양한 생태계가 존
>   재함을 의미한다.

(가)와 (나)에 해당하는 생물다양성의 의미를 옳게 짝 지은 것은?

	(가)	(나)
①	생태계의 다양함	생물 종류의 다양함
②	생태계의 다양함	같은 종류의 생물에서 나타나는 특징의 다양함
③	생물 종류의 다양함	생태계의 다양함
④	생물 종류의 다양함	같은 종류의 생물에서 나타나는 특징의 다양함
⑤	같은 종류의 생물에서 나타나는 특징의 다양함	생태계의 다양함

02 생물다양성에 대한 설명으로 옳은 것을 |보기|에서 모두 고른 것은?

> **보기**
> ㄱ. 일정한 지역에 얼마나 많은 종의 생물이 사
>   는지에 따라 생물다양성은 달라진다.
> ㄴ. 같은 종의 생물 사이에 나타나는 특징의 다
>   양함도 생물다양성을 결정하는 중요한 요인
>   이다.
> ㄷ. 어떤 지역에 한 종의 생물이 대부분을 차지
>   할 때가 여러 종의 생물이 고르게 분포할 때
>   보다 생물다양성이 높다.

① ㄱ   ② ㄷ   ③ ㄱ, ㄴ
④ ㄴ, ㄷ   ⑤ ㄱ, ㄴ, ㄷ

03 다음 (   ) 안에 알맞은 말을 쓰시오.

> 지구에는 생물이 살아가는 다양한 생태계가 있
> 고, 그 안에 많은 종의 생물이 서식하고 있다. 한
> 종의 생물이 환경과 유전적인 차이에 의해 다양
> 한 특징을 가지고 있을 때 (   )은 안정적
> 으로 유지된다.

04 그림은 지구에서 현재까지 알려진 생물의 수를 나타낸 것이다. 이를 통해 알 수 있는 생물다양성 요인을 |보기|에서 모두 고르시오.

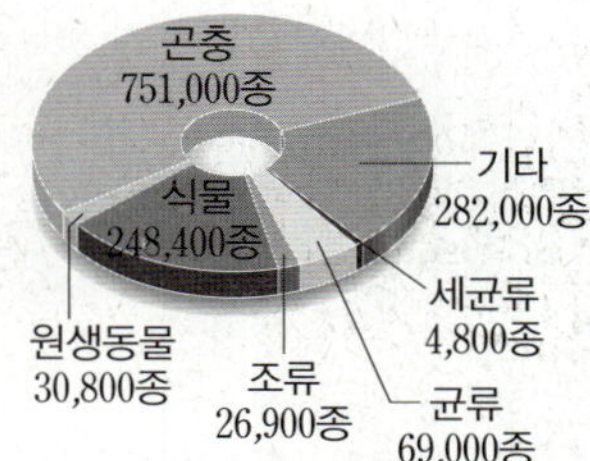

> **보기**
> ㄱ. 생태계가 다양하다.
> ㄴ. 생물 종류가 다양하다.
> ㄷ. 하나의 생물에서 나타나는 특징이 다양하다.

05 그림은 면적이 동일한 두 지역 (가)와 (나)에서 서식하는 식물의 종류와 수를 조사하여 나타낸 것이다.

이에 대한 설명으로 옳은 것을 |보기|에서 모두 고른 것은?

> **보기**
> ㄱ. (가)가 (나)보다 생물다양성이 높다.
> ㄴ. (가)가 (나)보다 식물의 종류가 많다.
> ㄷ. (가)는 (나)에 비해 생태계가 안정적이다.

① ㄱ   ② ㄴ   ③ ㄱ, ㄷ
④ ㄴ, ㄷ   ⑤ ㄱ, ㄴ, ㄷ

Ⓑ 변이와 생물다양성

최다 빈출

06 변이의 예에 해당하는 것을 |보기|에서 모두 고른 것은?

> 보기
> ㄱ. 코스모스의 꽃잎 색이 여러 가지이다.
> ㄴ. 얼룩말의 줄무늬 간격이 조금씩 다르다.
> ㄷ. 새의 알은 단단한 껍데기에 둘러싸여 있다.

① ㄱ   ② ㄷ   ③ ㄱ, ㄴ
④ ㄴ, ㄷ   ⑤ ㄱ, ㄴ, ㄷ

07 다음은 북극여우와 사막여우의 특징을 나타낸 것이다.

> 북극여우는 귀가 작고 몸집이 커서 열의 손실을
> (㉠) 수 있는 반면, 사막여우는 귀가 크고 몸
> 집이 작아서 몸의 열을 (㉡)하기 쉽다.

㉠과 ㉡에 들어갈 알맞은 말을 옳게 짝 지은 것은?

	㉠	㉡		㉠	㉡
①	줄일	방출	②	줄일	흡수
③	늘릴	방출	④	늘릴	유지
⑤	늘릴	흡수			

08 그림은 한 종에 속하는 무당벌레를 나타낸 것이다.
무당벌레마다 반점 무늬와 색이 서로 다른 이유로 옳은 것은?

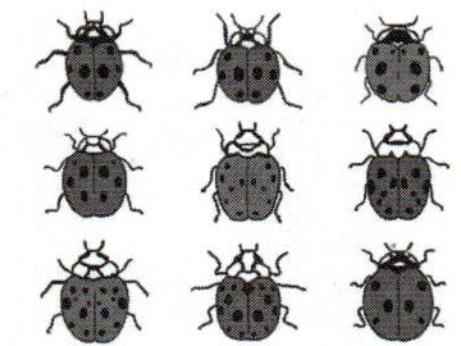

① 인간이 무당벌레를 짝짓기 시켰기 때문이다.
② 무당벌레를 잡아먹는 천적이 다르기 때문이다.
③ 각 개체마다 서식하는 환경이 다르기 때문이다.
④ 각 개체가 먹는 먹이의 종류가 다르기 때문이다.
⑤ 각 개체가 가지고 있는 유전자가 다르기 때문이다.

09 다음 ( ) 안에 알맞은 말을 쓰시오.

> ( )가 다양한 생물 집단에서는 환경이
> 변해도 멸종하지 않고 살아남는 생물이 있을 수
> 있다. 따라서 생물 집단이 환경의 변화에 적응하
> 여 살아남기 위해서는 다양한 ( )가 있
> 는 것이 유리하다.

🔍 필수 키워드 · 필수 키워드를 포함하여 답안을 작성해 보세요.

서술형 문제

10 그림은 같은 지역에 사는 한 종의 무당벌레의 다양한 반점 무늬를 나타낸 것이다.

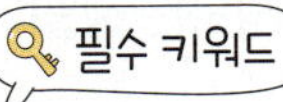

무당벌레에서 다양한 반점 무늬가 나타나는 것은 생물다양성의 요인 중 어느 것에 해당하는지 쓰시오.

🔍 필수 키워드 특징

____

____

11 그림은 갈라파고스제도의 여러 섬에 사는 다양한 핀치를 나타낸 것이다.

핀치의 부리 모양은 원래 비슷했지만, 지금은 그림과 같이 다양하게 변하였다. 그 이유에 대해 서술하시오.

🔍 필수 키워드 섬, 먹이의 종류, 자손

____

____

학교 시험 기출 변형 문제

난이도

📋 정답 및 해설 • 7쪽

A 생물다양성

01 생물다양성에 대한 설명으로 옳지 <u>않은</u> 것은?

① 생태계가 다양할수록 생물다양성이 높다.
② 특정 지역에 사는 생물의 다양한 정도이다.
③ 생물 종류가 다양할수록 생물다양성이 높다.
④ 여러 종의 생물이 고르게 분포할 때보다 한 종류의 생물이 많이 분포할 때 생물다양성이 더 높다.
⑤ 같은 종이라도 생김새와 크기 등이 다양하듯이 유전적인 다양함도 생물다양성을 결정하는 요인이다.

02 다음은 생물다양성에 대한 학생 A~C의 발표 내용이다.

발표 내용이 옳은 학생을 모두 고른 것은?

① A   ② C   ③ A, B
④ A, C   ⑤ B, C

B 변이와 생물다양성

03 변이에 대한 설명으로 옳지 <u>않은</u> 것은?

① 생물이 다양해진 것은 변이와 관련이 있다.
② 핀치의 부리가 다른 것은 변이와 관련이 있다.
③ 변이는 생물의 생존과 번식에 영향을 줄 수 있다.
④ 같은 부모에게서 태어난 자손 사이에서는 변이가 나타나지 않는다.
⑤ 변이가 다양한 생물은 환경이 변했을 때 적응하여 살아남을 가능성이 높다.

04 북극여우와 사막여우의 몸집과 생김새가 서로 다른 것은 어떤 환경 요인에 적응한 결과인가?

① 바람   ② 온도   ③ 먹이
④ 천적   ⑤ 물살의 세기

05 다음은 어떤 생태계에서 생물이 다양해지는 과정을 순서 없이 나타낸 것이다.

> (가) 한 종류의 생물 무리에서 다양한 변이가 일어났다.
> (나) 살아남은 변이의 생물은 자손에게 더 많은 특징을 전달하면서 자손을 남겼다.
> (다) 이러한 과정이 반복되면서 원래의 종류와 다른 새로운 종류의 생물이 나타났다.
> (라) 환경이 급격히 변화되면서 환경에 적응한 알맞은 변이가 더 많이 살아남았다.

생물이 다양해지는 과정을 순서대로 옳게 나열한 것은?

① (가) → (나) → (라) → (다)
② (가) → (라) → (나) → (다)
③ (나) → (가) → (다) → (라)
④ (나) → (가) → (라) → (다)
⑤ (라) → (가) → (나) → (라)

서술형 문제

06 그림은 북극여우와 사막여우를 나타낸 것이다.

북극여우   사막여우

환경에 따라 북극여우와 사막여우의 생김새가 어떻게 달라졌는지에 대해 서술하시오.

____

____

03 생물의 분류

ⓐ 생물의 분류

1. 생물의 분류 생물을 일정한 기준에 따라 비슷한 종류의 무리로 나누는 것으로, 생물 사이의 가깝고 먼 관계를 파악하기 위해 필요하다.

2. 생물 분류 기준

편의에 따라 기준을 정함	생물 고유의 특징에 따라 기준을 정함
사람이 먹을 수 있는 것, 생물이 사는 곳 등	세포의 구조(핵막의 유무, 세포벽의 유무), 몸의 구조, 광합성 여부, 번식 방법 등

(1) 사람에 따라 각자 기준을 정하면 생물을 분류한 결과가 달라질 수 있다. 따라서 과학자들은 생물 고유의 특징을 기준으로 하여 생물을 분류한다.

예 생물 고유의 특징에 따른 분류

세포벽이 있는 생물	세포벽이 없는 생물
대장균, 고사리, 곰팡이, 버섯, 소나무 등	아메바, 불가사리, 상어, 독수리, 코끼리 등

3. 생물의 분류 목적

(1) 생물을 체계적으로 연구할 수 있다.

(2) 같은 무리에 속하는 생물의 특징을 미루어 짐작할 수 있다.

(3) 생물에 대한 정확한 정보를 찾아서 새로 발견한 생물을 분류하는 데 도움이 된다.

4. 생물 분류의 과정

> 생물을 관찰하고 특징 찾기 → 분류 기준을 정하기 → 분류 기준에 따라 무리를 나누기

ⓑ 생물 분류의 단계

1. 종 생물을 분류하는 가장 기본적인 단위로, 생김새와 생활 방식이 비슷하고 자연 상태에서 짝짓기를 했을 때 생식 능력이 있는 자손을 낳을 수 있는 무리[1]이다.

└ 예 테리어와 불도그 사이에서 태어난 불테리어는 생식 능력이 있으므로 둘은 서로 같은 종이다.

최다 빈출 2. 생물 분류 단계[2]

• 생물은 종에서 계까지 총 7단계로 분류되며, 분류 단계가 높아질수록 범위가 넓어진다.

└ 작은 분류 단계에 함께 속해 있을수록 가까운 관계이다.

> 종 < 속 < 과 < 목 < 강 < 문 < 계

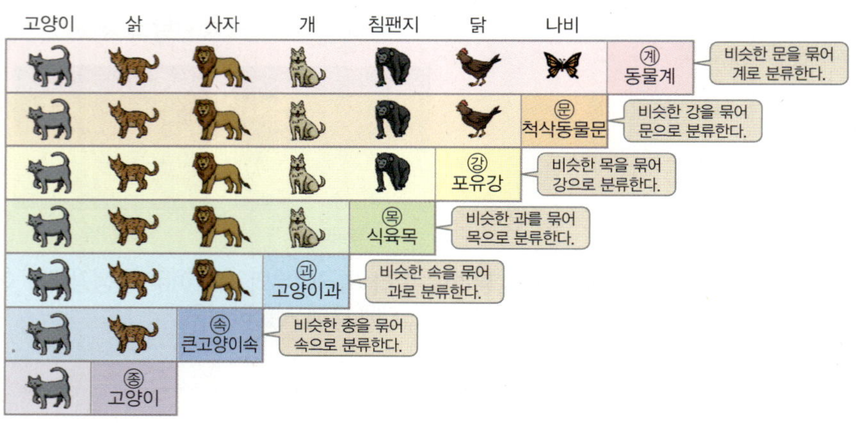

▲ 고양이의 분류 단계

분류 단위와 생물 사이의 관계(사람, 개, 호랑이의 관계)

종	사람	개	호랑이
속	사람속	개속	큰고양이속
과	사람과	개과	고양이과
목	영장목	식육목	식육목
강	포유강	포유강	포유강
문	척삭동물문	척삭동물문	척삭동물문
계	동물계	동물계	동물계

사람, 개, 호랑이를 단계별로 분류하면 사람은 영장목, 개와 호랑이는 식육목에 속하는 것을 알 수 있다. 따라서 개와 호랑이가 사람과 호랑이보다 더 가까운 관계라는 것을 알 수 있다.

[1] 같은 종에 속하는 생물

호랑이와 사자는 서로 교배가 가능하지만, 교배 결과 태어난 라이거는 생식 능력이 없다. 따라서 호랑이와 사자는 같은 종이 아니며, 라이거는 별도의 종으로 구분하지 않는다.

[2] 생물 분류의 단계

비슷한 특징을 지닌 종끼리 묶어 속으로 분류하고, 비슷한 특징을 가진 속끼리 묶어 과로 분류한다. 이와 같은 방식으로 목, 강, 문, 계를 구성한다.

종	사람	사자
속	사람속	큰고양이속
과	사람과	고양이과
목	영장목	식육목
강	포유강	포유강
문	척삭동물문	척삭동물문
계	동물계	동물계

개념 바로 확인

확인 문제

01 생물을 일정한 기준에 따라 비슷한 종의 무리로 나누는 것을 생물의 ㅂㄹ 라고 한다.

02 과학자들은 생물 ㄱㅇ의 ㅌㅈ 을 기준으로 생물을 분류한다.

03 생물을 분류할 때는 ㅂㄹ ㄱㅈ 에 따라 비슷한 무리로 나눈다.

04 ㅈ 은 생물을 분류하는 기본 단위로, 자연 상태에서 교배하여 생식 능력이 있는 자손을 낳을 수 있는 무리이다.

A 생물의 분류

01 생물의 분류에 대한 설명으로 옳은 것은 ○, 옳지 <u>않은</u> 것은 ×로 표시하시오.

(1) 생물을 분류할 때는 인위적으로 분류 기준을 정한다. ························· (   )

(2) 과학자들은 생물 고유의 특징을 기준으로 생물을 분류한다. ············ (   )

(3) 사람에 따라 각자 기준을 정하면 생물을 분류한 결과가 달라질 수 있다.
　 ·· (   )

(4) 생물을 분류하면 생물 사이의 멀고 가까운 관계를 알게 되어 생물을 체계적으로 연구할 수 있다. ··· (   )

(5) 세포의 구조나 몸의 구조, 광합성 여부, 번식 방법 등으로 생물을 분류하는 것은 사람의 편의에 따라 분류 기준을 세운 것이다. ··········· (   )

02 생물들을 다음과 같이 분류하였을 때 분류 기준이 세포의 구조, 광합성 여부, 번식 방법 중 무엇인지 쓰시오.

고사리, 곰팡이, 버섯	민들레, 소나무

B 생물 분류의 단계

03 다음은 생물의 분류 단계를 나열한 것이다. (   ) 안에 알맞은 단계를 쓰시오.

> ㉠(　　　) < 속 < 과 < ㉡(　　　) < 강 < 문 < ㉢(　　　)

04 생물의 분류 단계에 대한 설명으로 옳은 것은 ○, 옳지 <u>않은</u> 것은 ×로 표시하시오.

(1) 종은 생물 분류의 기본 단위이다. ························· (   )

(2) 가장 넓은 생물의 분류 단계는 계이다. ························· (   )

(3) 과보다 목에 더 많은 수의 종이 포함된다. ························· (   )

(4) 같은 문에 속하는 종은 모두 같은 강에 속한다. ············· (   )

(5) 짝짓기를 했을 때 생식 능력이 있는 자손을 낳을 수 있는 무리는 속이다.
　 ·· (   )

03 생물의 분류

C 생물분류체계

1. 5계 분류

(1) 생물은 원핵생물계, 원생생물계, 식물계, 균계, 동물계의 5계로 분류하며, 5계 분류는 오늘날 가장 많이 사용하는 생물분류체계[3]이다.

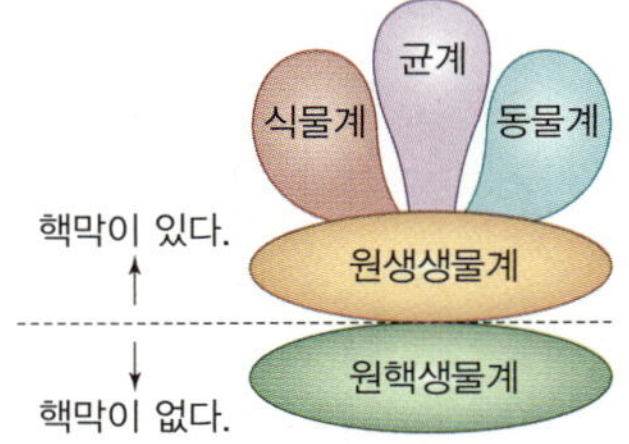

(2) 5계 분류체계

구분		원핵생물계	원생생물계	식물계	균계	동물계
분류 기준	핵	없다	있다	있다	있다	있다
	세포벽[4]	있다	있다/없다	있다	있다	없다
	운동성	있다/없다	있다/없다	없다	없다	있다
	광합성	한다/안 한다	한다/안 한다	한다	안 한다	안 한다
예		헬리코박터균, 남세균, 대장균, 결핵균	짚신벌레, 아메바, 해캄, 유글레나, 미역, 다시마	우산이끼, 고사리, 소나무, 민들레, 장미, 해바라기	버섯, 곰팡이, 효모	플라나리아, 해파리, 불가사리, 오징어, 사람, 메뚜기

→ 이름에 '균'이 들어간다고 해서 반드시 균계에 속하는 것은 아니다.

최다 빈출 2. 5계의 특징

원핵 생물계	• 원핵세포[3]로 이루어진다. • 지구상에 최초로 출현한 생물 무리이다. • 대부분 단세포 생물이지만, 여러 세포가 모여 덩어리를 이루기도 한다. • 주로 분열법으로 번식한다.	
원생 생물계	• 진핵세포로 이루어진다. • 대부분 조직이나 기관이 발달하지 않았다. • 대부분 단세포 생물이지만, 다세포인 생물도 있다. • 광합성을 하는 생물도 있고, 먹이를 섭취하는 생물도 있다. • 대부분 물속에서 생활한다.	
식물계	• 진핵세포로 이루어진 다세포 생물이다. • 엽록체가 있어 광합성을 통해 스스로 양분을 만든다. • 세포벽이 있고, 육상 생활에 적응하기 위한 구조가 발달하였다. • 종자나 포자로 번식한다. • 관다발의 유무, 종자의 유무, 씨방의 유무, 떡잎의 수 등의 기준에 따라 겉씨식물, 속씨식물, 외떡잎식물, 쌍떡잎식물[6] 등으로 분류한다.	생태계에서 생산자에 해당한다.
균계	• 대부분 진핵세포로 이루어진 다세포 생물이다. • 엽록체가 없어 광합성을 하지 못하고, 양분을 흡수하며 살아간다. • 버섯과 곰팡이는 세포벽이 있고, 몸이 균사로 이루어져 있다. • 버섯과 곰팡이는 몸 밖으로 효소를 분비하여 먹이를 분해한 후 흡수한다. • 주로 포자로 번식한다.	생태계에서 분해자에 해당한다.
동물계	• 진핵세포로 이루어진 다세포 생물이다. • 엽록체가 없어 광합성을 하지 못하고, 세포벽이 없다. • 광합성을 할 수 없어 먹이를 섭취하여 양분을 얻는다. • 운동 기관이 발달되어 있으며, 대부분 특정 기능을 담당하는 기관계가 있다. • 입의 분화, 척삭의 유무 등의 기준에 따라 해면동물, 선형동물, 연체동물, 절지동물, 극피동물, 척삭동물 등으로 분류한다. • 척삭동물 중 척추동물은 어류, 양서류, 파충류, 조류, 포유류로 분류한다.	생태계에서 소비자에 해당한다.

---

[3] 생물분류체계의 변화
- 린네(18세기): 2계로 분류
  → 동물계/식물계
- 헤켈(19세기): 3계로 분류
  → 동물계/식물계/원생생물계
- 휘태커(20세기): 5계로 분류
  → 동물계/식물계/균계/원생생물계/원핵생물계

[4] 세포벽의 성분
원핵생물계, 식물계, 균계 및 일부 원생생물계는 모두 세포벽이 있지만, 각각의 성분은 다르다.

[5] 원핵세포와 진핵세포

구분	원핵세포	진핵세포
세포막	있다	있다
핵	없다	있다
마이토콘드리아	없다	있다
엽록체	없다	없다/있다

엽록체는 식물계와 일부 원생생물계만 가지고 있다.

[6] 외떡잎식물과 쌍떡잎식물

구분	외떡잎 식물	쌍떡잎 식물
떡잎 수	1장	2장
잎맥 모양	나란히맥	그물맥
관다발 배열	불규칙한 배열	규칙적인 배열
뿌리 모양	수염뿌리	곧은뿌리

초성 확인 문제

05 5계 분류체계는 생물을 원핵생물계, ⟨ㅇ ㅅ ㅅ ㅁ ㄱ⟩, 식물계, 균계, 동물계로 구분한 것이다.

06 ⟨ㅇ ㅎ ㅅ ㅁ ㄱ⟩는 핵막이 없어 핵이 뚜렷하게 구분되지 않으며, 대장균, 결핵균 등이 이에 속한다.

07 ⟨ㅅ ㅁ ㄱ⟩는 다세포 진핵생물로, 세포벽과 엽록체가 있다.

08 ⟨ㄷ ㅁ ㄱ⟩는 다세포 진핵생물로, 세포벽과 엽록체가 없다.

09 ⟨ㄱ ㄱ⟩는 대부분 다세포 진핵생물로, 세포벽이 있지만 엽록체가 없다.

C 생물분류체계

05 다음은 생물의 분류 기준에 대한 설명이다. ( ) 안에 알맞은 말을 쓰시오.

> 생물의 5계 분류에서 원핵생물계와 원생생물계를 나누는 가장 큰 분류 기준은 (   )의 유무이다.

06 5계 중 각 생물들이 속하는 계를 |보기|에서 골라 기호를 쓰시오.

보기
ㄱ. 원핵생물계　　ㄴ. 원생생물계　　ㄷ. 식물계
ㄹ. 균계　　ㅁ. 동물계

(1) 버섯, 곰팡이: (   )
(2) 고사리, 민들레: (   )
(3) 참새, 고양이: (   )
(4) 대장균, 결핵균: (   )
(5) 유글레나, 미역: (   )

07 그림은 생물의 5계 분류체계를 나타낸 것이다. (가)~(다)에 해당하는 계의 이름을 쓰시오.

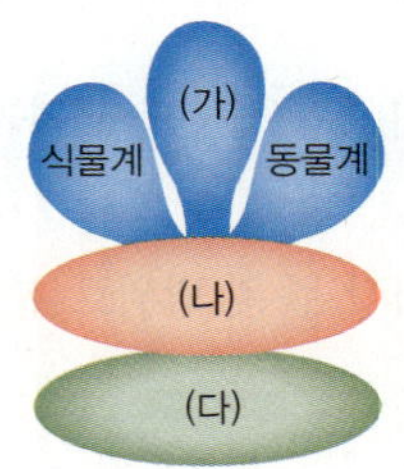

08 다음과 같은 특징을 가진 생물이 속하는 계를 쓰시오.

(1) 핵이 없는 세포로 이루어져 있다. ⋯⋯⋯⋯⋯⋯⋯⋯⋯ (   )
(2) 세포에 핵이 있고, 몸은 균사로 되어 있다. ⋯⋯⋯⋯⋯⋯ (   )
(3) 유글레나, 김, 짚신벌레, 다시마 등이 속한다. ⋯⋯⋯⋯ (   )
(4) 다세포 생물이며, 세포에 엽록체가 있어 광합성을 한다. ⋯⋯⋯⋯ (   )
(5) 진핵세포로 이루어진 다세포 생물이며, 세포벽이 없고, 운동성이 있다.

(   )

학교 시험 분석 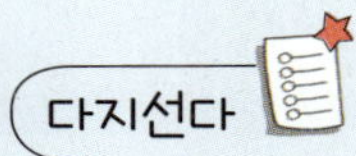 다지선다

생물의 분류, 생물 분류의 단계

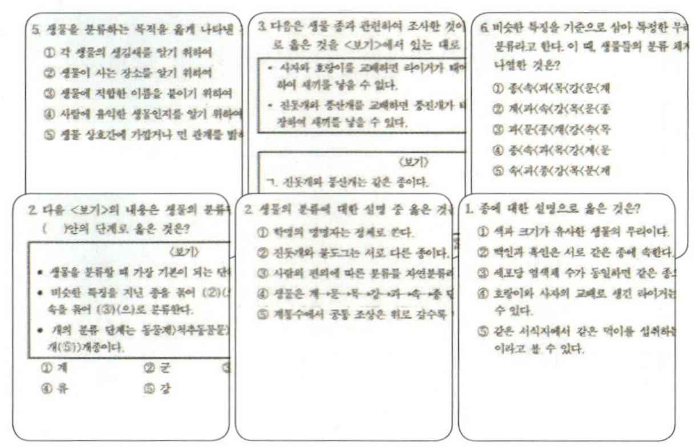

01

생물의 분류에 대한 설명으로 옳지 <u>않은</u> 것을 모두 고르면?
(3개)

① 생물을 특정한 기준에 따라 나누는 것이다.

② 분류를 통해 생물 사이의 가깝고 먼 관계를 알 수 있다.

③ 생물을 분류하면 생물다양성을 이해하는 데 도움이 된다.

④ 과학자들은 생물 고유의 특징을 기준으로 생물을 분류한다.

⑤ 특징이 다른 생물끼리 무리를 지어 나누면서 생물을 분류한다.

⑥ 사람의 편의에 따라 분류 기준을 세우면 결과가 달라질 수 있다.

⑦ 생물을 분류하는 단계 중 가장 좁은 범위로 분류하는 단계는 계이다.

⑧ 종자식물을 겉씨식물과 속씨식물로 분류하는 것은 번식 방법에 따라 분류한 것이다.

생물분류체계

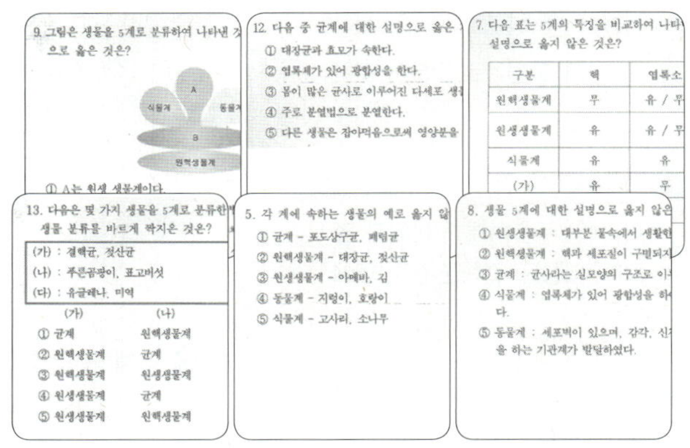

02

그림은 생물의 5계 분류체계를 나타낸 것이다.

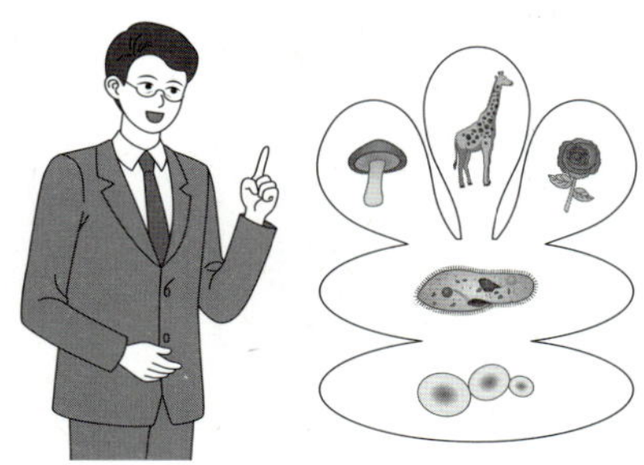

이와 관련된 설명으로 옳은 것을 모두 고르면? (3개)

① 버섯은 식물계에 속한다.

② 식물계와 균계는 핵의 유무로 구분할 수 있다.

③ 식물계와 동물계는 세포에 핵이 있는 생물이다.

④ 동물계에 속하는 생물은 대부분 몸에 기관이 없다.

⑤ 원핵생물계와 균계는 세포벽의 유무로 구분할 수 있다.

⑥ 균계는 다른 생물의 사체나 배설물을 분해하여 양분을 얻는다.

⑦ 5계 분류는 원핵생물계, 진핵생물계, 식물계, 균계, 동물계로 분류한다.

⑧ 식물계는 엽록체가 있어 광합성을 하여 양분을 얻는 생물이다.

학교 시험 기출 변형 문제

Level 1　난이도

정답 및 해설 • 9쪽

Ⓐ 생물의 분류

01 생물의 분류 목적으로 가장 타당한 것은?

① 식물과 동물을 구분하기 위해서
② 인간이 유용하게 사용하기 위해서
③ 새로운 생물종을 발견하기 위해서
④ 생물을 체계적으로 연구하기 위해서
⑤ 생물을 일정한 기준으로 나누기 위해서

02 생물 고유의 특징으로 생물을 분류한 것은?

① 속씨식물과 겉씨식물로 분류한다.
② 육상 식물과 수중 식물로 분류한다.
③ 초식 동물과 육식 동물로 분류한다.
④ 식용 버섯과 약용 버섯으로 분류한다.
⑤ 논에 사는 동물과 숲에 사는 동물로 분류한다.

Ⓑ 생물 분류의 단계

03 종에 대한 설명으로 옳은 것은?

① 백인과 흑인은 서로 다른 종이다.
② 서로 다른 종 사이에서는 자손이 나올 수 없다.
③ 같은 서식지에서 같은 먹이를 섭취하는 두 생물은 같은 종에 속한다.
④ 호랑이와 사자의 교배로 생긴 라이거는 별도의 종으로 볼 수 있다.
⑤ 짝짓기를 통해 생식 능력이 있는 자손을 낳을 수 있는 집단을 하나의 종이라고 한다.

---

04 참나무과에 속하는 떡갈나무와 밤나무에 대한 설명으로 옳은 것을 |보기|에서 모두 고른 것은?

> **보기**
> ㄱ. 떡갈나무와 밤나무는 같은 종에 속한다.
> ㄴ. 떡갈나무와 밤나무는 같은 강, 같은 문에 속한다.
> ㄷ. 떡갈나무와 밤나무를 교배시키면 생식 능력이 있는 자손이 생산된다.

① ㄱ　　　② ㄴ　　　③ ㄱ, ㄷ
④ ㄴ, ㄷ　　　⑤ ㄱ, ㄴ, ㄷ

최다 빈출

05 다음은 고양이의 분류 단계를 나타낸 것이다.

> 고양이 < 큰고양이(㉠) < 고양이과 < 식육목
> < 포유(㉡) < 척삭동물(㉢) < 동물계

㉠~㉢에 들어갈 알맞은 말을 짝 지은 것은?

	㉠	㉡	㉢
①	속	문	강
②	속	강	문
③	과	강	종
④	목	문	과
⑤	강	속	문

06 생물의 분류 단계에 대한 설명으로 옳은 것은?

① 종과 속 사이에는 과라는 단계가 있다.
② 생물 분류의 가장 기본적인 단위는 계이다.
③ 같은 문에 속하는 생물은 모두 같은 강에 속한다.
④ 같은 과에 속하는 생물은 모두 같은 목에 속한다.
⑤ 목은 서로 교배하여 생식 능력이 있는 자손을 낳을 수 있는 생물 집단이다.

C 생물분류체계

07 생물의 5계 분류체계로 옳은 것은?

① 포유류, 조류, 파충류, 양서류, 어류
② 바이러스, 세균, 곰팡이, 식물, 동물
③ 원핵생물, 원생생물, 균류, 식물, 동물
④ 미생물, 곰팡이, 속씨식물, 겉씨식물, 동물
⑤ 척추동물, 무척추동물, 쌍떡잎식물, 외떡잎식물, 미생물

08 표는 여러 가지 동물을 두 집단으로 나눈 것이다.

(가)	(나)
메뚜기, 오징어, 불가사리	상어, 오리, 개

(가)와 (나)로 집단을 분류하는 기준으로 옳은 것은?

① 알을 낳는가?
② 척추가 있는가?
③ 체온이 일정한가?
④ 운동성을 가지는가?
⑤ 스스로 양분을 만드는가?

최다 빈출

09 그림은 생물의 5계 분류체계를 나타낸 것이다.

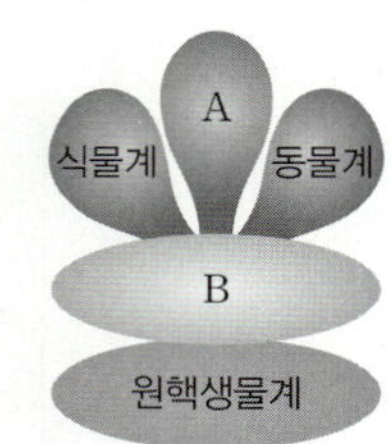

① 곰팡이와 버섯은 B에 속한다.
② A와 B는 핵의 유무로 구분할 수 있다.
③ A는 광합성을 하여 스스로 양분을 합성하며 살아 간다.
④ 원핵생물계는 다세포 생물로, 진화적으로 가장 최근에 나타났다.
⑤ 식물계와 동물계는 조직과 기관이 발달한 다세포 진핵생물 무리에 속한다.

[10~11] 그림은 세 가지 생물을 나타낸 것이다.

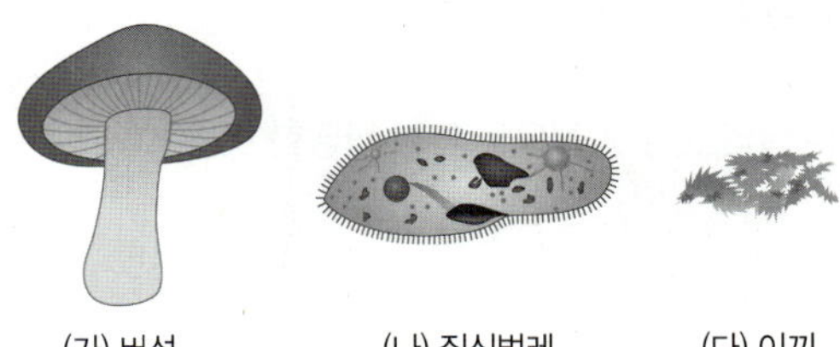

(가) 버섯 　　(나) 짚신벌레 　　(다) 이끼

10 (가)~(다) 생물이 속한 분류체계를 옳게 짝 지은 것은?

	(가)	(나)	(다)
①	원핵생물계	동물계	원생생물계
②	균계	원생생물계	식물계
③	식물계	원핵생물계	균계
④	원생생물계	균계	동물계
⑤	균계	동물계	원핵생물계

11 (가)~(다) 생물에 대한 설명으로 옳은 것을 |보기|에서 모두 고른 것은?

> **보기**
> ㄱ. (가)와 (다)는 광합성을 할 수 있다.
> ㄴ. (가)~(다)는 모두 핵을 가지고 있다.
> ㄷ. 푸른곰팡이는 (가)~(다) 중 (나)와 가장 거리가 가깝다.

① ㄱ
② ㄴ
③ ㄱ, ㄴ
④ ㄱ, ㄷ
⑤ ㄴ, ㄷ

12 다음에서 설명하는 분류군은 5계 분류 중 어떤 분류체계에 속하는가?

> 흔히 세균 또는 박테리아라고 부른다. 핵과 세포질이 구분되지 않는 원핵세포이며, 주로 분열법으로 번식한다. 광합성을 하는 세균도 있다.

① 원핵생물계　② 원생생물계　③ 균계
④ 식물계　⑤ 동물계

13 5계의 특징에 대한 설명으로 옳지 <u>않은</u> 것은?

① 원생생물계: 대부분 물속에서 생활한다.

② 원핵생물계: 핵과 세포질이 구분되지 않는다.

③ 균계: 균사라는 실모양의 구조로 이루어져 있다.

④ 식물계: 엽록체가 있어 광합성을 하여 스스로 양분을 만든다.

⑤ 동물계: 세포막이 없으며, 신경계, 소화계, 순환계 등 특정 기능을 하는 기관계가 발달하였다.

14 다음은 민들레와 우산이끼를 나타낸 것이다.

민들레

우산이끼

위 생물이 공통으로 속하는 분류체계에 대한 설명으로 옳지 <u>않은</u> 것은?

① 여러 개의 세포로 되어있는 다세포 생물이다.

② 대부분 움직이지 않으며 한 곳에 뿌리를 내리고 생활한다.

③ 다세포 원생생물이 육지로 올라와 적응한 생물계로 생각된다.

④ 핵막이 있어서 핵과 세포질이 구분되는 세포로 이루어져 있다.

⑤ 세포벽이 없고 광합성을 통해 스스로 양분을 만든다.

15 짚신벌레, 유글레나, 김, 미역을 함께 분류할 수 있는 분류 기준에 대한 설명으로 옳은 것은?

① 세포에 핵이 있으나, 광합성을 하지 않는다.

② 핵과 세포벽이 있고, 광합성을 통해 생활한다.

③ 핵이 있으며 광합성을 못하나, 운동성이 있다.

④ 세포에 핵이 있으며, 대부분 물속에서 생활한다.

⑤ 세포벽은 있으나, 세포질과 핵이 구분되지 않는다.

16 다음과 같이 생물을 (가)와 (나) 두 무리로 나누었을 때, (가)와 (나)의 생물이 갖는 공통점은 무엇인가?

(가)	(나)
소나무, 우산이끼	송이버섯, 푸른곰팡이

① 잎의 유무

② 종자의 유무

③ 뿌리의 유무

④ 세포벽의 유무

⑤ 엽록체의 유무

17 동물계와 식물계를 나눌 때 가장 큰 차이점에 해당하는 것은 무엇인가?

① 사는 곳

② 핵의 유무

③ 세포 수

④ 세포의 크기

⑤ 광합성 여부

서술형 문제

🔍 필수 키워드 필수 키워드를 포함하여 답안을 작성해 보세요.

18 생물을 분류하는 기본 단위인 종의 의미에 대해 서술하시오.

🔍 필수 키워드 단위, 짝짓기, 생식 능력

____

____

19 5계 분류체계 중 원핵생물계와 원생생물계의 차이점을 두 가지 서술하시오.

🔍 필수 키워드 핵막, 다세포 생물, 단세포 생물

____

____

____

학교 시험 기출 변형 문제

 Level 2 · 난이도

Ⓐ 생물의 분류

01 과학자들이 생물을 분류할 때의 분류 기준으로 적절하지 않은 것은?

① 척추가 있는 동물과 없는 동물
② 떡잎이 한 장인 식물과 두 장인 식물
③ 체온이 일정한 동물과 일정하지 않은 동물
④ 사람이 먹을 수 있는 식물과 먹을 수 없는 식물
⑤ 광합성을 하는 생물과 광합성을 하지 않는 생물

02 그림은 민들레, 개구리, 송이버섯을 특징에 따라 분류한 것이다.

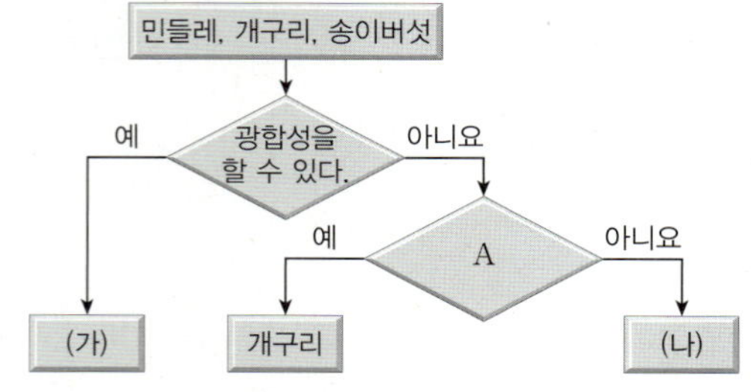

(가), (나)에 들어갈 생물과 분류 기준 A를 알맞게 짝 지은 것은?

	(가)	(나)	A
①	민들레	송이버섯	세포벽이 있다.
②	민들레	송이버섯	운동성이 있다.
③	민들레	송이버섯	다세포 생물이다.
④	송이버섯	민들레	운동성이 있다.
⑤	송이버섯	민들레	다세포 생물이다.

Ⓑ 생물 분류의 단계

03 종에 대한 설명으로 옳은 것을 모두 고른 것은? (2개)

① 생물 분류의 기본 단위이다.
② 외부 형태가 비슷한 생물 무리이다.
③ 번식 방법이 같으면 같은 종으로 분류한다.
④ 서식지나 먹이가 비슷하면 같은 종으로 분류한다.
⑤ 같은 종의 생물은 교배하여 생식 능력이 있는 자손을 낳을 수 있다.

04 생물의 분류 단계에 대한 설명으로 옳지 않은 것은?

① 생물 분류의 가장 기본적인 단위는 종이다.
② 종과 과 사이에는 속이라는 단계가 있다.
③ 같은 강에 속하는 생물은 모두 같은 문에 속한다.
④ 속은 생식이 가능한 자손을 낳을 수 있는 생물 집단이다.
⑤ 같은 속, 같은 과에 속하는 생물은 다른 속, 같은 과에 속하는 생물보다 더 가까운 관계이다.

05 표는 여우, 늑대, 개의 분류 단계를 나타낸 것이다.

종	여우	늑대	개
속	여우속	개속	개속
과	개과	개과	개과
목	식육목	식육목	식육목
강	포유강	포유강	포유강
문	척삭동물문	척삭동물문	척삭동물문
계	동물계	동물계	동물계

이에 대한 설명으로 옳은 것은?

① 포유강은 식육목에 속한다.
② 개과에는 여우속, 개속, 늑대속이 속한다.
③ 여우와 개는 분류 단계에서 공통점이 없다.
④ 개는 여우보다 늑대와의 거리가 더 가깝다.
⑤ 척삭동물문은 동물계보다 더 넓은 분류 단계이다.

Ⓒ 생물분류체계

06 5계 분류체계에 대한 설명으로 옳은 것은?

① 식물계에 속하는 생물은 광합성을 할 수 있다.
② 원생생물계는 모두 단세포 생물로 이루어져 있다.
③ 원핵생물계와 동물계는 모두 핵막을 가지고 있다.
④ 식물계와 동물계는 세포막의 유무로 구분할 수 있다.
⑤ 동물계와 균계는 엽록체의 유무로 구분할 수 있다.

07 (가)~(라)에 해당하는 생물계를 옳게 짝 지은 것은?

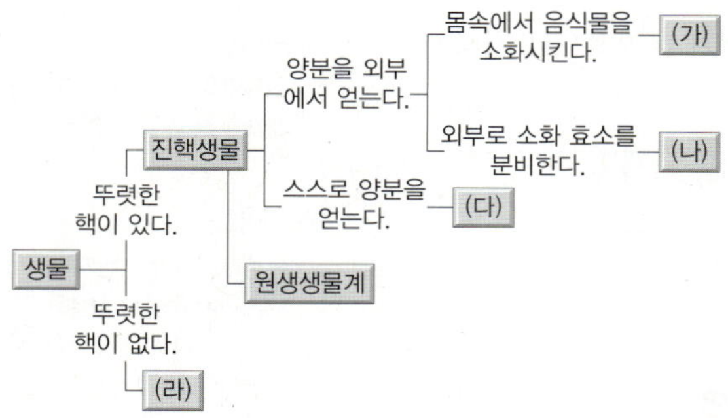

	(가)	(나)	(다)	(라)
①	균계	동물계	식물계	원핵생물계
②	동물계	균계	식물계	원핵생물계
③	동물계	원핵생물계	식물계	균계
④	동물계	식물계	원핵생물계	균계
⑤	식물계	균계	동물계	원핵생물계

최다 빈출

08 표는 5계의 특징을 나타낸 것이다.

구분	핵	엽록소	세포 수
원핵생물계	없다	있다/없다	단세포
원생생물계	있다	있다/없다	단세포/다세포
식물계	있다	있다	다세포
균계	있다	없다	다세포
동물계	있다	없다	다세포

이에 대한 설명으로 옳은 것은?

① 핵을 가지며, 초록색을 띠는 다세포 생물은 원핵생물계이다.
② 원핵생물계와 원생생물계는 세포 수로 구분할 수 있다.
③ 식물계는 종자나 포자로 번식한다.
④ 균계는 다세포 원핵생물이다.
⑤ 동물계와 식물계는 모두 스스로 양분을 만든다.

09 생물을 5계로 분류할 때 다음 생물들이 속하는 생물계에 대한 설명으로 옳은 것을 모두 고른 것은? (2개)

> 표고버섯, 검은빵곰팡이

① 몸이 균사로 되어 있다.
② 스스로 양분을 합성한다.
③ 생태계에서 생산자 역할을 한다.
④ 대부분 진핵세포로 구성되어 있다.
⑤ 지구상에 최초로 출현한 생물 무리이다.

10 생물을 5계로 분류할 때 각 생물군에 대한 설명으로 옳지 않은 것은?

① 원핵생물계: 핵막이 없는 원핵세포로 이루어져 있고, 대부분 단세포이다.
② 원생생물계: 핵막이 있는 진핵세포로 이루어진 생물로, 짚신벌레, 아메바, 돌말, 김, 미역 등이 있다.
③ 균계: 단세포 생물로 엽록소가 없어 외부에서 양분을 흡수해 생활하며, 핵과 세포질의 구분이 뚜렷하지 않다.
④ 식물계: 세포나 조직이 분화되어 있는 다세포 생물 중 광합성을 하는 진핵생물이다.
⑤ 동물계: 몸이 진핵세포로 이루어진 다세포 생물로, 다른 생물을 섭취해 필요한 영양분을 얻는다.

서술형 문제

11 암말과 수탕나귀 사이에서 노새가 태어났다. 그러나 생물의 분류에서 말과 당나귀는 같은 종이라고 하지 않는다. 그 까닭을 서술하시오.

04 생물다양성보전

ⓐ 생물다양성보전의 필요성

최다빈출

1. 생태계평형의 안정 생물다양성이 높을수록 생물 간의 먹이관계❶가 복잡하므로 생태계 평형을 안정적으로 유지할 수 있다.

생물다양성이 낮은 경우	생물다양성이 높은 경우
먹이그물❷이 단순하여 어느 생물종이 줄어들거나 사라지면 그 종을 먹이로 하는 종도 줄어들거나 사라질 수 있다.	먹이그물이 복잡하여 어느 생물종이 줄어들거나 사라져도 다른 종으로 역할이 대체될 수 있다.
수리부엉이 / 뒤쥐 / 메뚜기 / 풀	수리부엉이 / 뒤쥐 / 생쥐 / 참새 / 도요새 / 메뚜기 / 풀 / 오리 / 새우 / 어류 / 백로
예 먹이그물에서 뒤쥐가 사라지면 수리부엉이는 먹이가 없어 굶어 죽게 된다.	예 먹이그물에서 뒤쥐가 사라지면 수리부엉이는 생쥐, 도요새, 참새 등을 먹고 살아갈 수 있다.

2. 인간에게 필요한 자원 제공 생태계는 인간에게 식량, 목재, 옷감, 약품, 도구 발명의 아이디어 등을 제공하며 여가를 위한 휴식 공간이 되기도 한다.

식량	목재	옷감
쌀은 인간이 섭취하는 음식물이고, 음식물의 대부분은 다른 생물을 가공한 것이다.	목재를 이용하여 가구나 집을 만든다.	누에고치, 목화 등에서 추출한 섬유로 옷감을 만든다.
의약품 원료	**도구 발명**	**관광 자원**
주목은 항암제로 사용되고, 푸른 곰팡이는 항생제의 원료가 되며, 버드나무에서 추출한 물질로 아스피린을 만들었다. → 살리실산이라는 원료이다.	옷에 붙어 잘 떨어지지 않는 도꼬마리를 보고 벨크로를 개발하였다.	다양한 생물로 이루어진 생태공원은 여가 및 휴식의 공간이 된다.

3. 지구 환경이 주는 다양한 혜택

(1) 생물은 그 자체로 소중한 가치❹를 지닌다.

(2) 숲은 생물에게 필요한 산소를 공급하고, 동물에게 서식처를 제공한다.

(3) 버섯, 세균, 곰팡이 등은 동식물을 분해하여 토양을 비옥하게 만든다.

(4) 생물다양성은 지구 환경이 안정적으로 유지되는 데에 중요한 요인이다.

---

❶ **먹이관계**
생태계의 모든 생물이 먹고 먹히는 관계를 맺고 있는 것을 말한다.

❷ **먹이그물**
- 생태계에서 생산자부터 최종 소비자까지 하나의 사슬로 연결하여 나타낸 먹이사슬이 복잡하게 얽혀 있는 구조를 말한다.
- 생태계는 다양한 생물이 먹이그물로 얽혀 있으므로 특정 생물이 멸종하면 그 생물과 먹이관계를 맺고 있는 다른 생물의 생존에도 영향을 줄 수 있다.

❸ **생물다양성이 높은 곳과 낮은 곳의 특징**
- 생물다양성이 높은 곳은 자연 상태가 유지·보전되는 곳이다.
  예 들판, 밭판, 개울 등
- 생물다양성이 낮은 곳은 사람이 인위적으로 개발한 곳이다.
  예 아파트, 논, 밭 등

❹ **생명의 중요성**
생태계평형의 안정 및 인간에게 필요한 자원 제공 이외에도 생명은 그 자체로 중요하다.

초성 확인 문제

01 ▢▢▢▢는 생태계의 모든 생물이 먹고 먹히는 관계를 맺고 있는 것을 말한다.

02 생태계는 생물 사이의 먹고 먹히는 관계가 생산자부터 최종 소비자까지 하나의 사슬로 연결된 먹이사슬이 ▢▢▢▢로 얽혀 있다.

03 생물다양성이 ▢▢수록 생물 간의 먹이관계가 ▢▢하여 생태계평형을 잘 유지할 수 있다.

04 인간은 식량, 목재, 의약품 등 생존에 필요한 자원을 생태계의 ▢▢(으)로부터 얻어 왔다.

🅐 생물다양성보전의 필요성

[01~02] 그림 (가)와 (나)는 먹이그물이 복잡한 생태계와 간단한 생태계를 순서대로 나타낸 것이다.

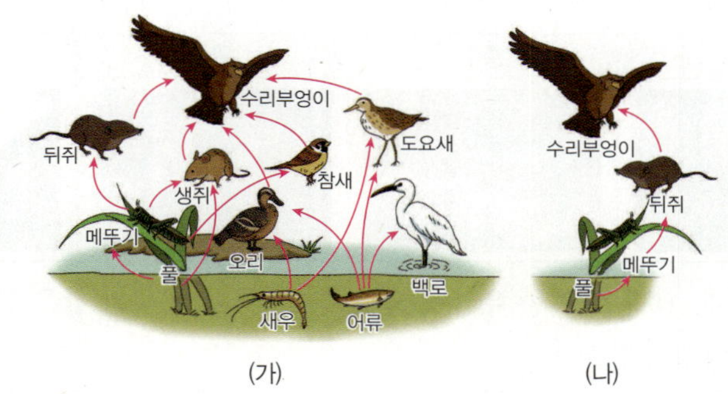

01 ( ) 안에 알맞은 말에 ◯표 하시오.

(1) 생태계가 더 안정적인 것은 ((가), (나))이다.

(2) 생물다양성은 (나)가 (가)보다 (낮다, 높다).

02 이에 대한 설명으로 옳은 것은 ◯, 옳지 <u>않은</u> 것은 ×로 표시하시오.

(1) (가)에서 어떤 원인으로 메뚜기가 없어져도 수리부엉이는 사라지지 않는다. ……………………………………………………………………… ( )

(2) (가)에서 어떤 원인으로 뒤쥐의 개체수가 감소하면 메뚜기의 개체수는 증가한다. …………………………………………………………… ( )

(3) (나)에서 메뚜기가 멸종하면 뒤쥐와 수리부엉이도 멸종할 가능성이 높아진다. ………………………………………………………………… ( )

(4) (나)에서 뒤쥐의 개체수가 감소해도 메뚜기와 수리부엉이의 개체수는 변하지 않는다. …………………………………………………………… ( )

03 다음 |보기|는 생태계가 우리에게 제공하는 자원을 나열한 것이다.

> 보기
>
> ㄱ. 식량 제공 　　　　　　　 ㄴ. 의복 재료
> ㄷ. 의약품 원료 　　　　　　 ㄹ. 건축 및 산업용 재료

위의 |보기| 중 다음 설명에 해당하는 자원을 골라 기호를 쓰시오.

(1) 벼, 보리, 밀 등을 가공하여 먹는다. …………………………………… ( )

(2) 목재를 이용하여 가구나 집을 만든다. ………………………………… ( )

(3) 누에고치, 목화 등에서 추출한 섬유로 옷감을 만든다. ……………… ( )

(4) 푸른곰팡이는 항생제의 원료가 되며, 버드나무에서 추출한 물질로 아스피린을 만든다. …………………………………………………………… ( )

B 생물다양성의 위기와 보전

1. 생물다양성의 감소 원인

(1) 산불, 홍수, 화산, 지진 등 자연재해에 의해 생물다양성이 감소한다.

산불	홍수	화산	지진

(2) 서식지 파괴, 남획, 외래종 유입, 환경 오염, 기후 변화 등과 같은 인간의 활동에 의해 생물다양성이 감소한다.

서식지 파괴	남획[5]	외래종 유입[6]
환경을 과도하게 개발하면 야생 동물의 서식지가 파괴되고 이동이 제한되어 생물종이 사라질 수 있다.	특정 생물종을 무분별하게 잡아들이면 스스로 회복할 수 없을만큼 개체수가 감소하여 종이 사라질 수 있다.	외래종은 천적이 없으므로 빠르게 증식하고, 토종 생물의 생존을 위협하여 사라지게 할 수 있다.

환경 오염	기후 변화
인간의 활동으로 인해 다양한 환경 오염이 발생하면 오염된 서식지에 살고 있던 생물의 개체수가 급격히 감소한다.	기후 변화로 인해 지구 온난화가 심화되면 기온 및 수면이 상승하여 생물의 서식 범위, 개화 시기, 산란 시기 등이 영향을 받는다.

2. 생물다양성 유지를 위한 노력

(1) **개인적 노력:** 자원 및 에너지 절약, 쓰레기 분리 배출, 다양한 생물다양성보전 활동 참여, 외래종을 함부로 방류하지 않기 등

(2) **사회적 노력:** 캠페인 활동 및 교육 제공, 외래종 퇴치, 생태통로 건설 등

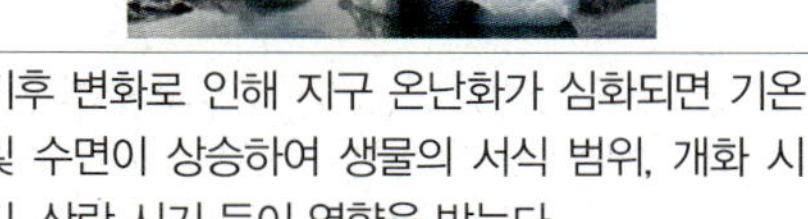
▲ 생태통로

(3) **국가적 노력:** 생물다양성과 환경 보전을 위한 입법 건의, 멸종 위기 종 복원 사업, 국립 공원 지정, 종자은행을 통한 유전자 관리 등

(4) **국제적 노력:** 생물다양성과 관련된 다양한 국제 협약[7] 체결 및 이행

└▶ **예** 람사르협약, 유엔기후변화협약, 생물다양성협약, 사막화 방지 협약 등

---

⑤ 남획

생물을 무분별하게 잡아들이는 것을 의미하며, 멸종 위기 종 지정, 불법 포획 및 거래 단속을 통해 방지해야 한다.

⑥ 외래종 유입

원래 살던 곳과 다른 환경인 새로운 서식지로 유입된 동식물로, 큰입배스, 돼지풀, 황소개구리, 뉴트리아, 붉은 귀거북, 가시박 등이 있다.

▲ 뉴트리아

생물다양성 감소에 대한 대책

원인	대책
서식지 파괴	• 지나친 개발 자제 • 서식지 보전 • 보호 구역 지정 • 생태통로 설치
외래종의 유입	• 무분별한 유입 방지 • 꾸준한 감시와 퇴치
기후 변화	• 환경 보호 • 나무 심기
남획	• 법률 강화 • 멸종 위기 종 지정
환경 오염	• 쓰레기 배출량 줄이기 • 환경 정화 시설 설치

⑦ 국제 협약

국가와 국가 사이에 문서를 교환하여 계약을 맺는 것이다.

• **람사르협약:** 습지의 보전과 현명한 이용을 위해 제정된 국제습지조약

• **유엔기후변화협약:** 지구 온난화 방지를 위한 환경 협약

• **생물다양성협약:** 지구에 사는 생물의 멸종을 막고 동식물 및 천연자원을 보전하기 위한 협약

• **사막화 방지 협약:** 심각한 사막화와 토지 황폐화 현상을 겪고 있는 개발도상국을 재정적·기술적으로 지원하여 사막화를 방지하기 위한 국제 협약

확인 문제

05 인간이 자연을 개발하면서 숲, 습지 등 생물의 ㅅㅅㅈ이(가) 파괴되는 것은 생물다양성을 위협하는 큰 원인이다.

06 생물다양성이 감소하는 원인에는 서식지 파괴, 외래종의 유입, ㄱㅎㅂㅎ, 남획, 환경 오염 등이 있다.

07 국제 사회는 여러 가지 ㅎㅇ을(를) 맺어 생물다양성을 보전하고 있다.

B 생물다양성의 위기와 보전

04 생물다양성 감소 원인에 대한 설명으로 옳은 것은 ○, 옳지 않은 것은 ×로 표시하시오.

(1) 환경 오염은 생물다양성을 감소시킬 수 있다. ································ (   )

(2) 무분별한 도로 건설로 인해 동물의 서식지가 축소되면 생물종이 더 다양해진다. ································ (   )

(3) 기후 변화는 서식지 환경이 변화하고 파괴되는 것과는 직접적으로 관련이 없다. ································ (   )

05 생물다양성 감소 원인과 그에 따른 대책을 바르게 연결하시오.

(1) 남획 •   　　　　• ㉠ 쓰레기 줄이기

(2) 기후 변화 •   　　　• ㉡ 보호 구역 지정

(3) 환경 오염 •   　　　• ㉢ 멸종 위기 종 지정

(4) 서식지 파괴 •   　　• ㉣ 사막화 방지 협약 체결과 이행

(5) 외래종 유입 •   　　• ㉤ 외래종을 무분별하게 방류하지 않기

06 다음 (   ) 안에 |보기|의 용어를 넣어 문장을 완성하시오.

> 보기
> • 사회적　　　• 국가적　　　• 국제적　　　• 외래종

(1) 인간이 의도적으로 또는 우연히 그 종의 원래 서식지에서 새로운 지역으로 옮긴 생물종을 (   )(이)라고 한다.

(2) 생태통로를 마련하여 야생 동물의 서식지를 확보하는 것은 생물다양성 보전을 위한 (   ) 차원의 노력이다.

(3) 사라질 위기에 처한 생물을 멸종 위기 종으로 지정하여 보호하고, 야생 생물 보호 및 관리에 관한 법률을 제정하는 것 등은 생물다양성보전을 위한 (   ) 차원의 노력이다.

(4) 생물다양성보전을 위해 람사르협약, 생물다양성협약 등을 체결하여 이행하는 것은 (   ) 차원의 노력이다.

07 생태통로에 대한 설명으로 옳은 것은 ○, 옳지 않은 것은 ×로 표시하시오.

(1) 외래종을 도입하는 통로이다. ································ (   )

(2) 야생 동물의 서식지를 확보할 수 있다. ································ (   )

(3) 동물이 차에 치여 죽을 확률을 줄일 수 있다. ································ (   )

생물다양성보전의 필요성

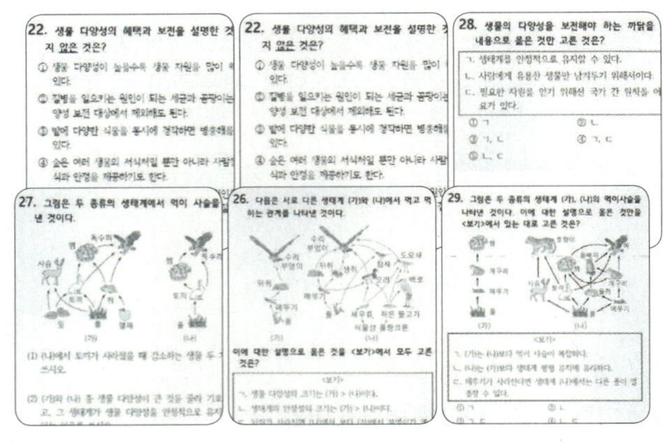

생물다양성의 위기와 보전

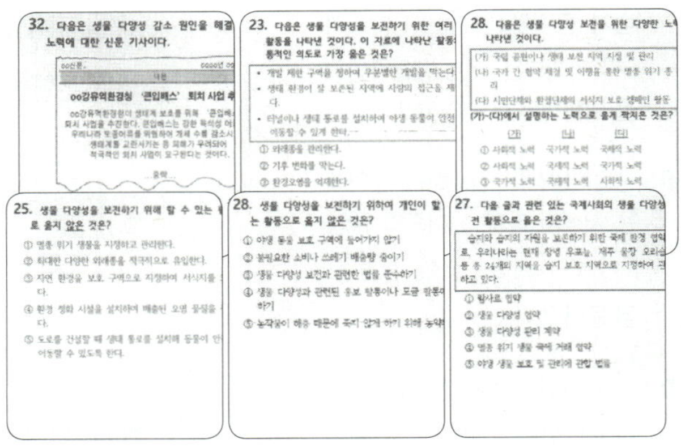

01

그림은 두 생태계 (가)와 (나)에서 먹이관계를 나타낸 것이다.

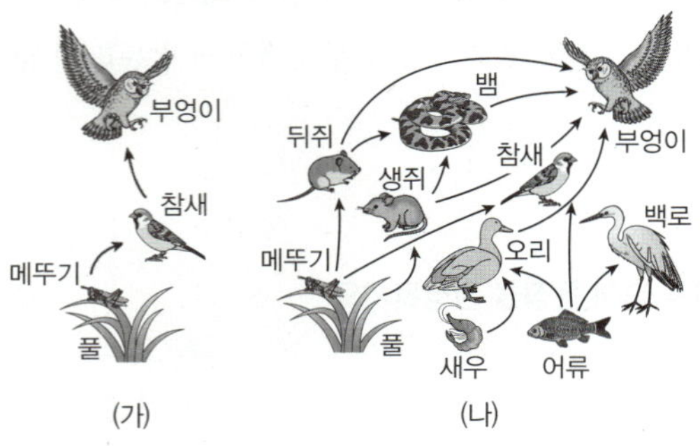

이에 대한 설명으로 옳은 것을 모두 고르면? (4개)

① 생물다양성은 (가)가 (나)보다 높다

② 먹이그물은 (가)가 (나)보다 복잡하다.

③ (나)가 (가)보다 여러 가지 생물자원을 얻기 쉽다.

④ 생태계의 평형은 (나)가 (가)보다 쉽게 깨지지 않는다.

⑤ 생태계의 평형은 (가)가 (나)보다 안정적으로 유지될 수 있다.

⑥ 무분별한 개발과 남획의 결과 (가) 상태로 되기 쉽다.

⑦ (가)에서 참새가 사라지면 메뚜기와 부엉이의 수는 크게 변하지 않는다.

⑧ (나)에서 특정 생물이 사라져도 이 생물을 대체하는 생물이 있다.

⑨ 참새가 사라졌을 때 생태계의 균형이 쉽게 파괴되는 쪽은 (나)이다.

02

생물다양성의 감소 원인과 그에 따른 대책을 옳게 짝 지은 것을 모두 고르면? (4개)

	감소 원인	대책
①	남획	멸종 위기 종 지정
②	불법 포획	생태통로 설치
③	기후 변화	이산화 탄소 배출량 늘이기
④	기후 변화	사막화 방지 협약 체결
⑤	환경 오염	쓰레기 배출량 줄이기
⑥	환경 오염	일회용품 사용 늘리기
⑦	서식지 파괴	보호 구역 설정
⑧	서식지 파괴	친환경농산물 이용하기
⑨	외래종 유입	지나친 자연 개발 자제
⑩	외래종 유입	환경정화시설 설치

학교 시험 기출 변형 문제

Level 1

난이도

정답 및 해설 · 12쪽

 생물다양성보전의 필요성

최다 빈출

01 그림은 서로 다른 두 생태계 (가)와 (나)에서의 먹이그물을 나타낸 것이다.

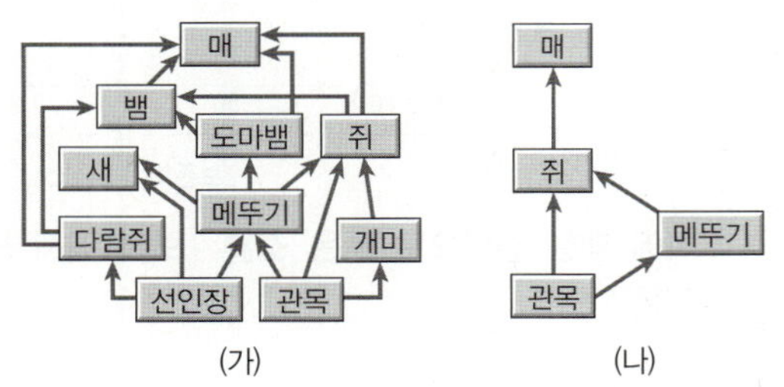

이에 대한 설명으로 옳은 것을 |보기|에서 모두 고른 것은?

> 보기
> ㄱ. (가)에서 메뚜기가 사라져도 쥐는 사라지지 않는다.
> ㄴ. (나)에서 메뚜기가 사라지면 매도 사라진다.
> ㄷ. (나)와 같이 단순한 생태계가 (가)와 같이 복잡한 생태계보다 안정적이다.

① ㄱ
② ㄷ
③ ㄱ, ㄴ
④ ㄴ, ㄷ
⑤ ㄱ, ㄴ, ㄷ

02 생물다양성이 주는 혜택에 해당하지 <u>않는</u> 것은?

① 생물에서 의약품의 원료를 얻는다.
② 우리에게 안정되고 쾌적한 환경을 제공한다.
③ 식량, 목재, 의약품 등 필요한 자원을 제공한다.
④ 숲은 생물에게 필요한 이산화 탄소를 제공한다.
⑤ 버섯, 곰팡이 등은 동식물을 분해하여 비옥한 토양을 만든다.

03 생물과 그 이용 방법을 짝 지은 것으로 옳지 <u>않은</u> 것은?

① 벼 – 식량
② 세균 – 목재
③ 도꼬마리 – 벨크로 아이디어
④ 누에고치 – 옷감 재료
⑤ 푸른곰팡이 – 항생제 원료

04 생물다양성에 대한 설명으로 옳은 것을 |보기|에서 모두 고른 것은?

> 보기
> ㄱ. 생물다양성이 감소하면 생태계가 안정화된다.
> ㄴ. 생물다양성이 증가하면 먹이그물은 단순해진다.
> ㄷ. 생물다양성이 증가하면 인간이 이용할 수 있는 생물이 늘어난다.

① ㄱ
② ㄷ
③ ㄱ, ㄴ
④ ㄴ, ㄷ
⑤ ㄱ, ㄴ, ㄷ

05 생물다양성이 잘 보전된 생태계에서 얻을 수 있는 혜택으로 옳지 <u>않은</u> 것은?

① 여러 가지 식량을 얻는다.
② 섬유나 목재 등의 자원을 얻는다.
③ 질병을 치료할 의약품을 얻는다.
④ 맑은 물, 깨끗한 공기 등을 얻는다.
⑤ 치료하기 힘든 새로운 질병을 얻는다.

B 생물다양성의 위기와 보전

06 생물다양성을 감소시키는 원인에 해당하는 것을 |보기|에서 모두 고른 것은?

> 보기
> ㄱ. 상아를 얻기 위해 코끼리를 무분별하게 사냥했다.
> ㄴ. 하천의 물고기 개체수를 증가시키기 위해 외래종인 큰입배스를 들여왔다.
> ㄷ. 우리나라를 대표할 수 있는 자연 생태계나 문화 경관을 지정하여 관리했다.

① ㄱ
② ㄷ
③ ㄱ, ㄴ
④ ㄴ, ㄷ
⑤ ㄱ, ㄴ, ㄷ

07 우리나라의 외래종에 대한 설명으로 옳은 것을 |보기|에서 모두 고른 것은?

> **보기**
> ㄱ. 황소개구리, 큰입배스, 돼지풀 등의 외래종이 있다.
> ㄴ. 생태계의 안정을 위해 모든 외래종의 도입을 막는 것이 중요하다.
> ㄷ. 천적이 없고 번식력이 강한 외래종은 먹이 그물을 단순화시킨다.

① ㄱ   ② ㄴ   ③ ㄱ, ㄷ
④ ㄴ, ㄷ   ⑤ ㄱ, ㄴ, ㄷ

08 생물다양성을 감소시키는 요인에 해당하는 것을 |보기|에서 모두 고른 것은?

> **보기**
> ㄱ. 멸종 위기 종을 법으로 지정하여 보호한다.
> ㄴ. 간척 사업을 통해 갯벌을 농지로 바꾸었다.
> ㄷ. 유조선이 좌초되어 기름이 해안으로 유출되었다.

① ㄱ   ② ㄷ   ③ ㄱ, ㄴ
④ ㄴ, ㄷ   ⑤ ㄱ, ㄴ, ㄷ

🔥 **최다 빈출**

09 생물다양성을 보전하기 위한 방법으로 옳지 <u>않은</u> 것은?

① 서식지를 보호한다.
② 생태통로를 설치한다.
③ 개체수 조절을 위해 수렵을 허용한다.
④ 멸종 위기에 처한 야생 동식물을 조사하고 복원을 위해 노력한다.
⑤ 도시 개발을 하기 전에 환경에 어떤 영향을 미치는지에 대한 평가를 한다.

10 그림은 서식지의 면적 감소에 따른 종의 비율을 나타낸 것이다.

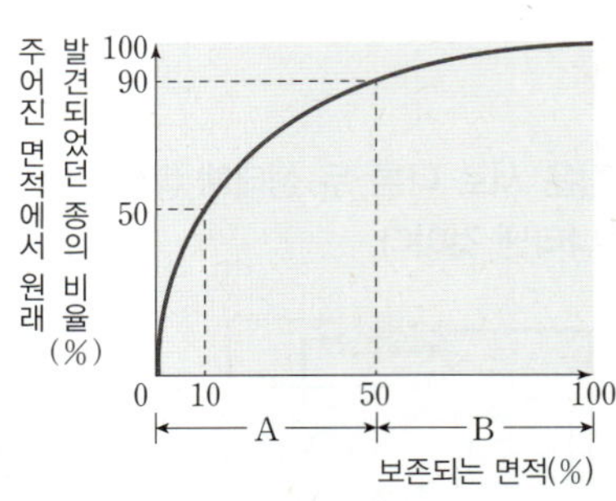

이에 대한 설명으로 옳은 것을 |보기|에서 모두 고른 것은?

> **보기**
> ㄱ. 서식지의 면적 감소는 생물의 멸종으로 이어질 수 있다.
> ㄴ. 서식지의 면적이 50 % 감소하면 그 지역에 살던 종의 비율은 10 % 감소한다.
> ㄷ. 종이 감소되는 비율은 구간 B에서가 A에서보다 크다.

① ㄱ   ② ㄷ   ③ ㄱ, ㄴ
④ ㄴ, ㄷ   ⑤ ㄱ, ㄴ, ㄷ

🔑 **필수 키워드**   필수 키워드를 포함하여 답안을 작성해 보세요.

서술형 문제

11 생물다양성의 중요성을 두 가지 서술하시오.

🔑 **필수 키워드** 먹이관계, 생태계평형, 자원

____

____

12 야생 동물의 서식지를 관통하는 도로 위에 생태통로를 만드는 까닭을 서술하시오.

🔑 **필수 키워드** 서식지, 이동

____

____

학교 시험 기출 변형 문제

난이도
🔲 정답 및 해설 • 13쪽

A 생물다양성보전의 필요성

최다 빈출

01 그림은 두 종류의 생태계 (가)와 (나)에서의 먹이그물을 나타낸 것이다.

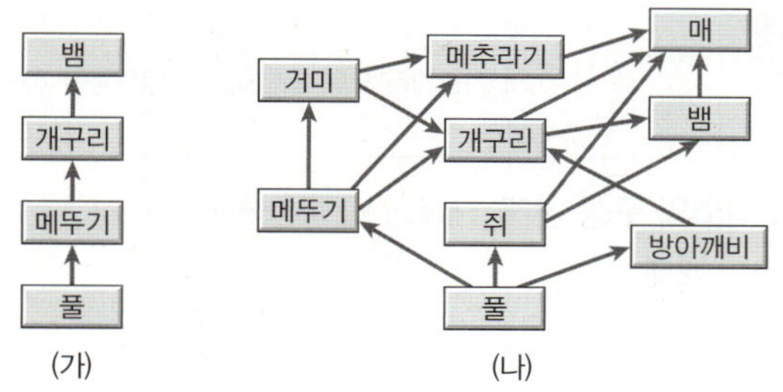

(가)   (나)

이에 대한 설명으로 옳은 것을 |보기|에서 모두 고른 것은?

보기
ㄱ. 종다양성은 (가)에서가 (나)에서보다 높다.
ㄴ. 생태계 안정성은 (나)에서가 (가)에서보다 높다.
ㄷ. (가)와 (나)에서 개구리가 사라질 경우, 뱀이 사라질 확률은 (나)가 더 높다.

① ㄴ   ② ㄱ, ㄴ   ③ ㄱ, ㄷ
④ ㄴ, ㄷ   ⑤ ㄱ, ㄴ, ㄷ

B 생물다양성의 위기와 보전

02 생물다양성을 보전하기 위한 방법에 대한 설명으로 옳지 않은 것은?

① 외래종을 꾸준히 감시하여 퇴치한다.
② 일회용품의 사용과 쓰레기 배출을 줄인다.
③ 희귀동물을 반려동물로 길러 생물다양성을 보전한다.
④ 국제사회는 여러 가지 협약을 맺어 생물다양성을 보전한다.
⑤ 자원을 개발할 때 생물의 서식지를 파괴하지 않는 방법을 고민하여 실행한다.

03 다음은 우리나라에 서식하고 있는 여러 종류의 생물을 나타낸 것이다.

▲ 뉴트리아   ▲ 돼지풀   ▲ 붉은귀거북

이 생물들의 공통적인 특징으로 옳은 것을 |보기|에서 모두 고른 것은?

보기
ㄱ. 서식지의 생물다양성을 증가시킨다.
ㄴ. 토종 생물의 생존을 위협하는 외래종이다.
ㄷ. 개체수 증가를 위해 사회적으로 노력해야 한다.

① ㄱ   ② ㄴ   ③ ㄱ, ㄷ
④ ㄴ, ㄷ   ⑤ ㄱ, ㄴ, ㄷ

서술형 문제

04 그림은 두 생태계 (가)와 (나)에서의 먹이관계를 나타낸 것이다.

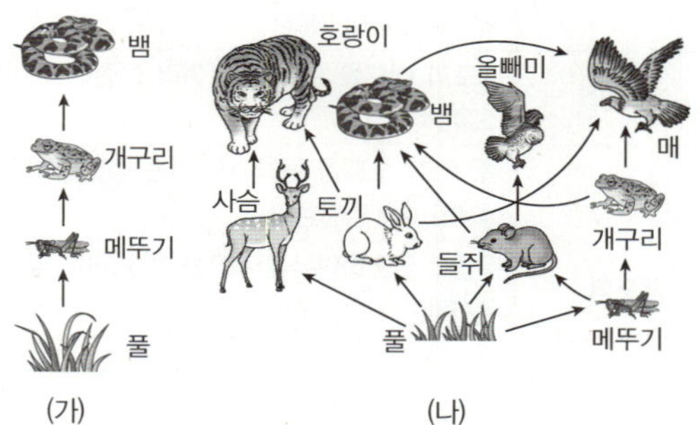

(가)   (나)

(가)와 (나) 중 어느 쪽에서 생태계 안정성이 더 높은지 쓰고, 그 까닭을 서술하시오.

____

____

05 큰입배스, 황소개구리, 돼지풀의 공통점과 이들이 생태계에 미치는 영향을 서술하시오.

____

____

____

01 세포

1. 세포: 생물을 이루는 구조적·기능적 기본 단위이며, 모든 생명체는 (❶   )로 이루어져 있다.

(1) (❷   ) 생물: 몸이 하나의 세포로 이루어진 생물

(2) 다세포 생물: 몸이 여러 개의 세포로 이루어진 생물

2. 세포의 모양과 크기

(1) 생물의 종류에 따라 세포의 모양과 크기가 다양하다.

(2) 한 생물에서도 부위와 (❸   )에 따라 세포의 모양과 크기가 다양하다. 예 적혈구, 신경세포, 상피세포 등

(3) 생물의 크기는 세포의 수에 따라 결정된다.

02 세포의 구조와 기능

1. 세포의 구조: 세포는 핵막으로 둘러싸인 핵과 핵의 바깥 부분부터 세포막까지에 해당하는 부분인 (❹   )로 구성된다.

2. 세포소기관의 종류와 기능

구조	기능 및 특징
(❺)	유전물질이 들어 있어 세포의 생명활동을 조절하며, 핵막으로 싸여 있다.
세포막	세포의 내부를 보호하고, 여러 물질이 드나드는 것을 조절한다.
액포	물, 색소, 노폐물 등을 저장하는 역할을 하고, 주로 식물세포에서 발달한다.
세포벽	두껍고 단단하여 식물세포를 보호하며, 일정한 모양을 유지하는 역할을 한다.
(❻)	빛에너지를 흡수하여 양분과 산소를 만드는 광합성이 일어난다.
마이토콘드리아	산소를 이용하여 세포의 생명활동에 필요한 에너지를 생성하며, 세포호흡이 일어나는 장소이다.

3. 동물세포와 식물세포의 세포소기관 비교

(1) 식물세포에만 있는 세포소기관: (❼   ), 엽록체

(2) 동물세포와 식물세포에 모두 있는 세포소기관: 핵, 세포막, (❽   )

4. 동물세포와 식물세포의 관찰

구조	염색 용액	세포 모양	염색 결과
동물세포	메틸렌 블루 용액	불규칙적	푸른색으로 염색된 핵이 관찰된다.
식물세포	아세트산 카민 용액	(❾)	붉은색으로 염색된 핵이 관찰된다.

03 생물의 구성 단계

1. 생물의 구성 단계: 세포 → 조직 → 기관 → 개체

2. 동물의 구성 단계: 세포 → 조직 → 기관 → (❿   ) → 개체

세포	생물의 몸을 구성하는 기본 단위
조직	모양과 기능이 비슷한 세포가 모인 단계
기관	여러 조직이 모여 고유한 모양과 기능을 갖춘 단계
(⑪)	관련된 기능을 하는 기관들로 이루어진 단계
개체	여러 기관계가 모여 독립적인 생명활동을 하는 하나의 생명체

3. 식물의 구성 단계: 세포 → 조직 → (⑫   ) → 기관 → 개체

세포	생물의 몸을 구성하는 기본 단위
조직	모양과 기능이 비슷한 세포가 모인 단계
(⑬)	몇 가지 조직이 모여 이루어진 단계
기관	여러 조직계가 모여 고유한 모양과 기능을 갖춘 단계
개체	여러 기관이 모여 독립적인 생명활동을 하는 하나의 생명체

04 생물다양성

1. 생물다양성

(1) 생물다양성: 특정 지역에 살고 있는 생물의 다양한 정도

(2) 생물다양성은 생태계의 다양함, 생물 종류의 다양함, 같은 종류의 생물에서 나타나는 특징의 다양함이 포함된다.

생태계의 다양함	습지, 산림, 강, 바다, 사막, 초원 등과 같은 다양한 생태계가 있음을 의미한다.
생물 종류의 다양함	하나의 생태계에는 다양한 종류의 생물들이 살고 있음을 의미한다.
같은 종류의 생물에서 나타나는 특징의 다양함	같은 종류의 생물이라도 생김새, 크기, 색깔 등과 같은 특징이 다르게 나타남을 의미한다.

(3) 생물다양성의 결정 기준: 생태계가 다양할수록, 한 생태계에 살고 있는 생물 종류가 많을수록, 같은 종류의 생물에서 나타나는 특징이 다양할수록 생물다양성이 높다.

2. 변이와 생물다양성

(1) 변이: 같은 종의 생물 사이에서 나타나는 서로 다른 특징

(2) 생물이 다양해진 것은 (⑭   )와 관련이 있다.

(3) 변이는 특정 환경에서 생물의 생존과 번식에 영향을 줄 수 있다.

(4) 환경이 달라지면 생존에 유리한 변이도 달라진다.

05 생물의 분류

1. 생물의 분류: 생물을 일정한 기준에 따라 나누는 것

2. 생물 분류 기준

편의에 따라	생물 고유의 특징에 따라
사람이 먹을 수 있는 것, 생물이 사는 곳 등	세포의 구조(핵막의 유무, 세포벽의 유무), 몸의 구조, 광합성 여부, 번식 방법 등

3. 생물의 분류 목적

(1) 생물을 체계적으로 연구할 수 있다.

(2) 같은 무리에 속하는 생물의 특징을 짐작할 수 있다.

(3) 생물에 대한 정확한 정보를 찾아서 새로 발견되는 생물을 분류하는 데 도움이 된다.

4. 생물의 분류의 과정: 생물을 관찰하고 특징 찾기 → 분류 기준을 정하기 → 분류 기준에 따라 무리를 나누기

5. 생물의 분류 단계

(1) 종: 생물을 분류하는 가장 기본적인 단위로, 생김새와 생활 방식이 비슷하고 자연 상태에서 짝짓기를 했을 때 생식 능력이 있는 자손을 낳을 수 있는 무리이다.

(2) 생물은 종에서 계까지 총 7단계로 분류되며, 분류 단계가 높아질수록 범위가 넓어진다.

> (⑮   )<속<과<목<강<문<(⑯   )

06 생물분류체계

1. 5계 분류: 생물을 원핵생물계, 원생생물계, 식물계, 균계, 동물계로 분류하는 체계이다.

2. 5계 분류 기준: 생물을 계 수준으로 분류할 때는 세포의 핵 유무, 세포벽 유무, 광합성 여부 등이 주요한 분류 기준이 된다.

구분	분류 기준				생물의 예
	핵	세포벽	운동성	광합성	
원핵생물계	없다	있다	–	–	헬리코박터균, 남세균, 대장균, 결핵균 등
원생생물계	있다	–	–	–	짚신벌레, 아메바, 해캄, 유글레나, 미역, 김, 다시마 등
(⑰)	있다	있다	없다	한다	우산이끼, 고사리, 소나무, 민들레, 해바라기, 장미 등
균계	있다	있다	없다	안 한다	버섯, 곰팡이, 효모 등
동물계	있다	없다	있다	안 한다	플라나리아, 해파리, 불가사리, 오징어, 메뚜기, 호랑이, 사람 등

3. 5계의 특징

(⑱)	• 대부분 단세포 생물이고, 핵이 없다. • 대부분 광합성을 하지 않지만, 남세균처럼 광합성을 하여 스스로 양분을 만드는 것도 있다. • 주로 분열법으로 번식하고, 세포에 세포벽이 있다.
원생생물계	• 대부분 단세포 생물이지만 다세포 생물도 있다. • 핵이 있는 세포로 이루어진 생물 중 균계, 식물계, 동물계에 속하지 않는 생물 무리이다. • 대부분 물속에서 생활한다.
(⑲)	• 다세포 생물이고, 운동성이 없다. • 세포벽이 있으며, 광합성을 하지 못한다. • 몸이 곰팡이로 이루어져 있고, 주로 포자로 번식한다.
식물계	• 다세포 생물이고, 광합성을 통해 스스로 양분을 만든다. • 세포벽이 있고, 대부분 육지에서 생활한다. • 종자나 포자로 번식한다.
동물계	• 다세포 생물이고, 운동성이 있다. • 세포에 세포벽이 없고, 광합성을 하지 않는다. • 다른 생물을 먹이로 삼아 양분을 얻으며, 대부분 기관이 발달해 있다.

07 생물다양성보전

1. 생태계평형의 유지: (⑳   )이 높을수록 생물 간의 먹이관계가 복잡하여 생태계평형을 잘 유지할 수 있다.

2. 자원 제공: 생태계는 인간에게 필요한 자원을 제공한다.

3. 지구 환경의 유지 및 보존: 생물이 살아가기에 알맞은 맑은 공기, 깨끗한 물, 비옥한 토양 등을 제공한다.

4. 생물다양성의 감소 원인: 산불, 화산, 지진 등의 자연재해뿐 아닌 인간의 활동에 의해서도 생물다양성이 감소한다.

환경오염	다양한 환경오염이 발생하면 오염된 서식지에 살던 생물의 개체수가 급감한다.
기후 변화	기후 변화로 인해 지구 온난화가 심화되면 빙하가 녹고 해양의 온도가 올라가 멸종 위기에 놓인 생물이 증가한다.
서식지 파괴	환경을 무분별하게 개발하면 야생 동물의 서식지가 파괴되고 이동이 제한되어 생물종이 사라질 수 있다.
외래생물 유입	외래생물은 천적이 없어 빠르게 증식하고 토종생물의 생존을 위협하여 종이 사라지게 할 수 있다.
남획	특정 생물종을 과도하게 잡으면 스스로 회복할 수 없을 만큼 개체수가 감소하여 종이 사라질 수 있다.

5. 생물다양성 유지를 위한 노력

개인적 노력	자원 및 에너지 절약, 쓰레기 분리 배출, 다양한 생물다양성 보전 활동 참여, 외래종을 함부로 방류하지 않기 등
사회적 노력	외래생물 퇴치, 생태통로 건설 등
국가적 노력	생물다양성과 환경 보전을 위한 입법 건의, 멸종 위기종 복원, 국립공원 지정 등
국제적 노력	생물다양성과 관련된 다양한 국제 협약 체결 및 이행

01 생물의 구성

1 (　　　　　　)는 생물을 이루는 구조적 기본 단위이자, 생명활동을 수행하는 기능적 기본 단위이다.

2 세포에 대한 설명으로 옳은 것은 ○, 옳지 <u>않은</u> 것은 ×로 표시하시오.

(1) 생물의 종류에 따라 세포의 모양과 크기가 다양하다. ································ (　　　　)

(2) 한 생물체를 구성하는 세포는 부위와 기능에 관계없이 모양이 같다. ··············· (　　　　)

(3) 세포는 일정 크기가 되면 더 이상 커지지 않으며, 생물의 크기는 세포의 수에 따라 결정된다.
·· (　　　　)

3 세포 중 (　　　　　)는 가운데가 움푹 패인 원반 모양으로, 혈관을 따라 온몸을 이동하여 산소를 운반한다.

4 그림은 식물세포의 구조를 나타낸 것이다. A ～ G 중 다음 설명에 해당하는 구조를 기호로 쓰시오.

(1) 세포의 형태 유지함 ······························ (　　　　)
(2) 광합성이 일어나는 장소 ························· (　　　　)
(3) 노폐물을 저장하는 장소 ························· (　　　　)
(4) 생명활동을 조절하는 곳 ························· (　　　　)
(5) 핵과 세포막까지에 해당하는 부분 ············· (　　　　)
(6) 세포 안팎의 물질의 출입을 조절함 ············ (　　　　)
(7) 생명활동에 필요한 에너지를 생성함 ··········· (　　　　)

5 동물세포에는 없고, 식물세포에만 있는 세포소기관은 (　　　　　　)과 엽록체이다.

6 모양과 기능이 비슷한 세포가 모인 생물의 구성 단계는 (　　　　　)이다.

7 동물의 구성 단계는 세포 → 조직 → (　　　　　) → (　　　　　) → 개체이다.

8 식물세포가 동물세포와 달리 모양을 일정한 형태로 유지할 수 이유는 (　　　　　　)이 있기 때문이다.

9 식물의 구성 단계는 세포 → (　　　　　) → (　　　　　) → 기관 → 개체이다.

10 세포를 관찰할 때 염색 용액을 사용하는 이유는 (　　　　　)을 뚜렷하게 관찰하기 위해서이다.

02 생물다양성

1 (　　　　　　　)은 특정 지역에 살고 있는 생물의 다양한 정도이다.

2 생물다양성에는 (　　　　　　)의 다양함, 생물 종류의 다양함, 같은 종류의 생물에서 나타나는 특징의 다양함이 포함된다.

3 (　　　　　　)의 다양함은 하나의 생태계에 다양한 종류의 생물들이 살고 있음을 의미한다.

4 생태계가 다양할수록, 한 생태계에 살고 있는 생물 종류가 많을수록 (　　　　　　)이 높다.

5 자연 상태를 유지하고 보전한 곳은 사람이 인위적으로 개발한 곳보다 생물다양성이 더 (　　　　　　).

6 어떤 한 지역에 사는 같은 종에서 서로 다른 특징이 나타나는 것은 부모로부터 물려받은 (　　　　　　)가 다르기 때문이다.

7 (　　　　　　)는 같은 종의 생물 사이에서 생김새, 크기, 색깔과 같은 특징이 개체마다 조금씩 다르게 나타나는 것을 말한다.

8 변이는 특정 환경에서 생물의 (　　　　　　)과 번식에 영향을 줄 수 있다.

9 핀치들이 환경과 먹이에 따라 부리 모양과 크기가 다른 이유는 지리적으로 격리되면서 각각의 환경에 (　　　　　　) 하여 서로 다른 방향으로 (　　　　　　)하였기 때문이다.

10 환경이 달라지면 생존에 유리한 변이도 달라지는데, 추운 곳에 사는 (　　　　　　)여우는 귀가 작고 몸집이 커서 열의 손실을 줄일 수 있는 반면, 더운 곳에 사는 (　　　　　　)여우는 귀가 크고 몸집이 작아서 몸의 열을 방출하기 쉽다.

03 생물의 분류

1 생물의 분류 방법에는 생물을 (　　　　　)의 편의나 사는 장소를 기준으로 분류하는 방법과 생물 (　　　　　)의 특징을 기준으로 분류하는 방법이 있다.

2 (　　　　　)은 생물분류의 기본 단위로, 자연 상태에서 짝짓기하여 생식 능력이 있는 자손을 낳을 수 있는 무리이다.

3 생물을 분류하는 목적은 생물 사이의 멀고 가까운 (　　　　　)을/를 밝히기 위해서이다.

4 생물의 분류 단계에서 가장 넓은 분류 단계는 (　　　　　)이다.

5 원핵생물계와 원생생물계의 가장 큰 분류 기준은 (　　　　　)의 유무이다.

6 생물을 5계로 분류할 때 아메바와 짚신벌레는 (　　　　　)에 속하고, 버섯과 곰팡이는 (　　　　　)에 속한다.

7 뚜렷한 핵이 있고, 균사를 이용하여 다른 생물체로부터 영양분을 얻는 생물 무리를 (　　　　　)라고 한다.

8 식물계에 속하는 생물은 (　　　　　)을(를) 하여 스스로 양분을 합성하고, 동물계에 속하는 생물은 (　　　　　)을(를) 하지 않고 다른 생물을 잡아먹어 영양분을 얻는다.

9 생물을 (　　　　　) 수준에서 분류할 때 주로 핵막, 엽록체, 균사 등의 유무와 기관의 발달 정도 등에 따라 분류한다.

10 표는 5계의 특징과 예를 나타낸 것이다. (　　) 안에 알맞은 말을 쓰시오.

구분	특징	예
㉠ (　　　　)	원핵생물, 단세포	대장균, 남세균
㉡ (　　　　)	진핵생물, 대부분 단세포	아메바, 짚신벌레
㉢ (　　　　)	진핵생물, 광합성	이끼, 소나무
㉣ (　　　　)	진핵생물, 세포벽, 균사	버섯, 곰팡이
㉤ (　　　　)	진핵생물, 운동성	지렁이, 호랑이

04 생물다양성보전

1 인간에게 음식물을 제공하는 생물의 예로 (   )이(가) 있다.

2 그림에서 생물다양성은 (   )에서가 (   )에서보다 높다.

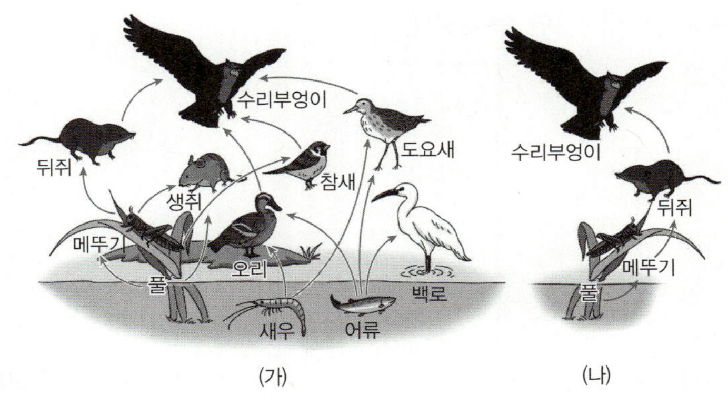

3 생물종이 다양하여 먹이그물이 (   )한 생태계는 일부 생물의 개체수가 변해도 큰 영향을 받지 않고 안정적으로 유지된다.

4 (   ) 파괴는 생물다양성을 위협하는 원인 중 하나이며, 많은 지역에서 일어나고 있다.

5 원래 살던 곳과 다른 환경인 새로운 서식지로 유입된 동식물을 (   )(이)라고 하며, 큰입배스, 돼지풀, 뉴트리아, 붉은귀거북 등이 이에 해당한다.

6 불법 포획과 남획은 먹이 사슬에 변화를 일으켜 생물다양성을 (   )시킨다.

7 (   ) 변화로 인해 지구의 평균 기온이 높아지면 빙하가 녹고 바다의 온도가 올라가 멸종 위기에 놓인 생물이 증가한다.

8 생물다양성보전을 위한 노력으로는 개인적 노력, 사회적 노력, 국가적 노력, (   ) 노력이 있다.

9 생물다양성보전은 한 나라의 노력만으로는 이루어질 수 없으므로 국제적인 (   )이(가) 필요하다.

10 생물다양성 복원을 위해 지역 사회에서는 (   )을(를) 만들어 개발로 인해 단절된 서식지를 이어 주려 노력하고 있다.

대단원 최종 확인 문제

01 세포에 대한 설명으로 옳은 것을 |보기|에서 모두 고른 것은?

> **보기**
> ㄱ. 모든 생명체는 세포로 이루어져 있다.
> ㄴ. 세포는 기능에 따라 모양과 크기가 다양하다.
> ㄷ. 세포는 매우 작아서 현미경으로만 볼 수 있다.

① ㄱ ② ㄱ, ㄴ ③ ㄱ, ㄷ
④ ㄴ, ㄷ ⑤ ㄱ, ㄴ, ㄷ

02 세포에 대한 설명으로 옳지 <u>않은</u> 것은?

① 어떤 생물은 하나의 세포로 되어 있다.
② 생물의 크기는 세포의 수에 따라 결정된다.
③ 동물과 식물은 수많은 세포로 구성되어 있다.
④ 세포의 모양은 각 부분의 기능에 따라 다르다.
⑤ 하나의 생물에서 세포의 구조와 기능은 모두 같다.

03 그림은 여러 가지 세포의 모양과 세포의 상대적 크기를 나타낸 것이다.

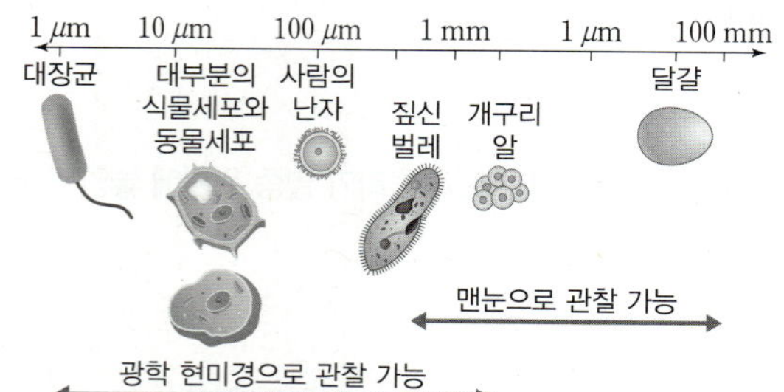

이 자료를 통해 알 수 있는 것은?

① 달걀은 여러 개의 세포이다.
② 동물세포는 모양이 모두 같다.
③ 대장균은 맨눈으로 볼 수 있다.
④ 개구리 알은 사람의 난자보다 크다.
⑤ 짚신벌레는 여러 개의 세포로 구성되어 있다.

04 동물이 자라면서 점차 몸의 크기가 커지는 이유로 옳은 것은?

① 세포 수가 많아지기 때문에
② 세포 수가 적어지기 때문에
③ 세포의 모양이 변하기 때문에
④ 세포의 크기가 커지기 때문에
⑤ 세포의 크기가 작아지기 때문에

05 그림은 동물세포와 식물세포 구조를 나타낸 것이다.

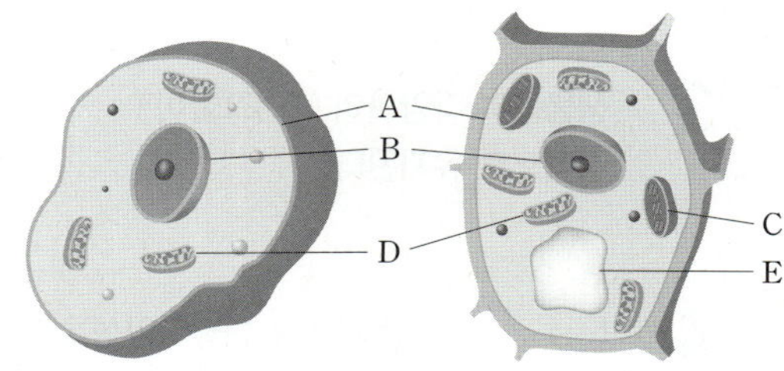

A ~ E 각 부분에 대한 설명으로 옳지 <u>않은</u> 것은?

① A는 세포 안팎으로 물질의 출입을 조절한다.
② B는 유전물질을 가지고 있다.
③ C는 광합성이 일어나는 장소이다.
④ D는 생명활동을 조절한다.
⑤ E는 노폐물, 양분, 색소 등을 저장한다.

06 동물세포에는 없고 식물세포에는 있는 것을 모두 고르면? (2개)

① 핵 ② 세포막 ③ 세포벽
④ 세포질 ⑤ 엽록체

07 그림 (가)와 (나)는 동물세포와 식물세포 구조를 순서 없이 나타낸 것이다.

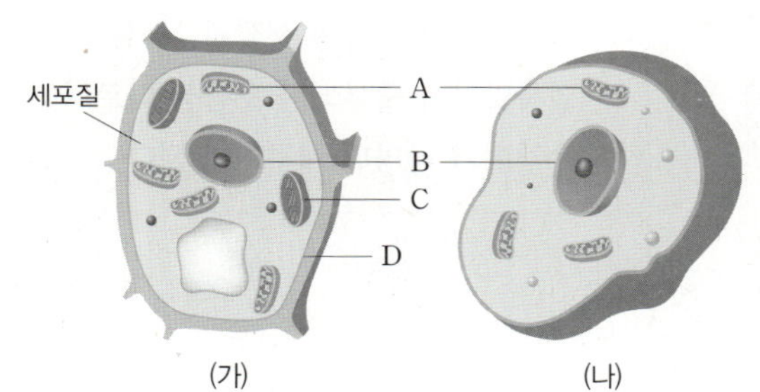

이에 대한 설명으로 옳지 <u>않은</u> 것은?

① (가)는 식물세포이다.
② (나)는 세포벽이 없다.
③ 광합성이 일어나는 장소는 C이다.
④ D는 여러 물질이 드나드는 것을 조절한다.
⑤ 아세트산 카민 용액은 (나)의 B를 염색하는 데 이용된다.

08 다음은 세포를 관찰하기 위한 실험 과정의 일부와 결과이다.

[실험 과정] 다음과 같이 양파의 표피세포와 입안의 상피세포를 표본을 만들어 현미경으로 관찰한다.

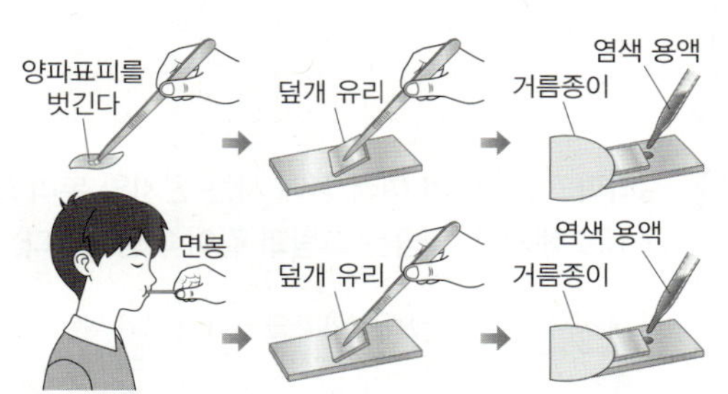

[실험 결과] 현미경 관찰 결과는 그림과 같다.

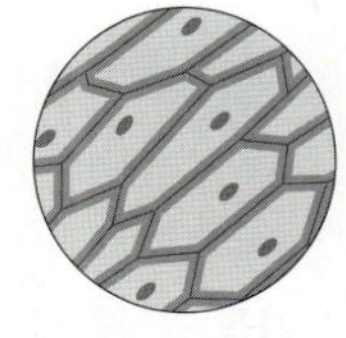
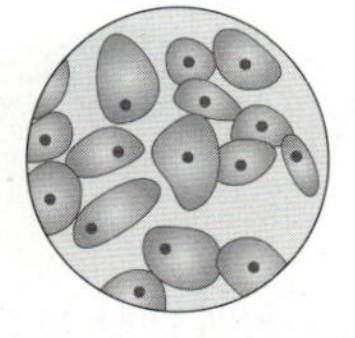

이 실험에 대한 설명으로 옳은 것은?

① 양파의 표피세포는 둥근 모양이다.
② 입안의 상피세포는 세포벽이 있다.
③ 1개의 세포에는 여러 개의 핵이 있다.
④ 입안 상피세포의 모양은 규칙적으로 배열되어 있다.
⑤ 핵을 뚜렷하게 관찰하기 위해 염색 용액을 사용한다.

09 동물의 구성 단계에 대한 설명으로 옳은 것은?

① 폐는 순환계에 해당하는 기관이다.
② 동물의 몸을 구성하는 기본 단위는 조직이다.
③ 기관계는 생물의 공통 구성 단계 중 하나이다.
④ 근육조직, 상피조직 등이 모여 조직계를 이룬다.
⑤ 모양과 기능이 비슷한 세포가 모여 조직을 이룬다.

10 다음은 동물의 구성 단계를 순서대로 나타낸 것이다.

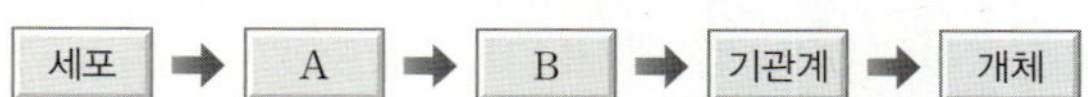

㉠ A의 단계에 해당하는 예와 ㉡ B의 단계에 해당하는 예를 옳게 짝 지은 것은?

	㉠	㉡
①	위	사람
②	적혈구	근육조직
③	근육조직	소화계
④	결합조직	혈액
⑤	상피조직	혈관

11 그림은 식물의 구성 단계를 순서 없이 나타낸 것이다.

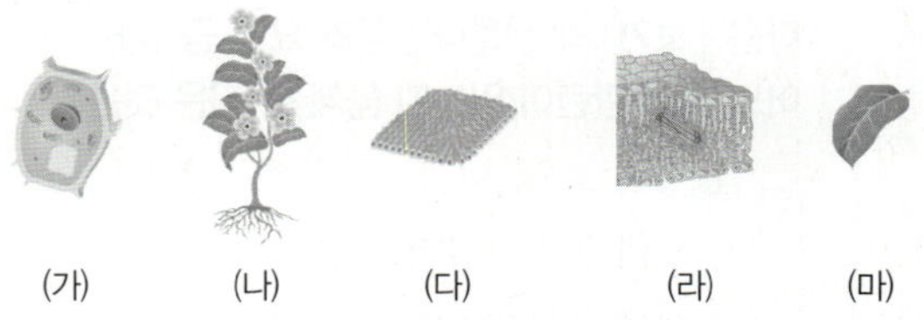

식물의 구성 단계를 작은 단계부터 순서대로 나열한 것은?

① (가) → (나) → (다) → (라) → (마)
② (가) → (다) → (라) → (마) → (나)
③ (다) → (가) → (라) → (마) → (나)
④ (다) → (마) → (가) → (라) → (나)
⑤ (마) → (가) → (다) → (라) → (나)

02 생물다양성

12 생물다양성에 대한 설명으로 옳은 것을 |보기|에서 모두 고른 것은?

> **보기**
> ㄱ. 생물종이 다양할수록 안정된 생태계가 유지된다.
> ㄴ. 유전자가 다양하지 못한 종은 멸종될 가능성이 높다.
> ㄷ. 인공 습지보다 자연 습지에서 생물다양성이 더 높다.

① ㄱ　　　② ㄱ, ㄴ　　　③ ㄱ, ㄷ
④ ㄴ, ㄷ　　　⑤ ㄱ, ㄴ, ㄷ

13 다음은 생물다양성에 대한 설명이다.

> (가) 사막, 습지, 갯벌 등 다양한 생태계가 있다.
> (나) 같은 종류의 생물에서 나타나는 특징이 매우 다양하다.
> (다) 지구상에는 수많은 종의 생물이 살고 있으며, 새로운 종의 생물이 계속 발견된다.

다음 |보기|의 생물다양성의 요인 중 (가)~(다)는 각각 어느 것과 관련이 있는지 옳게 짝 지은 것은?

> **보기**
> ㄱ. 생태계의 다양함
> ㄴ. 생물 종류의 다양함
> ㄷ. 같은 종류의 생물에서 나타나는 특징의 다양함

	(가)	(나)	(다)		(가)	(나)	(다)
①	ㄱ	ㄴ	ㄷ	②	ㄱ	ㄷ	ㄴ
③	ㄴ	ㄱ	ㄷ	④	ㄴ	ㄷ	ㄱ
⑤	ㄷ	ㄱ	ㄴ				

14 변이의 예로 해당하는 것을 |보기|에서 모두 고른 것은?

> **보기**
> ㄱ. 무당벌레마다 몸의 색깔과 무늬가 다르다.
> ㄴ. 얼룩말마다 줄무늬가 조금씩 다르다.
> ㄷ. 올챙이가 자라면 개구리가 된다.

① ㄱ　　　② ㄷ　　　③ ㄱ, ㄴ
④ ㄴ, ㄷ　　　⑤ ㄱ, ㄴ, ㄷ

15 그림은 북극여우와 사막여우의 모습을 나타낸 것이다.

북극여우　　　　　사막여우

이와 같이 생김새가 서로 다른 것은 어떤 환경 요인에 적응한 결과인가?

① 강수량　　　② 온도　　　③ 빛의 세기
④ 먹이의 종류　　　⑤ 이산화 탄소의 농도

16 갈라파고스제도의 여러 섬에 사는 핀치의 부리 모양은 원래 비슷했지만, 지금은 그림과 같이 다양해졌다.

씨를 먹는 핀치　　　나무 속 곤충을 먹는 핀치　　　열매를 먹는 핀치

이 현상에 대한 설명으로 가장 타당한 것은?

① 자연적으로 부리가 달라졌다.
② 온도에 따라 부리 모양이 변하였다.
③ 서식지의 수분 양에 따라 부리 모양이 변하였다.
④ 변이에 따라 핀치의 환경에 대한 적응력이 달라져 모양이 다양해졌다.
⑤ 수많은 짝짓기가 이루어져 다양한 부리 모양을 갖게 되었다.

03 생물의 분류

[17~18] 다음은 우리 주변에 있는 여러 가지 생물의 모습이다.

ㄱ.

▲ 닭

ㄴ.

▲ 나비

ㄷ.

▲ 토마토

ㄹ.

▲ 개구리

ㅁ.

▲ 잠자리

ㅂ.

▲ 은행나무

17 각각의 분류 기준에 해당하는 생물의 기호를 옳게 짝 지은 것은?

	광합성을 하는 생물	광합성을 하지 않는 생물
①	ㄱ, ㄴ, ㄹ, ㅁ	ㄷ, ㅂ
②	ㄴ, ㅁ, ㄷ, ㅂ	ㄱ, ㄹ
③	ㄴ, ㅁ	ㄱ, ㄹ, ㄷ, ㅂ
④	ㄱ, ㄹ	ㄴ, ㅁ, ㄷ, ㅂ
⑤	ㄷ, ㅂ	ㄱ, ㄴ, ㄹ, ㅁ

18 이와 같이 일정한 기준에 따라 생물을 비슷한 종류의 무리로 나누는 것을 무엇이라고 하는가?

① 종   ② 변이   ③ 생태계

④ 생물 분류   ⑤ 생물다양성

19 종에 대한 설명으로 옳지 <u>않은</u> 것을 모두 고르면? (2개)

① 생물을 분류하는 가장 작은 단위이다.

② 서식지가 비슷하면 같은 종으로 분류한다.

③ 외부 형태가 비슷하면 같은 종으로 분류한다.

④ 같은 종에 속하는 생물은 같은 속으로 묶을 수 있다.

⑤ 같은 종의 생물을 자연 상태에서 짝짓기하면 생식 능력이 있는 자손을 낳을 수 있다.

[20~21] 그림은 고양이의 분류 단계를 나타낸 것이다.

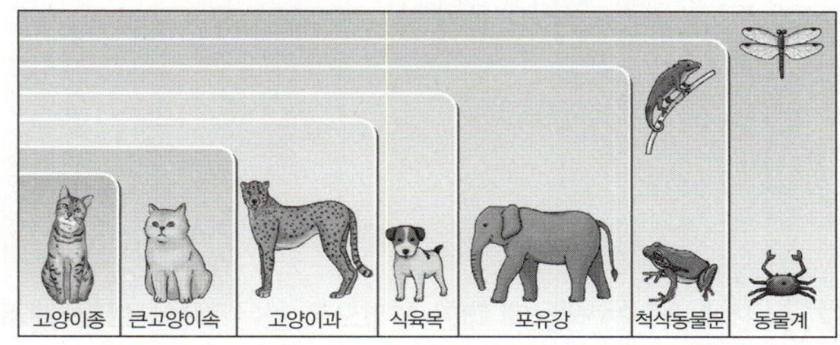

20 위 그림을 보고 각각의 기호에 해당하는 생물 분류 단계를 옳게 짝 지은 것은?

종 < (㉠) < (㉡) < 목 < (㉢) < (㉣) < 계

	㉠	㉡	㉢	㉣
①	속	강	과	문
②	문	강	과	속
③	문	과	강	속
④	속	과	강	문
⑤	과	속	문	강

21 이 자료에 대한 설명으로 옳은 것을 모두 고르면? (2개)

① 고양이는 동물계에 속한다.

② 동물계는 포유강에 속한다.

③ 동물계가 가장 넓은 분류 단계이다.

④ 식육목은 고양이보다 분류 단계가 낮다.

⑤ 고양이종, 큰고양이속, 척삭동물문은 모두 고양이과에 속한다.

[22~23] 그림은 생물의 5계 분류체계를 나타낸 것이다.

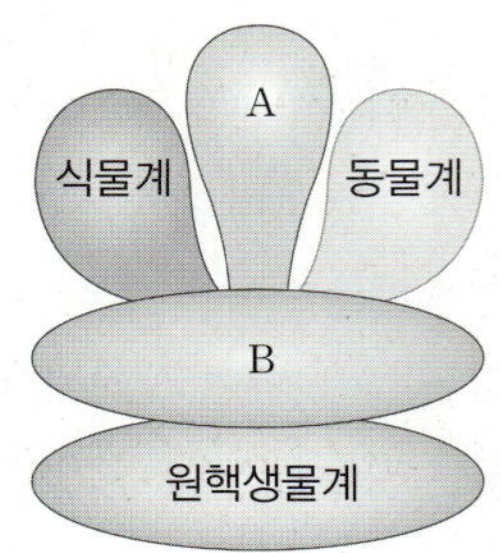

22 A에 속하는 생물을 옳게 짝 지은 것은?

① 뱀, 해파리
② 이끼, 고사리
③ 버섯, 곰팡이
④ 아메바, 짚신벌레
⑤ 대장균, 헬리코박터균

23 B에 속하는 생물에 대한 설명으로 옳은 것을 |보기|에서 모두 고른 것은?

보기
ㄱ. 모두 단세포 생물이다.
ㄴ. 핵막이 없어 핵이 뚜렷하게 구분되지 않는다.
ㄷ. 먹이를 섭취하거나 광합성을 하여 양분을 얻는다.

① ㄴ
② ㄷ
③ ㄱ, ㄴ
④ ㄱ, ㄷ
⑤ ㄱ, ㄴ, ㄷ

04 생물다양성보전

24 생물다양성을 보전하기 위한 대책으로 옳지 <u>않은</u> 것은?

① 멸종 위기 종을 지속적으로 관리한다.
② 희귀종의 불법 포획 및 남획을 금지한다.
③ 생물다양성의 가치에 대한 교육을 실시한다.
④ 산에 도로를 만들 때에는 생태통로를 설치한다.
⑤ 천적이 없는 외래종을 도입하여 종 다양성을 증가시킨다.

25 생물자원의 이용에 대한 설명으로 옳은 것을 |보기|에서 모두 고른 것은?

보기
ㄱ. 쌀, 콩 등을 식량으로 이용한다.
ㄴ. 목화, 누에고치를 이용하여 옷을 만든다.
ㄷ. 세균은 동식물을 분해하여 토양을 황폐화시킨다.
ㄹ. 버드나무에서 추출한 물질을 이용하여 항생제인 페니실린을 만든다.

① ㄱ
② ㄷ
③ ㄱ, ㄴ
④ ㄴ, ㄷ
⑤ ㄷ, ㄹ

26 그림은 두 종류의 생태계 (가)와 (나)에서의 먹이그물을 나타낸 것이다.

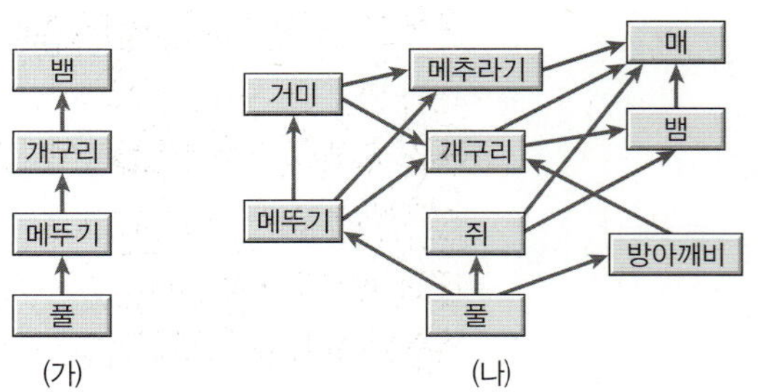

이에 대한 설명으로 옳은 것을 |보기|에서 모두 고른 것은?

보기
ㄱ. (가)는 (나)보다 종 다양성이 높다.
ㄴ. (나)는 (가)보다 생태계 안정성이 높다.
ㄷ. (가)와 (나)에서 각각 개구리가 사라질 경우, 뱀이 사라질 가능성은 (나)가 (가)보다 높다.

① ㄴ
② ㄷ
③ ㄱ, ㄴ
④ ㄱ, ㄷ
⑤ ㄱ, ㄴ, ㄷ

서술형 문제

27 그림은 식물세포의 구조를 나타낸 것이다.

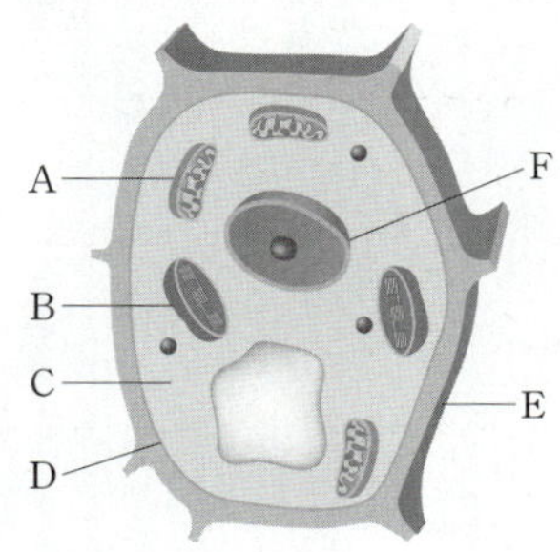

(1) A~F 중 동물 세포에는 없고 식물세포에만 있는 구조를 기호와 이름을 모두 쓰시오.

(2) A~F 중 동물세포에도 있는 구조를 기호와 이름을 모두 쓰시오.

28 그림 (가)는 입안 상피세포를, (나)는 검정말잎 세포를 현미경으로 관찰한 결과를 나타낸 것이다.

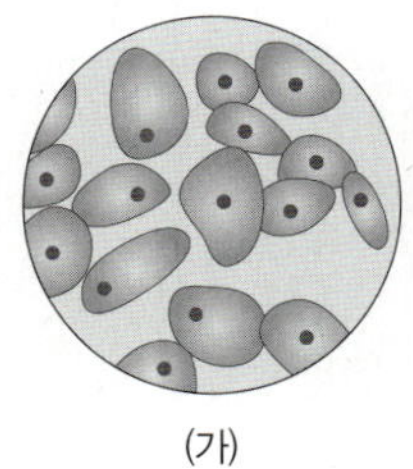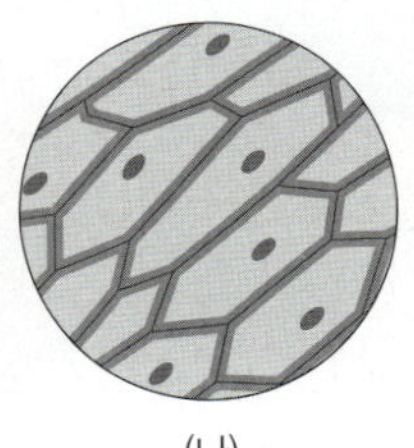

(가)　　　　　　　(나)

(가)와 (나)를 염색할 때 사용하는 염색 용액을 각각 쓰고, 염색 용액을 사용하는 이유를 서술하시오.

____

____

29 그림은 같은 지역에 사는 한 종의 무당벌레의 다양한 반점 무늬를 나타낸 것이다.

무당벌레의 반점 무늬가 다양하게 나타나는 이유와 이로 인해 생물다양성이 높아질 경우 유리한 점은 무엇인지 서로 관련지어 서술하시오.

____

____

30 다음은 우리 주변에서 볼 수 있는 생물의 모습이다.

▲ 무궁화　　　　　　　▲ 코스모스

이 생물들이 속한 무리가 균계에 속하는 생물과 구분되는 가장 큰 특징은 무엇인지 서술하시오.

____

____

31 생물종이 다양한 생태계가 생태계 안정성이 높은 까닭을 서술하시오.

____

____

32 다음은 우리나라 생태계 파괴의 대표적인 사례이다.

> 우리나라의 하천 생태계에 큰 영향을 주는 블루길이나 큰입배스는 식용으로 판매하기 위해 우리나라에 수입되었다. 그러나 우리나라 사람들이 선호하지 않아 판매가 잘 이루어지지 않자 이 물고기들은 양식장에 그대로 방치되었다. 이후 블루길과 큰입배스는 자연적으로 하천에 유입되었고, 현재는 우리나라의 많은 지역에 서식하게 되었다.
> 하천에 유입된 블루길과 큰입배스는 천적이 없어 하천 생태계의 먹이그물에서 최상위를 차지하게 되었고, 그 결과 토종 물고기들의 개체수는 급격히 감소하였다.

위 자료에서 토종 물고기들의 개체수가 감소하게 된 주요 원인이 무엇인지 서술하시오.

____

____

Ⅲ

열

01 온도와 열

Ⓐ 온도와 입자

1. 물질과 입자

(1) 물질은 그 물질의 고유한 성질을 갖는 매우 작은 알갱이인 입자로 구성되어 있다.

(2) **입자 모형**❶: 물질을 구성하는 보이지 않는 입자를 설명하기 위해 공이나 구슬과 같은 모형을 이용한 것이다.

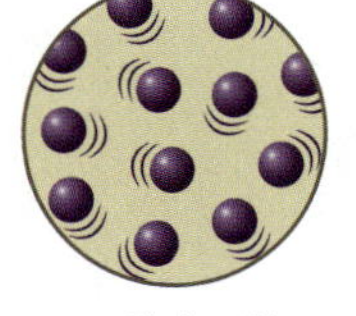

▲ 입자 모형

(3) 물질을 구성하는 입자는 끊임없이 움직이며, 입자의 움직임이 활발할수록 입자 사이의 거리가 대체로 멀다.

2. 온도❷ 물체의 차갑고 뜨거운 정도를 수치로 나타낸 물리량으로, 물질을 구성하는 입자 운동이 활발한 정도를 나타낸다.

구분	온도가 낮은 물체	온도가 높은 물체
입자의 운동	입자의 움직임이 둔하다.	입자의 움직임이 활발하다.
입자 모형	└ 입자 사이의 거리가 가깝다.	└ 입자 사이의 거리가 멀다.

Ⓑ 열평형

1. 열❸ 온도가 서로 다른 두 물체가 접촉해 있을 때, 온도가 높은 물체에서 온도가 낮은 물체로 이동하는 에너지이다. → 열의 이동은 물질의 온도차와 관계가 있으며 물질의 종류나 질량과는 관계가 없다.

최다 빈출

2. 열평형❹ 온도가 다른 두 물체를 접촉시켰을 때 온도가 높은 물체에서 온도가 낮은 물체로 열이 이동하여 두 물체의 온도가 같아진 상태이다.

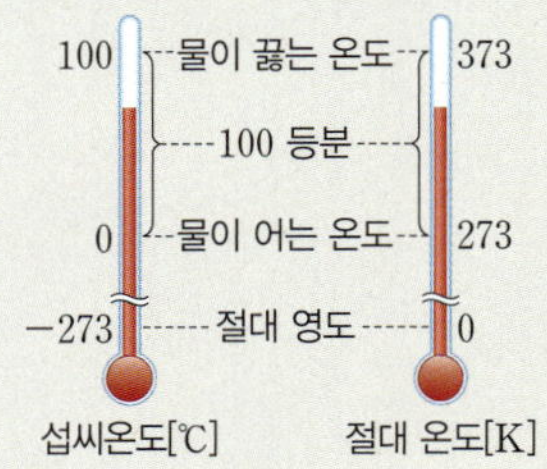

└ 열평형 온도는 온도가 높은 물체의 처음 온도보다 낮고, 온도가 낮은 물체의 처음 온도보다 높다.

3. 열평형 상태에 도달할 때까지의 변화

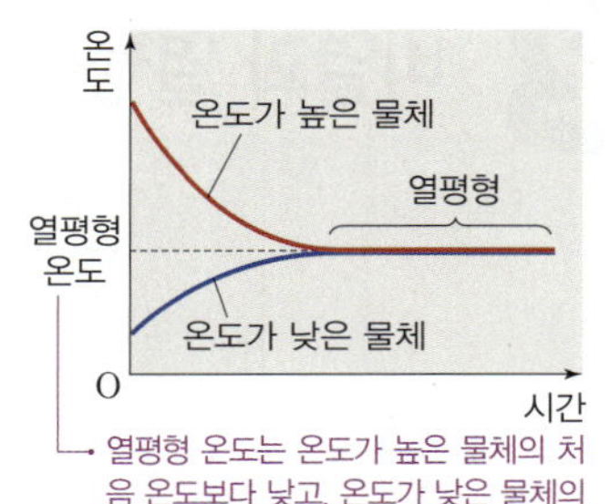

물체의 온도	열의 이동❺	입자 운동❻	입자 사이의 거리
온도가 낮다.	열을 얻는다.	활발해진다.	멀어진다.
온도가 높다.	열을 잃는다.	둔해진다.	가까워진다.

└ 온도가 높은 물체가 잃은 열의 양과 온도가 낮은 물체가 얻은 열의 양은 같다.

4. 열평형 현상의 이용한 예

(1) 한약 팩을 뜨거운 물에 넣어 데운다. (열의 이동: 뜨거운 물 → 한약 팩)

(2) 귓속이나 겨드랑이에 체온계를 넣고 체온을 측정한다. (열의 이동: 몸 → 체온계)

(3) 냉장실에 음식물을 넣어 차갑게 보관하거나 냉동실에 넣어 얼린다.
   (열의 이동: 음식물 → 냉장고 속 공기)

---

❶ **입자 모형**

	• 입자 운동이 둔하다. • 낮은 온도
	• 입자 운동이 활발하다. • 높은 온도

❷ **섭씨온도와 절대 온도**

• 섭씨온도(℃, 섭씨도): 1기압에서 물이 어는 온도를 0 ℃, 끓는 온도를 100 ℃로 정하고, 그 사이를 100등분한 온도로 일상생활에서 주로 사용하는 단위이다.

• 절대 온도(K, 켈빈): 물질을 이루는 입자 운동이 활발한 정도를 수치로 나타낸 온도로, 과학이나 기술 분야에서 주로 사용하는 단위이다.

절대 온도(K) = 섭씨온도(℃) + 273

100 ⌐ 물이 끓는 온도 ⌐ 373
  ·····100 등분·····
0 ⌐ 물이 어는 온도 ⌐ 273
−273 ⌐ 절대 영도 ⌐ 0
섭씨온도[℃]　　절대 온도[K]

❸ **열량**

온도가 다른 두 물체 사이에서 이동하는 열의 양으로, 단위는 cal(칼로리), kcal(킬로칼로리)를 사용한다.

❹ **열평형에서 열의 이동**

열평형에 도달하면 두 물체 사이에서 이동하는 열의 양이 같아 균형을 이룬다. 그 결과 겉으로 보기에 열이 이동하지 않는 것처럼 보이며 물체의 온도가 더 이상 변하지 않는다.

❺ **열의 이동**

열평형에 도달하는 동안 두 물체의 온도 차가 점점 작아지므로 이동하는 열의 양은 점점 감소한다.

❻ **열평형과 입자 운동**

온도가 높은 물체는 온도가 낮은 물체보다 입자 운동이 활발하다. 온도가 다른 두 물체를 접촉시키면 활발하게 움직이는 입자가 둔하게 움직이는 입자와 충돌하면서 열이 전달된다.

쏙쏙 확인 문제

01 ⟨ㅇㄷ⟩는 물체의 차갑고 뜨거운 정도를 수치로 나타낸 물리량이다.

02 온도가 다른 두 물체가 접촉해 있을 때 온도가 높은 물체에서 온도가 낮은 물체로 이동하는 에너지를 ⟨ㅇ⟩이라고 한다.

03 열은 항상 온도가 ⟨ㄴ⟩은 물체에서 온도가 ⟨ㄴ⟩은 물체로 이동한다.

04 온도가 다른 두 물체를 접촉시켰을 때, 물체 사이에서 열이 이동하여 두 물체의 온도가 같아진 상태를 ⟨ㅇㅍㅎ⟩이라고 한다.

A 온도와 입자

01 그림 (가)~(다)는 어떤 물질을 이루는 입자가 운동하는 모습을 나타낸 것이다.

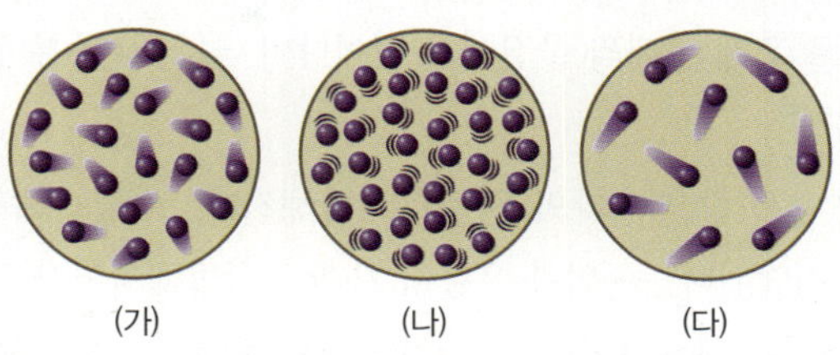

각각에 해당하는 경우의 기호를 쓰시오.

(1) 입자 운동이 가장 둔한 경우 ·· (   )
(2) 온도가 가장 높은 경우 ·· (   )

B 열평형

02 ㉠과 ㉡에 들어갈 알맞은 말을 쓰시오.

> 온도가 다른 두 물체를 접촉시켰을 때, 온도가 높은 물체에서 온도가 낮은 물체로 (㉠)이 이동하여 두 물체의 온도가 같아진 상태를 (㉡)이라 한다.

03 그래프는 온도가 다른 두 물체를 접촉시켰을 때, 두 물체의 온도 변화를 시간에 따라 나타낸 것이다.

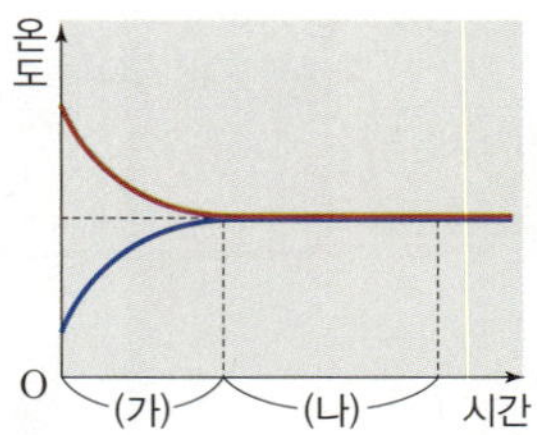

구간 (가), (나)에 대한 설명으로 옳은 것은 ○, 옳지 않은 것은 ×로 표시하시오.

(1) (가)에서 온도가 높은 물체는 열을 잃는다. ·································· (   )
(2) (가)에서 온도가 낮은 물체의 입자 운동이 둔해진다. ·················· (   )
(3) (나)에서 두 물체의 입자 운동의 활발한 정도가 같다. ·················· (   )

04 그림과 같이 온도가 다른 두 물체 A와 B를 접촉시켰다.

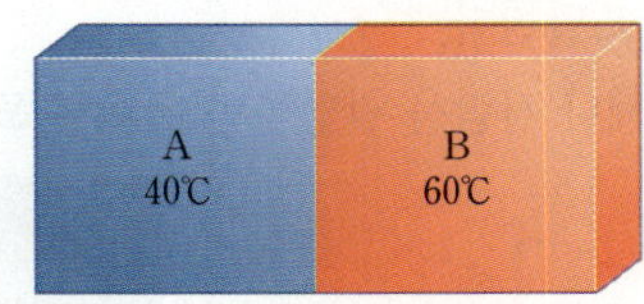

(   ) 안에 들어갈 알맞은 물체의 기호를 쓰시오.

(1) 열은 (   )에서 (   )로 이동한다.
(2) (   )는 온도가 높아지고, (   )는 온도가 낮아진다.
(3) (   )는 입자 운동이 활발해지고, (   )는 입자 운동이 둔해진다.

01 온도와 열

열의 이동

1. 전도 물질이 구성하는 입자의 운동이 이웃한 입자에 차례로 전달되어 열이 이동하는 방식으로, 주로 고체 상태의 물질에서 일어나며, 물질의 종류에 따라 열이 전도되는 빠르기가 다르다. ❼

(1) **열의 이동:** 열을 받은 입자의 운동이 활발해진다. → 활발해진 입자의 움직임이 이웃한 입자에 전달된다. → 입자 운동이 차례로 활발해지면서 열이 이동한다.

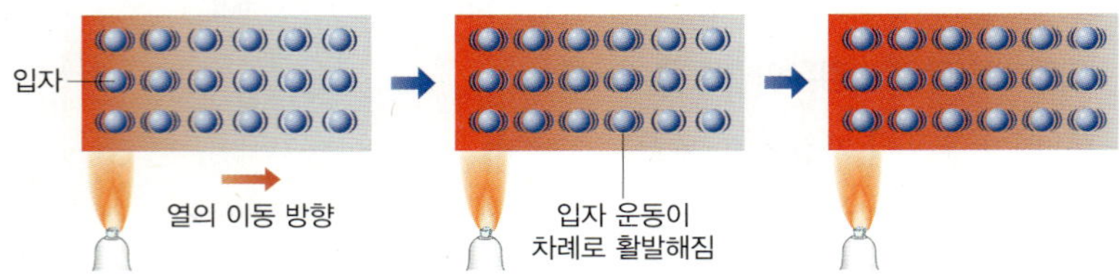

(2) **생활 속 전도에 의한 현상**

① 다리미로 옷을 다린다.

② 뜨거운 국에 담가 놓은 금속 숟가락이 뜨거워진다.

③ 냄비나 프라이팬에서 음식을 익히는 부분은 금속으로, 손잡이는 플라스틱으로 만든다. ❽
→ 열이 잘 전도되지 않는 물질

2. 대류 입자가 직접 이동하면서 열이 이동하는 방식으로, 주로 액체나 기체 상태의 물질에서 일어난다.

(1) **열의 이동:** 온도가 높아진 부분은 가벼워져 위로 이동하고, 상대적으로 온도가 낮은 부분이 아래로 이동하는 과정을 통해 열이 이동한다.

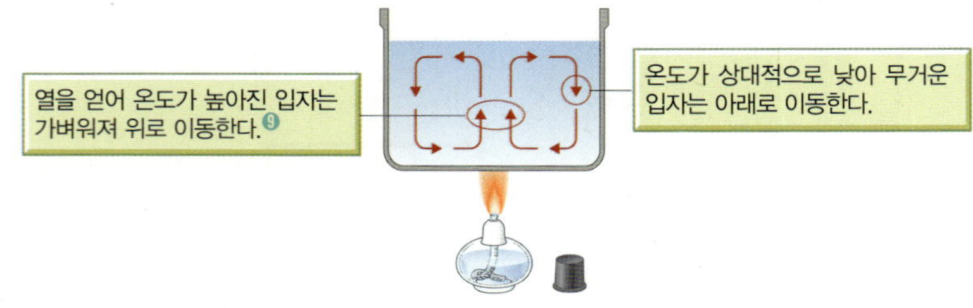

(2) **생활 속 대류에 의한 현상**

• 물의 대류: 주전자의 아래쪽을 가열하면 주전자 속의 물이 전체적으로 데워진다.

• 공기의 대류❿: 난로는 방의 아래쪽에, 에어컨은 방의 위쪽에 설치한다.

3. 복사 물질의 도움 없이 열이 직접 이동하는 방식이다. ⓫

(1) **생활 속 복사에 의한 현상** → 난로 가까이에 있으면 따뜻함을 느낀다.

① 태양의 열이 지구에 도달한다.

② 열화상 카메라로 물체나 사람을 촬영하면 온도 분포를 알 수 있다. → 복사열의 세기는 물체의 온도가 높을수록 세다.

▲ 지구에 도달하는 태양의 열

▲ 열화상 카메라로 감지한 복사열

---

❼ **열이 전도되는 정도**
• 열이 잘 전도되는 물질: 은, 구리, 알루미늄, 철 등의 금속류
• 열이 잘 전도되지 않는 물질: 나무, 유리, 플라스틱, 천 등의 비금속류

❽ **냄비와 프라이팬에서 열이 전도되는 정도**
금속은 열이 잘 전도되는 물질이고, 플라스틱은 열이 잘 전도되지 않는 물질이다. 따라서 냄비나 프라이팬을 만들 때에는 음식을 익히기 위한 부분은 열이 빠르게 전도되는 금속류로, 손잡이는 열이 잘 전도되지 않는 비금속류로 만든다.

❾ **뜨거운 물의 이동**
온도가 높아진 물은 입자 사이의 거리가 멀어져 부피가 커지므로 밀도가 낮다. 그 결과 온도가 낮은 물보다 상대적으로 가벼워져 아래에서 위로 올라간다.

❿ **공기의 대류**
따뜻한 공기는 위로 이동하고, 차가운 공기는 아래로 이동하는 대류 현상 때문에 냉방 기구는 위쪽에, 난방 기구는 아래쪽에 설치해야 방 전체가 고르게 시원해지거나 따뜻해진다.

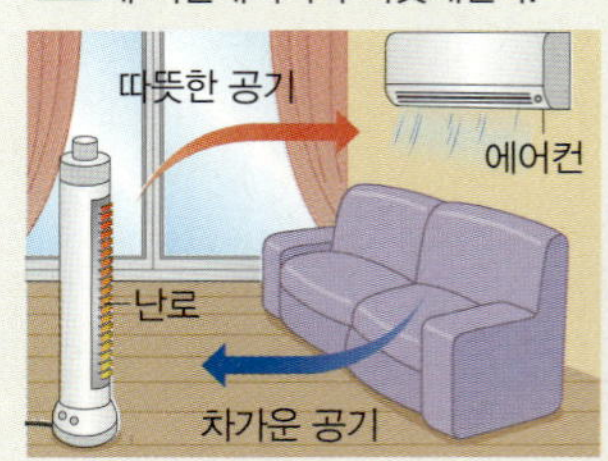

⓫ **열의 이동 방식 비유**

확인 문제

05 이웃한 입자에 차례로 전달되어 열이 이동하는 방식을 ㅈ ㄷ 라고 한다.

06 전도는 주로 ㄱ ㅊ 상태의 물질에서 열이 이동하는 방식이다.

07 입자가 직접 이동하면서 열이 이동하는 방식을 ㄷ ㄹ 라고 한다.

08 태양의 열이 지구에 도달하는 것은 ㅂ ㅅ 와 관련된 현상이다.

C 열의 이동

05 그림과 같이 금속 막대의 한쪽 끝을 가열하였다.

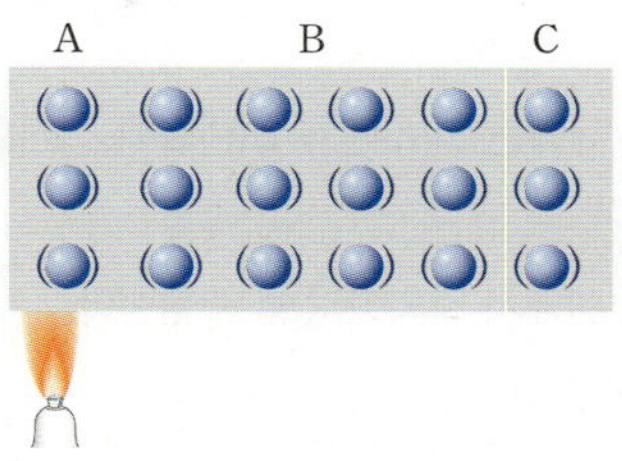

A~C에서 열이 이동하는 방향을 따라 순서대로 기호를 쓰시오.

06 오른쪽 그림은 비커 속의 물을 끓이는 모습을 나타낸 것이다. ( ) 안에 들어갈 알맞은 말을 고르시오.

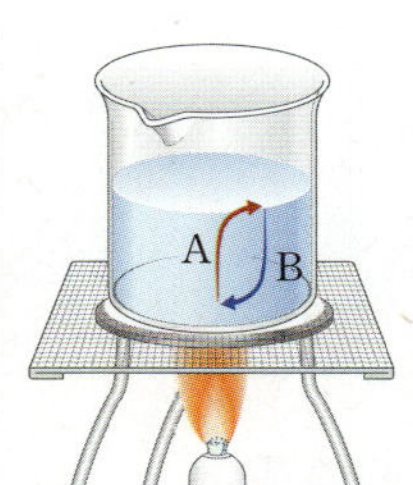

⑴ 따뜻한 물은 (A , B) 방향으로 이동하고, 차가운 물은 (A , B) 방향으로 이동한다.

⑵ 이 현상은 (전도 , 대류)에 의해 일어난다.

⑶ (고체 , 기체)에서도 물이 끓는 것과 같은 원리에 의해 열이 이동한다.

07 그림은 태양의 열이 지구에 도달하는 모습을 나타낸 것이다.

다음 경우 중 열이 이동하는 방식이 위와 동일한 것은 ○, 동일하지 않은 것은 ×로 표시하시오.

⑴ 난로를 방의 아래쪽에 설치하면 방 전체가 고르게 따뜻해진다. ········ ( )

⑵ 햇빛이 잘 드는 곳이 그늘보다 따뜻하다. ···························· ( )

⑶ 가열한 금속판 위에 놓은 고기가 익는다. ·························· ( )

08 열이 이동하는 방식에 대한 설명으로 옳은 것은 ○, 옳지 않은 것은 ×로 표시하시오.

⑴ 전도는 주로 액체 상태의 물질에서 열이 이동하는 방식이다. ·········· ( )

⑵ 열을 받은 입자의 운동은 활발해진다. ····························· ( )

⑶ 물을 가열할 때 열이 이동하는 방식은 대류이다. ···················· ( )

⑷ 액체나 기체의 온도가 높아지면 무거워진다. ······················· ( )

⑸ 온도가 다른 두 고체가 붙어 있을 때 열이 이동하는 방식은 복사이다. ·· ( )

탐구 집중 분석

◀ 열화상 카메라를 이용하여 물체에서 열의 전도 비교하기 ▶

과정

❶ 크기와 두께가 같은 철판, 유리판, 나무판을 스탠드에 집게를 이용하여 고정시킨 후, 동시에 뜨거운 물이 담긴 비커에 넣는다.

❷ 열화상 카메라를 이용하여 판에서 열의 이동을 관찰한다.

❸ 열의 이동이 빠른 물체부터 순서대로 기록한다.

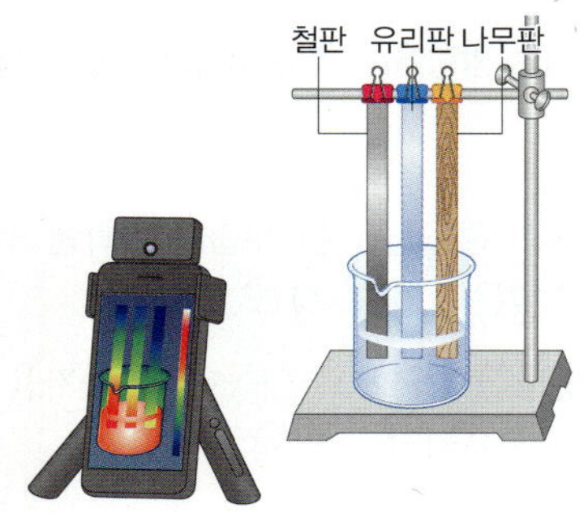

열화상(적외선) 카메라

열화상 카메라는 열을 지닌 물체에서 방출되는 적외선을 측정하는 장치로, 색을 이용하여 온도를 나타낸다.

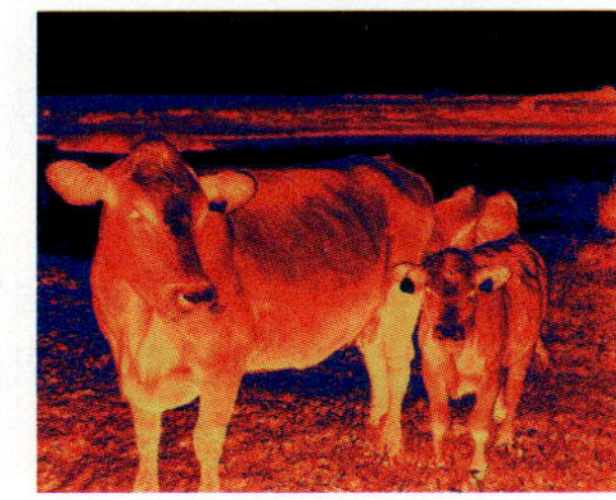

결과

1 열의 이동이 빠른 물체의 순서는 다음과 같다.
철판 > 유리판 > 나무판

정리

1 고체인 세 종류의 판에서는 전도에 의해 열이 이동한다.

2 철판(금속)은 열이 잘 전도되는 물질이고, 유리판과 나무판(비금속)은 금속과 비교하여 열이 잘 전도되지 않는 물질이다.

3 고체 종류에 따라 열이 전도되는 정도가 다르다.

또 다른 유사 탐구 분석

과정

1 열의 대류 확인하기

❶ 물을 넣은 유리 비커 아래에 알코올램프를 놓는다.

❷ 불을 켜고 열화상 카메라를 이용하여 유리 비커 안에 담긴 물의 온도 변화를 관찰한다.

2 열의 복사 확인하기

❶ 햇빛이 잘 드는 곳에 놓인 신발과 그늘에 놓인 신발의 온도를 열화상 카메라를 이용하여 비교한다.

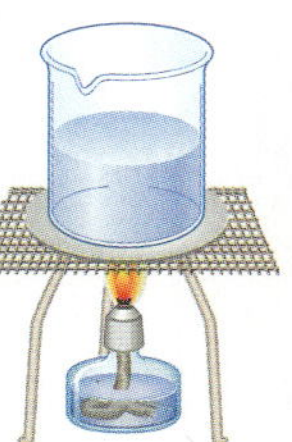

▲ 열의 대류

▲ 열의 복사

결과

1 온도가 높아진 물은 위로 이동하고, 상대적으로 온도가 낮은 물은 아래로 이동한다.

2 햇빛이 잘 드는 곳에 놓인 신발의 온도는 높고, 그늘에 놓인 신발의 온도는 낮다.

정리

1 유리 비커 안에 담긴 물은 입자가 직접 이동하면서 열이 이동하는 방식(대류)으로 비커 안에 담긴 물 전체가 따뜻해진다.

2 태양과 떨어져 있는 신발은 열이 직접 이동하는 방식(복사)으로 열을 얻는다.

✅ 탐구 바로 확인

01 위 실험에 대한 설명으로 ( ) 안에 알맞은 말을 쓰시오.

(1) 열이 전도되는 정도는 고체의 종류에 따라 ( ).

(2) ( )를 이용하면 뜨거운 물을 담은 비커에 한쪽 끝이 담긴 유리판에서 온도의 변화를 관찰할 수 있다.

(3) 유리 비커에 담긴 물을 가열하면, 온도가 높아진 물은 ( ) 이동하고, 상대적으로 온도가 낮은 물은 ( ) 이동한다.

(4) 햇볕 아래에 놓인 신발의 온도가 높아진 까닭은 열의 ( )때문이다.

02 위 실험에 대한 설명으로 옳은 것은 ○, 옳지 않은 것은 ×로 표시하시오.

(1) 열화상 카메라를 이용하면, 물체의 온도를 눈으로 확인할 수 있다. ·················· ( )

(2) 전도는 물질의 도움 없이 열이 직접 이동한다. ··································· ( )

(3) 비금속보다 금속에서 열이 빠르게 이동한다. ··································· ( )

(4) 철, 유리, 나무 중 열이 가장 빠르게 이동하는 물질은 철이다. ························ ( )

(5) 가열되는 유리 비커 안에 따뜻한 물은 입자가 직접 이동하면서 열이 이동한다. ····· ( )

시험에서는 이렇게!

03 오른쪽 그림은 열의 전도 실험을 나타낸 것이다. 이 실험에 대한 설명으로 옳지 않은 것은?

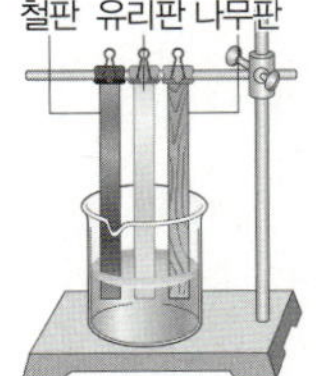

① 크기와 두께가 같은 고체의 전도를 비교한다.

② 열화상 카메라를 이용하여 고체의 온도 변화를 관찰할 수 있다.

③ 열의 전도 정도는 고체의 종류와 상관없이 같다.

④ 입자 운동이 이웃한 입자에 차례로 전달되어 열이 이동한다.

⑤ 냄비나 프라이팬을 만들 때 음식을 익히기 위한 부분을 금속으로 만드는 까닭을 설명할 수 있다.

04 오른쪽 그림과 같이 철판, 유리판, 나무판의 한쪽 끝을 따뜻한 물에 담궜다. 이 실험에 대한 설명으로 옳은 것을 |보기|에서 모두 고른 것은?

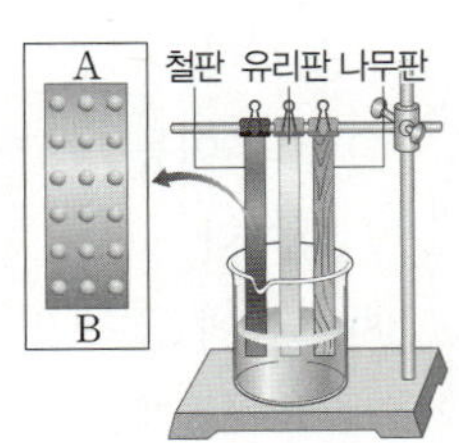

보기
ㄱ. 열의 이동 방향은 B → A 방향이다.
ㄴ. 입자가 직접 이동하면서 열이 이동한다.
ㄷ. 입자 운동은 B쪽이 A쪽보다 활발하다.

① ㄱ   ② ㄴ   ③ ㄷ
④ ㄱ, ㄷ   ⑤ ㄴ, ㄷ

05 오른쪽 그림은 유리 비커 안에 담긴 물에 열을 가하여 데우는 모습을 나타낸 것이다. 유리 비커 안에 담긴 물 전체가 끓는 원리를 열의 이동과 관련하여 설명하시오.

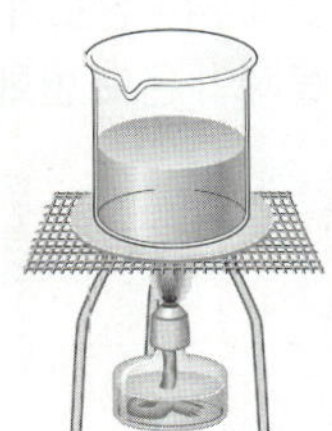

🔍 필수 키워드 대류

____

____

06 그림은 햇빛이 비치는 곳에 놓인 신발의 온도를 관찰하는 모습을 나타낸 것이다.

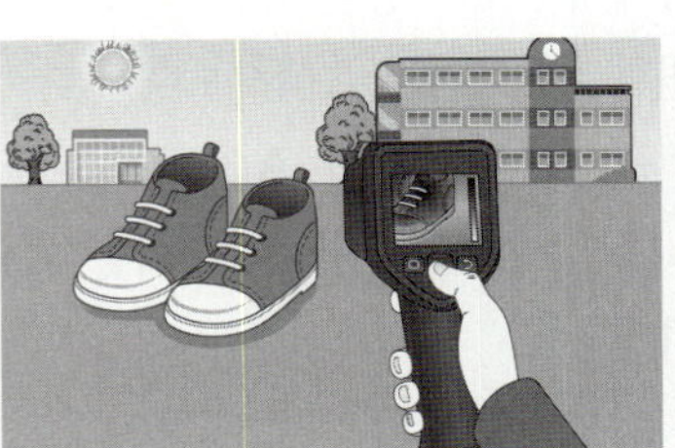

이와 관련된 생활 속의 현상에 해당하지 않는 것은?

① 토스터로 빵을 굽는다.

② 햇볕 아래에서 따뜻함을 느낀다.

③ 오븐을 이용하여 음식을 요리한다.

④ 에어컨을 켜서 방 전체를 시원하게 한다.

⑤ 모닥불 가까이에 손을 대면 따뜻함을 느낀다.

학교 시험 분석 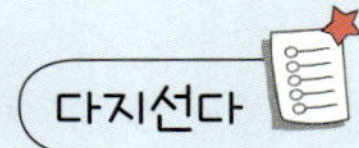 다지선다

열평형

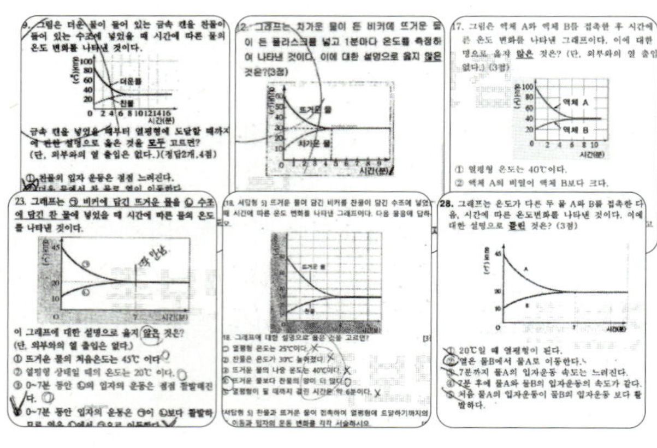

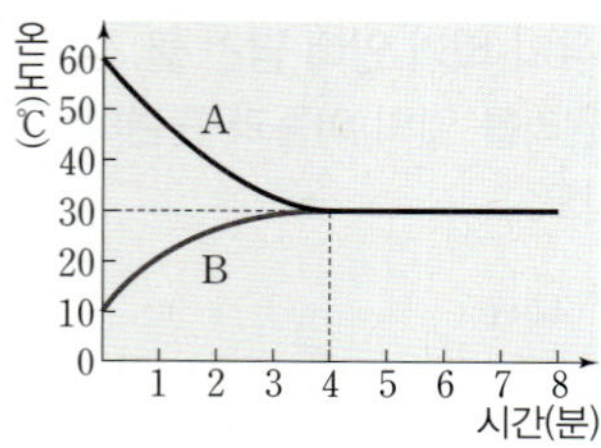

열의 이동

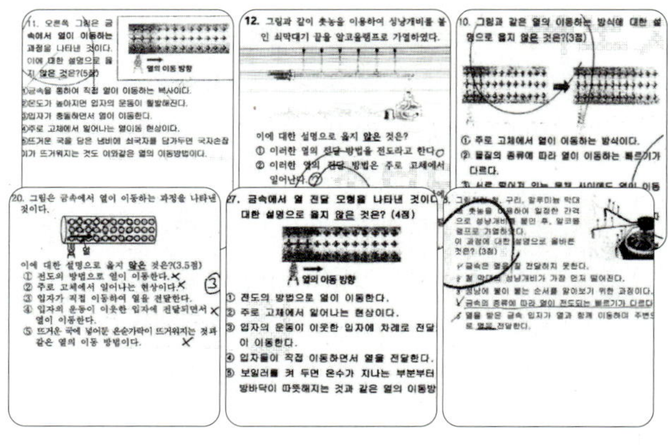

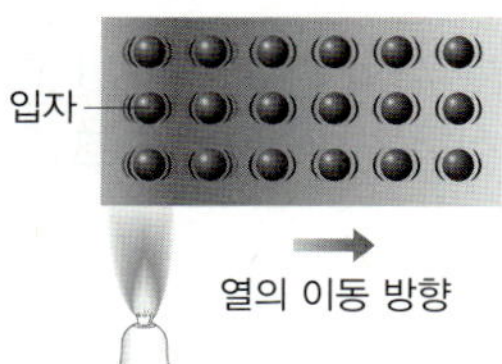

01

그래프는 온도가 다른 두 물체 A와 B를 접촉시켰을 때, 두 물체의 온도 변화를 시간에 따라 나타낸 것이다.

이에 대한 설명으로 옳은 것을 모두 고르면? (단, 외부와의 열 출입은 없다.) (5개)

① 두 물체를 접촉시키기 전, 입자의 운동은 A가 B보다 활발하다.

② B의 입자 운동은 둔해진다.

③ 열은 A에서 B로 이동한다.

④ 온도 변화는 B에서가 A에서보다 크다.

⑤ 열평형에 도달하였을 때, A의 온도는 30 ℃이다.

⑥ 0~4분 동안, 시간이 지날수록 이동하는 열의 양은 점점 많아진다.

⑦ 0~4분 동안, A가 잃은 열의 양이 B가 얻은 열의 양보다 많다.

⑧ 4분 이후에는 더 이상 온도가 변하지 않는다.

⑨ 4분일 때, A와 B는 열평형이 된다.

02

그림은 금속에서 열이 이동하는 과정을 나타낸 것이다.

이에 대한 설명으로 옳은 것을 모두 고르면? (5개)

① 주로 고체에서 일어나는 현상이다.

② 고체 종류에 상관없이 열이 이동되는 정도는 같다.

③ 물질의 도움 없이 열이 직접 이동한다.

④ 온도가 높아지면 입자 운동이 활발해진다.

⑤ 입자의 운동이 이웃한 입자에 차례로 전달되어 열이 이동한다.

⑥ 가열되어 온도가 높아진 입자는 가벼워져 위쪽으로 이동한다.

⑦ 열의 이동 방향과 입자가 활발해지는 방향은 서로 반대이다.

⑧ 겨울에 금속 의자에 앉으면 나무 의자에 앉을 때보다 더 차갑게 느껴지는 까닭은 이러한 열의 이동 방식때문이다.

⑨ 금속 냄비의 아래쪽만 가열해도 냄비 전체가 뜨거워진다.

학교 시험 기출 변형 문제

A 온도와 입자

01 온도와 입자 운동에 대한 설명으로 옳은 것을 |보기|에서 모두 고른 것은?

> 보기
> ㄱ. 온도는 물체의 차고 뜨거운 정도를 숫자로 나타낸 물리량이다.
> ㄴ. 물체의 온도가 낮을수록 입자 운동이 둔하다.
> ㄷ. 온도는 물체를 구성하는 입자의 운동이 활발한 정도를 나타낸다.

① ㄱ ② ㄷ ③ ㄱ, ㄴ
④ ㄴ, ㄷ ⑤ ㄱ, ㄴ, ㄷ

02 오른쪽 그림은 물이 담긴 비커 A와 B에 각각 잉크 방울을 떨어뜨렸을 때, 잉크가 퍼지는 모습을 나타낸 것이다. 이에 대한 설명으로 옳은 것을 |보기|에서 모두 고른 것은?

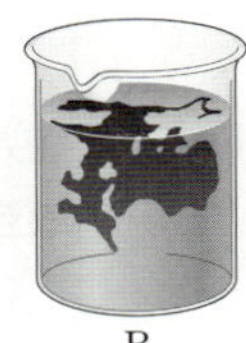

> 보기
> ㄱ. A에서보다 B에서 잉크가 더 빨리 퍼진다.
> ㄴ. B에서보다 A에서 입자 운동이 더 활발하다.
> ㄷ. 물의 온도는 A가 B보다 높다.

① ㄱ ② ㄴ ③ ㄱ, ㄷ
④ ㄴ, ㄷ ⑤ ㄱ, ㄴ, ㄷ

최다 빈출

03 어떤 물질을 이루고 있는 입자의 운동이 그림과 같이 변하는 과정에 대한 설명으로 옳은 것을 |보기|에서 모두 고른 것은?

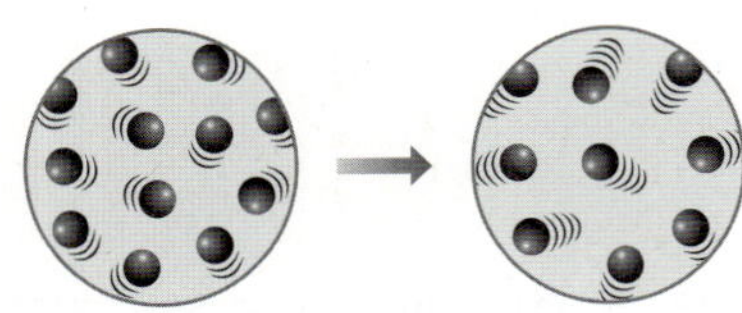

> 보기
> ㄱ. 물질의 온도가 낮아졌다.
> ㄴ. 입자 운동이 활발해졌다.
> ㄷ. 물질이 열을 얻었을 때 나타나는 변화이다.

① ㄱ ② ㄴ ③ ㄱ, ㄷ
④ ㄴ, ㄷ ⑤ ㄱ, ㄴ, ㄷ

B 열평형

04 열에 대한 설명으로 옳지 <u>않은</u> 것은?

① 물체가 열을 얻으면 온도가 높아진다.
② 물체가 열을 잃으면 온도가 낮아진다.
③ 물체가 열을 얻으면 입자 운동이 활발해진다.
④ 열은 온도가 낮은 물체에서 온도가 높은 물체로 이동한다.
⑤ 온도가 다른 두 물체가 접촉하면 물체 사이에서 열이 이동한다.

05 다음 ㉠과 ㉡에 들어갈 알맞은 말을 옳게 짝 지은 것은?

> (㉠)는/은 (㉡)가/이 높은 물체에서 낮은 물체로 이동하고, 접촉한 두 물체의 (㉡) 차가 클수록 많이 이동한다.

	㉠	㉡		㉠	㉡
①	열	온도	②	열	전도
③	열	열량	④	온도	열
⑤	온도	전도			

06 그림은 온도가 다른 물 A~C의 입자가 운동하는 모습을 나타낸 것이다.

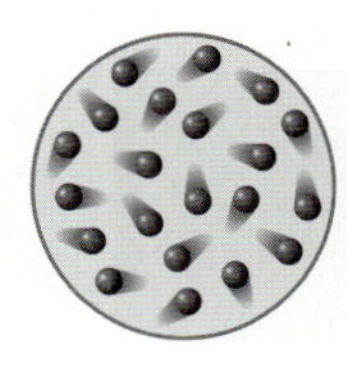
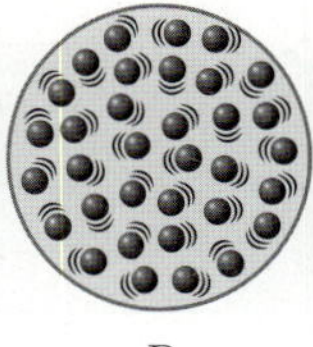
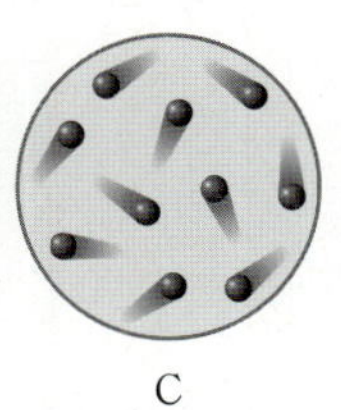

이에 대한 설명으로 옳은 것은?

① 입자 운동이 가장 둔한 것은 A이다.
② 온도가 가장 높은 것은 B이다.
③ A가 담긴 물통과 B가 담긴 물통을 붙이면 A의 입자 운동은 처음보다 활발해진다.
④ A와 B가 열평형을 이루면 C와 같다.
⑤ A, B, C에 잉크를 떨어뜨리면 C>A>B 순으로 잉크가 빠르게 퍼진다.

최다 빈출

07 그래프는 온도가 다른 두 물체 A와 B를 접촉시켰을 때, 두 물체의 온도 변화를 시간에 따라 나타낸 것이다.

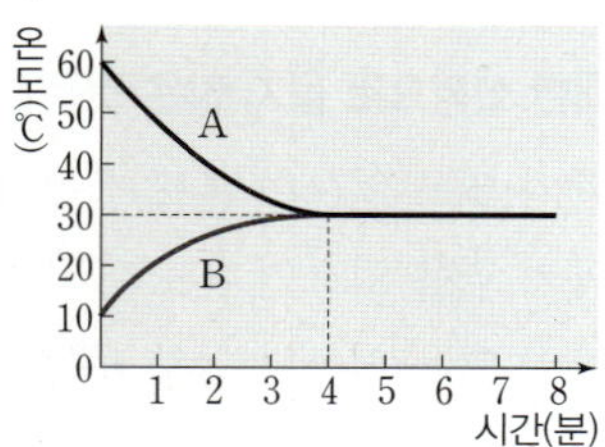

이에 대한 설명으로 옳은 것을 |보기|에서 모두 고른 것은? (단, 외부와의 열 출입은 없다.)

보기
ㄱ. A의 입자 운동은 둔해진다.
ㄴ. B에서 A로 열이 이동하였다.
ㄷ. 0~4분 동안, A와 B 사이에서 이동하는 열의 양은 점점 많아진다.

① ㄱ 　② ㄴ 　③ ㄱ, ㄷ

④ ㄴ, ㄷ 　⑤ ㄱ, ㄴ, ㄷ

최다 빈출

08 그림과 같이 두 물체 A와 B를 접촉시켰더니, B에서 A로 열이 이동하였다.

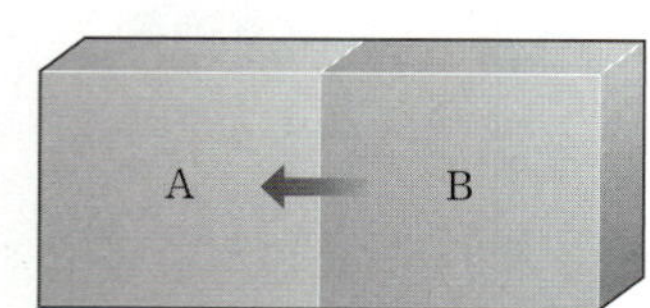

이에 대한 설명으로 옳지 <u>않은</u> 것은? (단, 외부와의 열 출입은 없다.)

① A의 입자 운동은 활발해진다.

② B의 온도는 낮아진다.

③ B의 입자 사이의 거리는 점점 멀어진다.

④ A와 B의 온도 차이가 클수록 많은 열이 B에서 A로 이동한다.

⑤ 충분한 시간이 지나면, A와 B의 온도는 같아질 것이다.

09 네 물체 A~D를 접촉시켰더니 열이 다음과 같이 이동하였다.

$$A \rightarrow C, D \rightarrow A, C \rightarrow B$$

A~D의 처음 온도를 옳게 비교한 것은?

① A>B>C>D 　② B>C>A>D

③ C>D>A>B 　④ D>A>B>C

⑤ D>A>C>B

[10-11] 표는 온도가 다른 두 물체 A와 B를 접촉시킨 후, 2분 간격으로 두 물체의 온도를 측정한 것을 나타낸 것이다. (단, 외부와의 열 출입은 없다.)

시간(분)	0	2	4	6	8	10	12
A의 온도(℃)	15	20	24	27	29	30	30
B의 온도(℃)	60	50	42	36	32	30	30

10 두 물체가 열평형에 이른 구간은?

① 0~2분 　② 2~4분 　③ 4~8분

④ 8~10분 　⑤ 10~12분

11 위 실험 결과에 대한 설명으로 옳은 것은?

① 열은 A에서 B로 이동한다.

② A의 입자 운동은 둔해진다.

③ B의 입자 운동은 활발해진다.

④ 0~2분 구간에서 열이 가장 많이 이동한다.

⑤ 열평형이 되기 전까지, A를 구성하는 입자 사이의 거리는 점점 가까워진다.

C 열의 이동

12 그림은 금속 막대의 한쪽 끝을 가열할 때 금속 막대를 이루는 입자의 변화를 나타낸 것이다.

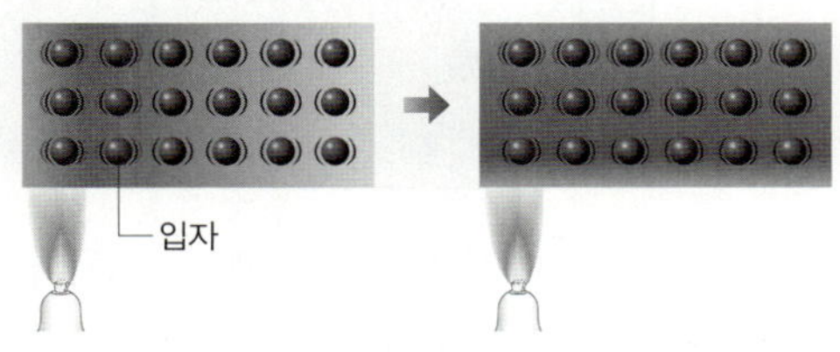

이와 같은 열의 이동 방식에 대한 설명으로 옳은 것을 |보기|에서 모두 고른 것은?

> 보기
> ㄱ. 금속 막대를 가열하면 입자의 운동이 이웃한 입자로 차례로 전달된다.
> ㄴ. 주로 고체에서 열이 이동하는 방식이다.
> ㄷ. 접촉하지 않고 떨어져 있는 물체 사이에도 이와 같은 방법으로 열이 이동할 수 있다.

① ㄱ   ② ㄷ   ③ ㄱ, ㄴ
④ ㄴ, ㄷ   ⑤ ㄱ, ㄴ, ㄷ

13 대류에 대한 설명으로 옳은 것은?
① 온도가 낮은 입자는 위로 이동한다.
② 온도가 높은 입자는 아래로 이동한다.
③ 주로 고체 상태의 물질에서 일어난다.
④ 입자가 직접 이동하면서 열이 이동한다.
⑤ 뜨거운 국에 담가 놓은 금속 숟가락이 뜨거워지는 현상과 관련이 있다.

14 복사에 대한 설명으로 옳지 <u>않은</u> 것은?
① 물질의 도움 없이 열이 직접 이동한다.
② 진공 상태에서도 열이 이동할 수 있다.
③ 물체의 온도가 높을수록 복사열의 세기가 세다.
④ 태양의 열이 지구에 도달하는 것도 복사 현상이다.
⑤ 떨어져 있는 두 물체 사이에서는 복사를 통해 열이 전달되지 않는다.

15 그림은 캠핑장에서 볼 수 있는 여러 가지 열의 이동 방식을 나타낸 것이다.

(가)~(다)에서 열의 이동 방식을 옳게 짝 지은 것은?

	(가)	(나)	(다)
①	복사	대류	전도
②	복사	전도	대류
③	전도	대류	복사
④	전도	복사	대류
⑤	대류	전도	복사

16 그림은 가정에서 냉난방 기구를 효율적으로 사용하기 위해 에어컨과 난로를 설치한 모습을 나타낸 것으로, 따뜻한 공기는 위로 이동하고, 차가운 공기는 아래로 이동한다.

이와 같은 열의 이동 예로 옳은 것은?
① 태양의 열이 지구에 도달한다.
② 난로 가까이에 있으면 따뜻함을 느낀다.
③ 뜨거운 국에 담가 놓은 금속 숟가락이 뜨거워진다.
④ 주전자의 아래쪽을 가열하면 주전자 속의 물이 전체적으로 데워진다.
⑤ 얼음물이 담긴 컵을 만지면 손이 시원해진다.

17 그림과 같이 프라이팬이나 냄비에서 음식과 닿는 부분은 금속으로 만들고 손잡이는 비금속으로 만든다.

프라이팬이나 냄비에서의 열의 이동 방식과 예로 옳은 것은?

① 전도 ― 다리미로 옷을 다린다.

② 전도 ― 주전자에 물을 넣고 불 위에 놓으면 물 전체가 뜨거워진다.

③ 대류 ― 가열한 금속판 위에 놓은 고기가 익는다.

④ 대류 ― 난로를 방의 아래쪽에 설치하면 방 전체가 빠르게 따뜻해진다.

⑤ 복사 ― 열화상 카메라로 손을 촬영한다.

18 열이 이동하는 방식이 나머지와 다른 것은?

① 태양의 열이 지구에 도달한다.

② 모닥불 가까이에 있으면 따뜻함을 느낀다.

③ 토스터에 빵을 넣으면 따뜻하게 구워진다.

④ 뜨거운 물을 담은 유리컵을 만지면 따뜻하다.

⑤ 그늘진 곳보다 햇볕 아래에 있으면 더 따뜻하다.

서술형 문제

🔑 필수 키워드 — 필수 키워드를 포함하여 답안을 작성해 보세요.

19 그림과 같이 주전자에 물을 넣고 바닥 쪽을 가열할 때 주전자 속의 물 전체가 끓는 원리를 열의 이동과 관련지어 서술하시오.

🔑 필수 키워드 대류

최다 빈출

20 그림은 수조의 가운데를 막고, 한쪽에는 따뜻한 물을 넣고 다른 한쪽에는 차가운 물을 넣었을 때, 물의 입자 운동을 나타낸 것이다.

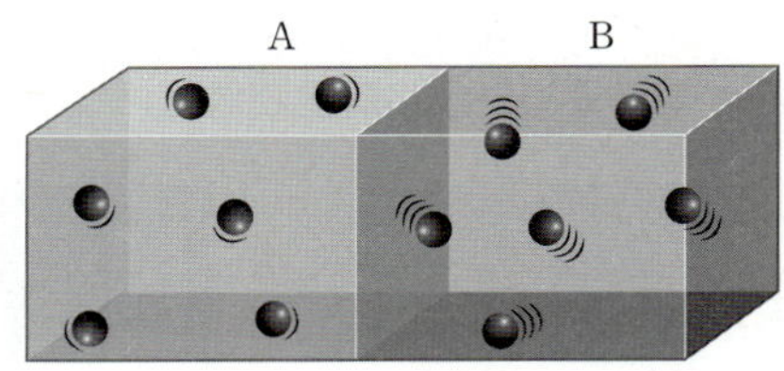

⑴ A와 B 중에서 따뜻한 물과 차가운 물이 각각 어느 것인지 구별하여 쓰고, 그 까닭을 서술하시오.

🔑 필수 키워드 입자 운동

⑵ 시간이 점점 흐르는 동안, A와 B의 입자 운동의 활발한 정도는 어떻게 변하는지 서술하시오.

🔑 필수 키워드 입자 운동

⑶ 충분한 시간이 지난 후, 최종 상태를 쓰고, 이때 A와 B의 온도를 예상하여 서술하시오.

🔑 필수 키워드 열평형

21 그림은 공놀이를 할 때 공을 이동시키는 여러 가지 방법을 나타낸 것이다.

(가)~(다)를 비유할 수 있는 열의 이동 방식을 쓰고, 그 까닭을 서술하시오.

🔑 필수 키워드 전도, 대류, 복사

학교 시험 기출 변형 문제

난이도

Ⓐ 온도와 입자

최다 빈출

01 온도와 입자 운동에 대한 설명으로 옳지 <u>않은</u> 것은?

① 온도는 물체의 차갑고 뜨거운 정도를 수치로 나타 낸 물리량이다.

② 온도의 단위는 ℃, K 등이 있다.

③ 물체의 온도가 낮을수록 입자 운동이 둔하다.

④ 물체의 온도가 높을수록 입자 사이의 거리가 가깝다.

⑤ 온도는 물체를 구성하는 입자의 운동이 활발한 정 도를 나타낸다.

Ⓑ 열평형

최다 빈출

02 그림과 같이 뜨거운 물이 든 삼각 플라스크를 차가운 물 이 든 수조에 넣은 후, 일정한 시간 간격으로 플라스크의 물과 수조의 물의 온도를 측정하여 그래프로 나타내었다.

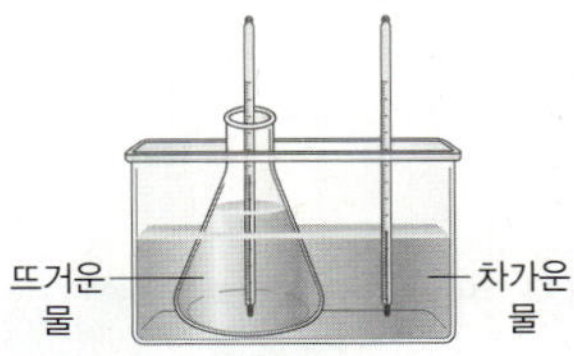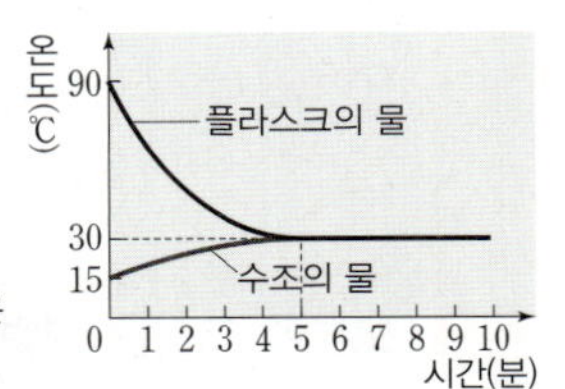

이에 대한 설명으로 옳지 <u>않은</u> 것은? (단, 외부와의 열 출 입은 없다.)

① 열은 플라스크의 물에서 수조의 물로 이동한다.

② 열평형이 될 때까지 이동하는 열의 양은 점점 줄어 든다.

③ 5분 이후에 물의 입자 운동은 수조의 물이 플라스 크의 물보다 활발하다.

④ 뜨거운 물이 잃은 열의 양은 차가운 물이 얻은 열 의 양과 같다.

⑤ 열평형에 도달했을 때의 온도는 30 ℃이다.

03 그림과 같이 네 물체 A ~ D를 접촉시켰더니 화살표 방 향으로 열이 이동하였다.

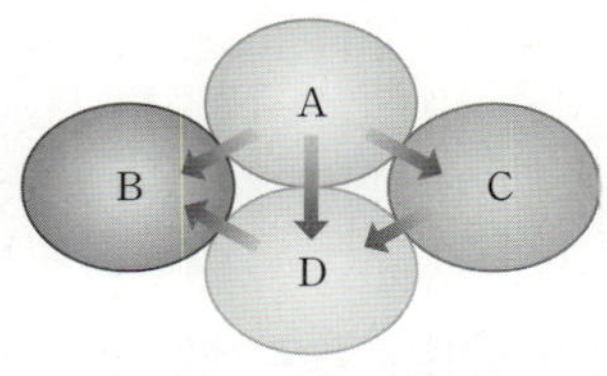

A ~ D 중 두 물체를 골라 각각 접촉시킬 때, 열이 가장 많이 이동하는 경우는?

① A와 B ② A와 C ③ B와 C

④ B와 D ⑤ C와 D

04 그림과 같이 입자 운동을 하는 두 물체 A와 B를 접촉시 켰다. 접촉하기 전의 입자 운동은 A가 B보다 활발하다.

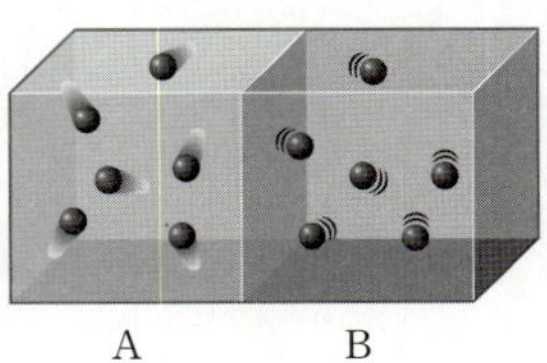

이에 대한 설명으로 옳은 것을 |보기|에서 모두 고른 것 은? (단, A와 B는 같은 물질이다.)

> |보기|
> ㄱ. B의 온도가 A보다 높다.
> ㄴ. A에서 B로 열이 이동한다.
> ㄷ. 충분한 시간이 지나면 A와 B는 열평형에 도 달할 것이다.
> ㄹ. 충분한 시간이 지나면 A의 입자 운동이 B의 입자 운동보다 둔해질 것이다.

① ㄱ, ㄴ ② ㄱ, ㄷ ③ ㄴ, ㄷ

④ ㄴ, ㄹ ⑤ ㄷ, ㄹ

05 그림은 25 ℃의 물이 담긴 비커를 70 ℃의 물이 담긴 큰 수조에 넣은 모습을 나타낸 것이다.

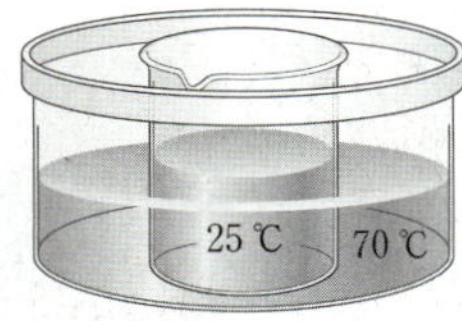

이에 대한 설명으로 옳은 것을 |보기|에서 모두 고른 것은?

> 보기
> ㄱ. 비커에 담긴 물의 입자 운동은 시간이 지날수록 활발해진다.
> ㄴ. 수조에 담긴 물 입자 사이의 거리는 점점 멀어진다.
> ㄷ. 시간이 지나면 비커에 담긴 물의 온도가 수조에 담긴 물의 온도보다 높아진다.

① ㄱ ② ㄴ ③ ㄱ, ㄷ
④ ㄴ, ㄷ ⑤ ㄱ, ㄴ, ㄷ

ⓒ 열의 이동

06 표는 여러 가지 물체를 열이 전도되는 정도를 기준으로 나눈 것을 나타낸 것이다.

A	B
은수저, 금반지	유리컵, 플라스틱 바구니, 나무

이에 대한 설명으로 옳은 것을 |보기|에서 모두 고른 것은?

> 보기
> ㄱ. A는 열을 잘 전달하는 물질이다.
> ㄴ. 냄비나 프라이팬 손잡이에는 B에 해당하는 물질을 사용해야 한다.
> ㄷ. 입자 운동이 이웃한 입자에 전달되어 열이 이동한다.
> ㄹ. 난로를 집 안에 설치할 때, 아래쪽에 설치해야 하는 까닭이다.

① ㄱ ② ㄱ, ㄴ ③ ㄱ, ㄷ
④ ㄷ, ㄹ ⑤ ㄱ, ㄴ, ㄷ

[07-08] 그림은 알코올램프의 위치를 다르게 하여 비커 속 물을 끓이는 모습을 나타낸 것이다.

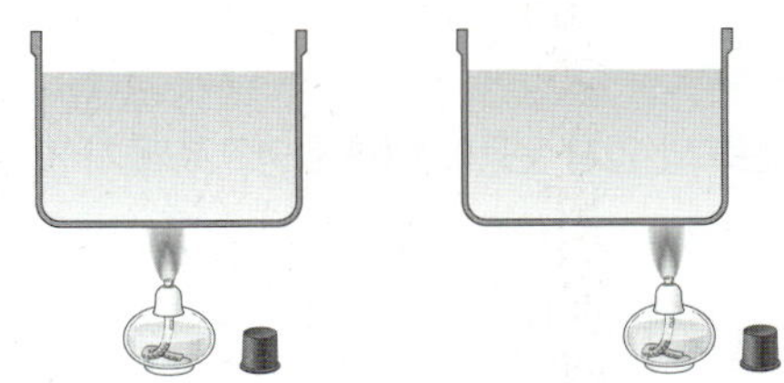

07 물의 이동을 옳게 나타낸 것은?

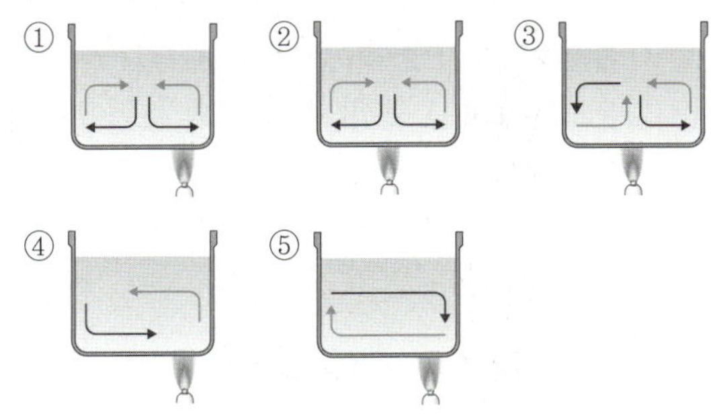

08 이에 대한 설명으로 옳은 것을 |보기|에서 모두 고른 것은?

> 보기
> ㄱ. 대류에 의해 열이 이동하는 경우이다.
> ㄴ. 입자의 운동이 이웃한 입자에 차례로 전달하면서 열이 이동한다.
> ㄷ. 기체에서도 위와 같은 원리에 의해 열이 이동한다.

① ㄱ ② ㄴ ③ ㄱ, ㄷ
④ ㄴ, ㄷ ⑤ ㄱ, ㄴ, ㄷ

09 오른쪽 그림은 열화상 카메라로 찍은 사진을 나타낸 것이다. 이와 같은 열화상(적외선) 사진을 찍을 수 있는 원리를 옳게 설명한 것은?

① 입자 운동에 의해 이웃한 입자에 열이 이동하기 때문이다.
② 열의 세기가 온도에 상관없이 같기 때문이다.
③ 입자가 직접 이동하여 열을 전달하기 때문이다.
④ 물질의 도움 없이 열이 직접 전달되기 때문이다.
⑤ 물질의 종류에 따라 열이 이동하는 빠르기가 다르기 때문이다.

10 그림은 비커 속의 물을 끓이는 모습을 나타낸 것이다.

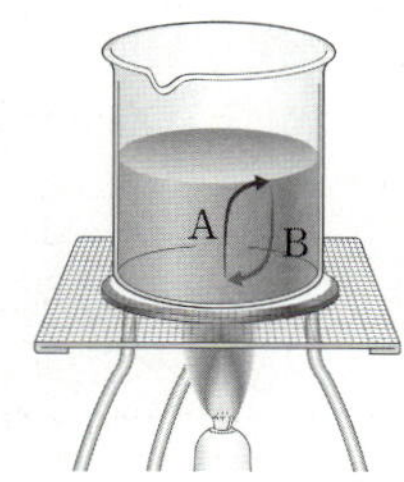

이에 대한 설명으로 옳지 <u>않은</u> 것은?

① 열을 얻어 온도가 높아진 부분은 가벼워져 위로 이동한다.
② 물질의 도움 없이 열이 직접 이동한다.
③ 따뜻한 물은 A 방향으로 이동하고 차가운 물은 B 방향으로 이동한다.
④ 기체에서도 물이 끓는 것과 같은 열의 이동 방식으로 열이 이동한다.
⑤ 에어컨을 방의 위쪽에 설치하는 까닭은 이러한 열의 이동 방식 때문이다.

11 그림은 공놀이를 할 때 공을 이동시키는 여러 가지 방법을 나타낸 것이다.

(가) ~ (다)의 각 경우로 비유할 수 있는 열의 이동 방식과 관련이 있는 현상을 옳게 짝 지은 것은?

> A. 컵라면에 넣을 물을 끓인다.
> B. 햇볕이 강한 날에 양산을 쓴다.
> C. 뜨거운 국에 담근 금속 숟가락이 뜨거워진다.

① (가) - A   ② (가) - C   ③ (나) - B
④ (다) - A   ⑤ (다) - B

서술형 문제

12 그림은 큰 비커에 작은 비커를 넣은 순간 A와 B의 입자 운동을 나타낸 것이다.

열평형에 도달하기 전까지 A와 B의 입자 운동의 변화를 서술하시오.

____

____

13 그림 (가)와 같이 난로에 손을 가까이 하였더니 따뜻함이 느껴졌다. 이때 그림 (나)와 같이 난로와 손 사이에 가림막을 장치하였더니 따뜻함이 잘 느껴지지 않았다.

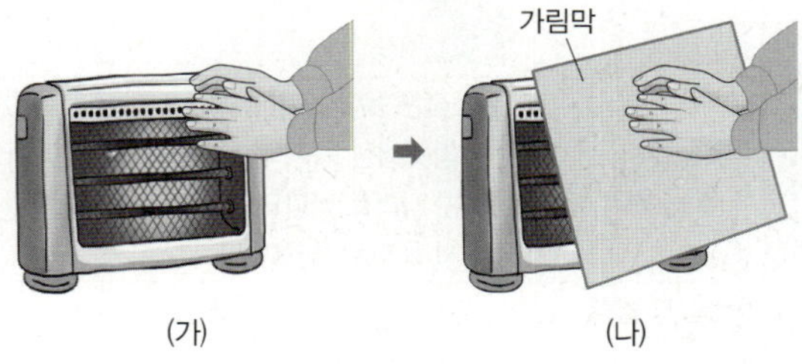

난로에서 손으로 열이 이동하는 방식을 쓰고, (나)에서 따뜻함이 잘 느껴지지 않는 까닭을 서술하시오.

____

____

02 비열과 열팽창

A 비열

1. 비열[1] 어떤 물질 1 kg의 온도를 1 ℃ 높이는 데 필요한 열량

(1) **열량[2]**: 온도가 다른 두 물체 사이에서 이동하는 열의 양이다.

(2) **비열의 특징**

일반적으로 액체의 비열이 고체보다 크다.

- 비열은 물질의 특성으로 물질의 종류에 따라 다르다.
- 비열이 클수록 물질의 온도를 1 ℃ 높이기 위해 더 많은 열량이 필요하다.

(3) **비열과 열량 관계** → 비열이 클수록 온도를 높이는 데 많은 열량이 필요하므로 온도가 잘 변하지 않는다.

$$열량(Q) = 비열(c) \times 질량(m) \times 온도\ 변화(t)$$

$$\rightarrow 비열 = \frac{열량(kcal)}{질량(kg) \times 온도\ 변화(℃)}\ [단위: kcal/(kg \cdot ℃),\ cal/(g \cdot ℃)]$$

└ 비열을 구할 때 열량과 질량의 단위를 통일하여 계산한다.

(4) **열량, 질량에 따른 온도 변화**

열량과 온도 변화	질량과 온도 변화
물체의 질량이 같을 때 물체에 가한 열량이 클수록 온도 변화가 크다.	물체에 가한 열량이 같을 때 질량이 클수록 온도 변화가 작다.
 1 ℃　　2 ℃ 물 1 kg　물 1 kg 1 kcal　2 kcal	 2 ℃　　1 ℃ 물 1 kg　물 2 kg 2 kcal　2 kcal
열량 ∝ 온도 변화	온도 변화 ∝ $\dfrac{1}{질량}$

2. 비열에 의한 현상

(1) **물의 비열과 관련된 현상[3]**: 물의 비열은 다른 물질에 비해 큰 편이다.

① **해풍과 육풍**: 육지보다 바다의 비열이 크기 때문에 나타나는 현상이다.

구분	낮(해풍)	밤(육풍)
모습	 따뜻한 공기　　차가운 공기 해풍 육지　　바다	 차가운 공기　　따뜻한 공기 육풍 육지　　바다
바람이 부는 원리	비열이 작은 육지가 바다보다 먼저 따뜻해진다. → 따뜻해진 육지의 공기가 위로 올라가고, 그 빈 자리로 바다의 공기가 이동한다. → 바다에서 육지로 해풍이 분다.	비열이 작은 육지가 바다보다 먼저 식는다. → 따뜻한 바다의 공기가 위로 올라가고, 그 빈 자리로 육지의 공기가 이동한다. → 육지에서 바다로 육풍이 분다.
바람의 방향	바다 → 육지	육지 → 바다

② 물이 적은 사막 지역은 물이 많은 해안 지역에 비해 기온의 일교차가 크다. → 같은 양의 태양열을 받았을 때 비열이 큰 물이 많은 해안 지역은 다른 지역에 비해 온도 변화가 작게 나타나기 때문이다.

③ 몸속의 물은 체온을 일정하게 유지하는 데 중요한 역할을 한다.

④ 찜질 팩에 넣은 뜨거운 물은 빨리 식지 않으므로 찜질하기에 좋다.

(2) **비열이 작은 물질을 활용한 예[4]**: 비열이 작은 프라이팬은 빨리 뜨거워지면서 음식을 익힌다.

---

❶ 여러 물질의 비열

물질	비열
구리	0.09
철	0.11
알루미늄	0.22
모래	0.19
콘크리트	0.23
식용유	0.40
물	1.00

[단위: kcal/(kg·℃)]

열은 에너지의 일종이므로 에너지 단위인 J(줄)을 열량의 단위로 사용하기도 한다.

❷ 열량의 단위

열량의 단위는 J(줄), cal(칼로리), kcal(킬로칼로리)를 사용한다.

- 1 cal: 물 1 g의 온도를 1 ℃ 높이는 데 필요한 열량
- 1 kcal: 물 1 kg의 온도를 1 ℃ 높이는 데 필요한 열량
- 1 kcal = 1000 cal

❸ 비열이 큰 물을 활용한 예

- 가정용 보일러는 물을 데워 난방에 이용하는데, 따뜻한 물은 빨리 식지 않으므로 따뜻함을 오랫동안 유지할 수 있다.
- 물은 오랫동안 차가운 상태를 유지하므로 기계의 냉각 장치에 이용된다.

❹ 비열이 큰 뚝배기와 비열이 작은 금속 냄비

뚝배기는 비열이 커서 천천히 가열되고 천천히 식지만, 비열이 작은 금속 냄비는 빨리 가열되고 빨리 식는다.

초성 확인 문제

01 ㅂㅇ은 어떤 물질 1 kg의 온도를 1 ℃ 높이기 위해 필요한 열량이다.

02 '열량 = ㅂㅇ × ㅈㄹ × 온도 변화'이다.

03 질량이 같은 물질이 같은 열량을 받을 때 ㅂㅇ이 큰 물질일수록 온도 변화가 작다.

04 ㅁ의 비열은 다른 물질의 비열과 비교하여 큰 편이다.

Ⓐ 비열

01 비열에 대한 설명으로 옳은 것은 ○, 옳지 <u>않은</u> 것은 ×로 표시하시오.

(1) 어떤 물질 1 kg의 온도를 1 ℃ 높이기 위해 필요한 열량이다. ········· (　　　)

(2) 비열로 물질의 종류를 구별할 수 없다. ································· (　　　)

(3) 질량이 같은 물질에 같은 열량을 가했을 때, 비열이 작은 물질일수록 온도 변화가 작다. ·· (　　　)

02 표는 여러 물질의 비열을 나타낸 것이다.

물질	구리	철	알루미늄
비열 [kcal/(kg·℃)]	0.09	0.11	0.22

(　　　) 안에 들어갈 알맞은 물질을 각각 쓰시오.

(1) 질량이 같은 세 물질에 같은 열량을 가했을 때, 온도 변화가 가장 큰 물질은 (　　　　)이고, 온도 변화가 가장 작은 물질은 (　　　　)이다.

(2) 질량이 같은 세 물질의 온도를 10 ℃씩 높이려고 할 때, 가장 많은 열량이 필요한 물질은 (　　　　)이고, 가장 적은 열량이 필요한 물질은 (　　　　)이다.

03 질량이 2 kg인 식용유의 온도를 10 ℃ 높이기 위해 필요한 열량은 몇 kcal인지 구하시오. (단, 식용유의 비열은 0.4 kcal/(kg·℃)이고, 외부와 열 출입은 없다.)

04 질량이 10 kg인 어떤 물질에 80 kcal의 열량을 가했더니 온도가 10 ℃ 높아졌다. 이 물질의 비열은 몇 kcal/(kg·℃)인지 구하시오. (단, 외부와 열 출입은 없다.)

05 비열에 의한 현상에 대한 설명으로 옳은 것은 ○, 옳지 <u>않은</u> 것은 ×로 표시하시오.

(1) 사막 지역은 해안 지역에 비해 기온의 일교차가 크다. ···················· (　　　)

(2) 사람의 체온은 외부 온도에 관계없이 잘 변하지 않는다. ················· (　　　)

(3) 해안 지역에서는 낮과 밤 상관없이 일정한 방향으로 바람이 분다. ··· (　　　)

(4) 뚝배기가 금속 냄비와 비교하여 천천히 가열되고 천천히 식는 까닭은 뚝배기의 비열이 금속의 비열보다 작기 때문이다. ······························ (　　　)

02 비열과 열팽창

Ⓑ 열팽창

1. 열팽창 물체에 열을 가할 때 길이나 부피가 늘어나는 현상

(1) **열팽창 과정:** 열을 가하면 물체의 온도가 높아진다. → 입자 운동이 활발해진다. → 입자 사이의 거리가 멀어진다. → 물체가 팽창한다.

(2) **물질의 종류와 열팽창:** 고체와 액체의 열팽창 정도는 물질의 종류에 따라 달라지고, 기체의 열팽창 정도는 종류에 관계없이 일정하다. ❺

(3) 물질의 상태에 따라 열팽창 정도가 달라진다. → 고체 < 액체 < 기체
— 일반적으로 고체보다 액체의 열팽창 정도가 크다.

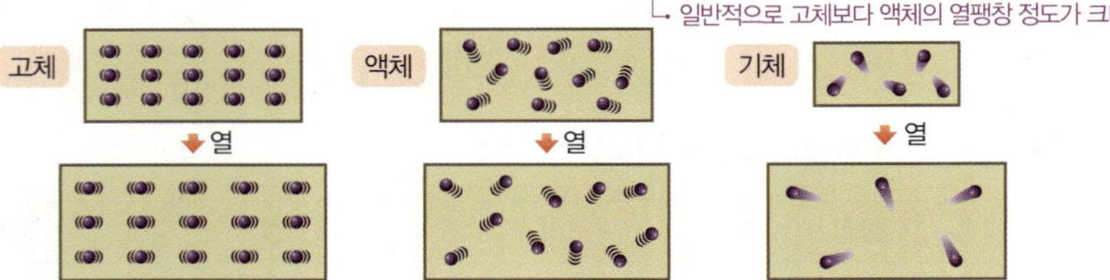

2. 고체의 열팽창과 우리 생활 ❻ (최다 빈출)

(1) **바이메탈** ❼**:** 열팽창 정도가 다른 두 금속을 붙여 놓은 장치로, 두 금속의 열팽창 정도의 차이가 클수록 바이메탈이 많이 휘어진다.

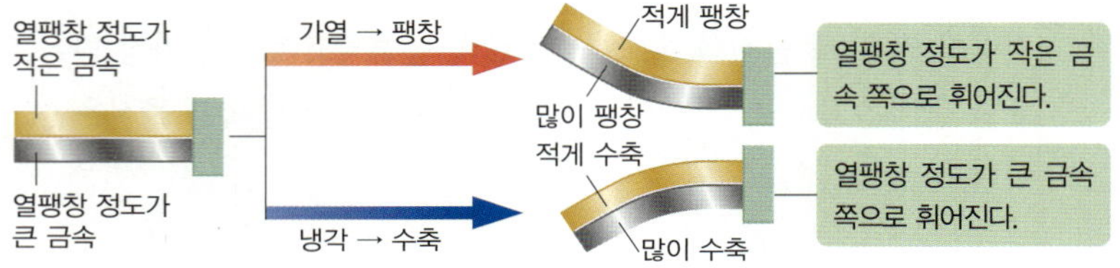

전기다리미에서 바이메탈의 작동 원리 ❽
- 전기다리미의 온도가 낮다. → 회로가 연결되어 전류가 흐른다.
- 전기다리미의 온도가 높아진다. → 바이메탈이 휘어진다. → 회로가 끊어져 전류가 흐르지 않는다.
— 온도가 더 이상 높아지지 않는다.

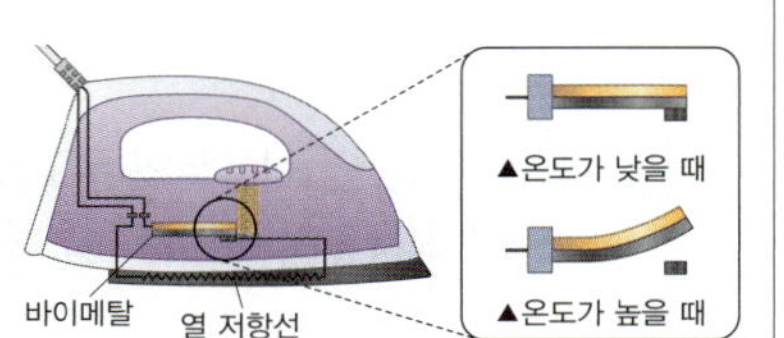

(2) **고체의 열팽창과 우리 생활:** 온도 변화에 따라 변형되는 것을 고려해야 한다.

전신주의 전선	다리 이음매	가스관
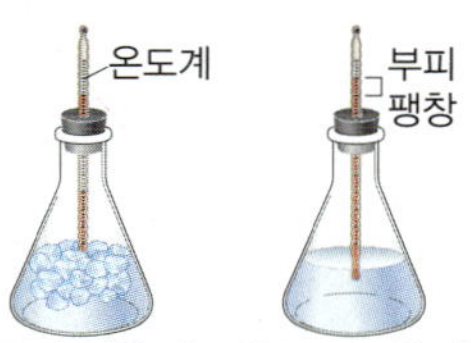 여름에는 전신주의 전선이 늘어지고 겨울에는 팽팽해진다.	다리나 철로를 만들 때 다리 이음매나 철로의 연결부에 틈을 만든다. — 여름에 열팽창으로 휘는 것을 막는다.	가스관은 중간에 휘어진 부분을 만든다. — 열팽창에 의한 가스관이 손상되는 것을 예방한다.

3. 액체의 열팽창과 우리 생활

(1) 온도계는 온도계 안의 액체가 온도에 따라 열팽창하는 원리를 이용한 기구이다. ❾

(2) 페트병에 음료수를 가득 채우지 않는 것은 온도가 높아졌을 때, 페트병보다 음료수가 열팽창하는 정도가 크기 때문이다.

▲ 온도계의 열팽창

---

❺ **기체의 열팽창**
압력이 일정할 때 일정량의 기체의 부피는 온도가 높아짐에 따라 일정하게 증가한다.

❻ **고체의 열팽창의 예**
포개진 그릇이 빠지지 않을 경우, 안쪽 그릇에는 차가운 물을 넣고 바깥쪽 그릇은 뜨거운 물에 담근다.

❼ **바이메탈의 이용**
전기 기구의 자동 온도 조절 장치, 보일러의 온도 조절기, 화재 경보기 등

❽ **화재 경보기의 작동 원리**
- 평소에는 회로가 끊어져 전류가 흐르지 않는다.
- 화재가 발생하여 온도가 높아진다. → 바이메탈이 휘어진다. → 회로가 연결되어 전류가 흐른다. → 화재 경보가 울린다.

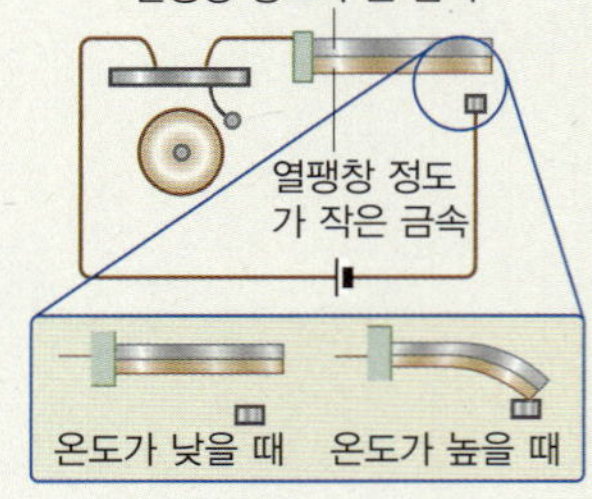

❾ **온도계에 사용되는 액체**
- 온도계에 사용되는 알코올이나 수은은 온도에 따라 부피가 달라진다.
- 온도계에는 열팽창 정도가 크고 온도에 따라 열팽창 정도가 일정한 액체를 사용한다.

05 물체에 열을 가할 때 길이나 부피가 늘어나는 현상을 ㅇㅍㅊ 이라고 한다.

06 물체의 ㅇㄷ가 높아지면, 입자의 운동이 활발해지며, 입자 사이의 거리가 멀어져서 부피가 ㅍㅊ하게 된다.

07 물질의 세 가지 상태에서 온도 변화에 따른 열팽창 정도가 가장 큰 상태는 ㄱㅊ이다.

08 열팽창 정도가 다른 두 금속을 붙여 놓은 장치를 ㅂㅇㅁㅌ이라고 한다.

B 열팽창

06 다음은 열팽창 과정에 대한 설명이다. ( ) 안에 들어갈 알맞은 말을 고르시오.

> 물체에 열을 가하면 물체의 온도가 (높아진다, 낮아진다). → 입자 운동이 (활발해진다, 둔해진다). → 입자 사이의 거리가 (멀어진다, 가까워진다). → 물체가 팽창한다.

07 열팽창에 대한 설명으로 옳은 것은 ○, 옳지 않은 것은 ×로 표시하시오.

(1) 물질이 열을 얻으면 입자 운동이 둔해지며 수축한다. ·····················( )

(2) 온도 변화가 클수록 물질의 팽창 정도가 크다. ·····················( )

(3) 물질의 상태에 따른 열팽창 정도는 고체<액체<기체 순이다. ········( )

(4) 고체의 열팽창 정도는 종류에 관계없이 일정하다. ·····················( )

08 세 종류의 금속 A ~ C를 이용하여 두 종류의 바이메탈을 만든 다음, 각각 가열하였더니 그림 (가), (나)와 같이 바이메탈이 휘어졌다.

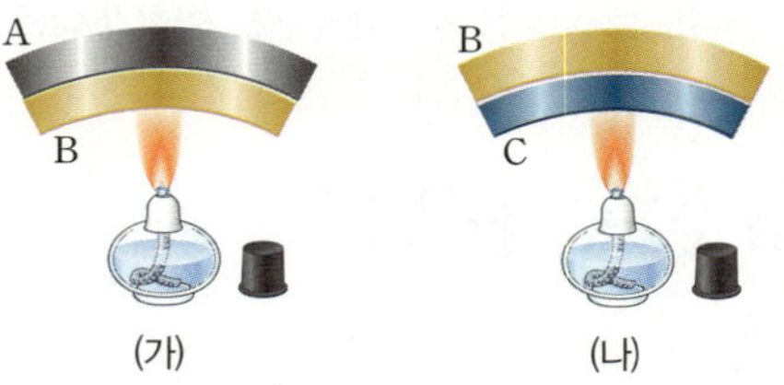

A ~ C의 열팽창 정도를 부등호로 비교하시오.

09 열팽창과 관계있는 현상으로 옳은 것은 ○, 옳지 않은 것은 ×로 표시하시오.

(1) 다리의 이음매에 틈을 만든다. ·····················( )

(2) 철탑의 높이는 겨울보다 여름에 더 높아진다. ·····················( )

(3) 뜨거운 물을 담은 유리컵을 손으로 만지면 따뜻하다. ·····················( )

(4) 포개져 꽉 낀 두 유리컵의 안쪽 컵에 찬 물을 담고 바깥 컵을 따뜻한 물에 담그면 쉽게 분리된다. ·····················( )

(5) 페트병에 음료수를 가득 채우지 않는다. ·····················( )

탐구 집중 분석

◖ 물과 식용유의 비열 측정 ◗

과정

❶ 두 개의 비커에 물 100 g, 식용유 100 g을 각각 넣은 다음, 두 비커를 전열기 위에 올려놓고 온도 센서를 장치한다.

❷ 물과 식용유의 처음 온도를 측정한다.

❸ 전열기를 켜고 물과 식용유를 가열하면서 1분 간격으로 온도를 측정하고 시간에 따른 온도 변화를 그래프로 그린다.

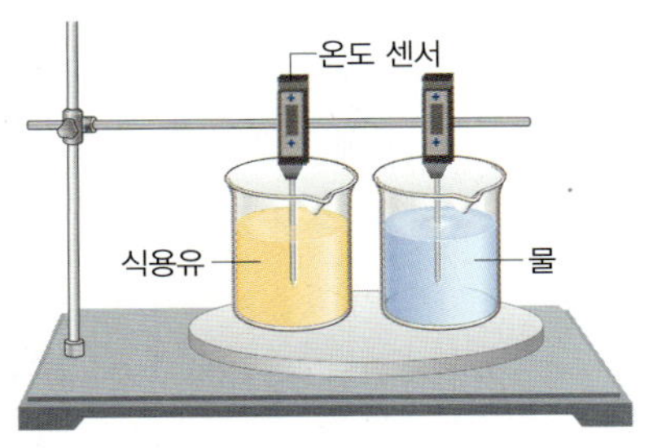

물과 식용유의 질량을 같게 맞춰야 하는 까닭

같은 물질이라도 질량에 따라 온도 변화 정도가 다르므로 정확한 실험을 위해 물과 식용유의 질량이 같도록 한다.

결과

시간(분)	0	1	2	3	4	5
물의 온도($^\circ$C)	10	16	23	28	35	40
식용유의 온도($^\circ$C)	10	26	41	55	71	85

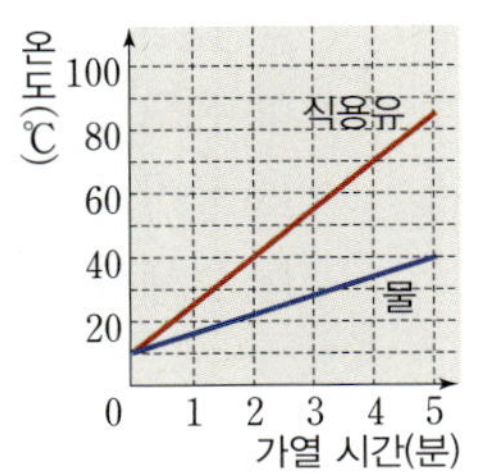

정리

1 같은 양의 열을 가했을 때 식용유의 온도가 물의 온도보다 더 빨리 높아진다.

→ 물의 비열이 식용유의 비열보다 크다.

2 같은 양의 열을 가하더라도 물질의 종류에 따라 온도 변화가 다르게 나타난다.

또 다른 유사 탐구 분석

과정 금속을 물에 넣고 100 $^\circ$C로 끓인 후 열량계 속의 10 $^\circ$C인 찬물에 넣은 다음 열평형 온도를 측정한다. (단, 물의 질량은 200 g이고, 금속의 질량은 1 kg이며, 물의 비열은 1 kcal/(kg·$^\circ$C)이다.)

결과 (금속이 잃은 열량＝열량계 속 물이 얻은 열량)의 관계를 이용하여 금속의 비열을 알 수 있다.

정리

1 금속이 잃은 열량과 물이 얻은 열량은 같으므로 금속의 비열을 알 수 있다.

2 금속의 온도 변화가 물의 온도 변화보다 크므로 물의 비열이 금속의 비열보다 크다.

01 위 실험에 대한 설명으로 (　　) 안에 알맞은 말을 쓰시오.

⑴ 물이 얻은 열량과 식용유가 얻은 열량은 (　　　　).

⑵ 물의 비열은 1 kcal/(kg·℃)이므로 5분 동안 물이 얻은 열량은 (　　　) kcal/(kg·℃)×(　　　) kg×(　　　)℃=(　　　) kcal이다.

⑶ 5분 동안 물이 얻은 열량을 이용하여 식용유의 비열을 계산하면 (　　　) kcal/(kg·℃)이다.

⑷ 같은 양의 열을 가했을 때 물체의 온도 변화는 비열이 클수록 (　　　).

02 위 실험에 대한 설명으로 옳은 것은 ○, 옳지 않은 것은 ×로 표시하시오.

⑴ 온도 변화는 식용유에서가 물에서보다 크므로 식용유의 비열이 물의 비열보다 크다. ········· (　　　)

⑵ 액체가 얻은 열량은 전열기를 켠 시간에 비례하여 증가한다. ········· (　　　)

⑶ 전열기의 세기를 강하게 하여 5분 동안 가열하면 두 액체의 온도 변화는 커진다. ··· (　　　)

⑷ 물과 식용유의 양만 200 g으로 바꾸고 같은 실험을 하였을 때 같은 시간 동안 물과 식용유의 온도 변화는 더 커진다. ·············· (　　　)

[03-04] 표는 질량이 각각 100 g인 물과 식용유을 같은 전열기로 가열하였을 때 물과 식용유의 온도를 1분 간격으로 측정한 실험 결과이다.

시간(분)	0	1	2	3	4	5
물의 온도(℃)	8	14	21	26	33	38
식용유의 온도(℃)	8	24	39	53	68	83

03 이에 대한 설명으로 옳은 것을 |보기|에서 모두 고른 것은?

> 보기
> ㄱ. 5분 동안, 물과 식용유가 얻은 열량은 같다.
> ㄴ. 5분 동안, 온도 변화는 물이 식용유보다 크다.
> ㄷ. 비열은 물이 식용유보다 크다.
> ㄹ. 이 실험을 통해 액체의 종류에 따라 비열이 다르다는 것을 확인할 수 있다.

① ㄱ, ㄷ　　　② ㄱ, ㄹ　　　③ ㄷ, ㄹ
④ ㄱ, ㄷ, ㄹ　　　⑤ ㄱ, ㄴ, ㄷ, ㄹ

04 식용유의 비열은? (단, 물의 비열은 1 kcal/(kg·℃)이다.)

① 0.1 kcal/(kg·℃)　　② 0.2 kcal/(kg·℃)
③ 0.4 kcal/(kg·℃)　　④ 2 kcal/(kg·℃)
⑤ 4 kcal/(kg·℃)

[05-06] 그림 (가)와 같이 질량이 1 kg인 금속을 물에 넣고 100 ℃로 끓인 후, (나)와 같이 열량계 속의 질량이 200 g인 찬물에 넣어 금속의 비열을 측정하려고 한다.

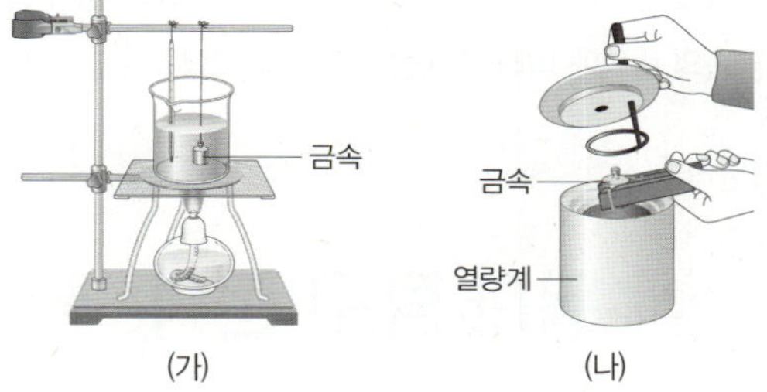

05 이에 대한 설명으로 옳은 것을 |보기|에서 모두 고른 것은?

> 보기
> ㄱ. (가)에서 금속의 온도는 100 ℃이다.
> ㄴ. (나)에서 온도 변화는 물과 금속이 같다.
> ㄷ. (나)에서 금속이 잃은 열량은 물이 얻은 열량과 같다.

① ㄱ　　　② ㄷ　　　③ ㄱ, ㄴ
④ ㄱ, ㄷ　　　⑤ ㄴ, ㄷ

06 실험에서 열량계 속 물의 처음 온도가 10 ℃, 나중 온도가 40 ℃일 때, 금속의 비열은? (단, 물의 비열은 1 kcal/(kg·℃)이며, 외부와의 열 출입은 없다.)

① 0.1 kcal/(kg·℃)　　② 0.2 kcal/(kg·℃)
③ 0.4 kcal/(kg·℃)　　④ 0.6 kcal/(kg·℃)
⑤ 1 kcal/(kg·℃)

◀ 금속 막대의 열팽창 ▶

과정

❶ 알루미늄, 구리, 철 막대를 열팽창 측정 장치에 끼우고 열팽창 측정 장치의 눈금이 0을 가리키도록 조절한다.

❷ 금속 막대의 가운데 부분을 알코올램프로 동시에 가열하면서 각 금속 막대와 연결된 바늘의 움직임을 관찰한다.

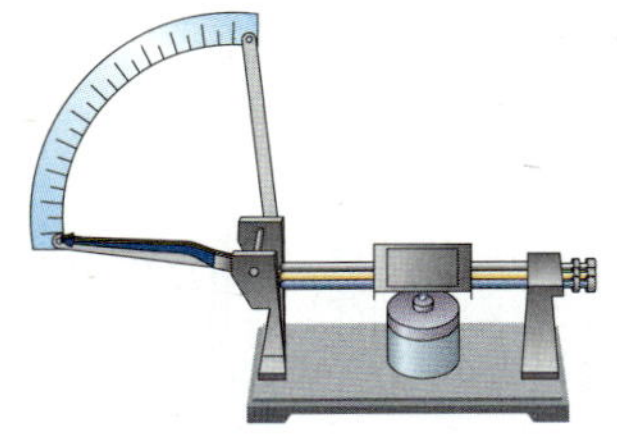

결과

1 금속 막대를 가열하면 금속 막대의 길이가 늘어난다.

2 알루미늄>구리>철 순으로 바늘이 크게 회전하므로 알루미늄>구리>철 순으로 금속 막대의 길이가 늘어난다.
  → 알루미늄>구리>철 순으로 열팽창 정도가 크다.

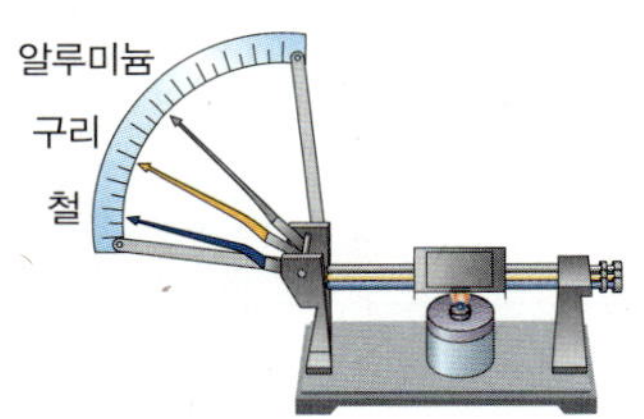

정리

1 금속을 가열하면 길이가 늘어나는 열팽창을 한다.

2 금속을 가열하면 입자의 움직임이 활발해지고, 입자 사이의 거리가 멀어지므로 길이가 늘어난다.

3 금속의 종류에 따라 열팽창 정도가 다르다.

고체의 열팽창 측정 장치 원리

금속 막대의 길이가 늘어나면서 금속 끝에 연결된 바늘의 아랫부분을 밀기 때문에 바늘이 회전한다. 금속의 열팽창 정도가 클수록 바늘이 크게 회전한다.

또 다른 유사 탐구 **분석**

과정

❶ 다른 색의 물감을 섞은 물과 에탄올을 삼각 플라스크에 각각 가득 채운다.

❷ 유리관을 꽂은 고무마개로 삼각 플라스크의 입구를 막고 유리관을 따라 올라온 액체의 처음 높이를 표시한다.

❸ 삼각 플라스크를 수조에 넣고 뜨거운 물을 천천히 부으면서 유리관 속 액체의 높이 변화를 관찰한다.

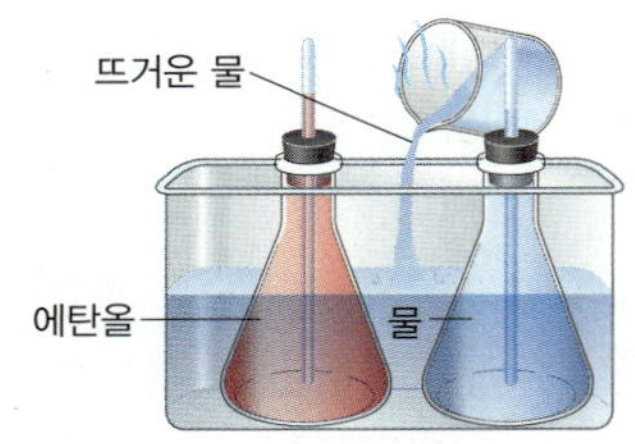

결과

1 뜨거운 물을 부으면 유리관 속 액체의 높이가 높아진다.

2 물보다 에탄올의 높이 변화가 더 크다. → 물보다 에탄올의 열팽창 정도가 크다.

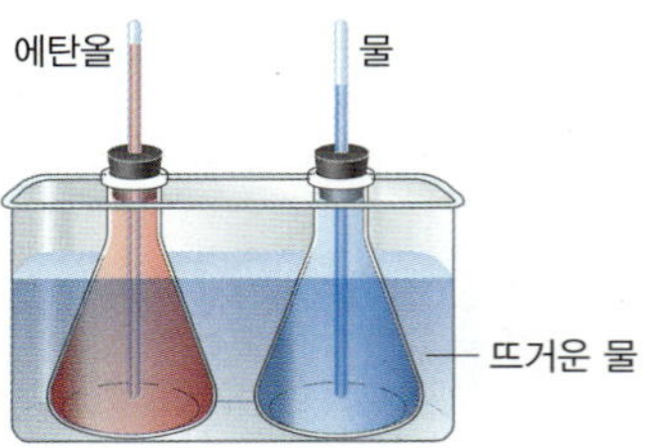

정리

1 액체의 온도가 높아지면 부피가 늘어나는 열팽창을 한다.

2 액체의 온도가 높아지면 입자의 움직임이 활발해지고, 입자 사이의 거리가 멀어지므로 부피가 증가한다.

3 액체의 종류에 따라 열팽창 정도가 다르다.

07 위 실험에 대한 설명으로 ( ) 안에 알맞은 말을 쓰시오.

(1) 금속 막대의 가운데 부분을 알코올램프로 가열하면 금속 막대의 길이는 ( ).

(2) 알루미늄의 입자 사이의 거리는 가열된 후가 가열되기 전보다 ( ).

(3) 고체와 액체는 물질의 종류에 따라 열팽창 정도가 ( ).

(4) 에탄올의 높이 변화가 물의 높이 변화보다 큰 것으로 보아 에탄올이 더 많이 ( )한다는 것을 알 수 있다.

08 위 실험에 대한 설명으로 옳은 것은 ○, 옳지 <u>않은</u> 것은 ×로 표시하시오.

(1) 고체는 열을 받으면 팽창하지만 액체는 열을 받아도 팽창하지 않는다. ……………… ( )

(2) 고체에 열을 가하면 입자의 운동이 둔해지면서 열팽창이 일어난다. ………………… ( )

(3) 액체에 열을 가하면 입자의 운동이 활발해지면서 열팽창이 일어난다. ……………… ( )

(4) 에탄올이 담긴 플라스크를 수조에 넣고 뜨거운 물을 수조에 천천히 부으면 열은 에탄올에서 뜨거운 물로 이동한다. ……………… ( )

[09-10] 그림은 세 종류의 금속 막대 A∼C를 열팽창 측정 장치에 끼우고 동시에 가열했을 때의 결과이다.

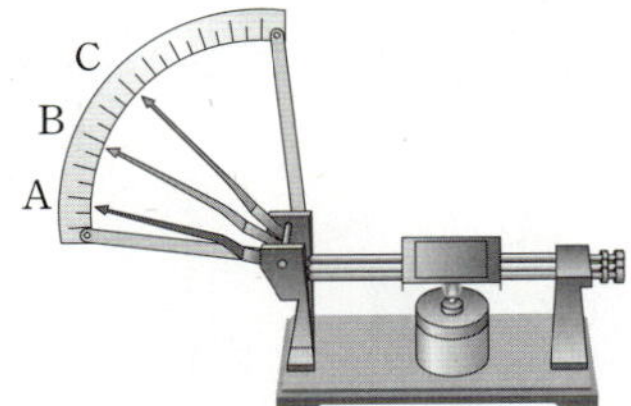

09 이 실험에 대한 설명으로 옳지 <u>않은</u> 것은?

① 세 금속이 얻은 열량은 같다.

② A, B, C 모두 길이가 늘어났다.

③ 열팽창 정도는 C>B>A 순이다.

④ 가열 후 입자 운동은 가열 전보다 활발하다.

⑤ 바늘이 움직이는 정도가 작을수록 금속 막대의 길이가 많이 늘어난 것이다.

10 A∼C로 그림과 같이 크기와 모양이 같은 금속 고리를 만든 다음 동일하게 가열하였다.

 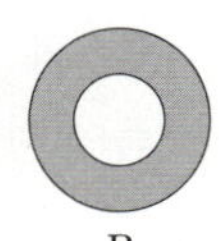 

A∼C의 구멍 크기를 비교한 것으로 옳은 것은?

① A>B>C   ② A>C>B

③ B>A>C   ④ C>A>B

⑤ C>B>A

[11-12] 액체 A와 B를 삼각 플라스크에 각각 가득 채운 후 유리관을 끼운 고무마개로 입구를 막고 수조에 넣은 후 수조에 뜨거운 물을 천천히 넣었더니 유리관 속 액체의 높이 변화가 그림과 같이 나타났다.

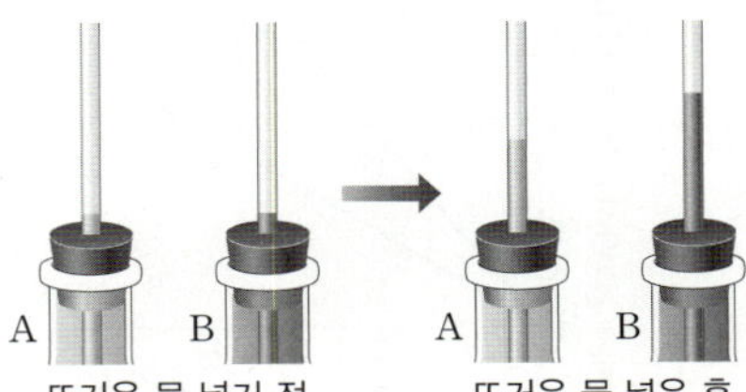

11 이 실험에 대한 설명으로 옳지 <u>않은</u> 것은?

① 액체에 열을 가하면 부피가 팽창한다.

② 열팽창 정도는 A가 B보다 크다.

③ A와 B 모두 입자 운동이 활발해졌다.

④ 수조의 뜨거운 물에서 B로 열이 이동하였다.

⑤ 액체의 종류에 따라 열팽창 정도가 다르다는 것을 알 수 있다.

12 뜨거운 물을 넣기 전과 넣은 후의 실험 결과로부터 A와 B의 열팽창 정도를 비교하시오.

🔍 필수 키워드 액체의 높이

____

____

비열

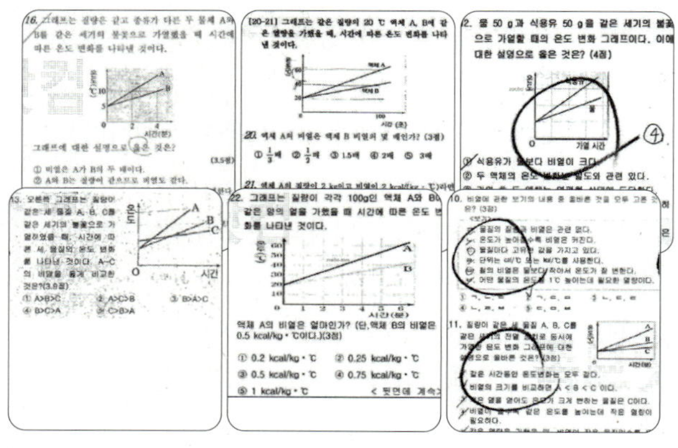

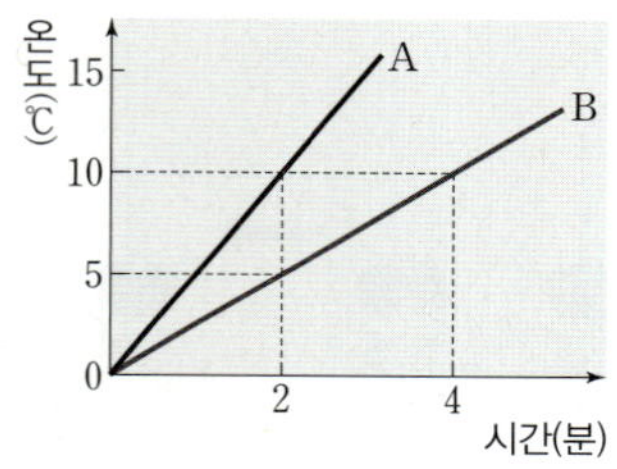

⬇

01

그래프는 질량이 200 g으로 같은 두 물체 A와 B를 같은 세기의 열로 가열하였을 때, 가열 시간에 따른 온도 변화를 나타낸 것이다.

이에 대한 설명으로 옳지 <u>않은</u> 것을 모두 고르면? (4개)

① A와 B는 다른 물질이다.

② 2분 동안, A와 B가 얻은 열량은 같다.

③ 같은 시간 동안, 온도 변화는 A가 B보다 크다.

④ A와 B의 비열의 비는 A:B=1:2이다.

⑤ 그래프의 기울기가 클수록 비열이 크다.

⑥ A와 B의 질량이 같으므로 비열도 같다.

⑦ A와 B의 온도를 10 ℃까지 높이는 데 필요한 열량은 같다.

⑧ B의 비열이 1 kcal/kg·℃라면 B의 온도를 10 ℃ 높이는 데 필요한 열량은 2 kcal이다.

⑨ 온도를 10 ℃까지 높이는 데 필요한 열량은 질량이 200 g일 때와 질량이 100 g일 때가 같다.

열팽창

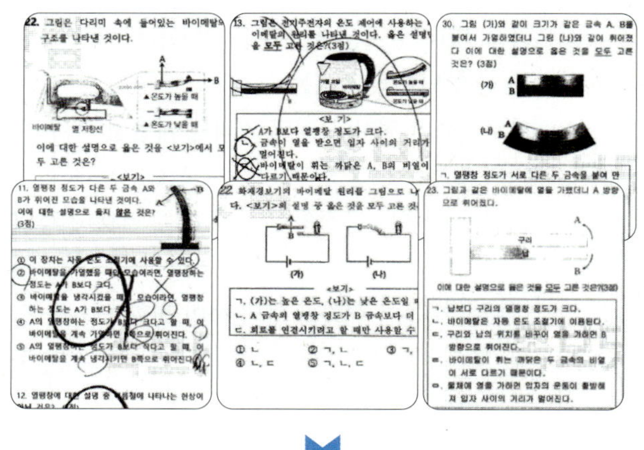

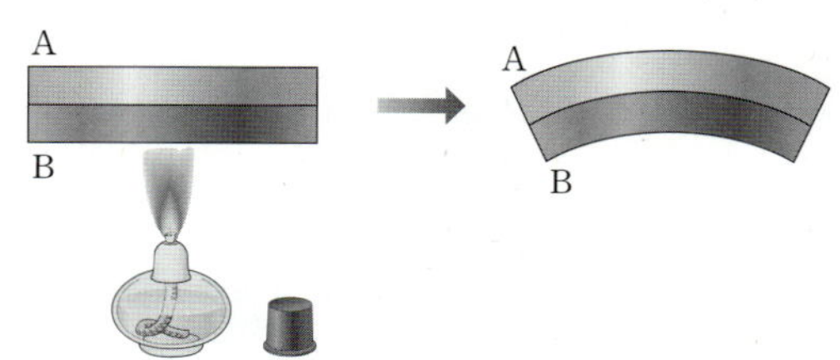

⬇

02

종류가 다른 두 금속 A, B로 만든 바이메탈을 가열하였더니 그림과 같이 휘어졌다.

이에 대한 설명으로 옳은 것을 모두 고르면? (2개)

① A와 B의 열팽창 정도가 같다.

② 금속이 열을 받으면 입자 사이의 거리가 가까워진다.

③ 입자 운동이 활발해지면 부피가 감소한다.

④ 바이메탈이 열을 받을 때 휘어지는 까닭은 A와 B의 비열이 다르기 때문이다.

⑤ 열팽창은 고체에서만 나타나는 현상이다.

⑥ B를 A보다 열팽창 정도가 큰 금속으로 바꾼 후 가열하면 바이메탈은 아래 방향으로 오목해진다.

⑦ A와 B를 냉각시켜도 같은 방향으로 휘어진다.

⑧ 이와 같은 원리는 온도에 따라 자동으로 작동하거나 전원이 차단되는 제품에 사용된다.

학교 시험 기출 변형 문제

A 비열

최다 빈출

01 비열에 대한 설명으로 옳은 것은?

① 단위는 kcal/℃를 사용한다.

② 비열은 물질의 종류에 관계없이 같다.

③ 일반적으로 고체의 비열이 액체의 비열보다 크다.

④ 비열이 큰 물질일수록 온도를 높이기 쉽다.

⑤ 질량이 같은 물질에 같은 열량을 가할 때 물질의 비열이 클수록 온도 변화가 작다.

02 그림 (가)와 같이 같은 양의 물과 식용유를 같은 세기의 열로 가열할 때, 시간에 따른 온도 변화를 나타낸 그래프가 (나)와 같다.

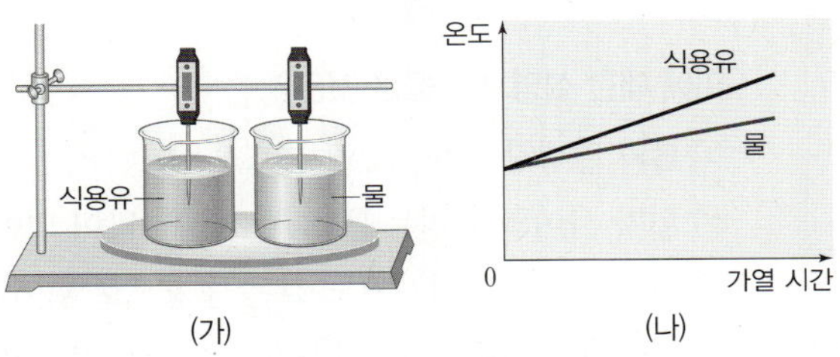

이 실험에 대한 설명으로 옳은 것을 |보기|에서 모두 고른 것은?

> 보기
>
> ㄱ. 같은 시간 동안, 식용유의 온도 변화가 물의 온도 변화보다 크다.
> ㄴ. 같은 온도만큼 높이는 데 걸리는 시간은 식용유가 더 짧다.
> ㄷ. 식용유의 비열이 물의 비열보다 크다.

① ㄱ   ② ㄷ   ③ ㄱ, ㄴ

④ ㄴ, ㄷ   ⑤ ㄱ, ㄴ, ㄷ

03 질량이 500 g인 물질이 2 kcal의 열량을 얻어 온도가 10 ℃ 상승하였다. 이 물질의 비열은?

① 0.2 kcal/(kg·℃)   ② 0.4 kcal/(kg·℃)

③ 0.5 kcal/(kg·℃)   ④ 2 kcal/(kg·℃)

⑤ 4 kcal/(kg·℃)

[04-05] 그림과 같이 질량 100 g인 금속 도막을 물에 넣고 끓인 후 100 ℃가 될 때 20 ℃의 물 200 g이 들어 있는 열량계 속에 넣었다. 이때 시간에 따른 열량계 속 물의 온도가 표와 같았다.

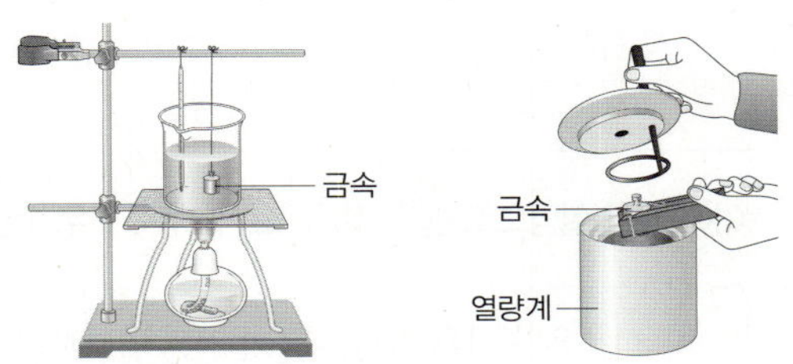

시간(분)	0	1	2	3	4	5	6
온도(℃)	20	25.1	29.5	32.7	34.8	36.0	36.0

04 이 금속의 비열은? (단, 물의 비열은 1 kcal/(kg·℃)이고, 외부와의 열 출입은 없다.)

① 0.05 kcal/(kg·℃)   ② 0.1 kcal/(kg·℃)

③ 0.2 kcal/(kg·℃)   ④ 0.25 kcal/(kg·℃)

⑤ 0.5 kcal/(kg·℃)

05 이 실험에 대한 설명으로 옳지 <u>않은</u> 것은?

① 비열은 물질에 따라 다르다.

② 온도 변화가 더 큰 물질의 비열이 더 작다.

③ 물이 얻은 열량과 금속 도막이 잃은 열량은 같다.

④ 물은 금속 도막보다 온도 변화가 작다.

⑤ 질량에 따라 물질의 비열은 달라진다.

최다 빈출

06 그래프는 질량이 같은 두 물체 A와 B를 접촉시켰을 때, 두 물체의 온도 변화를 시간에 따라 나타낸 것이다. 이에 대한 설명으로 옳지 <u>않</u>은 것은? (단, 외부와의 열 출입은 없다.)

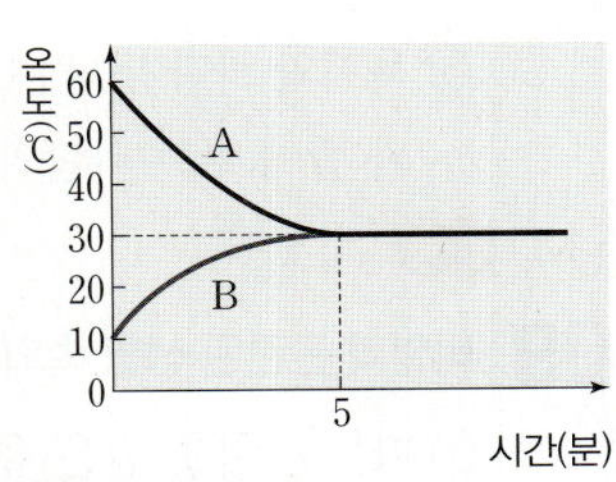

① A의 비열은 B의 비열의 3배이다.

② A에서 B로 열이 이동하였다.

③ A가 잃은 열량은 B가 얻은 열량과 같다.

④ A와 B는 5분 후에 열평형에 도달하였다.

⑤ 열평형에 도달했을 때의 온도는 30 ℃이다.

07 표는 질량이 같은 물, 식용유, 모래에 같은 세기의 열로 같은 시간 동안 가열하였을 때 온도 변화를 나타낸 것이다.

구분	처음 온도($\degree$C)	나중 온도($\degree$C)
물	30	34
식용유	30	40
모래	30	50

이에 대한 설명으로 옳은 것을 |보기|에서 모두 고른 것은?

> 보기
>
> ㄱ. 식용유가 얻은 열량은 물이 얻은 열량보다 크다.
> ㄴ. 비열의 크기는 물 > 식용유 > 모래 순이다.
> ㄷ. 질량이 같은 물질의 온도를 1 $\degree$C 높이는 데 필요한 열량이 가장 작은 것은 모래이다.

① ㄴ ② ㄷ ③ ㄱ, ㄴ
④ ㄱ, ㄷ ⑤ ㄴ, ㄷ

08 그림은 낮과 밤에 해안 지역에서 부는 바람의 방향을 나타낸 것이다.

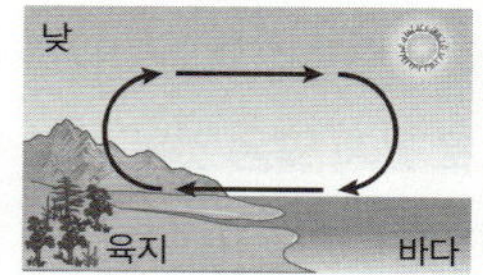

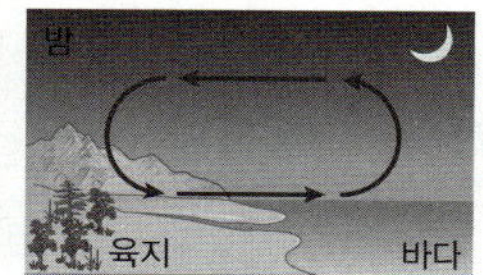

이에 대한 설명으로 옳은 것은?

① 밤에는 바다의 온도가 육지보다 낮다.
② 낮에는 바다가 육지보다 먼저 따뜻해진다.
③ 육지는 바다보다 천천히 따뜻해지고 천천히 식는다.
④ 육지와 바다의 비열이 다르기 때문에 나타나는 현상이다.
⑤ 육지와 바다가 받는 햇빛의 양이 다르기 때문에 낮과 밤에 부는 바람의 방향이 바뀐다.

최다 빈출

09 비열과 관련된 생활 속의 예로 옳은 것은?

① 따뜻한 차를 담은 유리컵을 손으로 만지면 따뜻하게 느껴진다.
② 프라이팬의 손잡이 부분은 비금속류로 만든다.
③ 전신주의 전선은 더운 여름보다 겨울에 더 짧다.
④ 다리 이음매나 기차의 철로를 만들 때 간격을 띄운다.
⑤ 뚝배기에 담은 국은 금속 냄비에 담은 국보다 따뜻함이 오래 유지된다.

Ⓑ **열팽창**

10 열팽창에 대한 설명으로 옳은 것은?

① 물질에 열을 가하면 입자의 크기가 커진다.
② 물질에 열을 가하면 입자의 개수가 많아진다.
③ 열팽창 정도는 물질의 종류에 관계없이 같다.
④ 물질에 열을 가하면 입자 사이의 거리가 멀어진다.
⑤ 같은 물질이면 고체, 액체, 기체 상태에서의 열팽창 정도가 같다.

11 금속 A와 B로 만든 바이메탈을 가열하였더니 그림과 같이 휘어졌다.

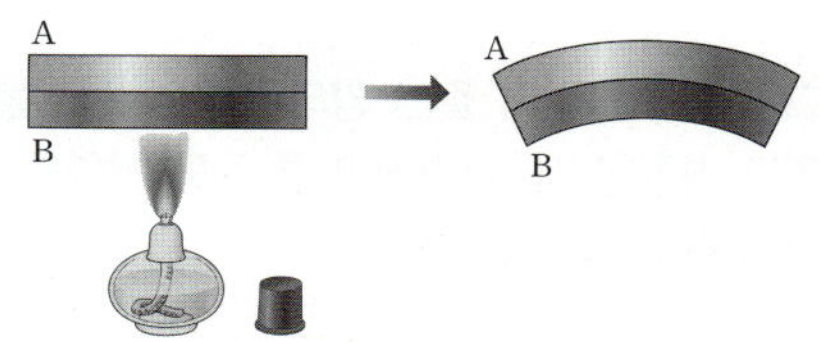

이에 대한 설명으로 옳은 것은?

① B의 열팽창 정도가 A보다 크다.
② 입자 사이의 거리는 B가 A보다 더 많이 멀어진다.
③ 바이메탈을 냉각시켜도 같은 방향으로 휘어진다.
④ 바이메탈을 냉각시키면 B가 A보다 많이 수축한다.
⑤ 온도에 따라 자동으로 작동하거나 전원이 차단되는 제품에 사용된다.

최다 빈출

12 그림은 전기다리미 내부의 회로에서 금속 A와 금속 B를 붙여서 만든 바이메탈을 이용한 모습을 나타낸 것이다.

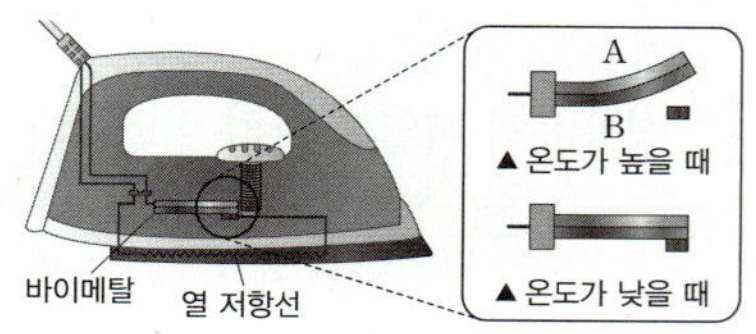

이에 대한 설명으로 옳은 것을 |보기|에서 모두 고른 것은?

> 보기
>
> ㄱ. 열팽창 정도는 A > B이다.
> ㄴ. A의 입자 운동은 바이메탈이 휘어졌을 때가 휘어지기 전보다 활발하다.
> ㄷ. 온도가 낮을 때 전류는 차단된다.

① ㄴ ② ㄷ ③ ㄱ, ㄴ
④ ㄱ, ㄷ ⑤ ㄴ, ㄷ

13 그림과 같이 가스관을 설치할 때 구부러진 모양으로 만든다. 이와 같은 원리로 설명할 수 있는 현상은?

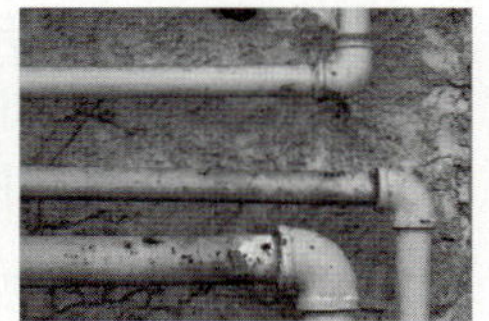

① 뚝배기에 라면을 끓인다.

② 기차 레일의 연결 부위에 틈을 만든다.

③ 사막 지역은 호숫가보다 일교차가 크다.

④ 뜨거운 국에 담근 금속 숟가락이 뜨거워진다.

⑤ 해안 지역에서는 낮에 해풍이 불고, 밤에 육풍이 분다.

최다 빈출

14 그림은 삼각 플라스크에 에탄올(A)과 물(B)을 가득 채운 후, 유리관을 끼운 고무마개로 입구를 막고 뜨거운 물이 담긴 수조에 넣어 열팽창 정도를 측정하기 위한 실험을 나타낸 것이다.

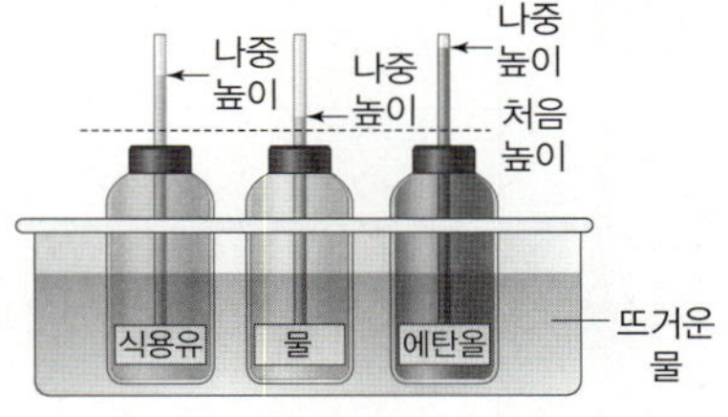

이에 대한 설명으로 옳은 것을 |보기|에서 모두 고른 것은?

> **보기**
> ㄱ. 액체는 종류에 상관없이 열팽창 정도가 같다는 것을 확인할 수 있다.
> ㄴ. A와 B는 입자의 움직임이 둔해진다.
> ㄷ. 열팽창 정도를 비교하기 위해서는 A와 B가 유리관을 따라 올라간 높이를 측정해야 한다.

① ㄱ　　　② ㄴ　　　③ ㄷ

④ ㄱ, ㄴ　　　⑤ ㄴ, ㄷ

15 그림은 세 종류의 금속 막대 A~C를 열팽창 측정 장치에 끼우고 동시에 가열했을 때의 결과를 나타낸 것이다.

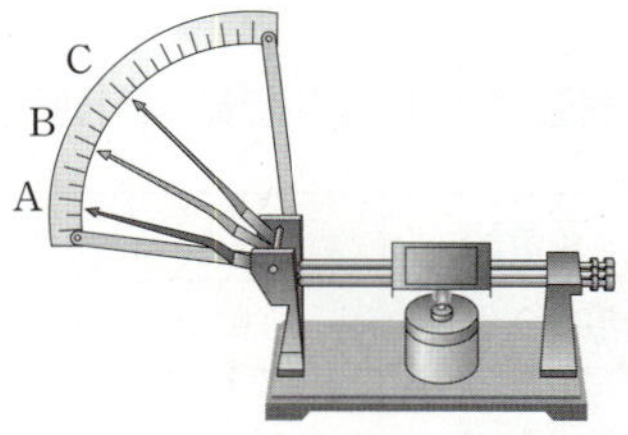

A~C를 이용하여 다음과 같이 바이메탈을 만들고 가열하였을 때, 휘어지는 방향이 나머지 셋과 다른 것은? (2개)

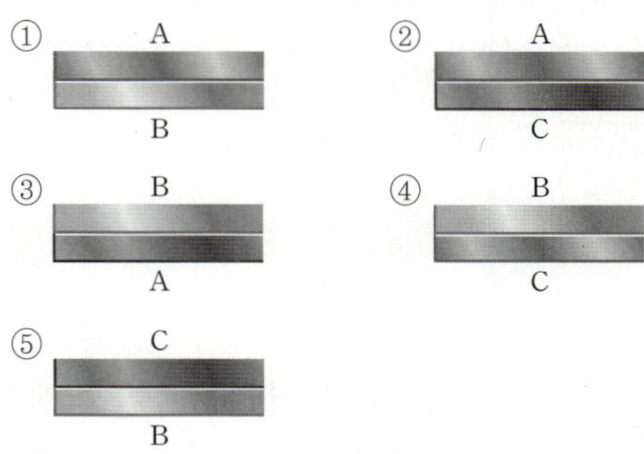

[16-17] 상온에 있던 식용유, 물, 에탄올을 동일한 유리병에 같은 양만큼 각각 넣고 뜨거운 물이 든 수조에 넣었더니 액체가 올라간 높이가 그림과 같이 다르게 나타났다.

16 열팽창 정도를 적절하게 비교한 것으로 옳은 것은?

① 식용유 > 물 > 에탄올　　② 식용유 > 에탄올 > 물

③ 에탄올 > 물 > 식용유　　④ 에탄올 > 식용유 > 물

⑤ 물 > 식용유 > 에탄올

17 이에 대한 설명으로 옳은 것을 |보기|에서 모두 고른 것은?

> **보기**
> ㄱ. 뜨거운 물에서 각각의 액체로 열이 이동한다.
> ㄴ. 유리병에 담긴 세 액체 모두 열을 받으면 입자 운동이 활발해진다.
> ㄷ. 물은 입자 운동이 활발해지면 부피가 줄어든다.

① ㄱ　　　② ㄷ　　　③ ㄱ, ㄴ

④ ㄴ, ㄷ　　　⑤ ㄱ, ㄴ, ㄷ

서술형 문제

필수 키워드를 포함하여 답안을 작성해 보세요.

최다 빈출

18 표는 물질 A~D의 비열을 나타낸 것이다.

물질	A	B	C	D
비열[kcal/(kg·℃)]	0.22	0.09	0.11	1.00

(1) 온도와 질량이 같은 물질 A~D에 같은 양의 열을 가하였다. 온도가 가장 빨리 높아지는 물질과 가장 느리게 높아지는 물질을 쓰고, 그 까닭을 서술하시오.

필수 키워드 비열

(2) 5분 동안 열을 가하여 질량이 2 kg인 물질 A의 온도가 20 ℃ 증가하였을 때, A가 얻은 열량은 얼마인지 풀이 과정과 함께 서술하시오.

필수 키워드 열량, 비열, 온도 변화, 질량

19 그림은 사막 지역과 해안 지역의 모습을 나타낸 것이다.

두 지역이 같은 양의 태양열을 받았다면 일교차가 큰 지역이 어디인지 쓰고 그 까닭을 서술하시오.

필수 키워드 비열, 모래, 물

20 유리병의 금속 뚜껑이 잘 열리지 않을 때 유리병을 뜨거운 물에 넣었다가 꺼내면 뚜껑을 쉽게 열 수 있다. 그 까닭를 열팽창을 이용하여 서술하시오.

필수 키워드 열팽창

21 다섯 종류의 액체를 동일한 유리병에 같은 양만큼 각각 넣고 유리관이 연결된 고무마개로 막은 후, 뜨거운 물이 든 수조에 넣었더니 액체가 올라간 높이가 그림과 같이 다르게 나타났다.

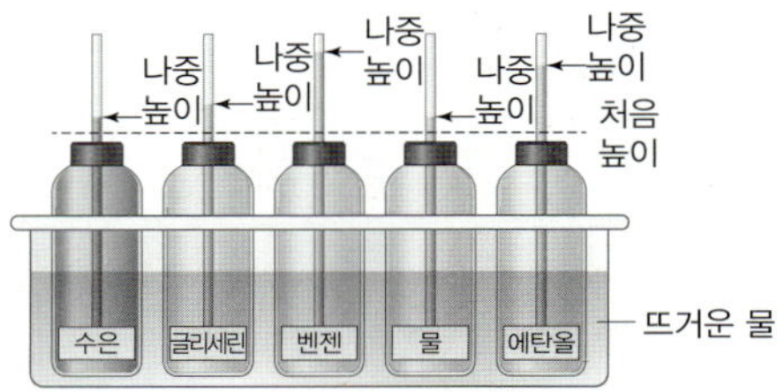

이 실험 결과에서 열팽창 정도가 가장 큰 액체를 쓰고, 실험 과정에서 액체의 입자 운동은 공통적으로 어떻게 변하는지 그 까닭과 함께 서술하시오.

필수 키워드 열, 입자 운동

최다 빈출

22 그림과 같이 다리나 철로를 만들 때 다리 이음매나 철로의 연결부에 틈을 만든다.

여름철에는 다리 이음매의 틈에 어떤 변화가 생기는지 서술하시오.

필수 키워드 온도, 입자 운동, 부피

학교 시험 기출 변형 문제

정답 및 해설 • 23쪽

 **비열**

01 열량과 비열에 대한 설명으로 옳지 <u>않은</u> 것은?

① 가열 시간이 길수록 물질이 얻는 열량이 많다.

② 물질에 가한 열량이 많을수록 온도 변화가 크다.

③ 열량은 온도가 다른 물체 사이에서 이동하는 열의 양이다.

④ 물 1 kg의 온도를 1 ℃ 높이는 데 필요한 열량은 1 kcal이다.

⑤ 질량이 같은 물질에 같은 열량을 가할 때 비열이 클수록 온도 변화가 크다.

02 그림은 온도와 질량이 같은 물과 식용유를 전열기 위에 올려놓고 같은 열량을 주었을 때 온도 변화를 비교하는 실험을 나타낸 것이다. (단, 비열은 물이 식용유보다 크다.)

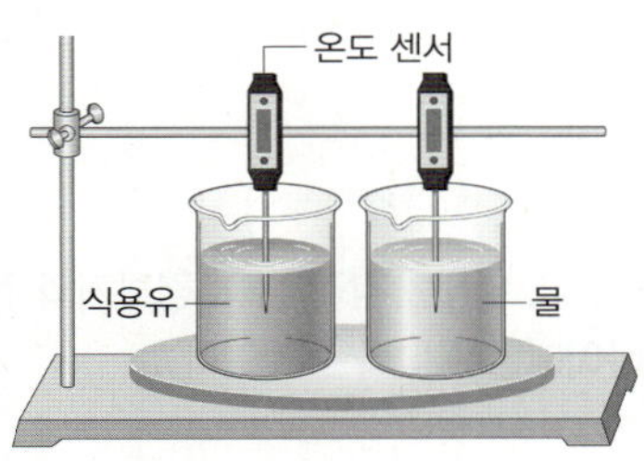

물과 식용유의 온도 변화를 시간에 따라 나타낸 그래프로 옳은 것은?

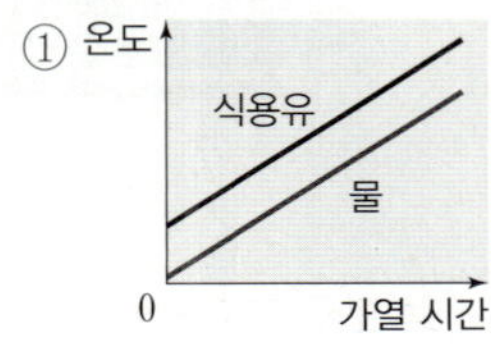

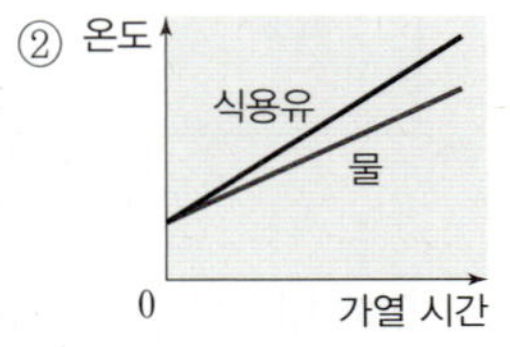

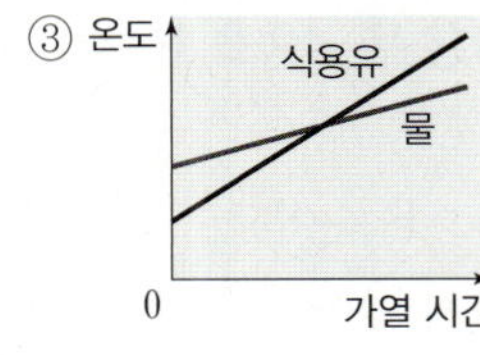

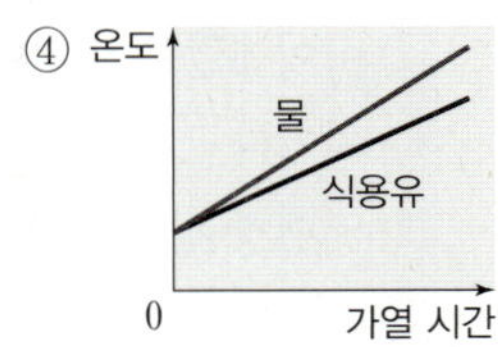

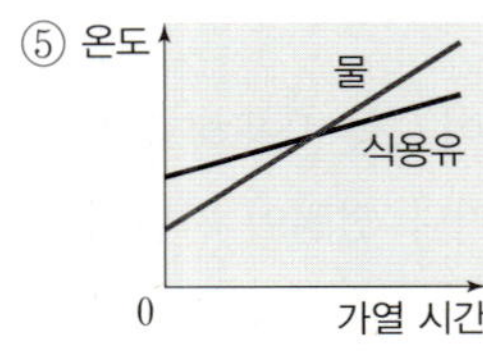

03 그림은 처음 온도와 질량이 같은 세 종류의 물질 A, B, C를 같은 온도의 흐르는 찬물로 식히면서 시간에 따라 측정한 온도를 나타낸 것이다.

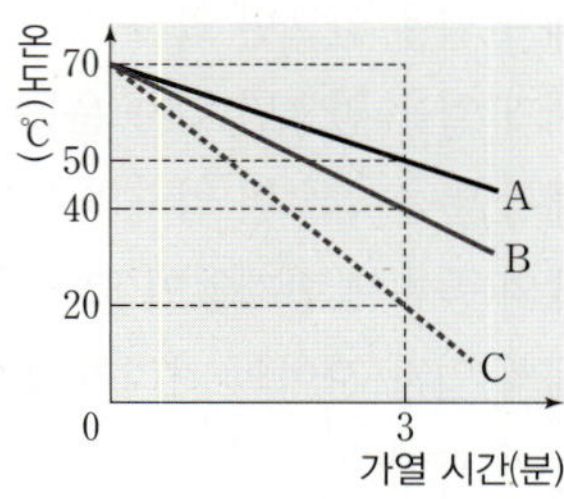

이에 대한 설명으로 옳은 것을 |보기|에서 모두 고른 것은?

> 보기
> ㄱ. 3분 동안 세 종류의 물질의 잃은 열량은 같다.
> ㄴ. 비열의 크기는 A>B>C 순이다.
> ㄷ. 같은 온도의 A와 B가 같은 열량을 얻는다면 B의 온도가 A의 온도보다 높아진다.

① ㄱ 　　② ㄷ 　　③ ㄱ, ㄴ
④ ㄴ, ㄷ 　　⑤ ㄱ, ㄴ, ㄷ

최다 빈출

04 표는 세 종류의 물질 A, B, C를 같은 세기의 불꽃으로 10분 동안 가열했을 때 온도 변화를 나타낸 것이다.

구분	질량(g)	처음 온도(℃)	나중 온도(℃)
A	100	30	55
B	200	30	75
C	100	30	75

이에 대한 설명으로 옳은 것을 모두 고르면? (2개)

① 비열은 물질의 종류에 관계없이 같다.

② 같은 온도만큼 높이는 데 걸리는 시간은 A가 제일 짧다.

③ 찜질팩의 온도가 가장 오랫동안 유지되기 위해서는 C를 사용해야 한다.

④ 질량이 200 g인 C의 온도를 30 ℃에서 75 ℃까지 높이려면 100 g일 때보다 2배의 열량이 필요하다.

⑤ 처음 온도가 30 ℃이고 질량이 100 g인 A에 같은 세기의 불꽃으로 5분 동안 가열하면 42.5 ℃가 된다.

B 열팽창

05 액체의 열팽창에 대한 설명으로 옳은 것은?

① 액체가 열을 얻으면 입자 수가 늘어난다.

② 액체가 열을 얻으면 입자 운동은 둔해진다.

③ 액체가 열을 얻으면 입자의 부피가 커진다.

④ 액체의 종류에 관계없이 열팽창 정도는 같다.

⑤ 액체의 입자 사이의 거리가 멀어질수록 액체의 부피는 증가한다.

06 고체의 열팽창에 대한 설명으로 옳지 <u>않은</u> 것은?

① 고체가 열을 얻으면 팽창한다.

② 고체가 열을 잃으면 수축한다.

③ 고체가 열을 얻으면 입자 운동이 활발해진다.

④ 고체의 온도 변화가 클수록 열팽창하는 정도가 크다.

⑤ 금속이 열팽창하는 정도는 금속의 종류에 관계없이 일정하다.

최다 빈출

07 상온에 있던 식용유, 물, 에탄올을 동일한 유리병에 같은 양만큼 넣고 뜨거운 물이 든 수조에 넣었더니 액체가 올라간 높이가 그림과 같이 다르게 나타났다.

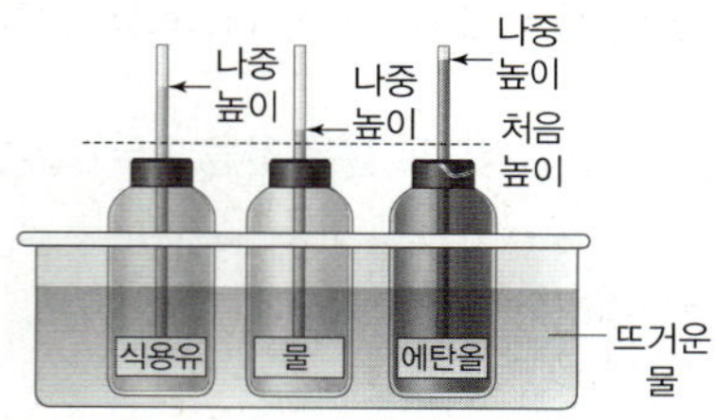

이에 대한 설명으로 옳지 <u>않은</u> 것은?

① 세 액체는 열을 얻으면 부피가 팽창한다.

② 팽창한 세 액체의 입자 운동은 활발해진다.

③ 온도가 높아지면 입자 사이의 거리는 가까워진다.

④ 액체의 종류에 따라 열팽창 정도가 다르다.

⑤ 수조 속 물이 식으면 세 액체의 부피는 감소한다.

최다 빈출

08 그림은 세 종류의 금속 막대 A~C를 열팽창 측정 장치에 끼운 후 동시에 가열했을 때의 결과를 나타낸 것이다.

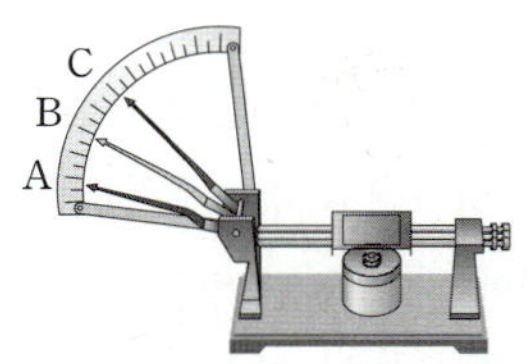

이 실험에 대한 설명으로 옳은 것을 |보기|에서 모두 고른 것은?

> 보기
> ㄱ. 고체의 비열을 이용한 장치이다.
> ㄴ. 세 금속이 같은 열량을 잃으면 A가 가장 많이 수축한다.
> ㄷ. A와 B를 붙여서 만든 바이메탈과 A와 C를 붙여서 만든 바이메탈을 동일한 조건으로 가열했을 때 A와 C로 만든 것이 더 많이 휜다.

① ㄴ 　　　② ㄷ 　　　③ ㄱ, ㄴ

④ ㄱ, ㄷ 　　　⑤ ㄴ, ㄷ

09 그림 (가), (나)는 각각 화재 경보기와 전기다리미에 장치된 바이메탈을 나타낸 것이다.

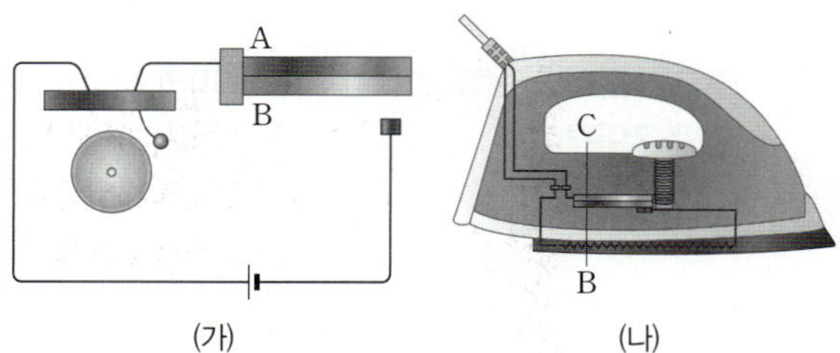

이에 대한 설명으로 옳은 것을 모두 고르면? (2개)

① 바이메탈은 비열이 다른 두 금속을 붙여서 만든 장치이다.

② 열팽창 정도는 A>C>B 순이다.

③ 온도가 높아졌다가 다시 낮아지면 원래 상태로 돌아오지 않는다.

④ (가)에서 B를 대신하여 C를 사용해도 작동한다.

⑤ 온도에 따라 작동하거나 전원이 차단되는 제품에 사용된다.

10 그림과 같이 금속 고리를 아슬아슬하게 통과하지 못하는 금속 공이 있다.

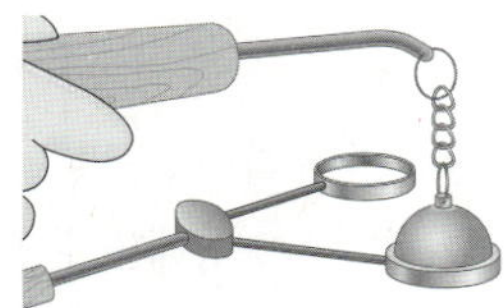

이 금속 공이 금속 고리를 통과하기 위한 방법으로 옳은 것은?

① 금속 공을 가열한다.

② 금속 고리를 가열한다.

③ 금속 고리를 냉각시킨다.

④ 금속 공과 금속 고리를 모두 냉각시킨다.

⑤ 금속 공은 가열하고 금속 고리는 냉각시킨다.

11 그림은 여름철 전신주의 전선이 겨울철 전신주의 전선보다 길게 늘어지는 모습을 나타낸 것이다.

이와 관련된 현상으로 옳지 <u>않은</u> 것은?

① 열리지 않는 유리병 금속 뚜껑을 따뜻하게 하면 뚜껑을 쉽게 열 수 있다.

② 겨울에 난로를 틀어 방 전체의 공기를 따뜻하게 한다.

③ 에펠탑은 겨울보다 여름에 더 높아진다.

④ 페트병에 음료수를 가득 채우지 않는다.

⑤ 철로나 다리를 만들 때 철로와 이음매에 틈을 만든다.

서술형 문제

12 사람의 몸은 70 %가 물로 되어 있다. 사람의 체온이 외부의 온도에 따라 잘 변하지 <u>않는</u> 까닭을 물과 관련지어 서술하시오.

13 그림 (가)와 같이 금속을 물에 넣고 끓인 후 (나)와 같이 열량계 속의 찬물에 넣었다. 실험 결과 질량이 $100\,g$인 열량계 속 물의 온도가 $20\,℃$에서 $60\,℃$로 높아졌다.

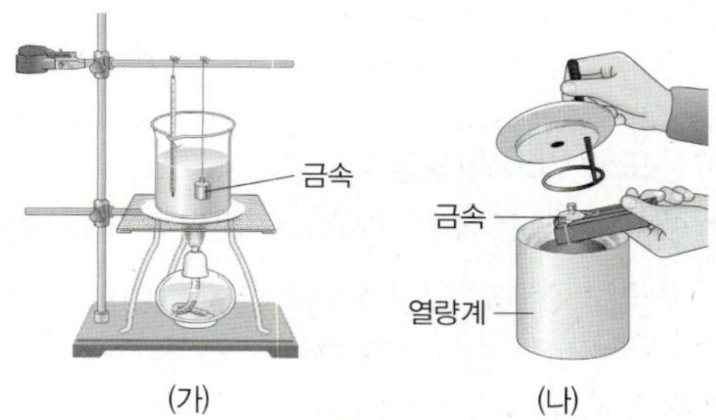

열량계 속 물이 얻은 열량을 풀이 과정과 함께 구하시오. (단, 물의 비열은 $1\,kcal/(kg\cdot℃)$이며, 외부와의 열 출입은 없다.)

14 오른쪽 그림과 같이 가운데에 구멍이 뚫린 고리 모양의 금속판을 골고루 가열하였다. 금속판의 안쪽 반지름과 바깥쪽 반지름은 어떻게 변하는지 서술하시오.

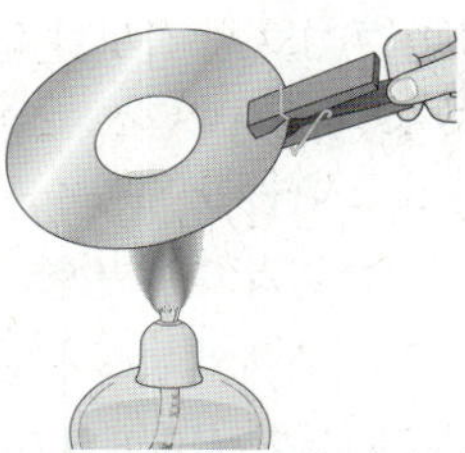

15 다음은 낮에 해풍이 부는 과정을 나타낸 것이다.

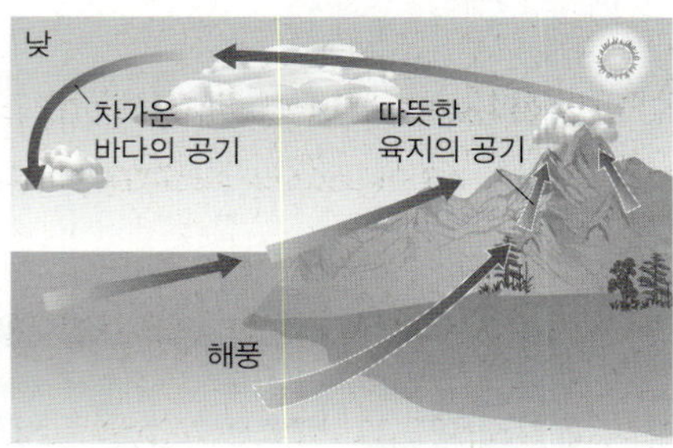

만약 물의 비열이 모래의 비열보다 작다면 해안 지역에서 낮에 부는 해풍이 어떻게 달라지는지 서술하시오.

01 온도와 열

1. 온도와 입자

(1) **온도**: 물체의 차갑고 뜨거운 정도를 수치로 나타낸 물리량이다.

(2) **온도와 입자의 운동**

① **입자 모형**: 물질을 구성하는 입자는 직접 관찰하기 어려우므로 간단한 입자 모형으로 나타낸다.

② **온도에 따른 입자의 운동**: 온도가 높을수록 물질을 이루는 입자의 운동이 활발해지고, 입자 사이의 거리가 멀어진다. → (❶　　　　)는 입자 운동의 활발한 정도를 나타낸다.

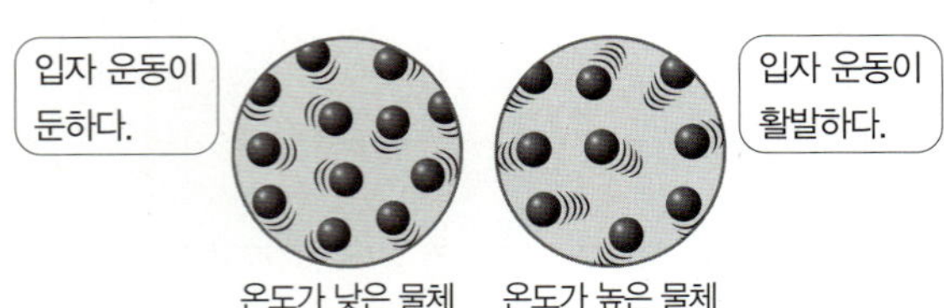

2. 열평형

(1) (❷　　　　): 온도가 다른 두 물체 사이에서 이동하는 에너지

① **열의 이동 방향**: 열은 항상 온도가 (❸　　　) 물체에서 온도가 (❹　　　) 물체로 이동한다.

② **물체 사이에서 이동하는 열의 양**: 접촉한 두 물체의 온도 차가 클수록 열이 많이 이동한다.

(2) (❺　　　　): 온도가 다른 두 물체를 접촉시켰을 때, 온도가 높은 물체에서 온도가 낮은 물체로 열이 이동하여 두 물체의 온도가 같아진 상태

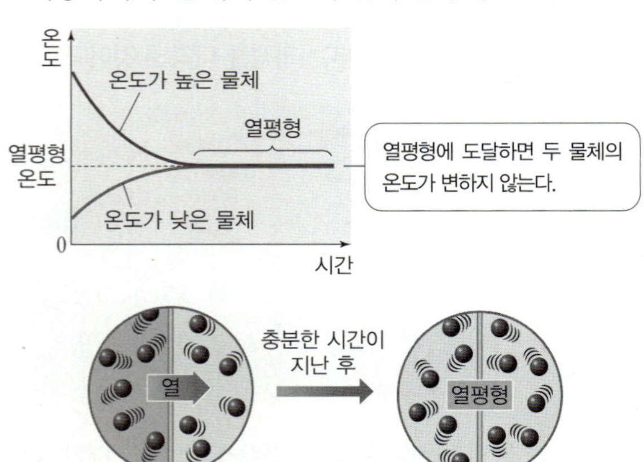

(3) **열평형 현상의 이용한 예**

① 한약 팩을 뜨거운 물에 넣어 데운다.

② 귓속이나 겨드랑이에 체온계를 넣고 체온을 측정한다.

③ 차가운 계곡물에 수박을 담가 두면 시원한 수박을 먹을 수 있다.

④ 냉장고에 음식물을 넣어 차갑게 보관한다.

3. 열의 이동

(1) **전도**: 입자의 (❻　　　　)이 이웃한 입자에 차례로 전달되어 열이 이동하는 방식

① 주로 (❼　　　) 상태의 물질에서 일어난다.

② **열의 이동**: 열을 받은 입자의 운동이 활발해진다. → 활발해진 입자의 운동이 이웃한 입자에 전달된다. → 입자 운동이 차례로 활발해지면서 열이 이동한다.

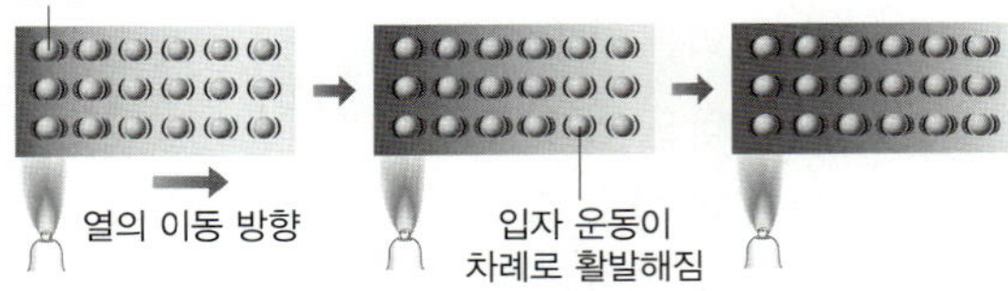

③ **생활 속 전도에 의한 현상**

- 뜨거운 국에 담가 놓은 금속 숟가락이 뜨거워진다.
- 냄비나 프라이팬에서 음식이 닿는 부분은 금속으로 만들고 손잡이는 플라스틱으로 만든다.
- 겨울에 금속 의자에 앉으면 나무 의자에 앉을 때보다 더 차갑게 느껴진다.

(2) **대류**: 입자가 직접 이동하면서 열이 이동하는 방식

① 주로 액체나 (❽　　　) 상태의 물질에서 일어난다.

② **열의 이동**: 온도가 높아진 부분은 가벼워져 (❾　　)로 이동하고, 상대적으로 온도가 낮은 부분은 (❿　　　)로 이동하는 과정을 통해 열이 전달된다.

③ **생활 속 대류에 의한 현상**

- 주전자의 아래쪽을 가열하면 주전자 속의 물이 전체적으로 데워진다.
- 난로는 방의 (⓫　　　) 쪽에 설치하고, 에어컨은 방의 (⓬　　　)쪽에 설치한다.

(3) (⓭　　　　): 물질의 도움 없이 열이 직접 이동하는 방식

① **복사열의 세기**: 물체의 온도가 높을수록 세다.

② **생활 속 복사에 의한 현상**

- 태양의 열이 지구에 도달한다.
- 난로 가까이에 있으면 따뜻함을 느낀다.
- 햇빛이 잘 드는 곳이 그늘보다 따뜻하다.
- 열화상 카메라로 물체나 사람을 촬영하면 온도 분포를 알 수 있다.

02 비열과 열팽창

1. 비열

(1) (⓮   ): 온도가 다른 두 물체 사이에서 이동
하는 열의 양
- 단위: cal(칼로리), kcal(킬로칼로리) 등

(2) **비열:** 어떤 물질 1 kg의 온도를 (⓯   ) ℃
높이는 데 필요한 열량
① 단위: kcal/(kg·℃), cal/(g·℃)

> 열량(kcal)=비열(kcal/(kg·℃))×질량(kg)×온도 변화(℃)
> $$\rightarrow 비열 = \frac{열량(kcal)}{질량(kg)×온도 변화(℃)}$$

② **비열의 특징**
- 비열은 물질의 특성으로 물질의 종류에 따라 다르다.
- 비열이 클수록 물질의 온도를 1 ℃ 높이기 위해 더 많
  은 열량이 필요하다. → 질량이 같은 물질에 같은 열량
  을 가할 때 비열이 (⓰   ) 물질일수록 온도
  변화가 작다.

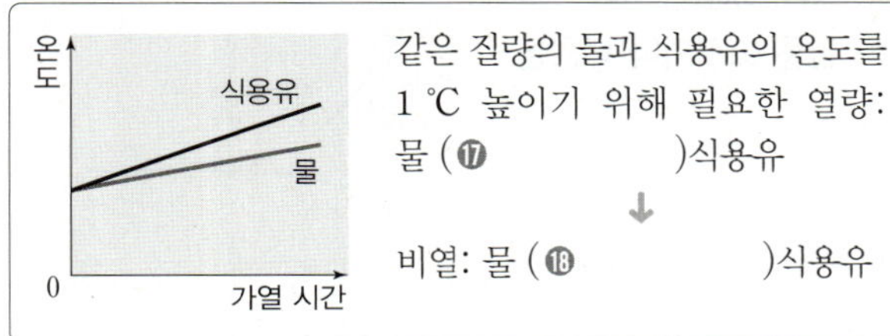

같은 질량의 물과 식용유의 온도를
1 ℃ 높이기 위해 필요한 열량:
물 (⓱   )식용유
↓
비열: 물 (⓲   )식용유

(3) **비열에 의한 현상**
① **물의 비열과 관련된 현상**
- 해풍과 육풍

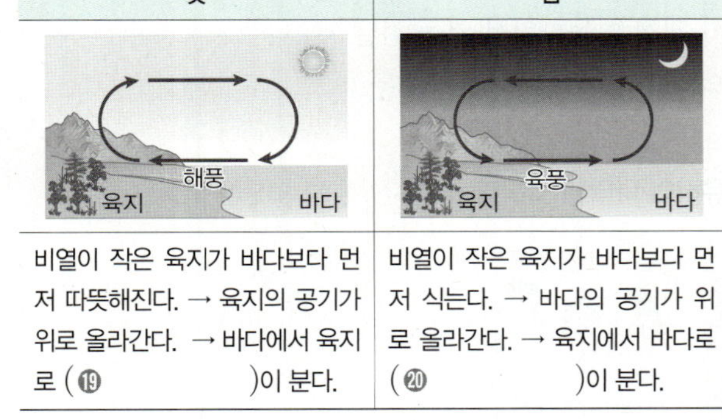

낮	밤
비열이 작은 육지가 바다보다 먼저 따뜻해진다. → 육지의 공기가 위로 올라간다. → 바다에서 육지로 (⓳)이 분다.	비열이 작은 육지가 바다보다 먼저 식는다. → 바다의 공기가 위로 올라간다. → 육지에서 바다로 (⓴)이 분다.

- 물이 적은 사막 지역은 물이 많은 해안 지역에 비해 기
  온의 일교차가 (㉑   ).
- 몸속의 (㉒   )은 체온을 일정하게 유지하는
  데 중요한 역할을 한다.
② **생활에서 비열을 이용한 예:** 찜질 팩, 뚝배기와 금속 냄
비의 사용

2. 열팽창

(1) **열팽창:** 물체에 열을 가할 때 길이나 부피가 늘어나는
현상
① **열팽창 과정:** 열을 가하면 물체의 온도가 높아진다. →
입자 운동이 (㉓   )해진다. → 입자 사이의
거리가 (㉔   )진다. → 물체가 팽창한다.
② 물질의 상태에 따라 열팽창 정도가 다르다.
→ 고체 (㉕   ) 액체 (㉖   )기체

(2) **고체의 열팽창**
① (㉗   ): 열팽창 정도가 다른 두 금속을 붙여
놓은 장치로, 두 금속의 열팽창 정도의 차이가 클수록
바이메탈이 많이 휘어진다.

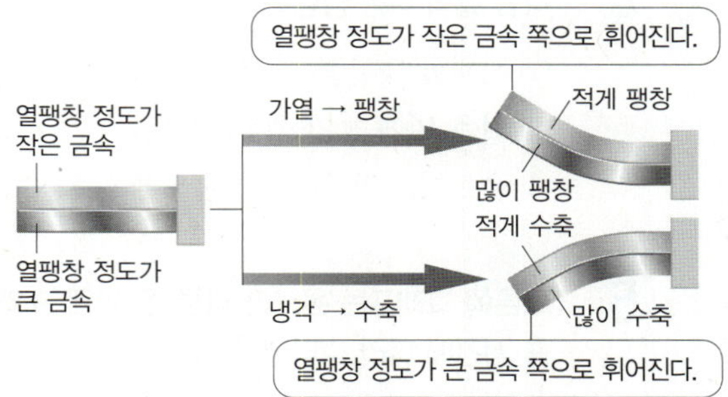

② **고체의 열팽창과 우리 생활**
- 여름에는 전신주의 전선이 늘어지고 겨울에는 전신주
  의 전선이 팽팽해진다.
- 다리나 철로를 만들 때 다리 이음매나 철로의 연결부
  에 틈을 만든다.
- 가스관, 송유관은 중간에 구부러진 부분을 만들어 열
  팽창에 의한 사고를 예방한다.

(3) **액체의 열팽창**
① **액체와 고체의 열팽창 정도:** 액체는 고체보다 입자 운동이
활발하므로 고체보다 열팽창 정도가 (㉘   ).

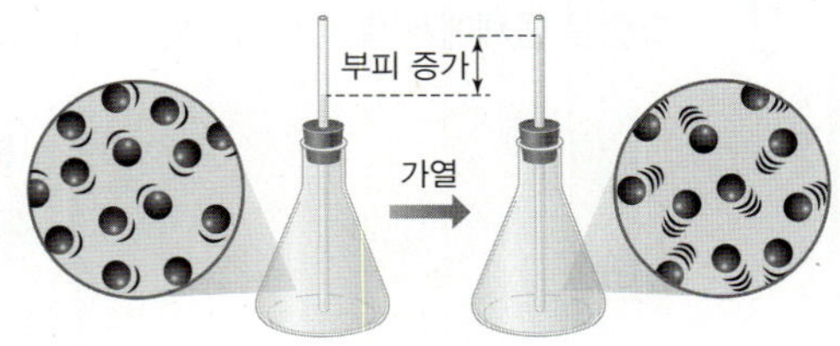

② **액체의 열팽창과 우리 생활**
- 온도계는 온도계 안의 액체가 온도에 따라 열팽창하
  는 원리를 이용한 기구이다.
- 온도가 높아졌을 때 병이 터지는 것을 막기 위해 음
  료수 병에 음료수를 가득 채우지 않는다. → 음료수
  병보다 음료수가 열팽창하는 정도가 크기 때문이다.

01 온도와 열

1 (   )는 물체의 차갑고 뜨거운 정도를 수치로 나타낸 물리량으로, (   )가 높을수록 물체를 이루는 입자 운동이 활발하다.

2 열은 항상 온도가 (높은, 낮은) 물체에서 온도가 (높은, 낮은) 물체로 이동하며 열평형을 이룬 두 물체의 온도는 같다.

3 물체가 열을 얻어 온도가 높아지면 물체를 이루는 입자 운동은 (활발, 둔)해진다.

4 다음 열의 이동 방향을 →, ←로 쓰시오.

(1) 시원한 냇물 속 수박: 냇물 (   ) 수박

(2) 얼음 위에 놓인 생선: 얼음 (   ) 생선

(3) 온도계로 체온 측정: 온도계 (   ) 귓속이나 겨드랑이

5 오른쪽 그래프는 온도가 다른 두 물체 A와 B를 접촉시킨 후, 두 물체의 온도 변화를 시간에 따라 나타낸 것이다. (   ) 안에 들어갈 알맞은 말을 고르거나 내용을 쓰시오.

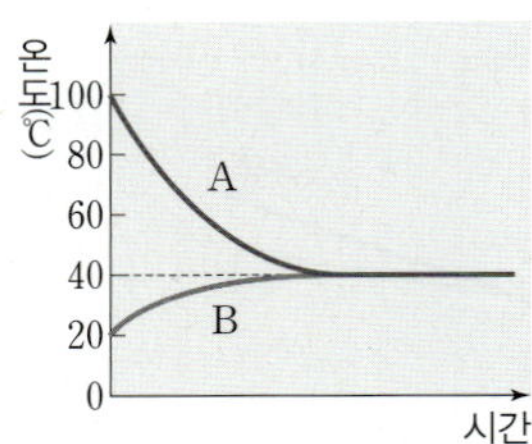

(1) 열은 (A, B)에서 (A, B)로 이동한다.

(2) A의 입자 운동은 처음보다 (활발, 둔)해지고, B의 입자 운동은 처음보다 (활발, 둔)해진다.

(3) 열이 이동하여 두 물체의 온도가 서로 같아진 상태를 (   )이라고 한다.

6 열의 이동 방식에 대한 설명을 연결하시오.

(1) 대류 •　　　　　　　　　　　• ㉠ 입자의 운동이 이웃한 입자에 차례로 전달되어 열이 이동

(2) 전도 •　　　　　　　　　　　• ㉡ 입자가 직접 이동하면서 열을 전달

(3) 복사 •　　　　　　　　　　　• ㉢ 물질의 도움 없이 열이 직접 이동

7 그림은 물체에서 열이 이동하는 방식을 공의 이동으로 비유하여 나타낸 것이다.

열의 이동 방식과 관련이 있는 현상을 연결하시오.

(1) (가) •　　　　　　　　　　　• ㉠ 토스터에 빵을 넣으면 따뜻하게 구워진다.

(2) (나) •　　　　　　　　　　　• ㉡ 주전자의 바닥을 가열하면 물 전체가 끓는다.

(3) (다) •　　　　　　　　　　　• ㉢ 뜨거운 물에 담근 금속 숟가락이 뜨거워진다.

02 비열과 열팽창

8 비열에 대한 설명으로 옳은 것은 ○, 옳지 <u>않은</u> 것은 ×로 표시하시오.

(1) 어떤 물질 1 kg의 온도를 1 ℃ 높이는 데 필요한 열의 양을 비열이라고 한다. ····················(   )

(2) 비열이 큰 물질일수록 온도 1 ℃를 높이는 데 더 많은 열량이 필요하다. ·······················(   )

(3) 비열로 물질의 종류를 구분할 수 있다. ··(   )

(4) 비열이 같고, 질량이 다른 두 물질의 온도를 10 ℃ 높이는 데 필요한 열량은 같다. ·············(   )

9 오른쪽 그래프는 질량이 같은 세 물질 A, B, C를 같은 세기의 불꽃으로 가열할 때, 시간에 따른 온도 변화를 나타낸 것이다.

(1) 같은 시간 동안 가열할 때 온도 변화가 가장 큰 물질을 쓰시오.

(2) 세 물질의 비열의 크기를 비교하시오.

(3) 10 ℃ 높이는 데 가장 적은 열량이 필요한 물질을 쓰시오.

10 낮에는 (사막, 해안) 지역이 (사막, 해안) 지역보다 먼저 데워져 온도가 빨리 높아지고, 밤에는 (사막, 해안) 지역이 (사막, 해안) 지역보다 먼저 식어 온도가 빨리 낮아진다.

11 물체가 열을 얻으면 입자 운동이 활발해지며 입자 사이의 거리가 (가까워, 멀어)져서 (팽창, 수축)한다.

12 그림과 같이 열팽창 정도가 다른 두 금속 A와 B를 붙여 놓은 장치를 가열하였다.

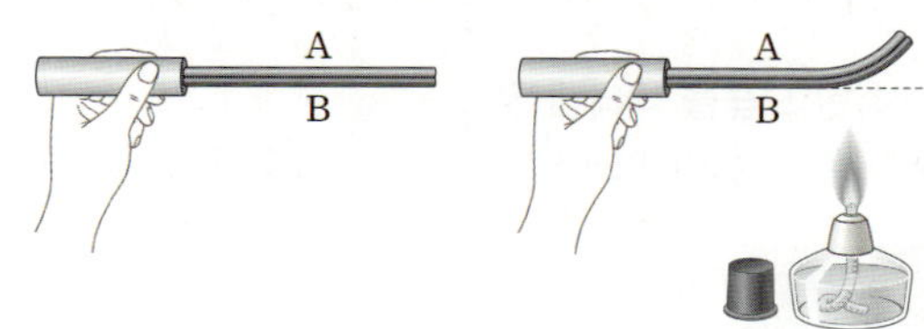

(   ) 안에 들어갈 알맞은 말을 고르거나 내용을 쓰시오.

(1) (   )은 열팽창 정도가 (같은, 다른) 두 금속을 붙여 만든 것으로 가열하면 두 금속의 열팽창 정도의 차이로 휘어진다.

(2) 두 금속의 열팽창 정도는 (A, B)가 (A, B)보다 크다.

13 열팽창과 관계있는 현상으로 옳은 것은 ○, 옳지 <u>않은</u> 것은 ×로 표시하시오.

(1) 다리를 건설할 때 이음매에 틈을 만든다. ··(   )

(2) 전신주의 전선은 여름에는 늘어지고 겨울에는 팽팽해진다. ···(   )

(3) 낮에는 바다에서 육지로 해풍이 불고, 밤에는 육지에서 바다로 육풍이 분다. ····················(   )

(4) 가스관 중간에 휘어진 부분을 만든다. ··(   )

대단원 최종 확인 문제

01 온도와 입자 운동에 대한 설명으로 옳지 <u>않은</u> 것은?

① 온도는 물체의 차갑고 뜨거운 정도를 수치로 나타낸 물리량이다.

② 온도의 단위에는 ℃(섭씨도), K(켈빈) 등이 있다.

③ 온도는 물체를 구성하는 입자 운동의 활발한 정도를 나타낸다.

④ 찬물과 뜨거운 물에 각각 잉크 방울을 떨어뜨리면 찬물에서 잉크 방울이 더 잘 퍼진다.

⑤ 물체가 열을 잃으면 입자 사이의 거리가 가까워진다.

02 그림 (가)~(다)는 어떤 물체를 이루는 입자가 운동하는 모습을 나타낸 것이다.

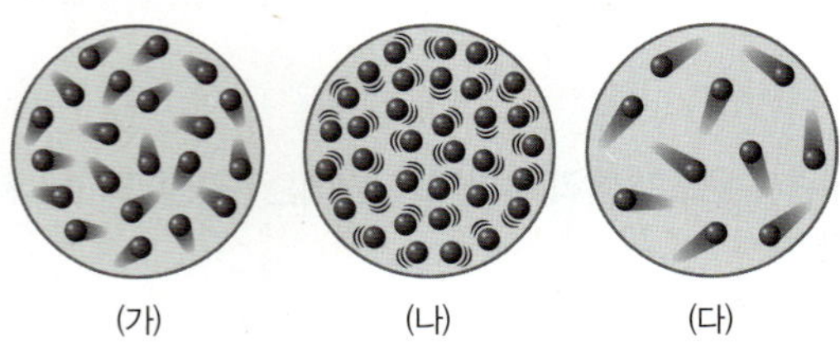

(가)   (나)   (다)

물체의 온도를 옳게 비교한 것은?

① (가)>(나)>(다)   ② (가)>(다)=(나)

③ (나)>(다)>(가)   ④ (나)=(다)>(가)

⑤ (다)>(가)>(나)

03 그림은 온도가 다른 두 물체를 접촉한 모습을 나타낸 것이다. A의 입자 운동이 B와 접촉한 후 더 활발해졌다.

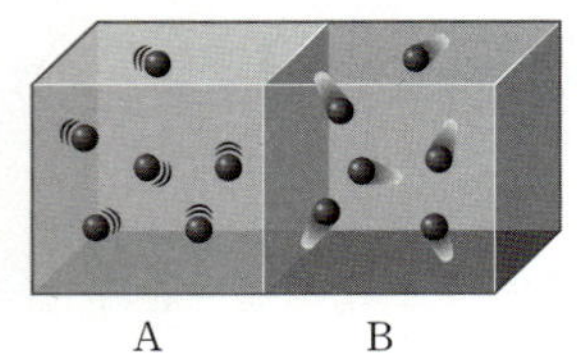

A   B

이에 대한 설명으로 옳은 것을 |보기|에서 모두 고른 것은? (단, 외부와의 열 출입은 없다.)

> |보기|
>
> ㄱ. 열은 B에서 A로 이동한다.
>
> ㄴ. A의 온도는 높아진다.
>
> ㄷ. B의 입자 운동은 처음보다 둔해진다.

① ㄱ   ② ㄷ   ③ ㄱ, ㄴ

④ ㄴ, ㄷ   ⑤ ㄱ, ㄴ, ㄷ

[04-05] 그래프는 온도가 다른 물체 A와 B를 접촉하였을 때의 온도 변화를 시간에 따라 나타낸 것이다. (단, 외부와의 열 출입은 없다.)

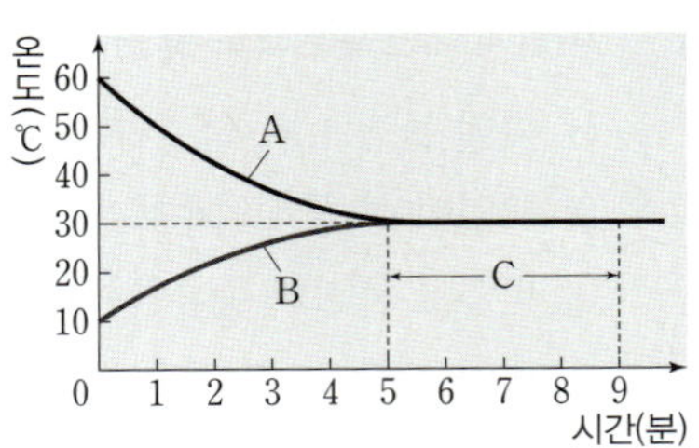

04 이에 대한 설명으로 옳지 <u>않은</u> 것은?

① 열은 A에서 B로 이동한다.

② B가 얻은 열의 양과 A가 잃은 열의 양은 같다.

③ 시간이 지날수록 이동하는 열의 양은 증가한다.

④ A와 B의 열평형 온도는 30 ℃이다.

⑤ 충분한 시간이 지나 열평형에 도달하면 A와 B의 온도는 더 이상 변하지 않는다.

05 다음 (가)~(다)에서 A, B와 C 구간에 해당하는 입자 운동의 모습을 옳게 짝 지은 것은?

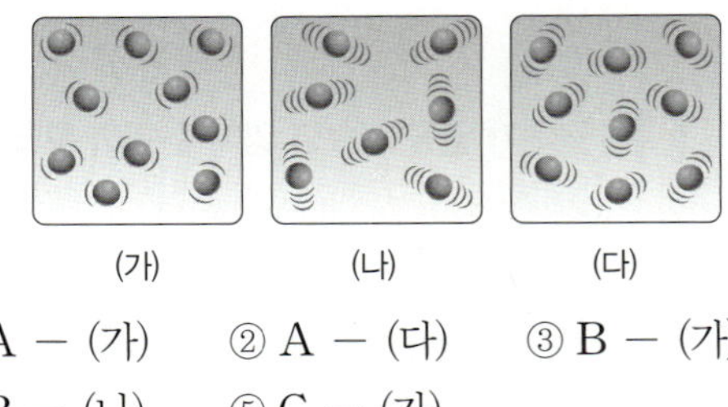

(가)   (나)   (다)

① A — (가)   ② A — (다)   ③ B — (가)

④ B — (나)   ⑤ C — (가)

06 표는 온도가 다른 두 물체 A와 B를 접촉시킨 후 1분 간격으로 온도를 측정한 결과이다.

시간(분)	0	1	2	3	4	5	6
A(℃)	43.0	36.0	30.0	25.0	22.0	21.0	㉠
B(℃)	17.0	19.0	20.0	20.5	20.8	21.0	21.0

이에 대한 설명으로 옳은 것을 |보기|에서 모두 고른 것은? (단, 외부와의 열 출입은 없다.)

> |보기|
>
> ㄱ. ㉠은 21.0 ℃이다.
>
> ㄴ. 10분일 때, A의 온도는 21.0 ℃보다 높다.
>
> ㄷ. 열은 A에서 B로 이동한다.

① ㄱ   ② ㄴ   ③ ㄱ, ㄷ

④ ㄴ, ㄷ   ⑤ ㄱ, ㄴ, ㄷ

07 이웃한 입자에 입자 운동이 전달되어 열이 이동하는 방식과 관련된 예로 옳은 것을 |보기|에서 모두 고른 것은?

> 보기
> ㄱ. 겨울에 금속 의자에 앉으면 나무 의자에 앉을 때보다 차갑게 느껴진다.
> ㄴ. 태양의 열이 지구에 도달한다.
> ㄷ. 난방기는 방의 아래쪽에 설치하고, 냉방기는 방의 위쪽에 설치한다.

① ㄱ   ② ㄴ   ③ ㄷ
④ ㄱ, ㄷ   ⑤ ㄴ, ㄷ

08 다음은 구리, 철, 유리, 나무에서 열이 전도되는 정도를 비교한 것이다.

> 구리 > 철 > 유리 > 나무

이에 대한 설명으로 옳은 것을 |보기|에서 모두 고른 것은?

> 보기
> ㄱ. 구리가 유리보다 열을 빠르게 전달한다.
> ㄴ. 겨울철 공원에 있는 철로 만든 조각상과 나무로 만든 조각상을 만지면 철로 만든 조각상이 더 차갑게 느껴진다.
> ㄷ. 네 가지 물질로 젓가락을 만들어 뜨거운 물에 넣으면 나무가 가장 먼저 뜨거워진다.

① ㄱ   ② ㄷ   ③ ㄱ, ㄴ
④ ㄴ, ㄷ   ⑤ ㄱ, ㄴ, ㄷ

09 오른쪽 그림과 같이 유리 젓가락과 금속 젓가락을 뜨거운 물에 넣었더니 금속 젓가락이 더 뜨겁게 느껴졌다. 이에 대한 설명으로 옳지 않은 것은?

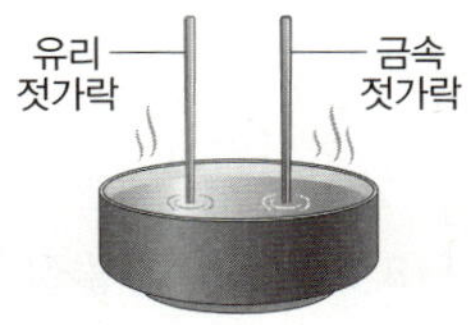

① 두 젓가락에서는 전도의 방식으로 열이 이동한다.
② 주로 고체에서 열이 이동하는 방식이다.
③ 입자가 직접 이동하여 열이 이동한다.
④ 물질의 종류에 따라 열이 이동하는 빠르기가 다르다.
⑤ 냄비를 가열하면 냄비 위에 놓인 뚜껑도 뜨거워지는 것과 같은 원리이다.

10 그림은 가정에서 냉난방 기구를 효율적으로 사용하기 위해 에어컨과 난로를 설치한 모습을 나타낸 것이다.

이에 대한 설명으로 옳은 것은?

① 에어컨에서 나온 찬 공기는 가벼워져 위로 이동한다.
② 입자의 운동이 이웃한 입자에 전달되면서 열이 이동한다.
③ 난로를 켜 놓으면 열전도에 의해 방 전체의 온도가 올라간다.
④ 주로 액체나 기체에서 열이 이동하는 방식이다.
⑤ 태양열이 지구에 전달되는 것과 같은 방법이다.

11 그림은 태양의 열이 지구에 도달하는 모습을 나타낸 것이다.

이에 대한 설명으로 옳은 것은?

① 대류에 의해 열이 이동하는 경우이다.
② 입자가 직접 이동하여 열을 전달하는 방법이다.
③ 온도가 달라도 복사열의 세기는 같다.
④ 떨어져 있는 두 물체 사이에서도 열이 전달된다.
⑤ 뜨거운 물이 담긴 컵을 만지면 따뜻해지는 것과 같은 열의 이동 방식이다.

12 생활 속에서 볼 수 있는 현상과 열의 이동 방식을 옳게 짝지은 것은?

① 복사 – 난방 기구를 방의 아래쪽에 설치한다.
② 전도 – 뜨거운 다리미로 옷의 주름을 편다.
③ 대류 – 모닥불 앞에 있으면 따뜻함을 느낀다.
④ 전도 – 열화상 카메라로 온도 분포를 알 수 있다.
⑤ 복사 – 주전자의 아래쪽을 가열하면 주전자 속의 물 전체가 뜨거워진다.

[13-14] 그림은 모닥불 위 냄비 안의 물을 끓이는 모습을 나타낸 것이다.

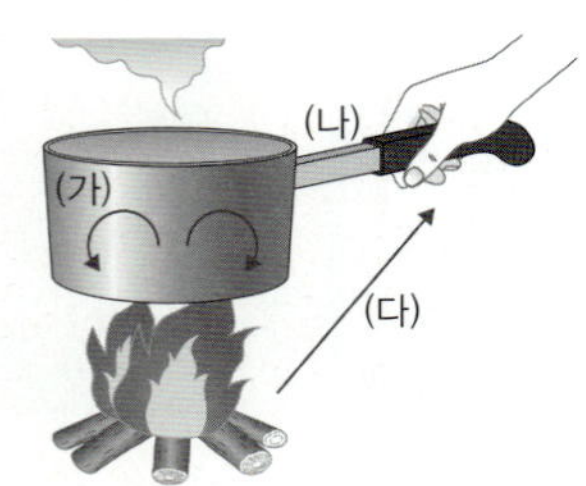

13 (가)~(다)의 열의 이동 방법으로 옳게 짝 지은 것은?

① (가) — 대류   　② (가) — 복사

③ (나) — 대류   　④ (나) — 복사

⑤ (다) — 전도

14 이에 대한 설명으로 옳지 <u>않은</u> 것은?

① (가)에서 뜨거워진 물은 위로 올라가고, 차가운 물은 아래로 내려온다.

② (가)는 주로 액체와 기체에서 열이 이동하는 방식이다.

③ (나)에서 열은 물질을 이루는 입자 운동이 이웃한 입자로 전달되어 이동한다.

④ (나)는 서로 떨어져 있는 물체 사이에서도 열이 이동할 수 있다.

⑤ 뜨거운 다리미의 열이 옷감의 주름을 펴는 것은 (나)와 관련된 방법이다.

02 비열과 열팽창

15 열량과 비열에 대한 설명으로 옳은 것을 |보기|에서 모두 고른 것은? (단, 물의 비열은 $1\ \text{kcal}/(\text{kg}\cdot\text{℃})$)

> ㄱ. 열량은 온도가 낮은 물체에서 온도가 높은 물질로 이동하는 열의 양이다.
> ㄴ. 물 $1\ \text{kg}$의 온도를 $1\ ℃$ 높이는 데 필요한 열량은 $1\ \text{kcal}$이다.
> ㄷ. 물질에 가한 열량이 많을수록 온도 변화가 크다.
> ㄹ. 물질의 비열은 질량에 비례하여 커진다.

① ㄱ, ㄴ   　② ㄱ, ㄷ   　③ ㄴ, ㄷ

④ ㄴ, ㄹ   　⑤ ㄱ, ㄴ, ㄷ

16 표는 질량이 같은 두 물질 A와 B를 각각 온도가 같은 뜨거운 물이 든 수조에 10분 동안 넣었을 때 온도 변화와 물질이 얻은 열량을 나타낸 것이다.

구분	온도 변화	열량
A	20 ℃	6 kcal
B	20 ℃	12 kcal

A와 B의 비열의 비는?

① 1 : 2   　② 1 : 3   　③ 1 : 6

④ 2 : 1   　⑤ 3 : 1

17 그래프는 질량이 같은 세 물질 A, B, C를 같은 세기로 가열하였을 때 시간에 따른 온도 변화를 나타낸 것이다.

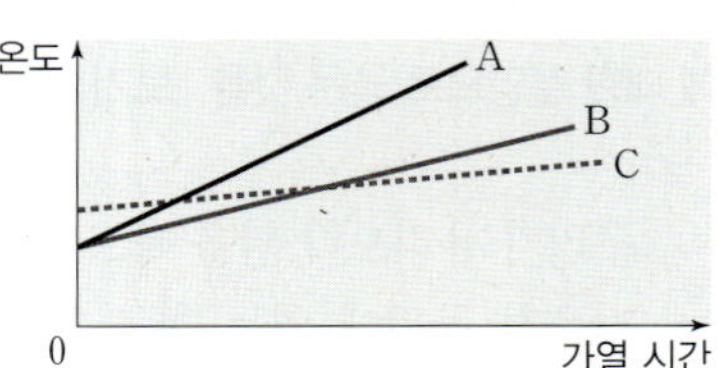

이에 대한 설명으로 옳지 <u>않은</u> 것은?

① 가열 시간이 길수록 물질이 얻는 열량이 많다.

② 같은 시간 동안 온도 변화가 가장 큰 것은 A이다.

③ 비열은 A>B>C 순이다.

④ 세 물질이 얻은 열량은 같다.

⑤ A, B, C의 질량이 달라져도 비열은 일정하다.

[18-20] 표는 네 물질 A ~ D의 비열을 나타낸 것이다.

물질	A	B	C	D
비열[kcal/(kg·℃)]	0.22	0.06	0.11	1.00

18 질량이 같은 A ~ D에 같은 열량을 가할 때, 온도 변화가 가장 작은 것은?

① A   　② B   　③ C

④ D   　⑤ 알 수 없다.

19 A ~ D에 대한 설명으로 옳은 것을 |보기|에서 모두 고른 것은?

> **보기**
> ㄱ. 질량이 C가 A의 2배이면, 비열은 A와 C가 같다.
> ㄴ. 질량과 온도가 같은 상태에서 냉각시킬 때 가장 빨리 식는 것은 B이다.
> ㄷ. 질량 1 kg을 1 ℃만큼 변화시킬 때, 가장 많은 열량이 필요한 것은 D이다.

① ㄱ ② ㄴ ③ ㄱ, ㄷ
④ ㄴ, ㄷ ⑤ ㄱ, ㄴ, ㄷ

20 질량이 3 kg인 B의 온도를 10 ℃ 높이려고 한다. 이때 필요한 열량은?

① 0.2 kcal ② 1.8 kcal ③ 2 kcal
④ 18 kcal ⑤ 50 kcal

21 다음 글에서 설명하는 상황과 원리가 같은 현상으로 옳은 것은?

> 햇빛이 뜨거운 여름 날 아스팔트 표면은 매우 뜨거웠지만 흙바닥은 뜨겁지 않았다.

① 난방기를 방의 아래쪽에 설치한다.
② 사막 지역은 해안 지역보다 일교차가 크다.
③ 다리와 철로의 이음매 부분에 틈을 만든다.
④ 뜨거운 물을 담은 유리컵을 만지면 따뜻하다.
⑤ 주전자의 아래쪽을 가열하면 주전자 속의 물 전체가 뜨거워진다.

22 열팽창에 대한 설명으로 옳은 것을 |보기|에서 모두 고른 것은?

> **보기**
> ㄱ. 물질이 열을 얻으면 입자 운동이 활발해지고 부피가 감소한다.
> ㄴ. 일반적으로 물질의 상태에 따른 열팽창 정도는 고체 > 액체 > 기체 순이다.
> ㄷ. 다리를 연결할 때 열팽창을 고려하여 이음매에 틈을 만든다.

① ㄱ ② ㄷ ③ ㄱ, ㄴ
④ ㄱ, ㄷ ⑤ ㄴ, ㄷ

23 그림은 세 금속 A ~ C 중 두 금속을 이용하여 만든 바이메탈을 나타낸 것이다. 열팽창 정도는 A > B > C이다.

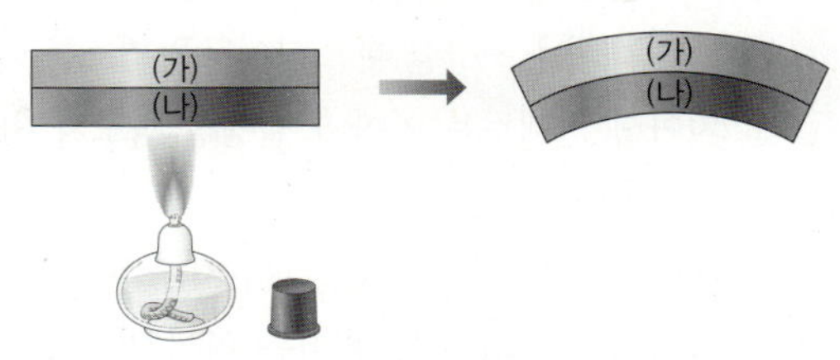

같은 양의 열을 가했을 때 가장 많이 휘어지는 바이메탈을 만들기 위한 것으로 옳게 짝 지은 것은?

	(가)	(나)		(가)	(나)
①	A	B	②	A	C
③	B	C	④	C	A
⑤	C	B			

[24-25] 그림은 다섯 종류의 액체를 같은 양만큼 시험관에 넣고 유리관이 연결된 고무마개로 막은 후, 뜨거운 물이 든 수조에 넣었을 때 유리관 속 액체의 높이 변화를 나타낸 것이다.

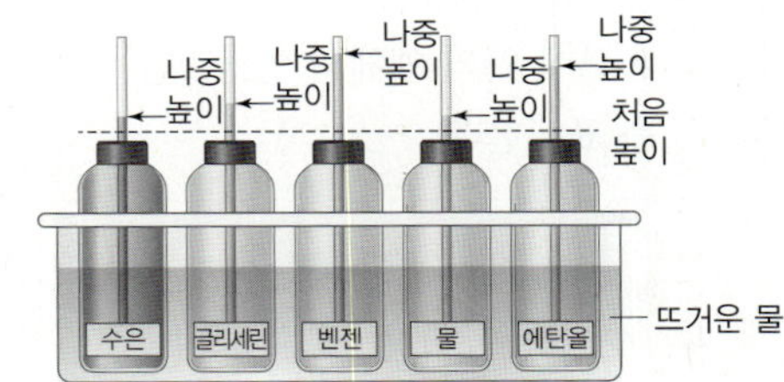

24 열팽창 정도가 가장 큰 액체는?

① 수은 ② 글리세린 ③ 벤젠
④ 물 ⑤ 에탄올

25 위 실험을 통해 알 수 있는 사실로 옳은 것을 |보기|에서 모두 고른 것은?

> **보기**
> ㄱ. 액체는 열을 받으면 팽창한다.
> ㄴ. 냉각시키면 물이 가장 많이 수축할 것이다.
> ㄷ. 열팽창 정도는 액체의 종류에 따라 다르다.

① ㄱ ② ㄷ ③ ㄱ, ㄷ
④ ㄴ, ㄷ ⑤ ㄱ, ㄴ, ㄷ

26 열팽창을 이용한 예로 옳지 <u>않은</u> 것은?

① 가스관을 만들 때 중간에 구부러진 부분을 만든다.

② 냉동 식품을 포장할 때 스타이로폼 박스를 이용한다.

③ 치아 충전재로는 치아와 열팽창 정도가 비슷한 물질을 이용한다.

④ 페트병에 음료수를 가득 채우지 않는다.

⑤ 전기 주전자의 온도 제어를 위해 바이메탈을 이용한다.

27 그림은 알코올 온도계를 나타낸 것이다.

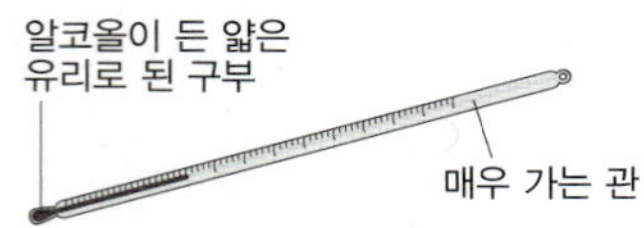

이 온도계의 원리에 대한 설명으로 옳은 것을 |보기|에서 모두 고른 것은?

> 보기
>
> ㄱ. 온도를 측정하려는 물체와 온도계가 열평형을 이룰 때의 온도를 측정한다.
>
> ㄴ. 온도계 안의 액체를 이루는 입자 수는 온도에 따라 변한다.
>
> ㄷ. 온도계 안의 액체의 열팽창을 이용하여 온도를 표시한다.

① ㄱ   ② ㄷ   ③ ㄱ, ㄷ

④ ㄴ, ㄷ   ⑤ ㄱ, ㄴ, ㄷ

28 그림은 전기다리미에 있는 자동 온도 조절 장치의 모습을 나타낸 것으로, 온도가 높아지면 바이메탈이 휘어져 전류가 흐르지 않게 된다.

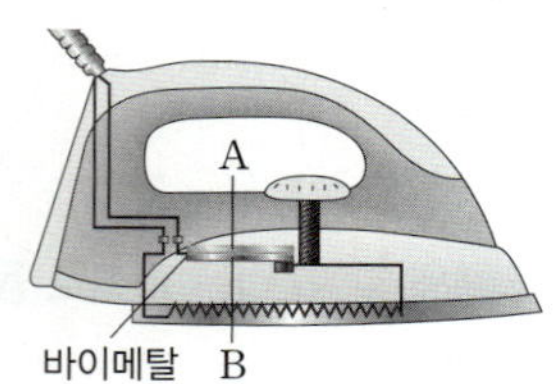

이에 대한 설명으로 옳은 것은?

① 비열의 원리를 이용한 것이다.

② A의 열팽창 정도가 B보다 크다.

③ 온도가 높아지면 A와 B 모두 열팽창한다.

④ 온도가 낮아지면 A가 B보다 많이 수축한다.

⑤ A와 B의 위치를 바꾸어도 바이메탈이 작동한다.

서술형 문제

29 그래프는 온도가 다른 두 물체 A와 B를 접촉시킨 후, 두 물체의 온도 변화를 시간에 따라 나타낸 것이다.

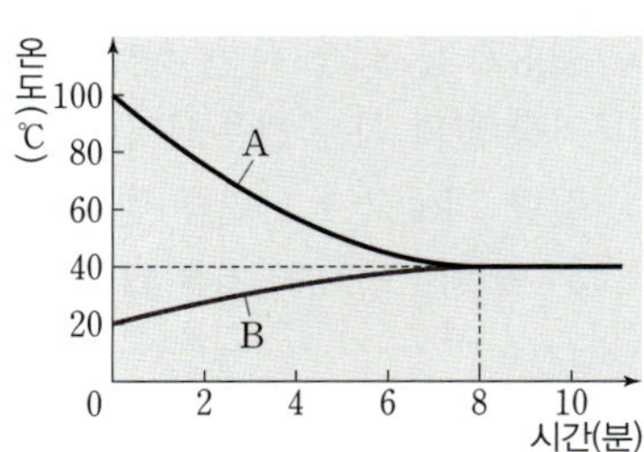

(1) 0~8분 동안 열을 잃은 물체와 열을 얻은 물체를 구분하고, 두 물체 사이에서 이동한 열의 양을 비교하시오. (단, 외부와의 열 출입은 없다.)

————————————————————

(2) 열평형에 도달하기 전과 후의 A와 B의 입자 운동의 변화를 서술하시오.

————————————————————

————————————————————

30 다음은 철수의 경험을 적은 내용이다.

> 친구네 집에 놀러갔다. 복층이었는데 아래층에 난로가 설치되어 있어 따뜻했다. 위층에도 올라가 보았는데 위층에는 난로가 없는데도 공기가 따뜻했다.

난로가 아래층에만 있는데도 위층의 공기가 따뜻한 까닭을 열의 이동 방식과 관련지어 서술하시오.

————————————————————

————————————————————

31 그림과 같이 백열등 앞에 손을 가까이 하면 손이 따뜻해진다.

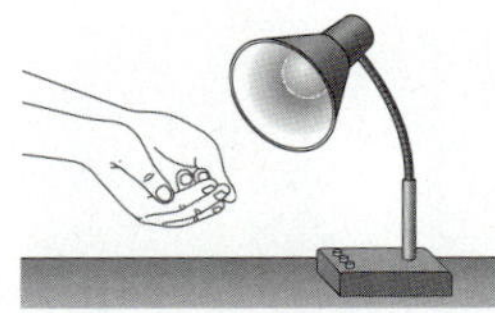

(1) 손이 따뜻해진 까닭을 열의 이동 방식과 관련지어 서술하시오.

(2) 백열등 앞에 가림막을 설치하면 따뜻함을 잘 느낄 수 없다. 그 까닭을 열의 이동 방식과 관련지어 서술하시오.

32 다음 비열에 대한 물음에 답하시오.

(1) 비열의 정의를 쓰시오.

(2) 끓는 물에 들어 있던 온도가 100 °C인 100 g의 금속을 오른쪽 그림과 같이 온도가 10 °C인 200 g의 물이 들어 있는 열량계에 넣었다. 충분한 시간이 지난 후 물의 온도가 20 °C가 되었다면 금속의 비열을 풀이 과정과 함께 구하시오. (단, 물의 비열은 $1 \text{ kcal/(kg} \cdot \text{°C})$이다.)

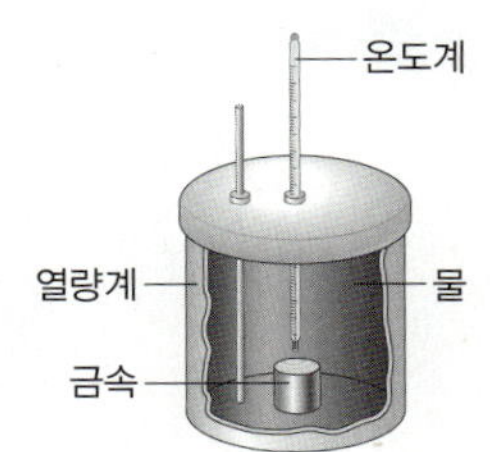

33 그림은 여름에 철로가 휘어진 모습을 나타낸 것이다.

철로가 휘어진 까닭과 이를 방지하기 위한 방법을 서술하시오.

34 그림과 같이 세 개의 비커 (가), (나), (다)에 각각 물질 A와 B를 담아 놓았다.

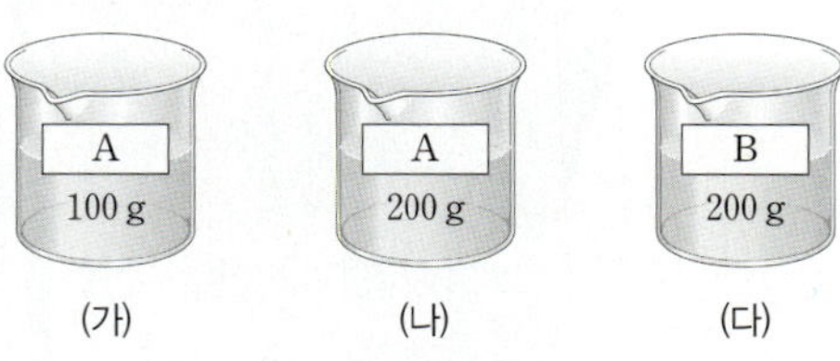

(1) 위 실험에서 (가), (나), (다)의 온도를 1 °C 높이려고 할 때 필요한 열량의 비가 어떻게 되는지 풀이 과정과 함께 구하시오. (단, 비열은 B가 A의 2배이다.)

(2) A와 B 중 찜질 팩에 넣기 가장 적절한 물질을 쓰고, 그 까닭을 서술하시오.

35 그림은 열팽창 정도가 다른 두 물질 A와 B를 붙여서 만든 바이메탈을 이용하여 회로를 구성한 것이다.

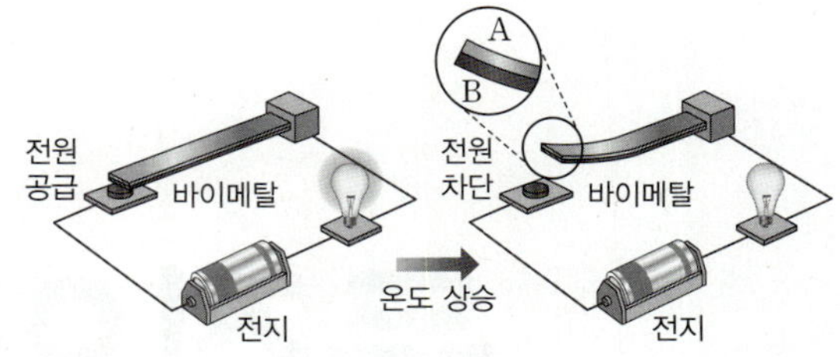

(1) 바이메탈의 온도가 높아졌을 때 전원이 차단되려면 A와 B 중 열팽창 정도가 큰 금속은 무엇이어야 하는지 쓰고, 그 까닭을 서술하시오.

(2) 바이메탈을 이용한 장치로는 무엇이 있는지 쓰고 바이메탈의 역할은 무엇인지 서술하시오.

IV

물질의 상태 변화

01 확산과 증발

A 물질을 구성하는 입자

1. 물질을 구성하는 입자

(1) 모든 물질은 크기가 매우 작은 입자들로 이루어져 있다.

(2) **입자 모형:** 눈에 보이지 않는 입자의 운동을 설명하기 위해 입자를 간단한 모형으로 나타낸 것

└ 같은 물질의 입자는 같은 모형으로 나타낸다.

2. 입자의 운동 입자가 정지해 있지 않고 끊임없이 스스로 모든 방향으로 움직이는 현상

(1) 입자의 운동은 온도가 높을수록 활발해진다.

(2) 입자의 운동은 고체, 액체, 기체❶의 모든 상태에서 일어난다.

└ 입자 운동의 활발한 정도: 고체 < 액체 < 기체

B 입자의 운동

└ 확산 현상과 증발 현상을 통해 물질을 이루는 입자가 스스로 운동하고 있음을 알 수 있다.

1. 확산 물질을 이루는 입자들이 스스로 운동하여 퍼져 나가는 현상

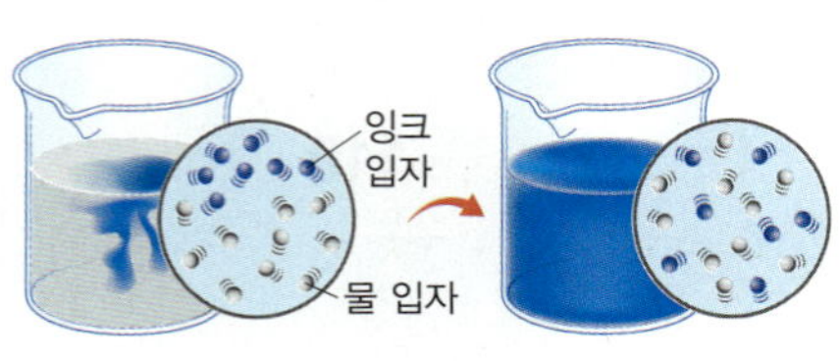

▲ 액체 속에서의 확산

▲ 기체 속에서의 확산

최다 빈출

(1) **우리 주변에서 볼 수 있는 확산의 예**❷

• 물에 잉크를 떨어뜨리면 물 전체가 잉크 색으로 변한다. ┐
• 냉면에 식초를 떨어뜨리면 국물 전체에서 신맛이 난다. ┘ 액체 속에서의 확산
• 방 안에 향수병을 열어 놓으면 방 전체에 향수 냄새가 난다. → 기체 속에서의 확산

(2) **확산이 잘 일어나는 조건**

└ 잉크를 찬물과 뜨거운 물에 각각 떨어뜨리면 뜨거운 물속에서 더 빠르게 확산된다.

온도	온도가 높을수록 입자의 운동이 활발해지므로 확산이 빠르다.
물질의 상태	입자의 운동이 자유로울수록 확산이 빠르다. → 고체 < 액체 < 기체
입자의 질량	입자의 질량이 작을수록(가벼울수록) 확산이 빠르다.❸
확산 장소	입자 사이의 충돌로 인한 방해가 적은 곳일수록 확산이 빠르다. → 액체 속 < 기체 속 < 진공 속

2. 증발 액체를 이루는 입자가 액체 표면에서 기체로 변하는 현상❹

최다 빈출

(1) **우리 주변에서 볼 수 있는 증발의 예**

• 젖은 빨래가 마른다.
• 염전에서 바닷물로 소금을 얻는다.
• 꺼내 놓은 빵이 말라서 딱딱해진다.
• 가뭄이 들어 땅이 말라 갈라진다.
• 손등에 바른 알코올이 날아간다.
• 고추, 오징어 등을 오래 보관하기 위해 말린다.

(2) **증발이 잘 일어나는 조건**❺ → 빨래가 잘 마르는 조건

온도	높을수록	예	추운 날보다 따뜻한 날 빨래가 잘 마른다.
바람	강할수록	예	바람이 불면 빨래가 잘 마른다.
습도	낮을수록	예	건조할수록 빨래가 잘 마른다.
표면적	넓을수록	예	빨래를 뭉치지 않고 펼쳐서 널면 잘 마른다.

---

❶ **기체를 이루는 입자**

기체 입자들은 서로 떨어진 채 골고루 퍼져 있고, 입자 사이에 빈 공간이 있다.

예 공기가 들어 있는 주사기 끝을 막고 피스톤을 누르면, 공기 입자 사이의 거리가 가까워지면서 피스톤이 밀려 들어간다.

▲ 주사기 속 공기의 입자 모형

입자의 종류, 입자의 크기, 입자의 개수 등은 변하지 않는다.

❷ **그 외 확산의 예**
• 마약 탐지견이 냄새로 마약을 찾는다.
• 전기 모기향을 피워 모기를 쫓는다.

❸ **입자의 질량에 따른 확산 속도 비교**

흰 연기가 진한 염산을 묻힌 쪽에 치우쳐 생성되는 까닭은 암모니아 입자가 염화 수소 입자보다 가볍기 때문이다. 염화 수소와 암모니아가 만나 생성된 염화 암모늄이 흰 연기로 보인다.

$$HCl + NH_3 \rightarrow NH_4Cl$$

❹ **증발과 끓음**

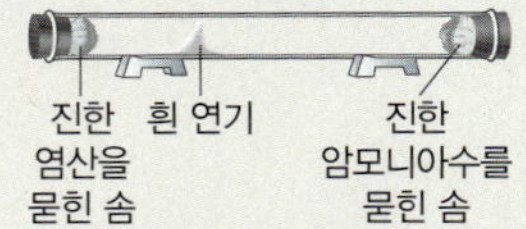

증발	끓음
액체 표면에서만 일어남	액체 전체에서 일어남
모든 온도에서 일어남	끓기 시작하는 온도→ 끓는점 이상에서 일어남
기포가 안 보임	기포가 보임
액체 → 기체로 변함	

❺ **액체의 종류와 증발 속도**

물질을 이루는 입자 사이의 인력이 약할수록 입자 사이의 인력을 끊고 기체가 되기 쉬우므로 증발 속도가 빠르다.

예 에탄올은 물보다 빠르게 증발한다.

개념 바로 확인

확인 문제

01 모든 물질은 크기가 매우 작은 ⓞⓩ로 이루어져 있다.

02 눈에 보이지 않는 입자의 운동을 설명하기 위해 입자를 간단한 모형으로 나타낸 것을 ⓞⓩ ⓜⓗ이라고 한다.

03 입자가 끊임없이 움직인다는 것은 ⓗⓢ과 ⓩⓑ로 알 수 있다.

04 ⓗⓢ은 물질을 이루는 입자들이 스스로 운동하여 퍼져 나가는 현상이다.

05 증발은 액체를 이루는 입자가 액체 ⓟⓜ에서 ⓖⓒ로 변하는 현상이다.

A 물질을 구성하는 입자

01 다음은 입자의 운동에 대한 설명이다. (　　) 안에 알맞은 말을 쓰시오.

> 입자는 정지해 있지 않고 끊임없이 스스로 움직이는데, 방향은 정해져 있지 않고 (　　　) 방향으로 움직인다. 입자의 운동은 온도가 (　　　)을수록 활발하고, 고체, 액체, 기체 중 (　　　) 상태에서 가장 활발하다.

B 입자의 운동

02 확산이 가장 빠르게 일어나는 조건을 각각 고르시오.

(1) 온도가 (낮을 때, 높을 때)

(2) (고체, 액체, 기체) 상태의 입자

(3) (액체, 기체, 진공) 속

03 증발에 대한 설명으로 옳은 것은 ○, 옳지 않은 것은 ×로 표시하시오.

(1) 액체 표면과 내부에서 액체가 기체로 변하는 현상이다. ···················· (　　　)

(2) 증발이 일어날 때는 액체 속에서 기포를 관찰할 수 있다. ················· (　　　)

(3) 증발은 모든 온도에서 일어난다. ··· (　　　)

04 증발이 잘 일어나는 조건을 각각 고르시오.

(1) 온도가 (낮을 때, 높을 때)

(2) 바람이 (약할 때, 강할 때)

(3) 습도가 (낮을 때, 높을 때)

(4) 액체의 표면적이 (좁을 때, 넓을 때)

05 확산에 해당하는 현상은 '확', 증발에 해당하는 현상은 '증'이라고 쓰시오.

(1) 방 안에 향수병을 열어 놓으면 방 전체에서 향수 냄새가 난다. ········ (　　　)

(2) 꺼내 놓은 빵이 말라서 딱딱해진다. ······································· (　　　)

(3) 손등에 바른 알코올이 날아간다. ·· (　　　)

(4) 부엌에서 음식을 하면 집 안 전체에서 냄새가 난다. ···················· (　　　)

(5) 물에 잉크를 떨어뜨리면 물 전체가 잉크 색으로 변한다. ················ (　　　)

(6) 마약 탐지견이 냄새로 짐 속에서 마약을 찾아낸다. ····················· (　　　)

◀ 암모니아 기체의 확산 ▶

과정

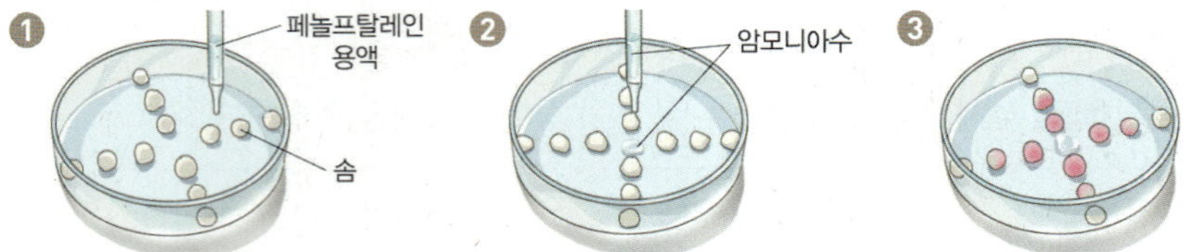

❶ 작게 뭉친 솜을 여러 개 만들어 페트리 접시 위에 일정한 간격으로 올려놓은 다음 스포이트로 페놀프탈레인 용액을 각각의 솜에 떨어뜨린다.

❷ 페트리 접시의 가운데에 암모니아수를 한 방울 떨어뜨린다.
└─▶ 물에 암모니아를 녹인 용액

❸ 페트리 접시의 뚜껑을 닫고 변화를 관찰한다.

산성과 중성에서는 무색이지만 염기성에서는 붉은색을 나타내는 지시약
→ 암모니아는 염기성 물질로 페놀프탈레인 용액을 붉은색으로 변하게 한다.

결과 암모니아수와 가까운 쪽의 솜부터 먼 쪽으로 차례대로 붉은색으로 변한다.

정리

1 암모니아 기체 입자가 스스로 운동하여 모든 방향으로 퍼져 나간다.

2 페놀프탈레인 용액은 암모니아수와 같은 염기성 물질과 만나 붉은색으로 변한다.

3 처음 암모니아수를 떨어뜨렸던 곳과 가까운 쪽의 솜부터 차례대로 페놀프탈레인 용액이 암모니아 기체 입자와 만나 붉은색으로 변한다.

⚠ 실험시 주의 사항

1. 암모니아수는 자극적인 냄새가 나므로 코 가까이에서 직접 냄새를 맡지 않고 환기가 잘 되는 곳에서 실험한다.

2. 암모니아수가 피부에 닿지 않게 주의한다.

또 다른 유사 탐구 분석

과정

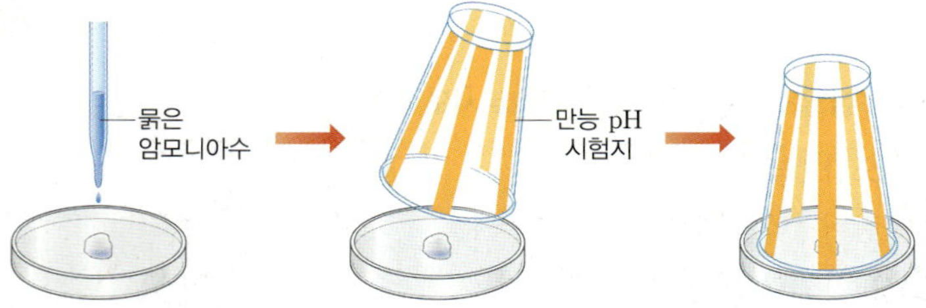

❶ 만능 pH 시험지를 15cm씩 5개 잘라 플라스틱 컵 안쪽 벽면에 같은 간격으로 붙인다.

❷ 페트리 접시 가운데에 솜을 놓고 묽은 암모니아수를 2~3방울 떨어뜨린 다음, 과정 ❶의 플라스틱 컵을 덮는다.

❸ 만능 pH 시험지의 색 변화를 관찰한다.
└─▶ 만능 pH 시험지는 암모니아와 반응하면 푸른색으로 변한다.

❹ 동일하게 과정 ❶, ❷를 진행한 후, 플라스틱 컵 표면에 뜨거운 바람을 불어 주며 만능 pH 시험지의 색 변화를 관찰한다.

결과

1 과정 ❸의 결과, 만능 pH 시험지는 솜에서 가까운 쪽에서부터 먼 쪽으로 차례대로 푸른색으로 변한다.

2 과정 ❹의 결과, 결과 **1**보다 빠르게 색 변화가 관찰되었다.

정리

1 암모니아 기체 입자가 스스로 운동하여 모든 방향으로 퍼져 나간다.

2 온도가 높아지면, 암모니아 기체 입자의 확산이 빨라진다.

✔ 탐구 바로 확인

01 이 실험에 대한 설명으로 옳은 것은 ○, 옳지 않은 것은 ×로 표시하시오.

(1) 암모니아 기체 입자의 확산을 알아보기 위한 실험이다. ·· ( )

(2) 확산은 한쪽 방향으로만 일어난다는 것을 알 수 있다. ·· ( )

(3) 암모니아와 페놀프탈레인 용액이 만나면 페놀프탈레인 용액은 붉은색으로 변한다. ·········· ( )

(4) 암모니아수를 떨어뜨린 곳에서 가장 먼 쪽의 솜부터 붉은색으로 변한다. ························· ( )

02 이 실험에 대한 설명으로 옳지 않은 것은?

① 암모니아 기체 입자가 스스로 끊임없이 움직인다는 것을 알 수 있다.

② 암모니아 기체 입자와 만나지 않은 솜은 무색이다.

③ 솜의 색이 변하는 것을 통해 암모니아 기체 입자가 운동한 것을 알 수 있다.

④ 실험실 내부의 온도를 높이면 모든 솜이 붉은색으로 변하는 데 걸리는 시간이 길어진다.

⑤ 암모니아 기체 입자는 모든 방향으로 움직인다.

시험에서는 이렇게!

03 그림과 같이 페놀프탈레인 용액을 묻힌 솜을 페트리 접시 위에 일정한 간격으로 올려놓고 접시의 중앙에 암모니아수를 한 방울 떨어뜨렸더니 잠시 후 솜의 색이 붉게 변하였다. 이 실험에 대한 설명으로 옳은 것을 모두 고르면? (2개)

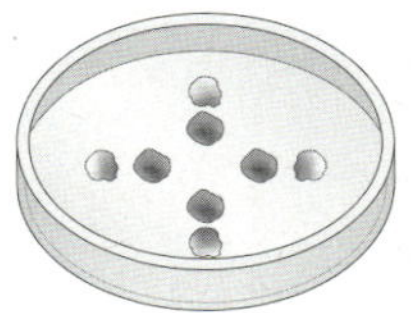

① 암모니아 입자의 확산에 의한 현상이다.

② 암모니아 입자는 한 방향으로만 운동한다.

③ 암모니아수에서 먼 쪽의 솜부터 색이 변한다.

④ 암모니아 입자들이 스스로 운동함을 알 수 있다.

⑤ 주변 온도를 낮춰 주면 솜의 색 변화가 빨라진다.

04 그림과 같이 장치하고 나타나는 변화를 관찰하였다.

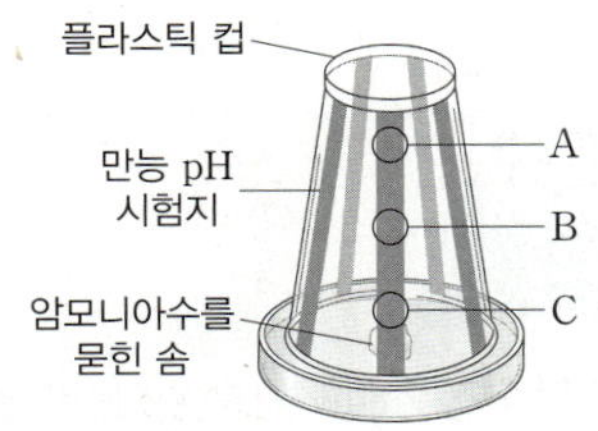

이 실험에 대한 설명으로 옳은 것은?

① 암모니아 입자의 확산에 의한 현상이다.

② A → B → C의 순으로 시험지가 푸르게 변한다.

③ 플라스틱 컵 안의 온도를 높이면 색 변화가 느려진다.

④ 플라스틱 컵 안을 진공으로 만들면 색 변화가 느려진다.

⑤ 암모니아 입자는 위아래 방향으로만 운동한다.

05 그림과 같이 장치하고 나타나는 변화를 관찰하였다.

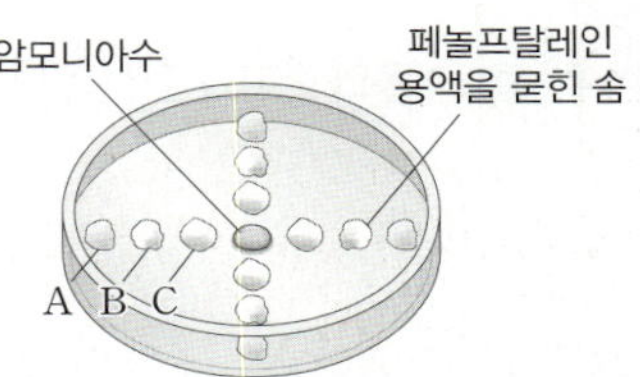

솜 A~C의 색이 변하는 순서를 쓰고, 그 까닭을 서술하시오.

____

____

06 그림과 같이 장치하고 나타나는 변화를 관찰하였다.

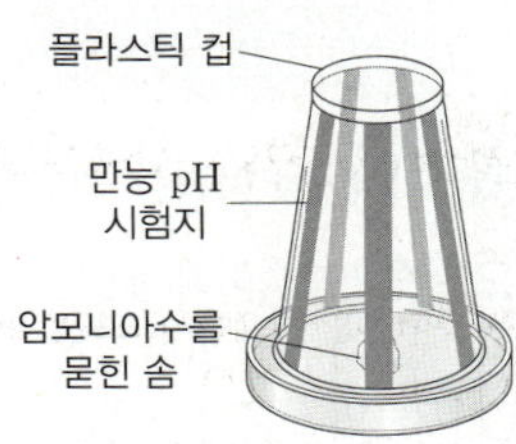

시간이 지남에 따라 나타나는 변화와 그 까닭을 서술하시오.

____

____

◀ 아세톤의 증발 ▶

과정

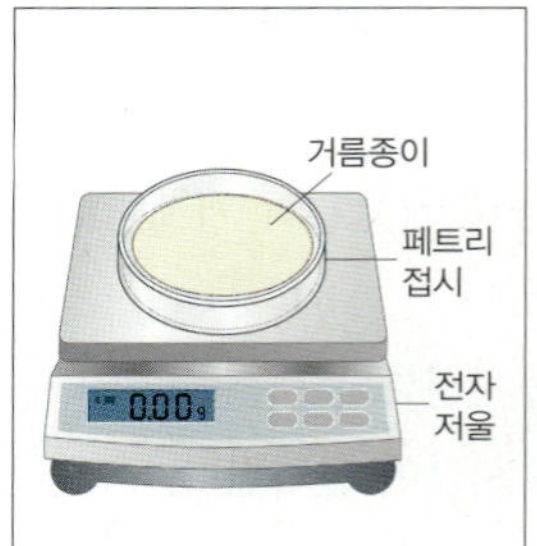

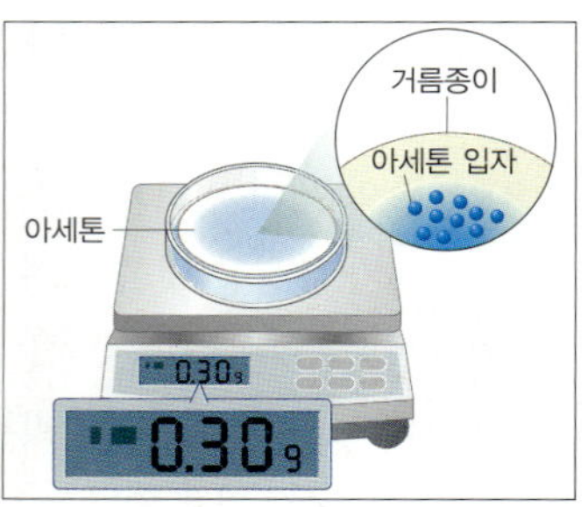

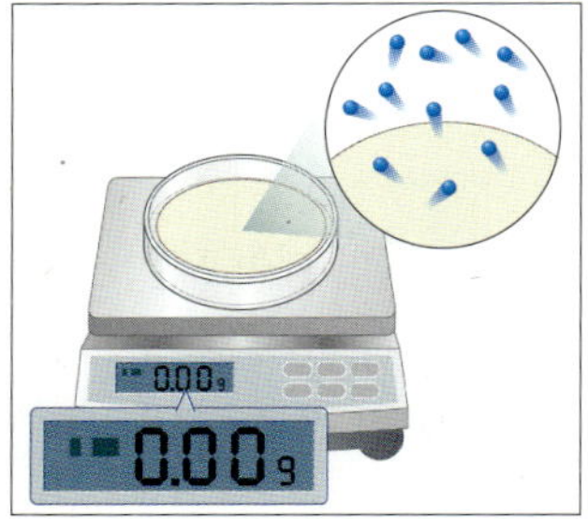

❶ 전자저울 위에 거름종이를 올린 페트리 접시를 놓고 영점을 맞춘다.

❷ 거름종이 위에 아세톤을 5~6방울 떨어뜨린 다음 시간이 지남에 따라 질량 변화를 관찰한다.

결과

시간이 지날수록 전자저울의 숫자가 점점 작아지다가 0이 된다.

정리

1 아세톤 입자들이 끊임없이 스스로 운동하여 증발이 일어난다.

2 시간이 충분히 지나면 아세톤이 모두 증발하므로 전자저울의 숫자가 0이 된다.

⚠ **실험시 주의 사항**

1. 아세톤을 다룰 때 마스크를 착용하고, 아세톤이 눈이나 피부에 닿지 않게 주의한다.
2. 실험하는 동안 창문을 열어 환기한다.

또 다른 유사 탐구 분석

과정

❶ 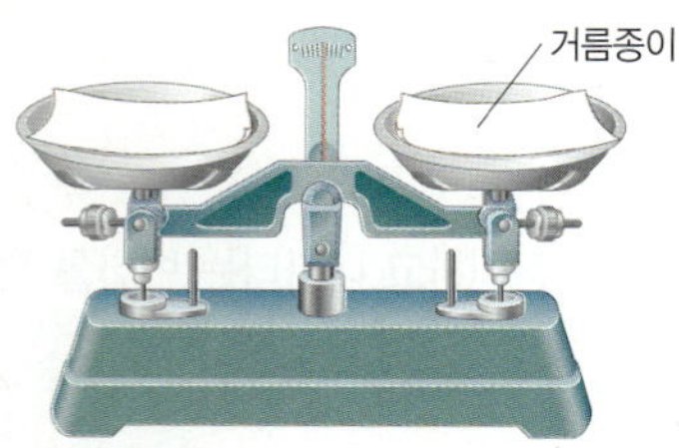

❷ 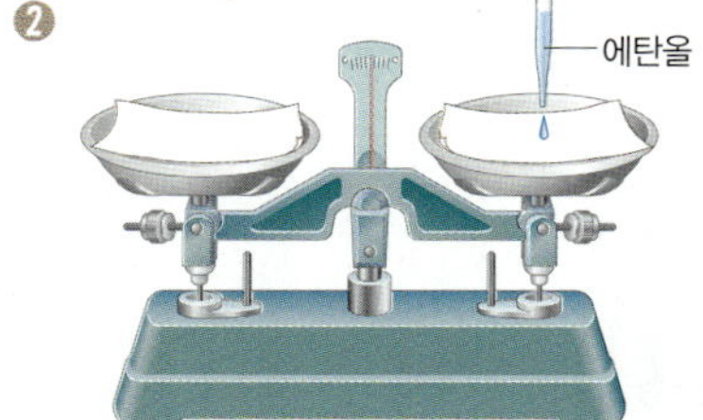

❶ 윗접시저울을 평평한 곳에 놓고 윗접시저울의 양쪽에 거름종이를 올려놓은 뒤 영점 조절 나사로 수평을 맞춘다.

❷ 오른쪽 거름종이에 에탄올을 몇 방울 떨어뜨린 뒤 저울의 변화를 관찰한다.

결과 윗접시저울의 오른쪽 거름종이에 에탄올을 떨어뜨린 직후에는 저울이 오른쪽으로 기울었다가 시간이 충분히 지나면 다시 수평으로 돌아온다.

정리
1 에탄올 입자들이 끊임없이 스스로 운동하여 증발이 일어난다.
2 시간이 충분히 지나면 에탄올이 모두 증발하므로 저울이 다시 수평으로 돌아온다.

탐구 바로 확인

07 이 실험에 대한 설명으로 옳은 것은 ○, 옳지 <u>않은</u> 것은 ×로 표시하시오.

(1) 전자저울의 숫자는 시간이 충분히 지나면 0이 된다. ························· (   )

(2) 시간이 지나면서 아세톤은 액체에서 기체로 변한다. ························· (   )

(3) 시간이 지나면 아세톤 입자가 분해되기 때문에 이러한 결과가 나타난다. ·················· (   )

(4) 아세톤 입자는 스스로 운동하여 공기 중으로 날아간다. ························· (   )

08 이 실험과 같은 원리로 일어나는 현상이 <u>아닌</u> 것은?

① 이마에 맺힌 땀이 마른다.

② 어항 속의 물이 점점 줄어든다.

③ 물속에 떨어뜨린 잉크가 물 전체에 퍼진다.

④ 가뭄이 들면 땅바닥이 갈라진다.

⑤ 염전에서 바닷물로 소금을 얻는다.

시험에서는 이렇게!

09 그림과 같이 전자저울 위에 거름종이가 놓인 페트리 접시를 올려놓고 영점을 맞춘 뒤 아세톤을 몇 방울 떨어뜨렸다. 이에 대한 설명으로 옳지 <u>않은</u> 것은?

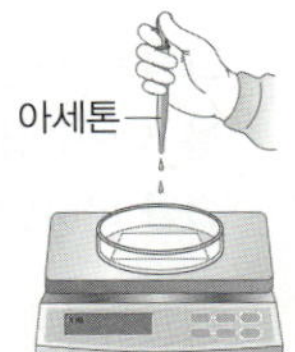

① 아세톤은 액체에서 기체로 변한다.

② 시간이 지날수록 전자저울의 숫자가 작아진다.

③ 거름종이 주위에서 아세톤 냄새를 맡을 수 있다.

④ 아세톤 입자의 크기가 점점 줄어드는 것을 알 수 있다.

⑤ 아세톤 입자는 스스로 운동하여 공기 중으로 날아간다.

10 그림은 윗접시저울의 양쪽에 거름종이를 올려놓고 수평을 맞춘 뒤 오른쪽 거름종이에 에탄올을 몇 방울 떨어뜨리는 모습을 나타낸 것이다. 에탄올을 떨어뜨린 뒤 저울의 변화에 대한 설명으로 옳은 것은?

① 오른쪽으로 기울었다가 다시 수평을 유지한다.

② 오른쪽으로 기울었다가 왼쪽으로 기운다.

③ 오른쪽으로 기운 채로 계속 유지된다.

④ 수평을 유지하다가 왼쪽으로 기운다.

⑤ 수평을 계속 유지한다.

11 그림과 같이 전자저울 위에 거름종이가 놓인 페트리 접시를 올려놓고 영점을 맞춘 뒤 아세톤을 몇 방울 떨어뜨렸다.

시간이 지남에 따른 전자저울의 숫자 변화와 그 까닭을 서술하시오.

____

____

12 그림은 수평을 이룬 윗접시저울의 오른쪽 거름종이에 아세톤을 몇 방울 떨어뜨렸을 때 저울이 오른쪽으로 기울어진 모습을 나타낸 것이다.

충분한 시간이 지나면 저울은 다시 수평이 된다. 이때 수평으로 돌아오는 데 걸리는 시간을 줄이는 방법을 <u>두 가지</u> 서술하시오.

____

____

확산

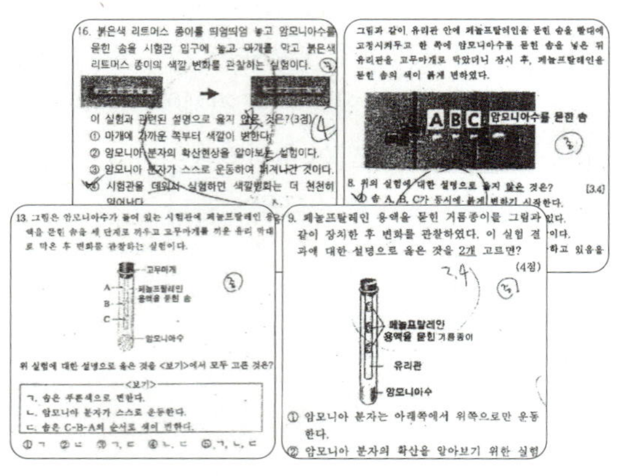

증발

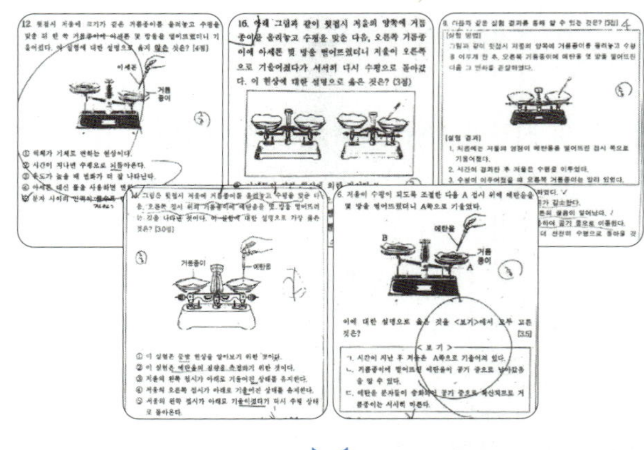

01

그림과 같이 장치하고 나타나는 변화를 관찰하였다.

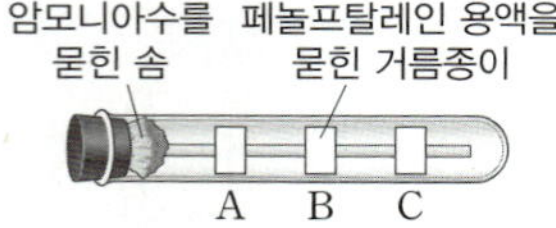

이에 대한 설명으로 옳은 것을 모두 고르면? (4개)

① 거름종이의 색은 붉게 변한다.

② 암모니아수는 기체가 되어 확산한다.

③ 암모니아 입자는 한 방향으로만 운동한다.

④ C → B → A의 순으로 거름종이의 색이 변한다.

⑤ 암모니아 입자가 스스로 운동하여 나타나는 현상이다.

⑥ 멀리서도 향수 냄새를 맡을 수 있는 까닭과 관련된 현상이다.

⑦ 온도가 낮은 곳에서 실험하면 거름종이의 색은 더 빠르게 변한다.

⑧ 페놀프탈레인 용액은 암모니아 입자의 확산이 빠르게 일어나도록 돕는 역할을 한다.

02

그림은 수평을 이룬 윗접시저울의 오른쪽 거름종이에 아세톤을 5～6방울 떨어뜨렸을 때 저울이 오른쪽으로 기울어진 모습을 나타낸 것이다.

이에 대한 설명으로 옳은 것을 모두 고르면? (4개)

① 아세톤 입자가 분해되어 입자의 크기가 줄어든다.

② 저울은 충분한 시간이 지나면 다시 수평을 유지한다.

③ 아세톤 입자는 스스로 운동하여 공기 중으로 날아간다.

④ 염전에서 바닷물을 증발시켜 소금을 만드는 것과 같은 현상이다.

⑤ 바람을 불어 주면 저울이 수평으로 돌아오는 데 걸리는 시간이 길어진다.

⑥ 온도가 높은 곳에서 실험하면 저울이 수평으로 돌아오는 데 걸리는 시간이 짧아진다.

⑦ 습도가 낮은 곳에서 실험하면 저울이 수평으로 돌아오는 데 걸리는 시간이 길어진다.

학교 시험 기출 변형 문제

A 물질을 구성하는 입자

01 입자의 운동에 대한 설명으로 옳은 것을 |보기|에서 모두 고른 것은?

> 보기
> ㄱ. 입자는 한쪽 방향으로만 움직인다.
> ㄴ. 온도가 높을수록 입자의 운동이 활발하다.
> ㄷ. 액체 상태의 입자는 기체 상태의 입자보다 활발하게 움직인다.

① ㄱ　　　　② ㄴ　　　　③ ㄷ
④ ㄱ, ㄴ　　　⑤ ㄴ, ㄷ

02 기체를 이루는 입자에 대한 설명으로 옳지 <u>않은</u> 것은?

① 기체 입자 사이에는 빈 공간이 있다.
② 기체 입자는 모든 방향으로 움직인다.
③ 기체 입자는 스스로 끊임없이 운동한다.
④ 기체 입자는 고체 입자보다 느리게 움직인다.
⑤ 기체 입자들은 서로 떨어진 채 골고루 퍼져 있다.

03 그림은 일정한 온도에서 주사기에 공기를 넣고 끝을 막은 다음 피스톤을 누르는 모습을 나타낸 것이다. 피스톤을 누를 때 주사기 속에서 변하는 것은?

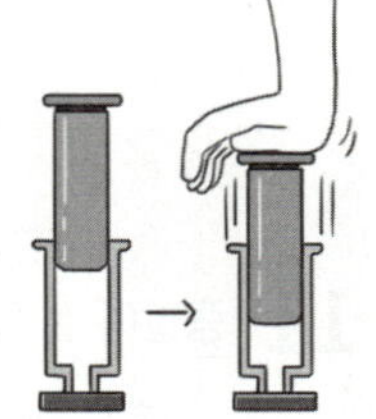

① 공기 입자의 개수
② 공기 입자의 모양
③ 공기 입자의 종류
④ 공기 입자의 크기
⑤ 공기 입자 사이의 거리

B 입자의 운동

04 확산에 대한 설명으로 옳은 것은?

① 입자는 정해진 방향으로만 움직인다.
② 온도가 낮을수록 확산 속도가 빠르다.
③ 진공 속에서는 확산이 일어나지 않는다.
④ 입자의 질량이 작을수록 확산 속도가 느리다.
⑤ 입자가 스스로 운동하기 때문에 일어나는 현상이다.

05 다음과 같은 현상이 일어나는 공통적인 까닭은?

> • 주방에서 음식을 하면 냄새가 집 안으로 퍼진다.
> • 공장 굴뚝에서 나온 연기가 공기 중으로 퍼져 나간다.

① 물질을 이루는 입자의 크기가 작기 때문이다.
② 물질을 이루는 입자의 성질이 변하기 때문이다.
③ 물질을 이루는 입자의 종류가 변하기 때문이다.
④ 물질을 이루는 입자의 질량이 작기 때문이다.
⑤ 물질을 이루는 입자가 스스로 운동하기 때문이다.

최다 빈출

06 그림은 방 안에 향수병을 열어 놓았을 때, 향수 입자가 공기 중으로 퍼져 나가는 현상을 입자 모형으로 나타낸 것이다.

이와 같은 원리로 일어나는 현상이 <u>아닌</u> 것은?

① 이마에 맺힌 땀이 마른다.
② 꽃 향기가 멀리까지 퍼져 나간다.
③ 전기 모기향을 피워 모기를 쫓는다.
④ 마약 탐지견이 냄새로 마약을 찾는다.
⑤ 요리를 하면 음식 냄새가 집 안에 퍼진다.

07 그림은 25 ℃, 50 ℃, 75 ℃의 물이 들어 있는 비커에 같은 양의 잉크를 동시에 떨어뜨렸을 때의 모습을 순서 없이 나타낸 것이다.

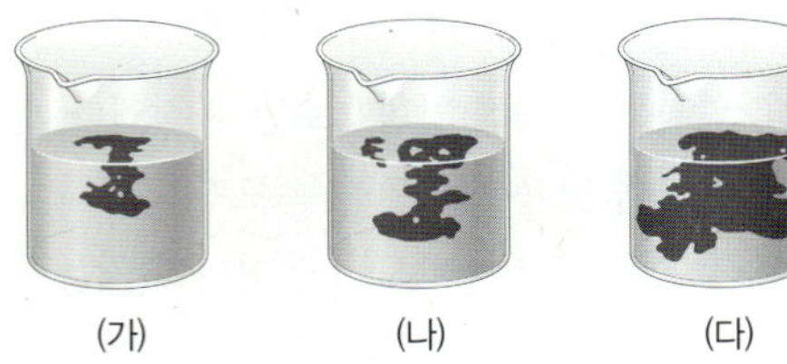

(가)　　　　(나)　　　　(다)

이에 대한 설명으로 옳은 것은?

① 증발 현상과 관련된 실험이다.
② (가)의 비커에 담긴 물의 온도는 75 ℃이다.
③ (나)의 비커에 담긴 물의 온도는 50 ℃이다.
④ (가)~(다) 중 (다)에서 잉크가 가장 느리게 퍼진다.
⑤ 물의 온도가 높을수록 잉크가 느리게 퍼진다.

08 그림은 만능 pH 시험지 5개를 플라스틱 컵 안쪽 벽면에 붙인 뒤 묽은 암모니아수를 묻힌 솜을 페트리 접시 가운데에 놓고 플라스틱 컵으로 덮은 모습을 나타낸 것이다. 이에 대한 설명으로 옳지 <u>않은</u> 것은?

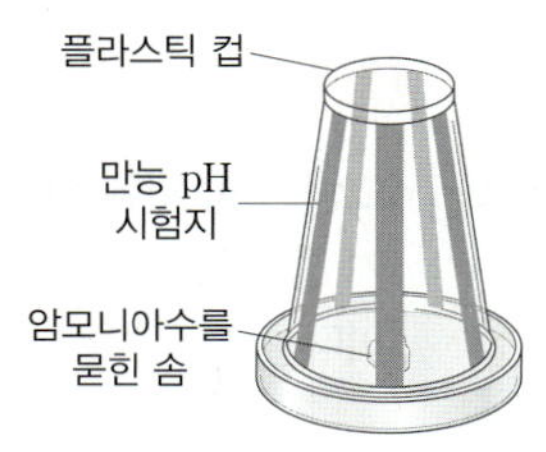

① 암모니아 입자가 확산되는 것을 만능 pH 시험지의 색 변화로 알 수 있다.
② 솜에서 먼 쪽의 만능 pH 시험지부터 색이 변한다.
③ 입자는 정지해 있지 않고 스스로 움직인다는 것을 알 수 있다.
④ 온도가 높아지면 만능 pH 시험지의 색이 더 빠르게 변한다.
⑤ 만능 pH 시험지가 암모니아와 만나면 푸른색으로 변한다.

09 증발에 대한 설명으로 옳지 <u>않은</u> 것은?

① 모든 온도에서 일어난다.
② 온도가 낮을수록 증발이 잘 일어난다.
③ 입자가 스스로 운동하기 때문에 일어난다.
④ 액체의 종류에 따라 증발 속도가 다르다.
⑤ 액체의 표면에서 액체가 기체로 되는 현상이다.

10 증발 현상을 나타낸 입자 모형을 모두 고르면? (2개)

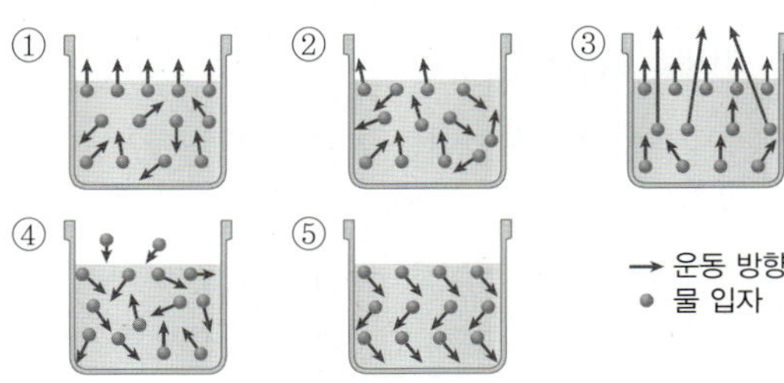

11 증발이 잘 일어나는 조건으로 옳은 것은?

① 온도가 낮을수록
② 습도가 높을수록
③ 바람이 약할수록
④ 표면적이 넓을수록
⑤ 입자 사이의 인력이 강할수록

12 다음과 같은 원리로 일어나는 현상이 <u>아닌</u> 것은?

> • 풀잎에 맺힌 이슬이 해가 뜨면 사라진다.
> • 논바닥의 물이 말라 땅바닥이 갈라진다.

① 비가 온 뒤 운동장에 고인 물이 마른다.
② 물걸레로 닦은 교실 바닥이 마른다.
③ 옷장 속 나프탈렌의 크기가 점점 작아진다.
④ 젖은 손을 건조기에 갖다 대면 물기가 없어진다.
⑤ 염전에서 바닷물로 소금을 얻는다.

13 그림 (가)는 페트리 접시에 페놀프탈레인 용액을 묻힌 솜을 일정한 간격으로 배열한 뒤 가운데에 암모니아수를 떨어뜨린 뒤의 모습을, (나)는 수평을 이룬 윗접시저울의 왼쪽 거름종이에 에탄올을 몇 방울 떨어뜨렸을 때 저울이 왼쪽으로 기울었다가 다시 수평을 유지하는 모습을 나타낸 것이다.

(가)와 (나)의 결과가 나타난 공통적인 까닭으로 가장 적절한 것은?

① 입자 사이의 인력 ② 입자의 운동
③ 입자의 크기 ④ 입자의 질량
⑤ 입자의 개수

14 다음은 입자의 운동에 의한 현상을 나타낸 것이다.

> • 화장실 냄새는 겨울보다 여름에 더 심하게 난다.
> • 염전에서 햇빛이 강할수록 더 많은 소금을 얻을 수 있다.

위 현상을 통해 알 수 있는 입자의 운동에 영향을 미치는 요인으로 옳은 것은?

① 온도 ② 바람 ③ 습도
④ 입자의 질량 ⑤ 액체의 표면적

서술형 문제

필수 키워드를 포함하여 답안을 작성해 보세요.

15 다음은 일상생활에서 볼 수 있는 현상을 나타낸 것이다.

> • 젖은 빨래가 마른다.
> • 향수 냄새가 방 안에 퍼진다.

이와 같은 현상이 나타나는 근본적인 까닭을 서술하시오.

🔍 **필수 키워드** 입자, 운동

____

____

16 그림과 같이 장치하고 나타나는 변화를 관찰하였더니, 솜에 가까운 쪽의 거름종이부터 차례대로 붉게 변하였다.

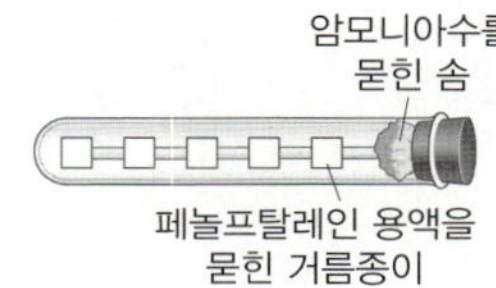

이와 같은 현상이 나타나는 까닭을 서술하시오.

🔍 **필수 키워드** 입자, 확산

____

____

17 그림은 전자저울 위에 거름종이가 놓인 페트리 접시를 올려놓고 영점을 맞춘 뒤 아세톤 몇 방울을 떨어뜨리는 모습을 나타낸 것이다. 전자저울의 숫자는 아세톤을 떨어뜨린 직후 3이었다가 충분한 시간이 흘러 0이 되었다.

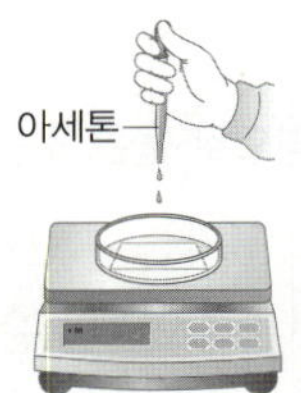

이와 같은 현상이 나타나는 까닭을 서술하시오.

🔍 **필수 키워드** 입자, 증발

____

____

학교 시험 기출 변형 문제

A 물질을 구성하는 입자

01 그림은 주사기를 이용해 삼각 플라스크 속 공기의 일부를 빼내는 과정을 입자 모형을 이용해 나타낸 것이다.

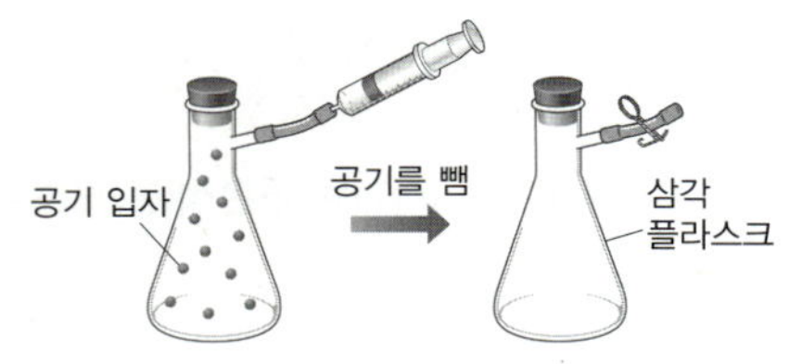

공기의 일부를 빼냈을 때, 삼각 플라스크 속의 모습으로 옳은 것은?

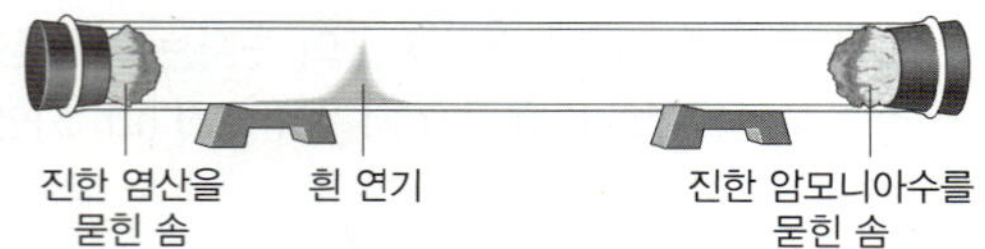

B 입자의 운동

02 그림은 진한 염산을 묻힌 솜과 진한 암모니아수를 묻힌 솜을 유리관의 양쪽 끝에 각각 동시에 넣고 고무마개를 막았을 때 흰 연기가 생긴 모습을 나타낸 것이다.

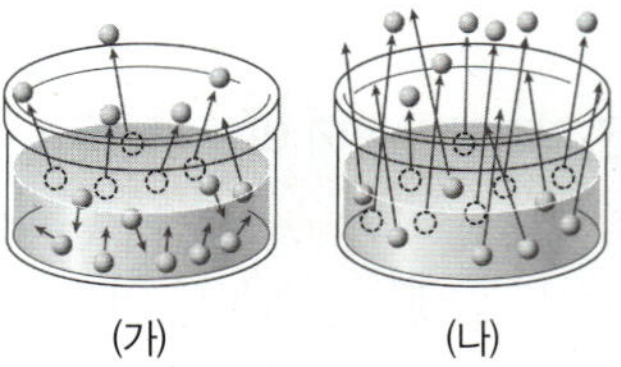

이에 대한 설명으로 옳은 것은?

① 염화 수소 입자는 오른쪽으로만 운동하고 암모니아 입자는 왼쪽으로만 운동한다.

② 염화 수소 입자의 확산 속도가 암모니아 입자의 확산 속도보다 빠르다.

③ 입자의 질량은 암모니아가 염화 수소보다 크다.

④ 흰 연기가 생긴 뒤에는 염화 수소 입자와 암모니아 입자가 더 이상 움직이지 않는다.

⑤ 유리관이 진공이라면 흰 연기가 더 빨리 생성된다.

03 그림은 홈 판의 한쪽 구석 홈에 암모니아수를 넣고 나머지 홈에는 초록색의 만능 지시약을 넣은 뒤 일정한 시간이 흘러 만능 지시약의 색이 변한 모습을 나타낸 것이다.

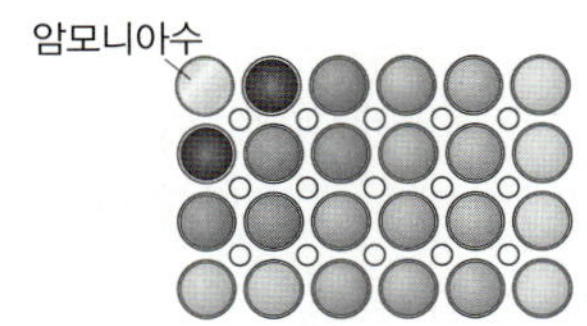

이에 대한 설명으로 옳지 않은 것은?

① 암모니아 입자가 스스로 움직이는 것을 알 수 있다.

② 암모니아 입자는 모든 방향으로 퍼져 나간다.

③ 이 실험에서 암모니아 입자는 액체 속에서 퍼져 나간다.

④ 실험실의 온도를 높이면 색 변화가 더 빨리 일어난다.

⑤ 암모니아보다 입자의 질량이 큰 염화 수소로 실험하면 색 변화가 느려진다.

04 그림은 액체에서 일어나는 두 가지 현상 (가)와 (나)를 입자 모형으로 나타낸 것이다.

이에 대한 설명으로 옳은 것은?

① (가)는 끓음이다.

② (가)는 액체 표면에서만 액체가 기체로 변한다.

③ (나)는 액체 내부에서만 액체가 기체로 변한다.

④ (나)는 모든 온도에서 일어날 수 있다.

⑤ (나)는 입자가 스스로 운동하기 때문에 일어난다.

05 그림은 수평을 이룬 윗접시저울의 오른쪽 거름종이에 아세톤을 몇 방울 떨어뜨렸을 때 저울이 오른쪽으로 기울어진 모습을 나타낸 것이다.

시간이 지나 저울은 다시 수평이 되었다. 이때 저울이 수평으로 돌아오는 데 걸리는 시간을 줄이기 위한 방법으로 옳은 것을 |보기|에서 모두 고른 것은? (단, 입자 사이의 인력은 아세톤<물이다.)

| 보기 |
ㄱ. 실험실 내부의 온도를 높인다.
ㄴ. 아세톤 대신 물을 사용한다.
ㄷ. 실험실 내부의 습도를 낮춘다.

① ㄱ　　　　② ㄴ　　　　③ ㄷ
④ ㄱ, ㄷ　　　⑤ ㄴ, ㄷ

06 그림과 같이 수평을 이룬 윗접시저울의 양쪽에 수평을 유지한 채로 왼쪽에는 물을, 오른쪽에는 아세톤을 떨어뜨렸다.

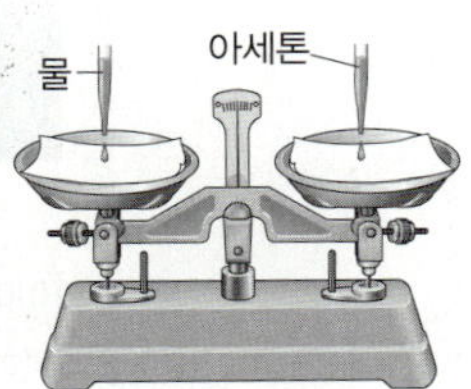

잠시 후 저울은 왼쪽으로 기울었다. 이에 대한 설명으로 옳은 것을 |보기|에서 모두 고른 것은?

| 보기 |
ㄱ. 충분한 시간이 지나면, 저울은 다시 수평이 된다.
ㄴ. 물의 증발 속도는 아세톤의 증발 속도보다 빠르다.
ㄷ. 아세톤과 물을 이루는 입자의 운동에 의한 현상이다.

① ㄱ　　　　② ㄴ　　　　③ ㄷ
④ ㄱ, ㄴ　　　⑤ ㄱ, ㄷ

서술형 문제

07 그림은 3개의 비커에 온도가 서로 다른 물을 넣고 잉크를 동시에 같은 양만큼 떨어뜨렸을 때의 모습을 나타낸 것이다.

(가)~(다) 중 물의 온도가 가장 높은 것을 고르고, 확산의 빠르기가 다르게 나타나는 까닭을 서술하시오.

____

____

08 개미, 꿀벌과 같은 동물들은 서로 의사소통을 하기 위해 페로몬이라는 물질을 분비하는데, 페로몬은 동물들끼리 직접 닿지 않아도 무리 전체로 전달되어 의사소통이 가능하다. 페로몬이 전달되는 원리를 서술하시오.

____

____

09 그림과 같이 젖은 빨래를 널어놓으면 시간이 지나면서 마른다. 젖은 빨래가 빨리 마르기 위한 조건 네 가지를 서술하시오.

____

____

02 물질의 상태 변화

Ⓐ 물질의 상태 변화

1. 물질의 세 가지 상태 우리 주변에 있는 물질은 대부분 고체, 액체, 기체로 존재한다.

상태	고체	액체	기체 ❶
모양과 부피	모양과 부피 일정	50 mL → 50 mL 모양 변함, 부피 일정	200 mL → 100 mL 모양과 부피 변함
흐르는 성질	없음	있음	있음
압축되는 성질	압축되지 않음	거의 압축되지 않음	압축이 잘 됨 ❷
예	얼음, 철, 나무, 돌, 드라이아이스 등	물, 에탄올, 수은, 식용유, 아세톤 등	수증기, 공기, 질소, 산소, 이산화 탄소 등

최다 빈출

2. 상태 변화 물질의 성질이 유지되면서, 물질이 한 가지 상태에서 다른 상태로 변하는 것

(1) **상태 변화가 일어나는 원인:** 온도나 압력의 변화(주로 온도 변화)

> **예** 얼음을 가열하면 얼음이 물로 변한다.

(2) **상태 변화의 종류**

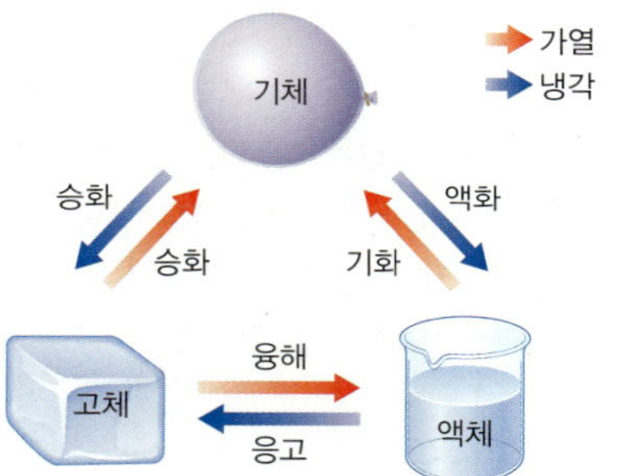

가열할 때 일어나는 상태 변화	융해, 기화, 승화 ❸(고체 → 기체)
냉각할 때 일어나는 상태 변화	응고, 액화, 승화(기체 → 고체)

융해 (고체 ➡ 액체)	응고 (액체 ➡ 고체)
• 초콜릿이나 아이스크림이 녹는다. • 버터가 뜨거운 프라이팬에서 녹는다. • 양초에 불을 붙이면 촛농이 생긴다. • 용광로에서 철이 녹아 쇳물이 된다.	• 고깃국에 뜬 기름이 식어 굳는다. • 겨울철 지붕 끝에 고드름이 생긴다. • 흐르던 용암이 굳어 암석이 된다. • 흘러내리던 촛농이 굳는다.
기화 (액체 ➡ 기체)	**액화 (기체 ➡ 액체)**
• 젖은 빨래가 마른다. • 어항 속의 물이 점점 줄어든다. • 물이 끓어 수증기가 된다. • 주사를 맞기 전에 바른 알코올이 금방 사라진다.	• 새벽에 안개가 생긴다. • 풀잎에 이슬이 맺힌다. • 뜨거운 음식을 먹거나 겨울철에 실내로 들어오면 안경에 김 ❹ 이 서린다. • 차가운 컵 표면에 물방울이 맺힌다.
승화 (고체 ➡ 기체)	**승화 (기체 ➡ 고체)**
• 냉동실 속 얼음의 크기가 작아진다. • 영하의 기온에서 얼어 있는 빨래나 황태가 마르고, 쌓인 눈이 녹지 않고 사라진다. • 옷장 속 나프탈렌의 크기가 작아진다. • 드라이아이스 ❺ 의 크기가 작아진다.	• 추운 겨울 유리창에 성에 ❻ 가 생긴다. • 겨울철 나뭇잎에 서리 ❻ 가 내린다. • 겨울 산의 나무에 상고대 ❼ 가 생긴다. • 구름에는 수증기가 변한 얼음 알갱이가 들어 있다.

---

❶ 기체의 특징

기체는 모양과 부피가 일정하지 않고 온도나 압력에 따라 부피가 크게 변하며, 공간으로 매우 잘 퍼져 나가 공간을 고르게 채운다.

❷ 물과 공기의 압축

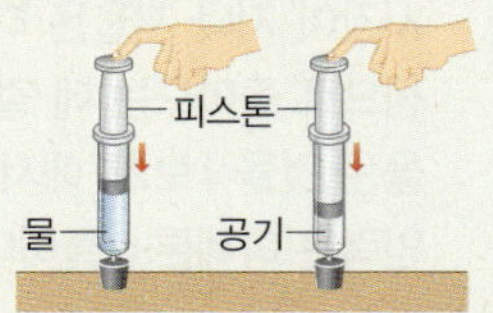

주사기에 물과 공기를 각각 넣고 피스톤을 눌러 압축하면 물은 부피 변화가 거의 없지만 공기는 부피가 쉽게 변한다.

❸ 승화가 잘 되는 물질(승화성 물질)

드라이아이스, 나프탈렌, 아이오딘은 입자 사이의 인력이 약해 고체 표면에서 입자들이 쉽게 떨어져 기체가 된다.

❹ 수증기와 김

액체 상태인 물이 기화하면 기체 상태인 수증기가 되고, 기체 상태인 수증기는 눈에 보이지 않는다. 김은 수증기가 차가운 공기를 만나 액화하여 만들어진 액체 상태의 물방울이다.

❺ 드라이아이스

드라이아이스는 실온에서 시간이 지나면 기체인 이산화 탄소로 변하므로 건조한 얼음이라는 뜻의 드라이아이스로 부른다.

❻ 성에와 서리

성에는 영하의 기온에서 공기 중의 수증기가 유리나 벽면에 얼어붙은 것이고, 서리는 영하의 기온에서 공기 중의 수증기가 지상의 물체 표면에 얼어붙은 것이다.

❼ 상고대

서리가 나무나 풀 등의 물체에 들러붙어 얼어붙은 것이다.

개념 바로 확인

초성 확인 문제

01 물질은 ㄱㅊ, ㅇㅊ, ㄱㅊ 의 세 가지 상태로 우리 주변에 존재한다.

02 모양과 부피가 일정하고 압축되거나 흐르는 성질이 없는 상태를 ㄱㅊ 라고 한다.

03 액체와 기체는 모두 모양이 일정하지 않지만 ㅇㅊ 는 부피가 일정하고 ㄱㅊ 는 온도와 압력에 따라 부피가 변한다.

04 상태 변화는 ㅇㄷ 나 ㅇㄹ 의 변화에 의해 일어나는데 주로 ㅇㄷ 변화에 의해 일어난다.

05 고체에서 액체로 변하는 것을 ㅇㅎ, 액체에서 기체로 변하는 것을 ㄱㅎ, 고체에서 기체로 변하는 것을 ㅅㅎ 라고 하며 모두 물질을 가열할 때 일어나는 상태 변화이다.

06 액체에서 고체로 변하는 것을 ㅇㄱ, 기체에서 액체로 변하는 것을 ㅇㅎ, 기체에서 고체로 변하는 것을 ㅅㅎ 라고 하며 모두 물질을 냉각할 때 일어나는 상태 변화이다.

🅐 물질의 상태 변화

01 물질의 상태에 대한 설명으로 옳은 것은 ◯, 옳지 <u>않은</u> 것은 ✕로 표시하시오.

(1) 고체는 흐르는 성질이 있다. ·· (　　)

(2) 액체는 담는 그릇에 따라 모양이 변한다. ······················ (　　)

(3) 기체는 온도와 압력에 따라 부피가 쉽게 변한다. ·············· (　　)

(4) 액체를 주사기에 넣고 피스톤을 눌렀을 때 쉽게 압축되어 부피가 줄어든다.

·· (　　)

02 다음은 우리 주변의 물질이다. 얼음, 물, 수증기와 같은 상태인 물질을 각각 쓰시오.

> 공기, 철, 산소, 수은, 아세톤, 드라이아이스, 질소, 돌, 나무, 이산화 탄소, 에탄올, 식용유

(1) 얼음:

(2) 물:

(3) 수증기:

03 그림은 물질의 상태 변화를 나타낸 것이다. A~F에 해당하는 상태 변화의 종류를 쓰시오.

(1) A:　　　　　　(2) B:

(3) C:　　　　　　(4) D:

(5) E:　　　　　　(6) F:

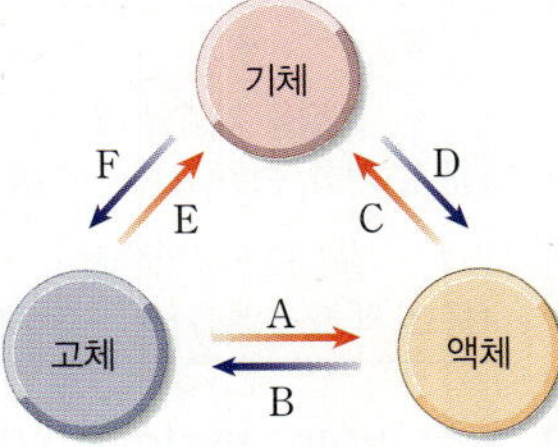

04 다음 현상에 해당하는 상태 변화의 종류를 쓰시오.

(1) 옷장 속 나프탈렌의 크기가 점점 작아진다.

(2) 이른 새벽에 안개가 생긴다.

(3) 겨울철 지붕 끝에 고드름이 생긴다.

(4) 겨울철 나뭇잎에 서리가 내린다.

(5) 젖은 빨래가 마른다.

(6) 양초에 불을 붙이면 촛농이 생긴다.

05 다음은 물질의 상태 변화에 대한 설명이다. (　　　) 안에 알맞은 말을 고르시오.

> 초콜릿을 가열하면 녹아서 (고체, 액체, 기체)가 된다. 녹인 초콜릿은 담는 그릇에 따라 모양이 변하는 성질을 가지므로 틀에 넣어 냉각시키면 다시 (고체, 액체, 기체) 상태가 되면서 원하는 모양의 초콜릿을 만들 수 있다.

02 물질의 상태 변화

Ⓑ 상태 변화에 따른 입자 배열과 부피의 변화

1. 물질의 상태와 입자 배열 → 세 가지 상태의 특징이 다른 까닭은 물질의 상태에 따라 입자 배열, 입자 사이의 거리, 인력 등이 다르기 때문이다.

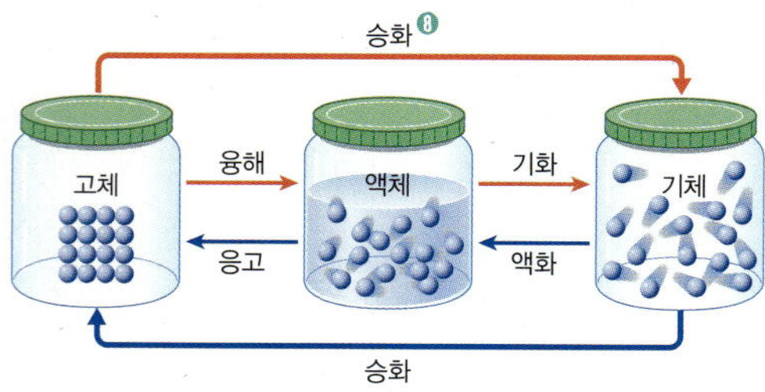

상태	고체	액체	기체
입자 모형			
입자 배열	규칙적	불규칙적	매우 불규칙적
입자 사이의 거리	매우 가까움	비교적 가까움	매우 멂
입자 사이의 인력	매우 강함	고체보다 약함	거의 없음
입자 운동	제자리에서 진동 운동만	비교적 자유롭게 운동	매우 자유롭고 활발하게 운동

→ 액체 상태에서의 입자 배열은 불규칙적이지만 기체 상태에 비해 매우 가깝게 배열되어 있다.

최다 빈출

2. 상태 변화와 입자 배열의 변화

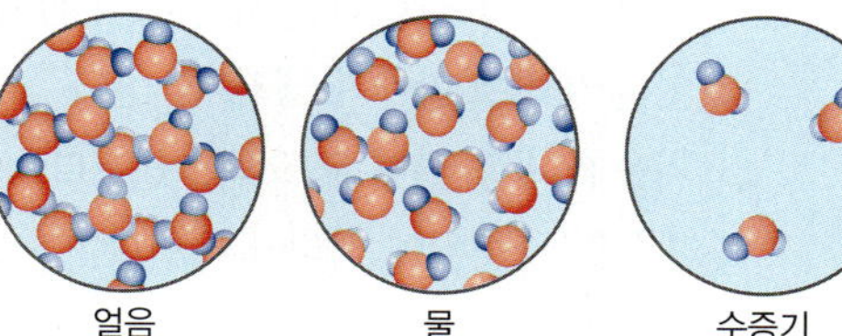

구분	입자 배열	입자 사이의 거리	입자 사이의 인력	입자 운동
물질을 가열할 때 (융해, 기화, 승화(고체 → 기체))	불규칙적으로 변함	멀어짐	약해짐	활발해짐
물질을 냉각할 때 (응고, 액화, 승화(기체 → 고체))	규칙적으로 변함	가까워짐	강해짐	둔해짐

3. 상태 변화와 부피의 변화 ❾

(1) **일반적인 물질:** 고체 → 액체 → 기체로 변할 때 입자 사이의 거리가 멀어지므로 부피는 고체<액체<기체 순으로 증가한다.

(2) **물:** 예외적으로 액체 상태(물)에서 고체 상태(얼음)로 변할 때 입자들이 육각형 모양을 이루며 배열되어 빈 공간이 많아지므로 부피가 증가한다. → 물의 경우, 부피는 액체(물)<고체(얼음)<기체(수증기) 순이다.

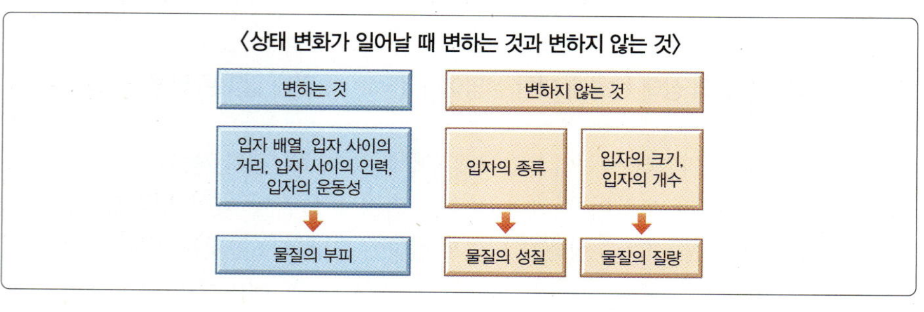

예 추운 겨울에 물이 얼어 수도관이 터진다.

〈상태 변화가 일어날 때 변하는 것과 변하지 않는 것〉

변하는 것	변하지 않는 것	
입자 배열, 입자 사이의 거리, 입자 사이의 인력, 입자의 운동성	입자의 종류	입자의 크기, 입자의 개수
물질의 부피	물질의 성질	물질의 질량

---

❽ 아이오딘의 승화 실험

고체 상태의 아이오딘을 비커에 넣고 찬물이 담긴 둥근바닥 플라스크를 비커 위에 올린 뒤 비커를 가열한다.

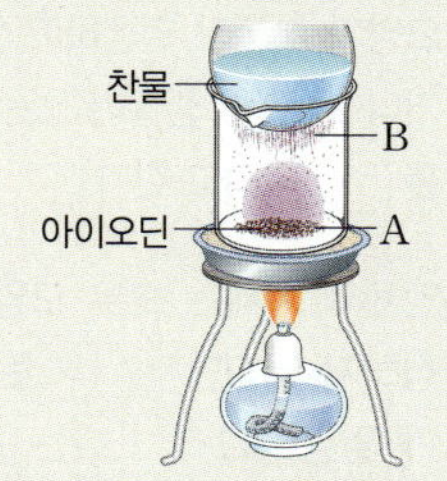

- 아이오딘은 승화성 물질로 고체 → 기체 또는 기체 → 고체로 쉽게 변할 수 있다.
- A: 고체 아이오딘을 가열하면 보라색인 기체 아이오딘으로 승화하므로 비커 속이 보라색으로 변한다.
- B: 기체 아이오딘이 찬물이 담긴 플라스크를 만나면 고체 아이오딘으로 승화한다.

❾ 물과 액체 양초의 응고 시 부피 변화

물을 응고시키면 얼음이 되어 부피가 증가하면서 가운데 부분이 볼록하게 올라가지만, 액체 양초를 응고시키면 부피가 감소하면서 가운데 부분이 오목하게 들어간다.

개념 확인 문제

07 입자 배열이 가장 규칙적인 상태는 ㄱㅊ 상태이다.

08 ㅇㅊ 상태는 입자들이 불규칙하게 배열되어 있어 담는 그릇에 따라 모양이 변하지만 입자 사이의 거리가 비교적 가까워 거의 압축되지 않는다.

09 ㄱㅊ 상태에서는 입자 사이의 인력이 거의 없어 입자가 매우 자유롭고 활발하게 움직인다.

10 상태 변화가 일어나도 입자의 크기와 ㄱㅅ가 변하지 않으므로 물질의 ㅈㄹ은 변하지 않고, 입자의 종류가 변하지 않으므로 물질의 ㅅㅈ도 변하지 않는다.

11 물을 제외하고 일반적으로 입자 사이의 거리는 ㄱㅊ < ㅇㅊ < ㄱㅊ 순으로 멀어지므로 고체 → 액체 → 기체로 상태가 변할 때 ㅂㅍ가 커진다.

Ⓑ 상태 변화에 따른 입자 배열과 부피의 변화

[06-07] 그림은 물질의 세 가지 상태를 입자 모형으로 나타낸 것이다.

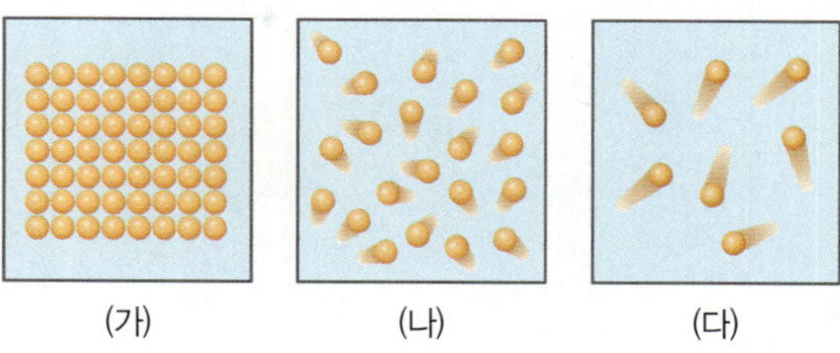

06 (가)~(다)에 해당하는 상태를 각각 쓰시오.

07 다음은 우리 주변의 물질이다. 25 ℃에서 (나)에 해당하는 물질을 모두 고르시오.

> 돌, 설탕, 질소, 이산화 탄소, 물, 식용유

08 물질의 상태와 입자 배열에 대한 설명으로 옳은 것은 ○, 옳지 <u>않은</u> 것은 ×로 표시하시오.

(1) 세 가지 상태 중 입자 운동은 고체 상태에서 가장 활발하다. ………… (   )

(2) 세 가지 상태 중 입자 사이의 거리가 가장 먼 상태는 기체 상태이다. ·· (   )

(3) 얼음, 물, 수증기는 서로 다른 상태이지만 이들을 구성하는 입자의 종류는 같다.
   …………………………………………………………………………… (   )

(4) 고체 → 액체 → 기체로 상태가 변할 때 입자의 크기는 점점 커진다. ··· (   )

(5) 에탄올이 기화하면 부피가 커지므로 에탄올 입자의 개수가 증가한다. ···· (   )

09 그림은 물질의 상태 변화를 입자 모형으로 나타낸 것이다.

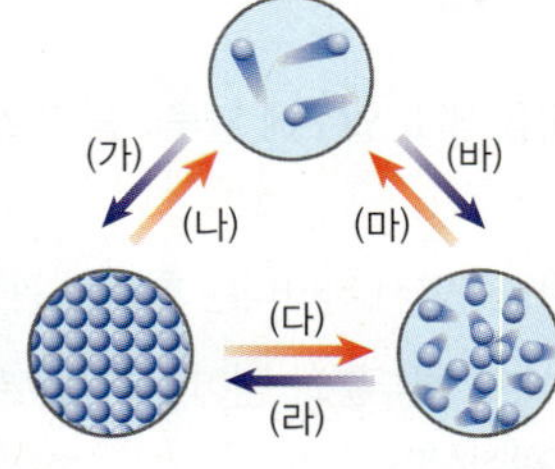

(1) (가)~(바) 중 입자 운동이 활발해지는 상태 변화를 모두 고르시오.

(2) (가)~(바) 중 입자 사이의 거리가 가까워지는 상태 변화를 모두 고르시오. (단, 물은 제외한다.)

(3) (가)~(바) 중 물질을 냉각할 때 일어나는 상태 변화를 모두 고르시오.

(4) (가)~(바) 중 입자 배열이 불규칙적으로 변하는 상태 변화를 모두 고르시오.

10 물질의 상태 변화가 일어날 때 변하는 것은 ○, 변하지 않는 것은 ×로 표시하시오.

(1) 물질의 질량 ……………… (   )　　(2) 물질의 부피 ……………… (   )

(3) 물질의 성질 ……………… (   )　　(4) 입자의 크기 ……………… (   )

(5) 입자의 개수 ……………… (   )　　(6) 입자 배열 ……………… (   )

(7) 입자 사이의 거리 ………… (   )　　(8) 입자 사이의 인력 ………… (   )

탐구 집중 분석

◀ 상태 변화에 따른 물질의 성질 변화 ▶

과정

❶ 비커에 물을 넣고 유리 막대로 물을 찍어 푸른색 염화 코발트 종이에 대어 본다.

❷ 비커 위에 얼음이 담긴 시계 접시를 올려둔 채로 가열한다. → 수증기를 냉각시킨다.

❸ 물이 끓으면 비커 입구 주변에 푸른색 염화 코발트 종이를 대어 본다.

❹ 시계 접시 아래쪽에 생긴 액체에 푸른색 염화 코발트 종이를 대어 본다.

결과　과정 ❶, ❸, ❹에서 모두 푸른색 염화 코발트 종이가 붉은색으로 변한다.

정리

1 과정 ❶은 액체 상태인 물, 과정 ❸은 물이 기화하여 생성된 수증기, 과정 ❹는 수증기가 액화하여 생성된 물의 성질을 알아본 것이다.

2 과정 ❶, ❸, ❹에서 푸른색 염화 코발트 종이가 모두 붉은색으로 변했으므로 물의 상태가 변해도 성질은 변하지 않음을 알 수 있다. → 액체 → 기체(기화), 기체 → 액체(액화) 2번의 상태 변화를 거쳐도 처음의 물과 성질이 달라지지 않았음을 알 수 있다.

또 다른 유사 탐구 분석

과정

❶ 삼각 플라스크에 물을 넣고 입구에 알루미늄 포일을 씌운 다음 가운데에 작은 구멍을 뚫는다.

❷ 삼각 플라스크를 가열하면서 나타나는 현상을 관찰한다.

❸ 물이 끓으면 구멍 바로 윗부분과 김이 생기는 부분에 각각 푸른색 염화 코발트 종이를 대어 색 변화를 관찰한다.

결과

1 구멍 바로 윗부분: 푸른색 염화 코발트 종이가 붉은색으로 변한다.

2 김이 생기는 부분: 푸른색 염화 코발트 종이가 붉은색으로 변한다.

정리

1 물(액체)을 가열하면 기화하여 수증기(기체)가 된다. → 기화

2 수증기(기체)가 작은 구멍으로 빠져나오다가 차가운 공기를 만나 식으면 하얀 김(액체)이 된다. → 액화

3 푸른색 염화 코발트 종이가 모두 붉은색으로 변했으므로 물의 상태가 변해도 성질이 변하지 않음을 알 수 있다.

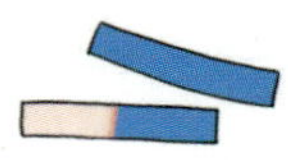

1. 가열 시 화상을 입지 않도록 주의한다.
2. 염화 코발트 종이는 공기 중의 수증기에 의해 쉽게 색이 변하므로 보관에 유의한다.

푸른색 염화 코발트 종이

염화 코발트 종이는 건조할 때는 푸른색을 띠지만, 물을 흡수하면 붉은색으로 변한다.

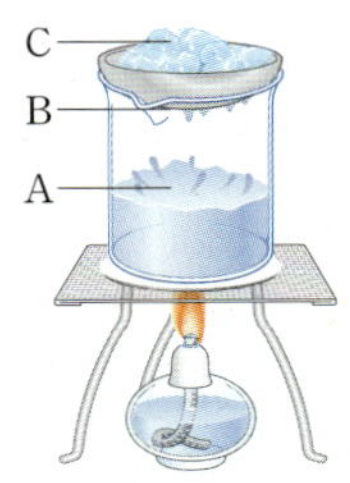

실험 과정에서 일어나는 상태 변화

A: 물이 끓어 수증기가 된다. (기화)
B: 수증기가 물방울이 된다. (액화)
C: 얼음이 녹아 물이 된다. (융해)

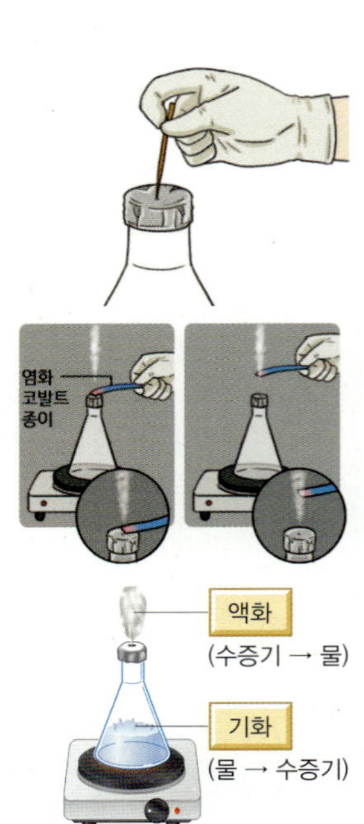

✅ 탐구 바로 확인

01 이 실험에 대한 설명으로 옳은 것은 ○, 옳지 <u>않은</u> 것은 ×로 표시하시오.

(1) 푸른색 염화 코발트 종이는 물에 닿으면 붉은색으로 변한다. ·················· (   )

(2) 비커 속 물을 가열하면 물이 수증기로 액화한다. ······························· (   )

(3) 물이 끓을 때 비커 입구 주변에 푸른색 염화 코발트 종이를 대는 것은 수증기의 성질을 알아보기 위한 것이다. ·················· (   )

(4) 시계 접시 아래쪽에 생긴 액체는 얼음이 녹아 시계 접시를 통과한 것이다. ·················· (   )

(5) 실험을 통해 물질의 상태가 변해도 물질의 성질은 변하지 않는다는 것을 알 수 있다. ········ (   )

02 그림은 비커에 물을 넣고 얼음이 담긴 시계 접시를 비커 위에 올려놓은 후 가열하는 모습을 나타낸 것이다. 이에 대한 설명으로 옳지 <u>않은</u> 것은?

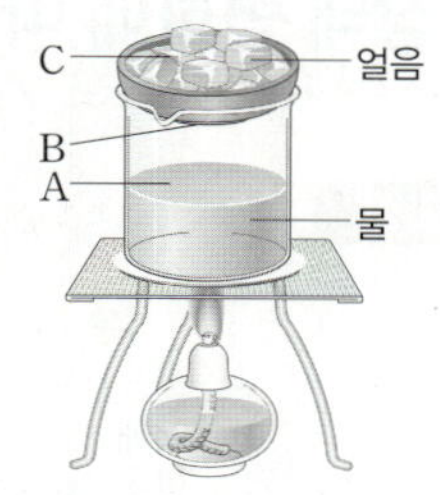

① A에서 일어나는 상태 변화는 기화이다.
② B에서는 수증기가 얼음으로 변한다.
③ C에서는 얼음이 융해한다.
④ A~C에 푸른색 염화 코발트 종이를 대어 보면 모두 붉은색으로 변한다.
⑤ 시계 접시에 얼음을 올려놓는 까닭은 수증기를 냉각시키기 위한 것이다.

시험에서는 이렇게!

03 그림과 같이 장치하였더니 시계 접시 아래쪽(B)에 액체가 생겼다. 이에 대한 설명으로 옳지 <u>않은</u> 것은?

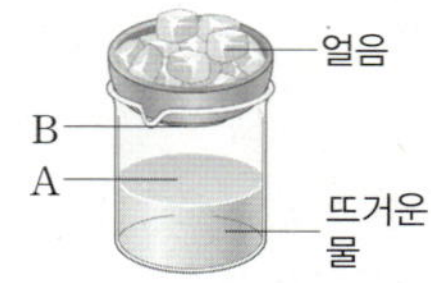

① A에서는 기화가 일어난다.
② B에 생긴 액체는 물이다.
③ 시계 접시 위에 있는 얼음은 승화한다.
④ A에 푸른색 염화 코발트 종이를 갖다 대면 붉은색으로 변한다.
⑤ B에 푸른색 염화 코발트 종이를 갖다 대면 붉은색으로 변한다.

04 그림과 같이 장치하고 가열한 후, 물이 끓으면 알코올램프의 불을 끄고 A~C에 푸른색 염화 코발트 종이를 각각 대어 보았다. 이에 대한 설명으로 옳은 것은?

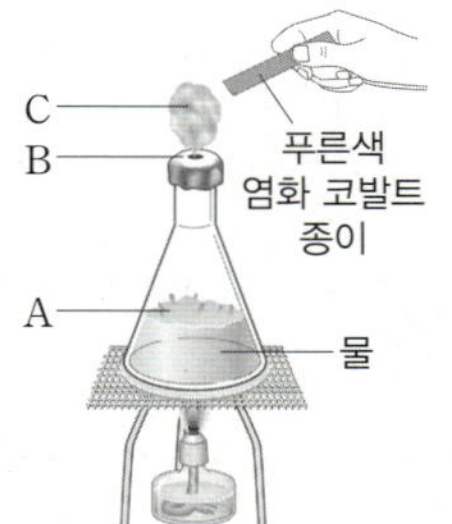

① A에서는 액화가 일어난다.
② A에서 일어나는 상태 변화는 젖은 빨래가 마르는 것과 같은 상태 변화이다.
③ A~C 중 B에서만 푸른색 염화 코발트 종이가 붉은색으로 변한다.
④ C는 융해로 인해 만들어진 것이다.
⑤ C에서 관찰되는 하얀 김은 기체 상태의 수증기이다.

05 그림과 같이 장치하고 가열한 후, 물이 끓으면 가열판 온도를 낮추고 A와 B에 푸른색 염화 코발트 종이를 각각 대어 보았더니 모두 붉은색으로 변하였다. 이를 통해 알 수 있는 사실을 서술하시오.

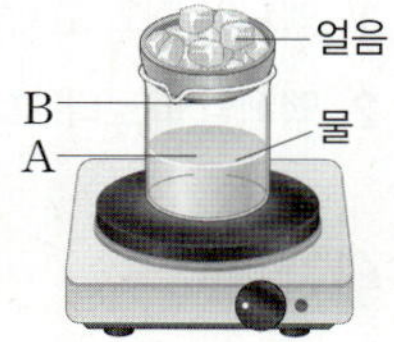

____

____

06 그림과 같이 장치하고 가열한 후, 물이 끓으면 (가) 알루미늄 포일의 구멍 바로 윗부분과 (나) 하얀 김이 생기는 부분에 각각 푸른색 염화 코발트 종이를 대어 보았다.

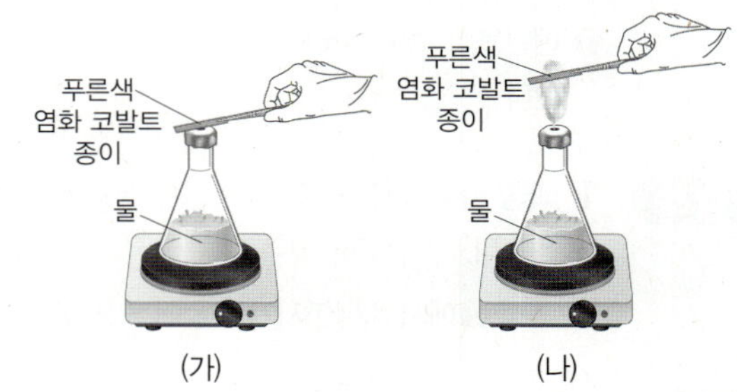

(가)와 (나)에서 푸른색 염화 코발트 종이의 색 변화와 이를 통해 알 수 있는 사실을 서술하시오.

____

____

◀ 상태 변화에 따른 질량과 부피 변화 ▶

과정

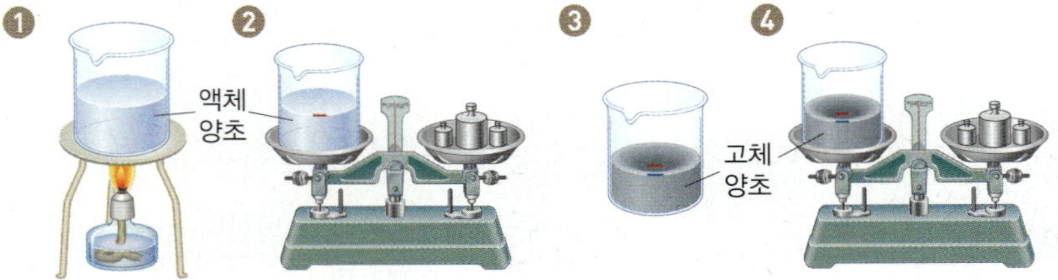

❶ 양초를 종이에 싸서 잘게 부순 뒤 비커에 넣고 가열해서 모두 녹인다.
❷ 액체 상태인 양초의 높이를 비커 바깥에 표시한 후 액체 상태인 양초의 질량을 윗접시저울로 측정한다.
❸ 양초를 식힌 뒤 고체 상태인 양초의 높이를 비커 바깥에 표시한다. → 액체 상태일 때보다 높이가 살짝 낮아진다.
❹ 고체 상태인 양초의 질량을 윗접시저울로 측정한다.

결과

1 액체일 때와 고체일 때 양초의 질량은 같다.
2 액체일 때보다 고체일 때 양초의 부피는 줄어든다. → 액체에서 고체로 변할 때 높이가 낮아지고 액면의 모양이 오목해진다.

정리

1 상태가 변해도 물질을 이루는 입자의 크기와 개수가 변하지 않으므로 물질의 질량은 변하지 않는다.
2 양초가 액체에서 고체로 상태가 변할 때 입자 사이의 거리가 가까워지므로 부피가 감소한다.

⚠ 실험시 주의 사항

1. 가열 시 화상에 주의한다.
2. 양초를 식힐 때 흔들리지 않도록 주의한다.

(유사) 드라이아이스의 승화
비닐봉지에 드라이아이스를 넣고 입구를 막으면, 질량은 일정하고 비닐봉지는 점점 부풀어 오른다.

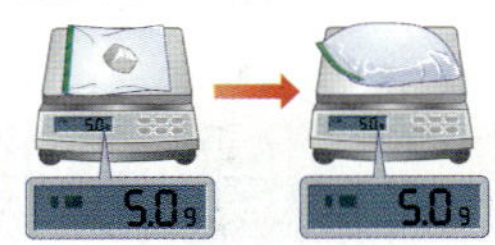

• 입자의 크기와 개수는 변하지 않는다. → 물질의 질량은 변하지 않는다.
• 입자 배열이 불규칙적으로 변하고, 입자 사이의 거리가 멀어진다. → 물질의 부피는 증가한다.

🧪 또 다른 유사 탐구 분석

과정

❶ 에탄올이 들어 있는 비닐봉지를 묶은 뒤 전자저울로 질량을 측정한다.
❷ 에탄올이 들어 있는 비닐봉지를 뜨거운 물이 담긴 수조에 넣는다.
❸ 에탄올이 모두 기화하면 비닐봉지 표면의 물기를 제거한 뒤 전자저울로 질량을 측정한다.

결과

1 과정 ❶과 과정 ❸에서 측정한 질량은 같다. → 에탄올이 기화해도 질량은 변하지 않는다.
2 과정 ❷에서 비닐봉지가 부풀어 오른다. → 에탄올이 기화하면서 부피가 증가한다.

정리

1 상태 변화가 일어날 때 입자의 크기와 개수는 변하지 않으므로 물질의 질량은 변하지 않는다.
2 상태 변화가 일어날 때 입자 배열과 입자 사이의 거리가 달라지므로 물질의 부피는 변한다.

에탄올이 기화할 때 입자 모형의 변화

액체 상태일 때보다 기체 상태일 때 입자 배열이 불규칙해지고 입자 사이의 거리가 멀어지므로 부피는 증가하지만, 입자의 크기와 개수는 변하지 않으므로 질량은 일정하다.

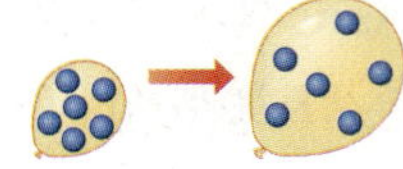

07 이 실험에 대한 설명으로 옳은 것은 ○, 옳지 <u>않은</u> 것은 ×로 표시하시오.

(1) 양초가 액체에서 고체로 변하는 것은 융해이다.
　　　·····································　(　　　)

(2) 양초가 액체에서 고체로 변할 때 부피가 줄어든다.
　　　·····································　(　　　)

(3) 물질의 상태가 변할 때 입자의 크기가 변하므로 물질의 부피가 변한다. ·····················　(　　　)

(4) 물질의 상태가 변해도 입자의 개수는 변하지 않으므로 물질의 질량은 변하지 않는다. ······　(　　　)

08 그림은 액체 상태였던 양초가 굳는 모습을 나타낸 것이다. 이때 일어나는 변화로 옳지 <u>않은</u> 것은?

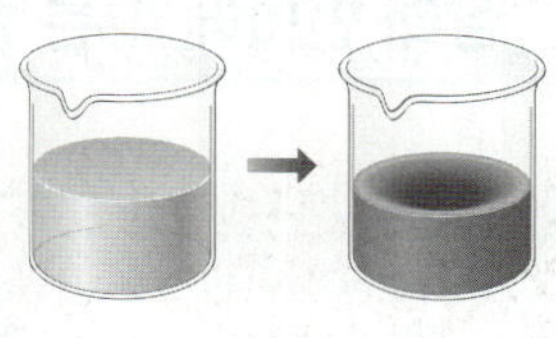

① 입자 사이의 거리가 가까워진다.
② 입자 배열이 규칙적으로 변한다.
③ 입자의 운동이 활발해진다.
④ 입자 사이의 인력이 강해진다.
⑤ 가운데가 오목하게 들어가면서 부피가 감소한다.

09 그림은 액체 양초의 질량을 측정하고 부피를 관찰한 다음, 액체 양초를 냉각하여 다시 질량을 측정하고 부피를 관찰하는 모습이다.

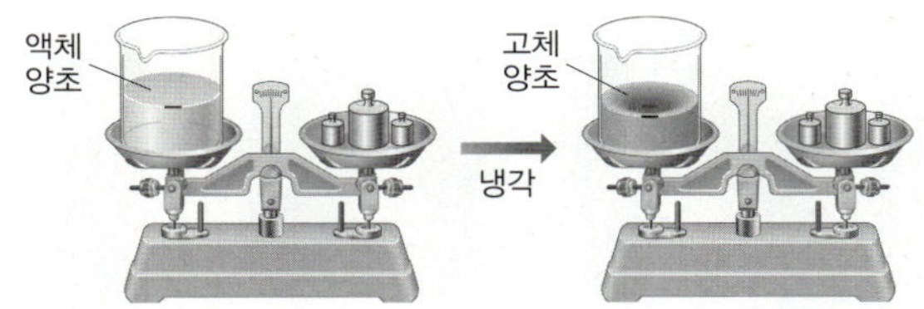

양초가 액체에서 고체로 상태 변화할 때 질량과 부피의 변화를 옳게 짝 지은 것은?

	질량	부피		질량	부피
①	감소	감소	②	감소	일정
③	일정	감소	④	일정	증가
⑤	증가	일정			

10 그림은 비닐봉지에 에탄올을 넣고 입구를 묶은 뒤 뜨거운 물을 붓는 모습을 나타낸 것이다. 뜨거운 물을 부은 후의 변화에 대한 설명으로 옳지 <u>않은</u> 것은?

① 비닐봉지가 부풀어 오른다.
② 에탄올이 액체 상태에서 기체 상태로 변한다.
③ 에탄올 입자의 개수가 증가한다.
④ 에탄올 입자의 운동이 활발해진다.
⑤ 에탄올 입자 사이의 거리가 멀어진다.

11 그림과 같이 고체 양초 조각을 비커에 넣고 질량을 측정한 다음, 양초를 가열하여 녹인 후 다시 질량을 측정하였다.

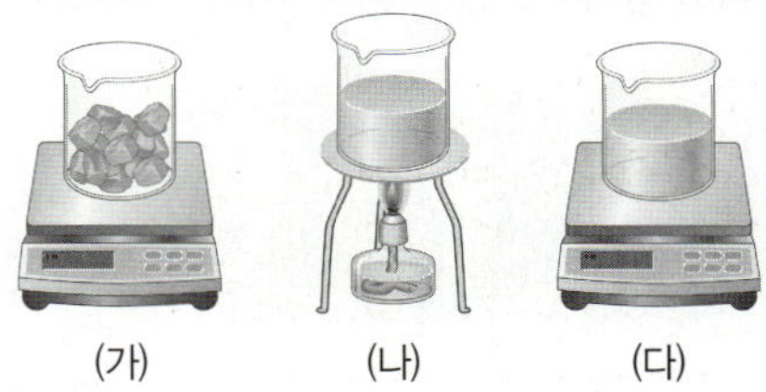

(1) (나)에서 일어나는 상태 변화의 종류를 쓰시오.

____

(2) (가)에서와 (다)에서의 질량을 비교하고, 그렇게 판단한 까닭을 서술하시오.

____

____

12 그림은 비닐장갑에 아세톤을 조금 넣고 입구를 묶은 뒤 뜨거운 물이 들어 있는 수조에 비닐장갑을 넣었을 때의 모습을 나타낸 것이다. 비닐장갑 안에서 일어나는 상태 변화의 종류를 쓰고, 비닐장갑의 부피 변화를 서술하시오.

____

____

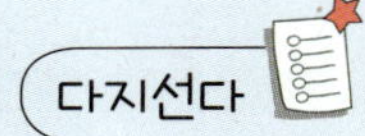

상태 변화에 따른 물질의 성질 변화

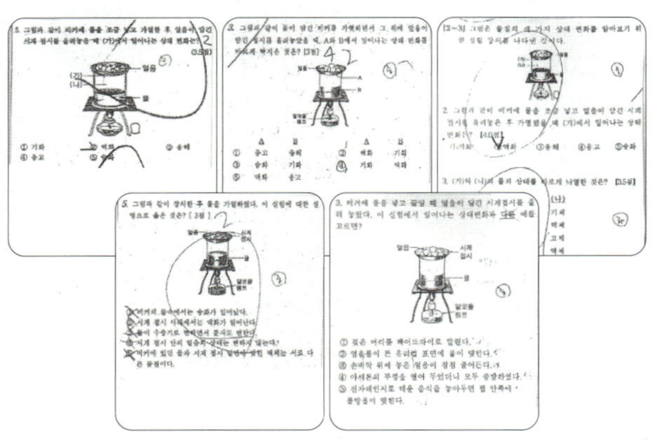

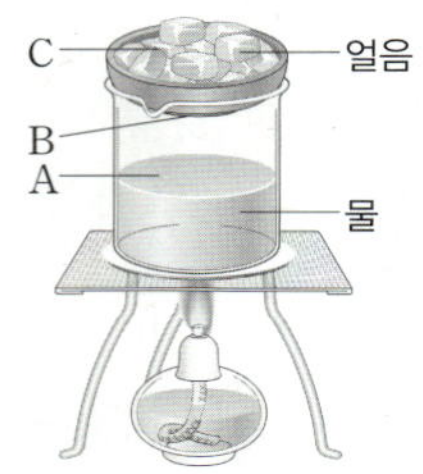

01

그림과 같이 장치하고 물의 상태 변화를 관찰하였다.

이에 대한 설명으로 옳은 것을 모두 고르면? (4개)

① A에서는 융해가 일어난다.
② A에서는 물의 일부가 수증기로 변한다.
③ A에서는 입자 배열이 불규칙적으로 변한다.
④ B에서 액화가 일어난다.
⑤ B에 맺힌 액체는 얼음이 융해한 것이다.
⑥ C에서는 얼음이 승화한다.
⑦ 상태 변화가 일어나는 동안 물질의 성질은 달라진다.
⑧ A~C에 푸른색 염화 코발트 종이를 각각 대어 보면 모두 붉은색으로 변한다.

상태 변화에 따른 질량과 부피 변화

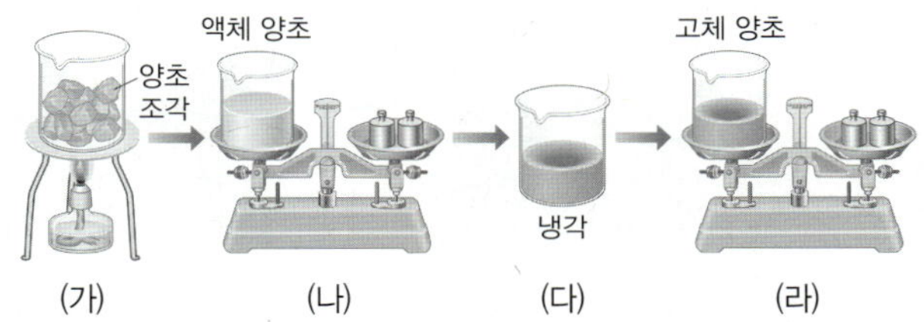

02

그림과 같이 양초 조각을 비커에 넣고 녹여서 액체 양초의 질량을 측정한 다음, 액체 양초를 냉각하여 굳힌 후 다시 질량을 측정하였다.

이에 대한 설명으로 옳은 것을 모두 고르면? (4개)

① (가)에서는 융해가 일어난다.
② (가)에서는 입자의 성질이 변한다.
③ (가)에서는 입자 배열이 규칙적으로 변한다.
④ (다)에서는 액화가 일어난다.
⑤ (다)에서는 입자의 개수가 변하지 않는다.
⑥ (다)에서는 입자 사이의 거리가 가까워진다.
⑦ (나)와 (라)에서 양초의 질량은 동일하다.
⑧ (나)와 (라)에서 양초의 부피는 동일하다.

학교 시험 기출 변형 문제

Level 1

난이도 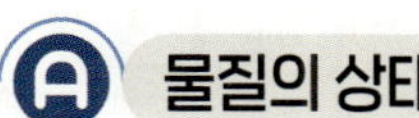

정답 및 해설 · 32쪽

🅐 물질의 상태 변화

01 물질의 세 가지 상태에 대한 설명으로 옳은 것은?

① 고체는 모양과 부피가 일정하지 않다.
② 물질의 상태는 온도에 의해서만 변화한다.
③ 기체는 담는 그릇에 따라 모양이 변하지 않는다.
④ 액체는 흐르는 성질이 있고, 부피가 일정하지 않다.
⑤ 물질은 고체, 액체, 기체의 세 가지 상태로 존재한다.

02 실온에서 다음과 같은 특징을 갖는 물질을 옳게 짝 지은 것은?

> • 흐르는 성질을 가지고 있다.
> • 모양과 부피가 일정하지 않다.
> • 압력을 가하면 쉽게 압축된다.

① 돌, 철, 나무
② 공기, 산소, 질소
③ 물, 에탄올, 아세톤
④ 물, 공기, 이산화 탄소
⑤ 산소, 아세톤, 드라이아이스

03 그림은 물을 여러 가지 모양의 그릇에 옮겨 담는 모습을 나타낸 것이다.

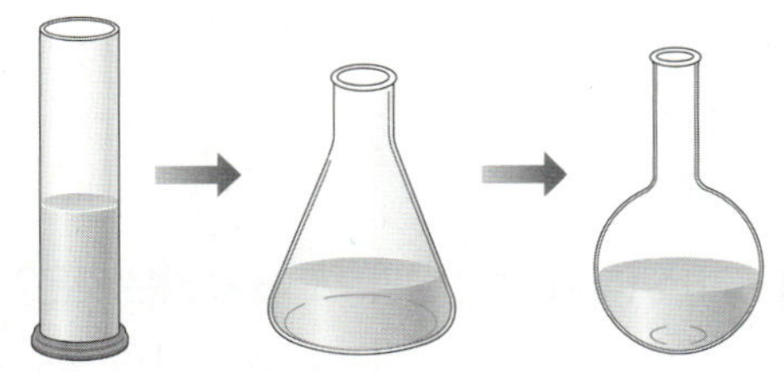

이를 통해 알 수 있는 액체의 성질은?

① 단단하다.
② 압축되는 성질이 있다.
③ 압력에 따라 부피가 변한다.
④ 담는 그릇에 따라 부피가 변한다.
⑤ 담는 그릇에 따라 모양이 달라진다.

[04-06] 그림은 물질의 상태 변화를 나타낸 것이다.

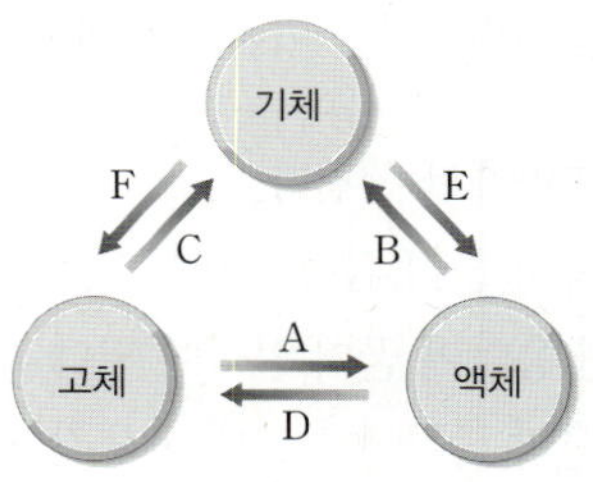

04 A~F와 상태 변화의 종류를 옳게 짝 지은 것은?

① A – 응고　② B – 액화　③ C – 승화
④ D – 융해　⑤ E – 기화

05 A~F 중 물질을 가열할 때 일어나는 상태 변화를 모두 고른 것은?

① A, B, C　② A, B, F　③ A, C, E
④ C, D, E　⑤ D, E, F

최다 빈출

06 A~E에 해당하는 상태 변화의 예로 옳지 <u>않은</u> 것은?

① A – 양초에 불을 붙이면 촛농이 생긴다.
② B – 어항 속의 물이 점점 줄어든다.
③ C – 겨울철 지붕 끝에 고드름이 생긴다.
④ D – 흐르던 용암이 굳어 암석이 된다.
⑤ E – 차가운 컵 표면에 물방울이 맺힌다.

07 다음 현상에서 공통적으로 일어나는 상태 변화의 종류는?

> • 영하의 기온에서 쌓인 눈이 사라진다.
> • 옷장 속 나프탈렌의 크기가 점점 작아진다.

① 융해　② 응고　③ 기화
④ 액화　⑤ 승화

최다 빈출

08 다음 현상에서 일어나는 상태 변화와 같은 예는?

> 젖은 머리카락을 머리 말리개로 말린다.

① 새벽에 안개가 생긴다.
② 어항 속의 물이 점점 줄어든다.
③ 흐르던 용암이 굳어 암석이 된다.
④ 겨울 산의 나무에 상고대가 생긴다.
⑤ 용광로에서 철이 녹아 쇳물이 된다.

09 입자 사이의 거리가 가까워지는 상태 변화를 |보기|에서 모두 고른 것은?

> 보기
> ㄱ. 흐르던 촛농이 굳는다.
> ㄴ. 버터가 뜨거운 프라이팬에서 녹는다.
> ㄷ. 겨울철 유리창에 성에가 생긴다.
> ㄹ. 드라이아이스의 크기가 작아진다.
> ㅁ. 손에 바른 알코올이 금방 사라진다.
> ㅂ. 차가운 컵 표면에 물방울이 맺힌다.

① ㄱ, ㄴ, ㅁ 　② ㄱ, ㄷ, ㅂ 　③ ㄴ, ㄷ, ㄹ
④ ㄷ, ㄹ, ㅂ 　⑤ ㄹ, ㅁ, ㅂ

10 그림은 물이 끓고 있는 주전자의 모습을 나타낸 것이다.

주전자에서 나오는 물질 A와 B에 대한 설명으로 옳은 것은? (단, B는 주전자 입구에 존재하지만 눈에 보이지 않는다.)

① A는 김, B는 수증기이다.
② A와 B는 모두 기체이다.
③ A와 B는 다른 종류의 물질이다.
④ B에서 A로 변하는 상태 변화의 종류는 기화이다.
⑤ A는 흐르는 성질이 없고, B는 흐르는 성질이 있다.

11 그림은 고체 상태의 아이오딘을 비커에 넣고 찬물이 담긴 둥근바닥 플라스크를 비커 위에 올린 뒤 가열하는 모습을 나타낸 것이다. A와 B에서 아이오딘의 상태 변화를 옳게 짝 지은 것은?

	A	B
①	고체 → 액체	액체 → 고체
②	고체 → 기체	기체 → 액체
③	고체 → 기체	기체 → 고체
④	액체 → 기체	기체 → 액체
⑤	액체 → 고체	기체 → 고체

B 상태 변화에 따른 입자 배열과 부피의 변화

[12-13] 그림은 어떤 물질의 상태 변화를 입자 모형으로 나타낸 것이다.

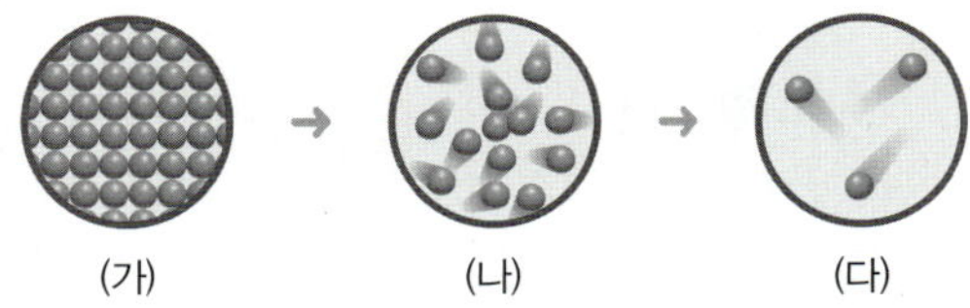

12 25 °C에서 (가)~(다)의 상태에 해당하는 물질을 옳게 짝 지은 것을 |보기|에서 모두 고른 것은?

> 보기
> ㄱ. (가) — 철, 나무, 설탕
> ㄴ. (나) — 아세톤, 산소, 질소
> ㄷ. (다) — 이산화 탄소, 공기

① ㄱ　　　② ㄴ　　　③ ㄱ, ㄷ
④ ㄴ, ㄷ　　⑤ ㄱ, ㄴ, ㄷ

13 (가)~(다)에 대한 설명으로 옳지 <u>않은</u> 것은?

① (가)에서 입자는 제자리에서 진동 운동만 한다.
② (나)는 담는 그릇에 따라 모양이 변하지만 부피는 일정하다.
③ (다)는 입자 사이의 거리가 매우 멀기 때문에 압축이 잘 된다.
④ 입자의 질량은 (다)<(나)<(가)이다.
⑤ 입자 사이의 인력이 가장 약한 상태는 (다)이다.

14 다음 중 부피 변화가 나머지와 <u>다른</u> 상태 변화는?

① 새벽에 안개가 생길 때

② 촛농이 흘러내리다가 굳을 때

③ 추운 날 창문에 성에가 생길 때

④ 녹인 초콜릿을 틀에 부어 굳힐 때

⑤ 겨울철 지붕 끝에 고드름이 생길 때

15 다음 중 입자 운동이 활발해지는 상태 변화는?

① 흐르던 촛농이 굳는다.

② 풀잎에 이슬이 맺힌다.

③ 냉동실 속 얼음의 크기가 작아진다.

④ 뜨거운 음식을 먹으면 안경에 김이 서린다.

⑤ 겨울철에 높은 산의 나무에는 상고대가 생긴다.

16 다음 중 입자 사이의 거리가 멀어지는 상태 변화는?

① 새벽에 안개가 생긴다.

② 고깃국에 뜬 기름이 식어 굳는다.

③ 추운 날 창문에 성에가 생긴다.

④ 흐르던 용암이 굳어 암석이 된다.

⑤ 물이 끓어 수증기가 된다.

17 다음 현상에서 공통적으로 나타나는 변화로 옳은 것은?

> • 어항 속의 물이 점점 줄어든다.
> • 드라이아이스의 크기가 점점 작아진다.

① 입자의 운동이 둔해진다.

② 입자 사이의 인력이 약해진다.

③ 입자 사이의 거리가 가까워진다.

④ 입자의 크기가 커져서 부피가 증가한다.

⑤ 입자의 개수가 줄어들어 부피가 감소한다.

[18-19] 그림은 물질의 상태 변화 과정을 입자 모형으로 나타낸 것이다.

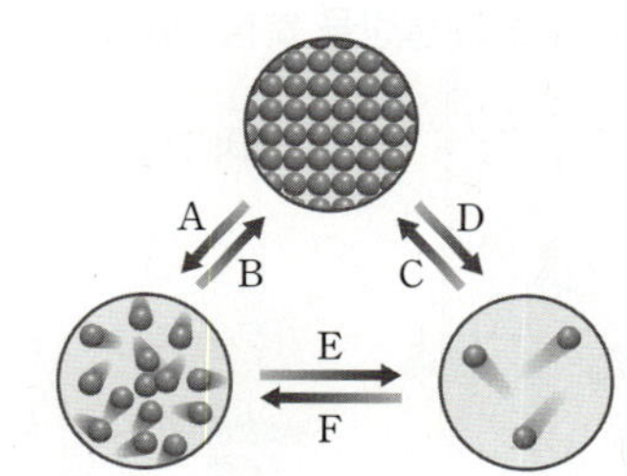

18 A~F에 대한 설명으로 옳은 것은?

① A는 물질을 냉각할 때 일어난다.

② B에서 입자 운동이 활발해진다.

③ C에서 입자 사이의 인력이 약해진다.

④ D에서 물질의 질량은 변하지 않는다.

⑤ E와 F에서 모두 입자의 개수가 변한다.

19 A~F 중 부피가 감소하는 과정을 옳게 짝 지은 것은? (단, 물은 제외한다.)

① A, C, F ② A, D, E ③ B, C, E
④ B, C, F ⑤ B, D, F

20 그림은 상태 변화에 따른 입자 배열의 변화를 모형으로 나타낸 것이다.

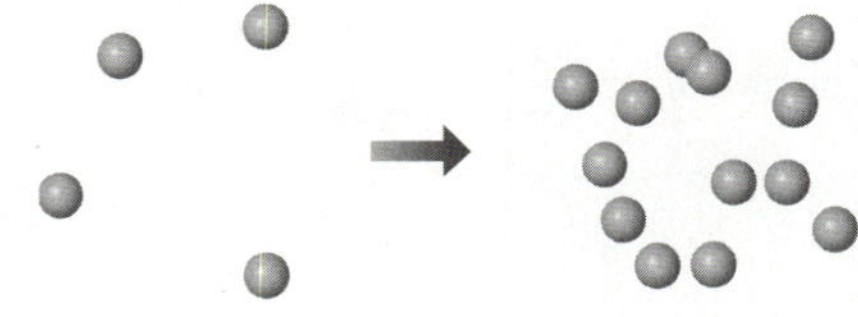

이 모형으로 설명할 수 있는 현상으로 옳은 것은?

① 얼음이 녹는다.

② 젖은 빨래가 마른다.

③ 새벽에 풀잎에 이슬이 맺힌다.

④ 겨울 아침 들판에 서리가 내린다.

⑤ 냉동실 속 얼음의 크기가 작아진다.

21 그림과 같이 고체 양초 조각을 비커에 넣고 가열하여 녹인 다음 액체 양초의 질량을 측정하고, 액체 양초를 굳힌 후 고체 양초의 질량을 측정하였다.

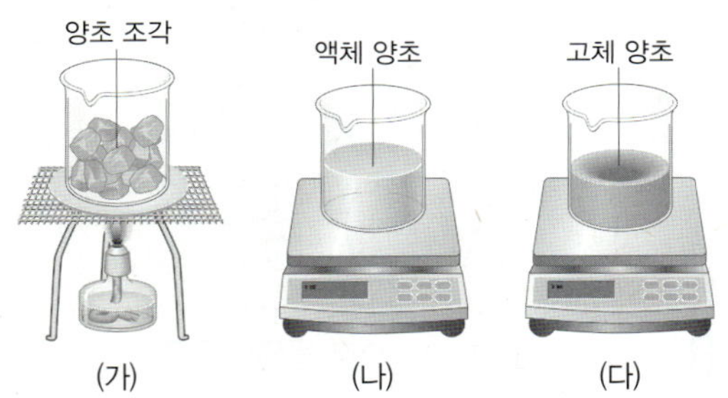

이에 대한 설명으로 옳은 것은?

① (가)에서는 액화가 일어난다.

② (가)에서는 입자의 성질이 변한다.

③ (나)와 (다)에서의 질량을 비교하면, (나)<(다)이다.

④ (나)와 (다)에서의 부피를 비교하면, (나)<(다)이다.

⑤ (나)에서 (다)로 변할 때 입자 사이의 거리가 가까워진다.

22 그림은 비닐봉지에 아세톤을 조금 넣고 묶은 뒤 뜨거운 물이 든 수조에 넣었을 때의 모습을 나타낸 것이다.

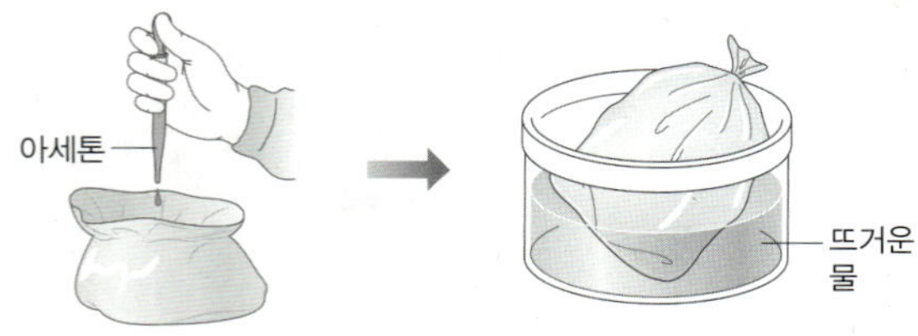

이 실험에 대한 설명으로 옳은 것은?

① 아세톤은 승화한다.

② 아세톤의 성질이 달라진다.

③ 아세톤 입자의 운동이 둔해진다.

④ 아세톤 입자의 개수가 증가한다.

⑤ 아세톤 입자 배열이 불규칙적으로 변한다.

서술형 문제

필수 키워드를 포함하여 답안을 작성해 보세요.

23 그림은 주전자 속의 물이 하얀 김을 내면서 끓고 있는 모습을 나타낸 것이다. 하얀 김이 만들어지는 과정을 서술하시오.

필수 키워드 수증기, 물방울, 액화

24 그림 (가)는 물에 적신 막대를 푸른색 염화 코발트 종이에 대어 보는 모습을, (나)는 물이 담긴 비커 위에 얼음이 든 시계 접시를 놓고 가열하는 모습을, (다)는 (나)의 시계 접시 아랫면에 막대를 댄 후 푸른색 염화 코발트 종이에 대어 보는 모습을 나타낸 것이다.

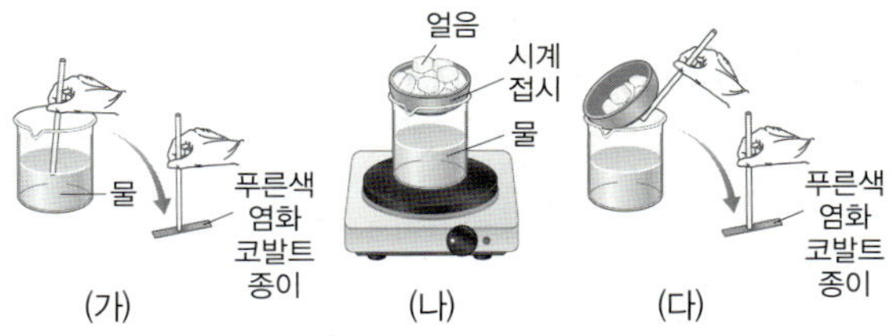

(1) (나)에서 일어나는 상태 변화의 종류 세 가지를 서술하시오.

(2) (가)와 (다)에서 푸른색 염화 코발트 종이의 색 변화를 쓰고, 이를 통해 알 수 있는 사실을 서술하시오.

필수 키워드 상태 변화, 물질의 성질

25 그림은 액체 상태였던 양초가 굳어 고체 상태가 되는 모습을 나타낸 것이다.

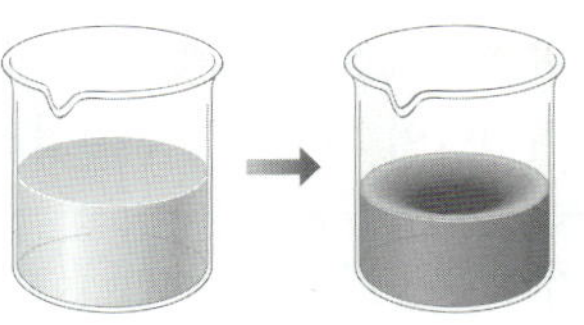

이때 양초의 표면이 오목해지는 까닭을 서술하시오.

필수 키워드 응고, 입자 사이의 거리

학교 시험 기출 변형 문제

Level **2**

난이도

A 물질의 상태 변화

01 그림은 물질을 세 가지 상태로 분류하는 과정을 나타낸 것이다.

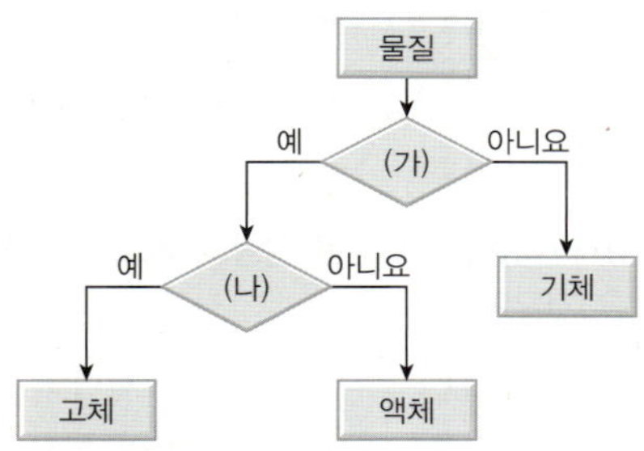

(가)와 (나)로 적절한 분류 기준을 옳게 짝 지은 것은?

	(가)	(나)
①	모양이 일정한가?	부피가 일정한가?
②	모양이 일정한가?	쉽게 압축되는가?
③	부피가 일정한가?	모양이 일정한가?
④	눈으로 볼 수 있는가?	흐르는 성질이 있는가?
⑤	흐르는 성질이 있는가?	만질 수 있는가?

02 그림과 같이 물이 담긴 비커 위에 얼음이 담긴 시계 접시를 올려놓고 가열한 후, 물이 끓으면 알코올 램프의 불을 끄고 A~C에 푸른색 염화 코발트 종이를 각각 대어 보았다. 이에 대한 설명으로 옳은 것은?

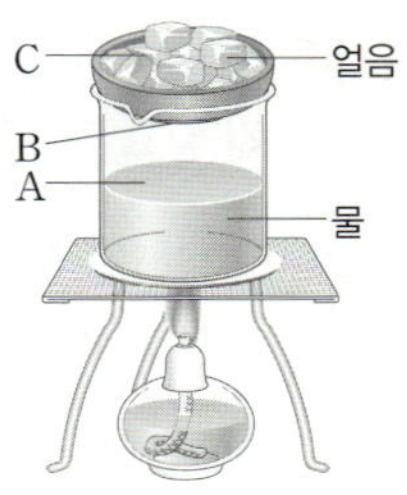

① A~C 중 A와 C에서만 푸른색 염화 코발트 종이가 붉은색으로 변한다.
② 시계 접시에는 얼음 대신 뜨거운 물을 넣는 것이 더 효과적이다.
③ 시계 접시에 있는 얼음은 물을 더 많이 공급하기 위해 사용한 것이다.
④ C에서는 용광로에서 철이 녹아 쇳물이 되는 것과 같은 상태 변화가 일어난다.
⑤ 푸른색 염화 코발트 종이 대신 푸른색 리트머스 종이를 사용해서 실험해도 된다.

03 그림과 같이 고체 아이오딘이 들어 있는 비커 위에 얼음이 담긴 시계 접시를 올려놓고 가열하였다. 이때 (가)와 (나)에서 일어나는 현상과 같은 상태 변화가 일어나는 예를 |보기|에서 모두 고른 것은?

|보기|
ㄱ. 젖은 빨래가 마른다.
ㄴ. 늦가을 새벽 서리가 내린다.
ㄷ. 고깃국을 식히면 기름이 굳는다.
ㄹ. 영하의 날씨에 그늘에 있는 눈사람이 작아진다.

① ㄱ, ㄴ ② ㄱ, ㄹ ③ ㄴ, ㄷ
④ ㄴ, ㄹ ⑤ ㄷ, ㄹ

04 그림은 양초에 불을 붙였을 때의 모습이다. 각 위치에서 나타나는 양초의 상태 변화를 옳게 짝 지은 것은?

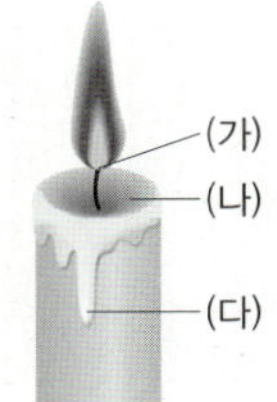

	(가)	(나)	(다)
①	융해	융해	응고
②	액화	기화	융해
③	기화	융해	응고
④	기화	응고	융해
⑤	승화	융해	기화

05 그림은 우리 선조들이 탁주로 청주를 만들 때 사용한 소줏고리를 나타낸 것이다. 이 장치에서 일어나는 두 가지 상태 변화가 모두 일어나는 예는?

① 바닷물로부터 먹을 수 있는 물을 얻는다.
② 금속 캔을 재활용하여 새로운 캔을 만든다.
③ 유리병을 재활용하여 새로운 유리 공예품을 만든다.
④ 고체 초콜릿을 녹여 원하는 모양의 초콜릿을 만든다.
⑤ 차가운 음료수가 담긴 컵의 표면에 물방울이 맺힌다.

B 상태 변화에 따른 입자 배열과 부피의 변화

06 그림 (가)는 물을 끓이는 모습이고, (나)는 물질의 상태 변화 과정을 입자 모형으로 나타낸 것이다.

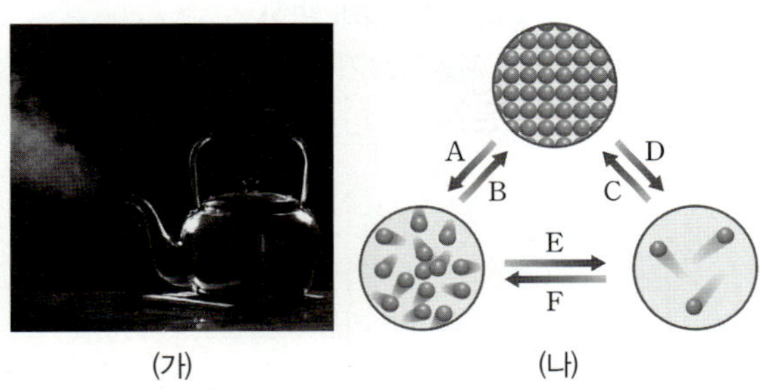

(가)　　　　　　　(나)

(가)에서 물이 끓으면서 만들어진 하얀 김은 생기자마자 바로 사라진다. 이때의 상태 변화 과정을 (나)에서 찾아 순서대로 옳게 나타낸 것은?

① A → B → A　　　② B → A → E
③ D → F → B　　　④ E → F → B
⑤ E → F → E

07 우리 선조들은 금속 활자를 만들기 위해 글자 모양의 주조 틀에 금속을 녹인 액체를 부어 굳혔는데, 원하는 크기의 금속 활자를 얻으려면 주조 틀의 글자 크기를 약간 크게 만들어야 한다. 그 까닭으로 옳은 것은?

① 액체 금속이 응고하면, 질량이 감소하기 때문에
② 액체 금속이 응고하면, 부피가 증가하기 때문에
③ 액체 금속이 응고하면, 입자의 개수가 감소하기 때문에
④ 액체 금속이 응고하면, 입자의 종류가 달라지기 때문에
⑤ 액체 금속이 응고하면, 입자 사이의 거리가 가까워지기 때문에

08 그림은 양초를 잘게 부수어 질량을 측정한 다음 이 양초를 가열하여 모두 녹인 뒤 질량을 다시 측정하는 모습을 나타낸 것이다.

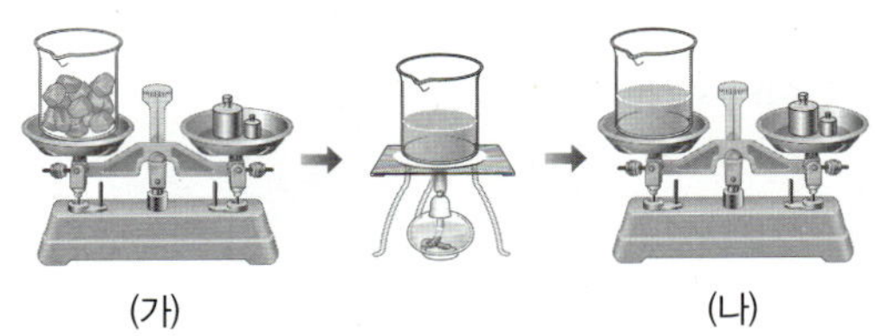

(가)　　　　　　　　　　(나)

(가)와 (나)에서 측정한 질량의 비교와 그 까닭을 옳게 짝 지은 것은?

	질량 비교	까닭
①	(가) < (나)	부피가 증가하기 때문
②	(가) < (나)	입자 운동이 더 활발해지기 때문
③	(가) = (나)	입자의 개수는 변하지 않고 입자 배열만 변하기 때문
④	(가) = (나)	입자 사이의 인력이 변하지 않기 때문
⑤	(가) > (나)	입자 배열이 불규칙적으로 변하기 때문

09 그림은 25 ℃에서 얼음과 드라이아이스를 비닐봉지에 각각 넣고 입구를 묶은 모습을 나타낸 것이다.

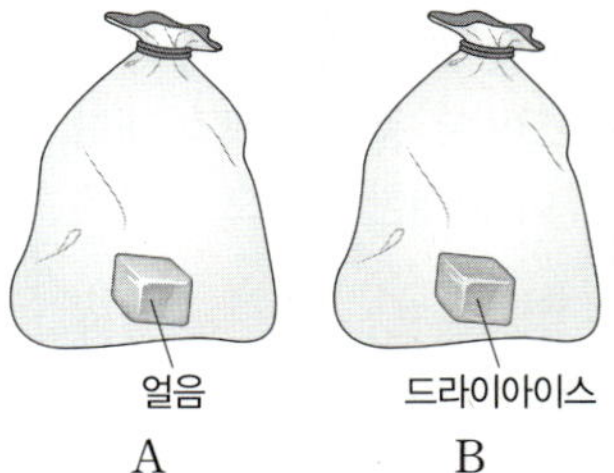

A와 B에서 일어나는 변화에 대한 설명으로 옳지 <u>않은</u> 것은?

① A에서 일어나는 상태 변화는 융해이다.
② A에서 얼음은 입자 사이의 거리가 멀어지며 물이 된다.
③ B에서 일어나는 상태 변화는 승화이다.
④ B에서 비닐봉지가 점점 부풀어 오른다.
⑤ B에서 드라이아이스의 크기는 점점 작아진다.

10 그림과 같이 장치하고 아이오딘의 상태 변화를 관찰하였다.

A에서 일어나는 상태 변화 과정을 입자 모형 (가)~(다)를 이용하여 옳게 나타낸 것은?

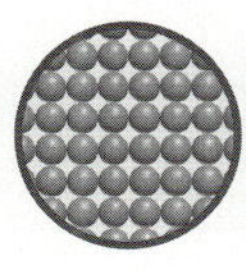 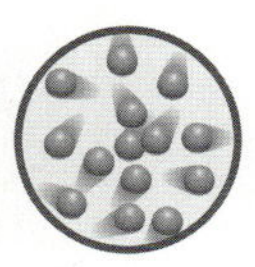 

(가)　　　　(나)　　　　(다)

① (가) → (나)　② (가) → (다)　③ (나) → (다)
④ (다) → (가)　⑤ (다) → (나)

서술형 문제

11 그림은 액체 상태인 양초의 질량과 부피를 측정하고, 액체 양초를 냉각하여 고체 상태로 만든 다음 질량과 부피를 다시 측정하는 모습을 나타낸 것이다.

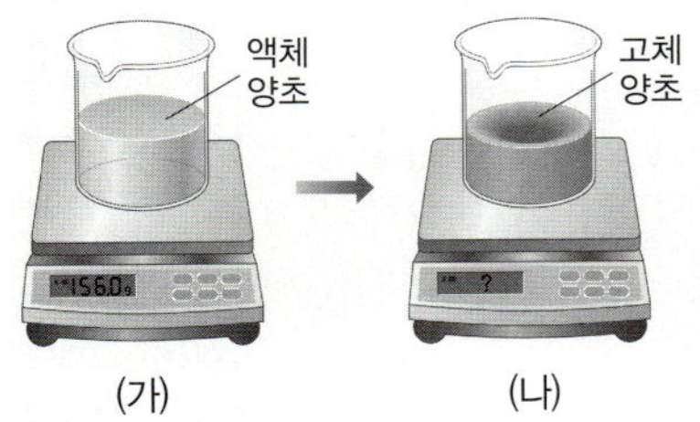

(가)와 (나)에서 양초의 질량과 부피를 비교하고, 그렇게 판단한 까닭을 서술하시오.

____

____

12 그림은 고체 상태의 아이오딘을 비커에 넣고 비커 위에 얼음물이 든 둥근바닥 플라스크를 올려놓은 뒤 가열하기 전과 후의 모습을 나타낸 것이다.

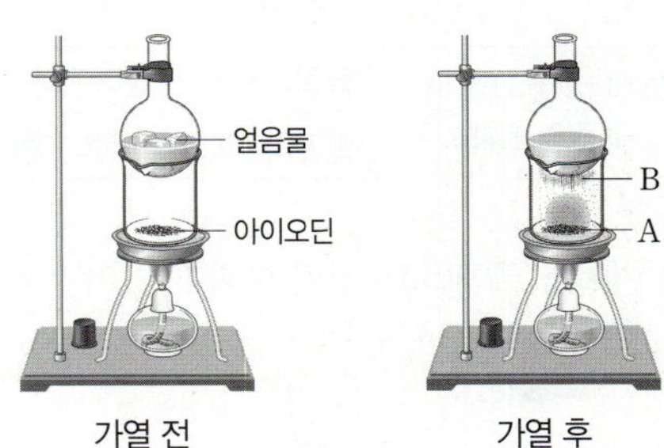

A와 B에서 일어나는 상태 변화의 종류와 상태 변화 과정에서의 입자 배열, 입자 사이의 거리에 대해 서술하시오.

____

____

13 그림은 드라이아이스를 물이 담긴 비커에 넣었을 때 물속에 기포가 생기고 비커 주변에 흰 연기가 발생하는 모습을 나타낸 것이다.

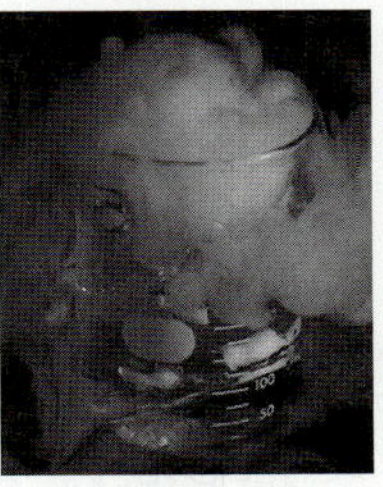

(1) 물속에서 드라이아이스의 상태 변화와 크기 변화를 각각 서술하시오.

____

____

(2) 물속에 생긴 기포와 비커 주변에 생긴 흰 연기는 각각 무엇인지 서술하시오.

____

____

03 상태 변화와 열에너지

Ⓐ 상태 변화와 열에너지

1. 열에너지 ① 물질의 온도를 높이거나 상태를 변화시키는 에너지

↳ 입자 운동이 활발해진다.

열에너지를 가할 때 물질의 변화	
열에너지를 가할 때	물질의 온도가 높아진다. **예** 10 ℃의 물을 가열하면 20 ℃의 물이 된다.
물질의 변화	물질의 상태가 변한다. **예** 물을 가열하면 끓어서 수증기가 된다.

최다 빈출

2. 상태 변화와 열에너지 상태 변화가 일어날 때 물질은 열에너지를 흡수하거나 방출한다.

↳ 상태 변화가 일어날 때는 반드시 열에너지의 출입이 동반된다.

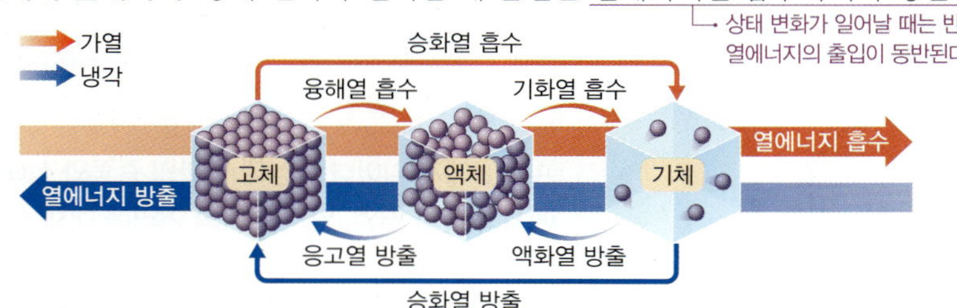

구분	물질을 가열할 때	물질을 냉각할 때
상태 변화	융해, 기화, 승화(고체 → 기체)	응고, 액화, 승화(기체 → 고체)
열에너지	흡수	방출
입자 운동	활발해짐	둔해짐
입자 배열	불규칙적으로 변함	규칙적으로 변함

(1) 가열할 때: 열에너지를 흡수하는 상태 변화가 일어남 [융해, 기화, 승화(고체 → 기체)]

가열 곡선 ② 물질을 가열하면 온도가 높아지다가, 상태 변화가 일어나는 동안에는 온도가 일정하다. **③**

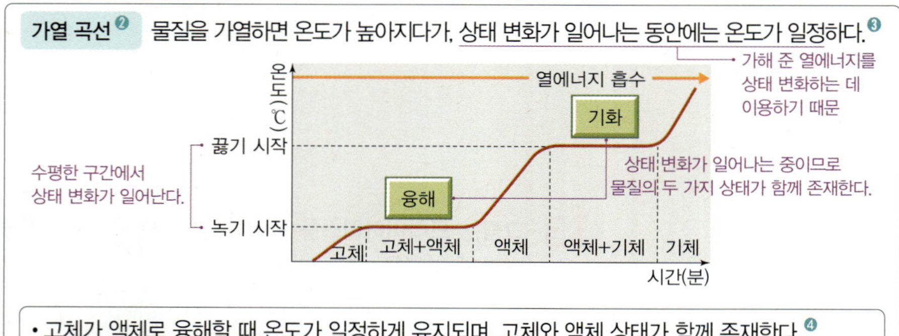

• 고체가 액체로 융해할 때 온도가 일정하게 유지되며, 고체와 액체 상태가 함께 존재한다. **④**
• 액체가 기체로 기화할 때 온도가 일정하게 유지되며, 액체와 기체 상태가 함께 존재한다.

(2) 냉각할 때: 열에너지를 방출하는 상태 변화가 일어남 [응고, 액화, 승화(기체 → 고체)]

냉각 곡선 ② 물질을 냉각하면 온도가 낮아지고, 상태 변화가 일어나는 동안에는 온도가 일정하다.

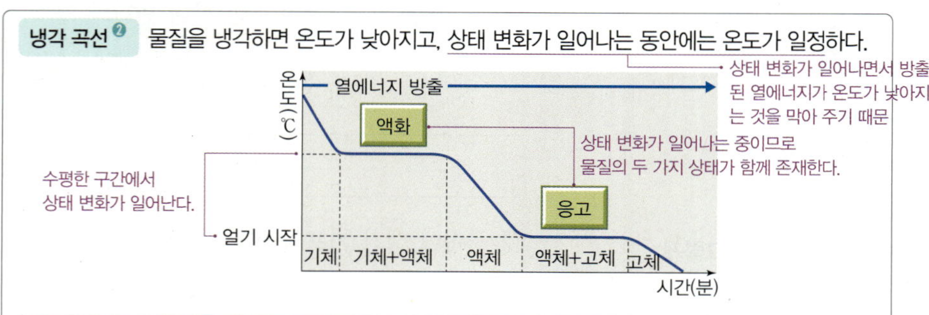

• 기체가 액체로 액화할 때 온도가 일정하게 유지되며, 액체와 기체 상태가 함께 존재한다.
• 액체가 고체로 응고할 때 온도가 일정하게 유지되며, 고체와 액체 상태가 함께 존재한다.

---

① 열에너지의 크기
• 같은 상태인 경우, 온도가 높을수록 열에너지가 크다.
 예 20 ℃의 물 > 10 ℃의 물
• 같은 온도인 경우, 고체 < 액체 < 기체 순으로 열에너지가 크다.
 예 0 ℃의 물 > 0 ℃의 얼음

② 고체 물질의 가열·냉각 곡선

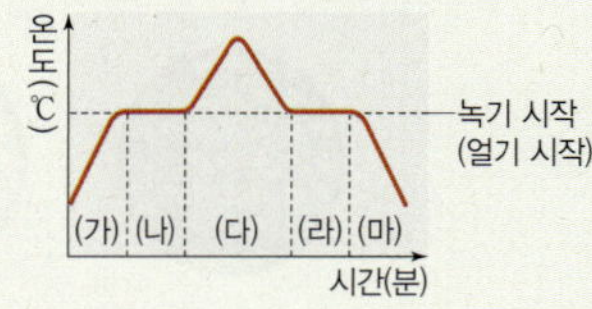

• (가): 고체
• (나): 고체+액체 (융해)
• (다): 액체
• (라): 액체+고체 (응고)
• (마): 고체

③ 물질의 양과 상태 변화가 일어나는 온도의 관계
• 같은 물질인 경우, 물질의 양과 관계없이 녹기 시작하는 온도와 끓기 시작하는 온도는 각각 일정하다.
• 물질의 양이 많을수록 녹거나 끓기 시작하는 데 걸리는 시간이 길어진다.

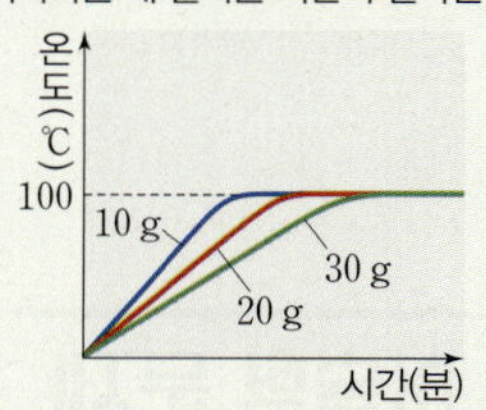

▲ 물의 양과 끓기 시작하는 온도

④ 온도에 따라 존재하는 물질의 상태

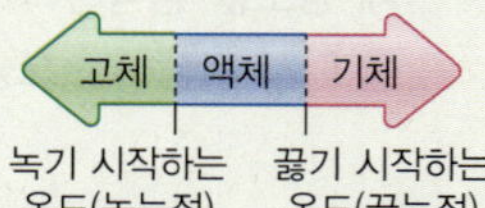

녹기 시작하는 온도(녹는점)　끓기 시작하는 온도(끓는점)

• 같은 순수한 물질의 경우 녹기 시작하는 온도와 얼기 시작하는 온도는 서로 같다.
• 녹기 시작하는 온도보다 낮은 온도에서는 고체로 존재한다.
• 녹기 시작하는 온도와 끓기 시작하는 온도 사이의 온도에서는 액체로 존재한다.
• 끓기 시작하는 온도보다 높은 온도에서는 기체로 존재한다.
 예 20 ℃는 물의 녹는점(0 ℃)과 끓는점(100 ℃) 사이의 온도 → 20 ℃에서 물은 액체로 존재한다.

초성 확인 문제

01 물질에 열에너지를 가하면 ⃞ㅇ⃞ㄷ 가 높아지거나 ⃞ㅅ⃞ㅌ 가 변한다.

02 같은 온도인 경우 열에너지의 크기는 상태에 따라 ⃞ㄱ⃞ㅊ < ⃞ㅇ⃞ㅊ < ⃞ㄱ⃞ㅊ 순으로 커진다.

03 같은 상태인 경우 ⃞ㅇ⃞ㄷ 가 높을수록 열에너지가 크다.

04 물질을 가열하면 고체에서 액체로 상태가 변할 때 온도가 일정하게 유지되고, 이때 물질이 흡수하는 열에너지를 ⃞ㅇ⃞ㅎ⃞ㅇ 이라고 한다.

05 물질을 가열하면 액체에서 기체로 상태가 변할 때 온도가 일정하게 유지되고, 이때 물질이 ⃞ㅎ⃞ㅅ 하는 열에너지를 기화열이라고 한다.

06 응고, ⃞ㅇ⃞ㅎ, 기체에서 고체로의 승화가 일어날 때 열에너지를 방출한다.

A 상태 변화와 열에너지

01 물질의 상태 변화와 열에너지에 대한 설명으로 옳은 것은 ○, 옳지 <u>않은</u> 것은 ×로 표시하시오.

(1) 물질에 열에너지를 가해 상태가 변할 때 물질의 온도가 높아진다. ···· (　　　)

(2) 물질이 열에너지를 흡수하면 입자 운동이 활발해진다. ··················· (　　　)

(3) 0 ℃ 물은 0 ℃ 얼음보다 열에너지가 작다. ····························· (　　　)

(4) 끓기 시작하는 온도보다 높은 온도에서 물질은 기체 상태로 존재한다.
　　　·· (　　　)

(5) 물질을 가열하면 입자 배열이 불규칙적으로 변한다. ·················· (　　　)

02 그림은 물질의 상태 변화를 입자 모형으로 나타낸 것이다. A~F에서 어떤 종류의 열에너지를 흡수하고 방출하는지 쓰시오.

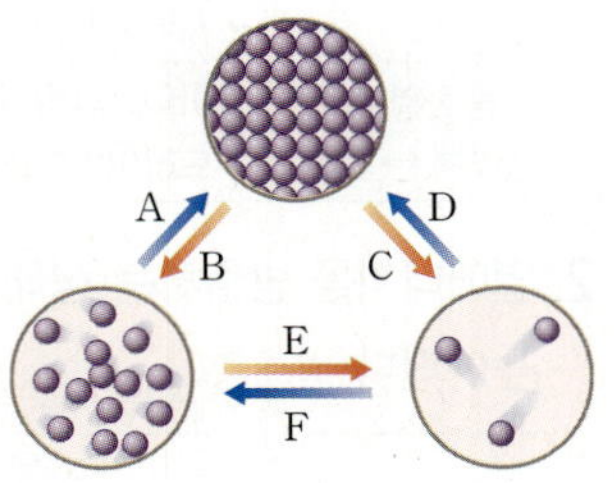

(1) A:　　　　　　(2) B:

(3) C:　　　　　　(4) D:

(5) E:　　　　　　(6) F:

03 다음은 물질의 상태 변화에 대한 설명이다. (　　　) 안에 알맞은 말을 고르시오.

> 냉동실에서 얼음을 꺼내 실온에 두면 녹아서 물이 된다. 이때 얼음이 녹는 것을 (융해 , 응고)라고 하며, 얼음이 녹는 동안 열에너지를 (흡수 , 방출)한다.

04 그림은 어떤 고체 물질의 가열 곡선을 나타낸 것이다.

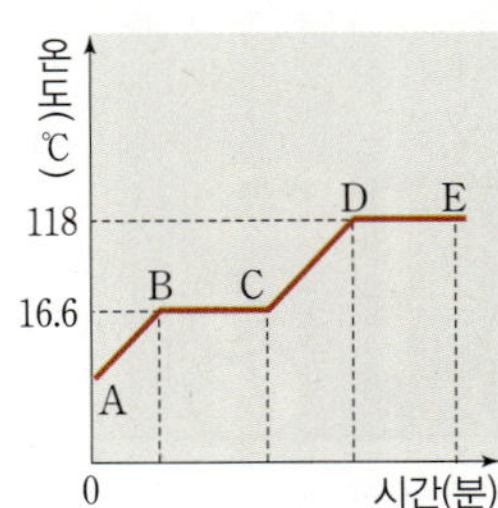

(1) 이 물질이 녹기 시작하는 온도를 쓰시오.

(2) 이 물질이 끓기 시작하는 온도를 쓰시오.

(3) 고체 상태만 존재하는 구간을 쓰시오.

(4) 액체 상태만 존재하는 구간을 쓰시오.

(5) 액체와 기체 상태가 함께 존재하는 구간을 쓰시오.

05 그림은 어떤 고체 물질의 가열·냉각 곡선을 나타낸 것이다.

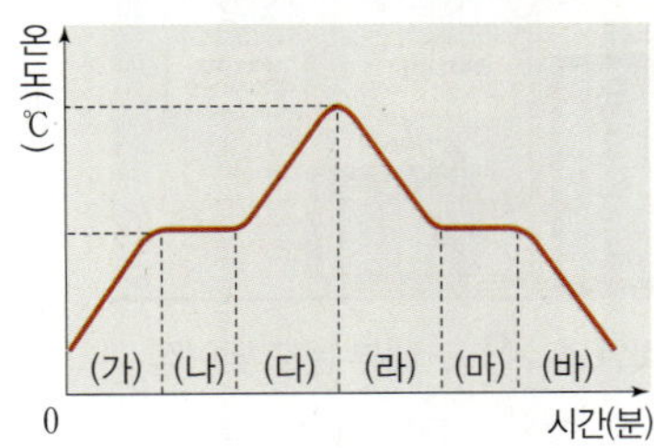

(1) 상태 변화가 일어나는 구간을 모두 고르시오.

(2) 액체 상태만 존재하는 구간을 모두 고르시오.

(3) 열에너지를 흡수하는 구간을 모두 고르시오.

03 상태 변화와 열에너지

Ⓑ 상태 변화가 일어날 때 열에너지를 흡수·방출하는 예

최다 빈출
1. 열에너지를 흡수하는 상태 변화 물질이 주위에서 열에너지를 흡수하므로 주위의 온도가 낮아진다.

융해열 흡수 (고체 → 액체)	• 얼음물에서 얼음이 융해되면서 물이 차가워진다. • 얼음 조각상 근처에 있으면 시원해진다.
기화열 흡수 (액체 → 기체)	• 더운 여름철 도로에 물을 뿌리면 시원해진다. • 도심 속 식물의 잎에서 증산 작용이 일어나 물이 수증기로 변하면서 도심의 온도를 낮춘다. • 더운 여름날 인공 안개 장치로 작은 물방울을 분사하면 물방울이 기화하면서 주위의 온도가 낮아진다. • 몸에 열이 날 때 물수건으로 몸을 닦으면 열이 내린다. • 손등에 알코올을 묻힌 솜을 문지르면 시원하다. • 뷰테인 가스통을 사용하고 난 뒤 가스통이 차가워진다. [5] • 사막에서 양가죽 물통에 물을 보관해 시원하게 마신다. [6]
승화열 흡수 (고체 → 기체)	• 아이스크림 포장에 드라이아이스를 넣으면 아이스크림이 잘 녹지 않는다. [7] • 드라이아이스를 사용하는 무대 근처는 시원하다.

최다 빈출
2. 열에너지를 방출하는 상태 변화 물질이 주위로 열에너지를 방출하므로 주위의 온도가 높아진다.

→ 물이 얼면서 응고열을 방출한다.

응고열 방출 (액체 → 고체)	• 날씨가 추울 때 꽃과 나무에 물을 뿌리면 식물이 어는 것(냉해)을 막을 수 있다. • 추운 겨울, 창고에 보관한 과일이 얼지 않도록 물이 담긴 그릇을 놓아둔다. • 액체 파라핀에 손을 담갔다가 꺼내면 액체 파라핀이 굳으면서 손을 따뜻하게 찜질할 수 있다.
액화열 방출 (기체 → 액체)	• 커피기계의 스팀 분출 장치는 수증기가 액화하면서 방출하는 열에너지로 우유를 데운다. • 비가 오기 전에 날씨가 후텁지근하다.
승화열 방출 (기체 → 고체)	• 눈이 올 때 날씨가 포근해진다. → 수증기가 얼음으로 승화하면서 승화열을 방출한다.

3. 증기 난방기와 에어컨의 원리

증기 난방기	
보일러	연료의 연소로 인해 물이 수증기로 기화 → 기화열 흡수
방열기	뜨거운 수증기가 물로 액화 → 액화열 방출 → 내부 온도 높아짐

에어컨	
실내기	액체 냉매가 기체로 기화 → 기화열 흡수 [8] → 내부 온도 낮아짐
실외기	기체 냉매가 액체로 액화 → 액화열 방출 → 더운 공기 배출

---

[5] 뷰테인 가스통이 사용 후 차가워지는 까닭

뷰테인 가스통에는 액체 상태의 뷰테인이 들어 있다. 휴대용 버너에서는 뷰테인이 기체 상태로 빠져나와 연소되는데, 이때 액체에서 기체로 상태 변화가 일어나면서 주위에서 열에너지를 흡수하므로 가스통이 차가워진다.

[6] 양가죽 물통

양가죽으로 만든 물통은 작은 구멍이 있어 물이 조금씩 새어 나온다. 이때 새어 나온 물이 기화하면서 열에너지를 흡수하므로 물통 속의 물이 시원해진다.

[7] 아이스크림 포장에 드라이아이스를 사용하는 까닭

드라이아이스는 승화성 물질로, 고체에서 기체로 승화하면서 주위의 열에너지를 흡수하므로 아이스크림이 잘 녹지 않는다.

[8] 냉장고의 원리

냉매가 액체에서 기체로 기화할 때 열에너지(기화열)를 흡수하는 것을 이용한다.

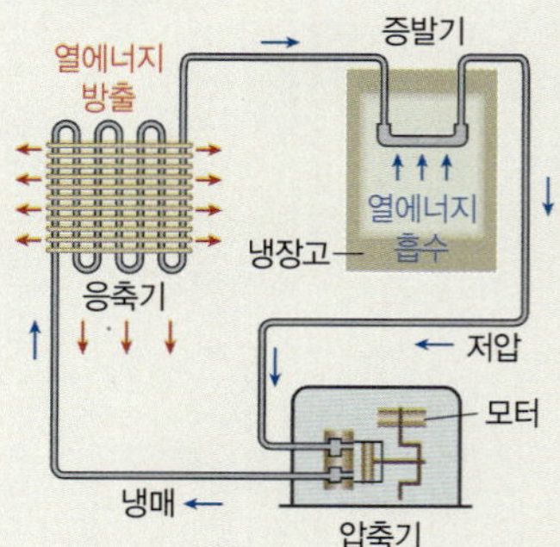

냉장고 속(증발기) 액체 냉매가 기체로 기화 → 기화열 흡수 → 냉장고 내부 온도 하강

냉장고 뒷면(응축기) 기체 냉매가 액체로 액화 → 액화열 방출 → 냉장고 뒷면 온도 상승

<초성> 확인 문제

07 열에너지를 흡수하는 상태 변화가 일어나면 주위의 온도가 □□□지고, 열에너지를 방출하는 상태 변화가 일어나면 주위의 온도가 □□□진다.

08 증기 난방기의 방열기에서 수증기가 물로 변할 때 □□□을 □□하여 실내 온도가 상승한다.

09 에어컨의 실내기에서 □□ 냉매가 □□로 변할 때 □□□을 □□하여 실내 온도가 하강한다.

B 상태 변화가 일어날 때 열에너지를 흡수·방출하는 예

06 그림은 물질의 상태 변화를 나타낸 것이다. 이에 대한 설명으로 옳은 것은 ○, 옳지 않은 것은 ×로 표시하시오.

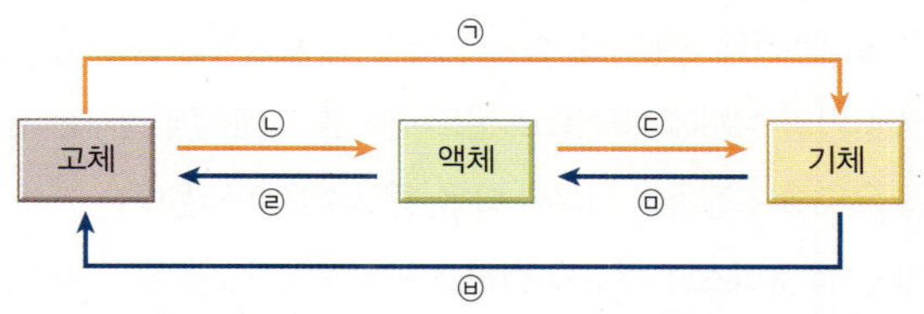

(1) ㉠, ㉡, ㉢의 상태 변화가 일어날 때 열에너지를 흡수한다. ············· (   )
(2) ㉣, ㉤, ㉥의 상태 변화가 일어날 때 주위의 온도가 낮아진다. ·········· (   )
(3) 더운 여름 도로에 물을 뿌리면 시원한 까닭은 ㉡과 관련이 있다. ····· (   )
(4) 눈이 올 때 날씨가 포근해지는 까닭은 ㉠과 관련이 있다. ·············· (   )
(5) 냉장고 속이 시원한 까닭은 ㉢과 관련이 있다 ······························ (   )
(6) 증기 난방기로 방 안이 따뜻해지는 까닭은 ㉤과 관련이 있다. ·········· (   )

07 다음 현상에서 상태 변화가 일어날 때 어떤 열에너지가 흡수되거나 방출되는지 쓰시오.

(1) 날씨가 추울 때 꽃과 나무에 물을 뿌려 냉해를 막는다.
(2) 아이스크림 포장에 드라이아이스를 사용한다.
(3) 비가 오기 전에 날씨가 후텁지근하다.
(4) 뷰테인 가스통을 사용하고 나면 가스통이 차가워진다.

08 그림은 증기 난방기의 구조를 나타낸 것이다. A와 B에서 일어나는 상태 변화의 종류를 쓰시오.

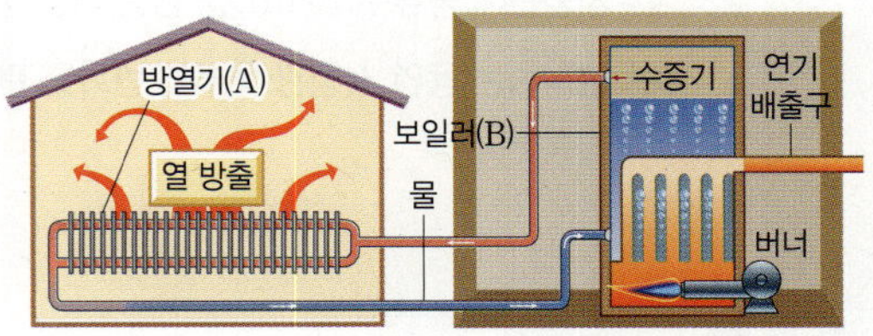

(1) A:
(2) B:

09 그림은 냉장고의 구조를 나타낸 것이다. (가)~(다) 중 냉장고 속에 설치되는 부분을 고르시오.

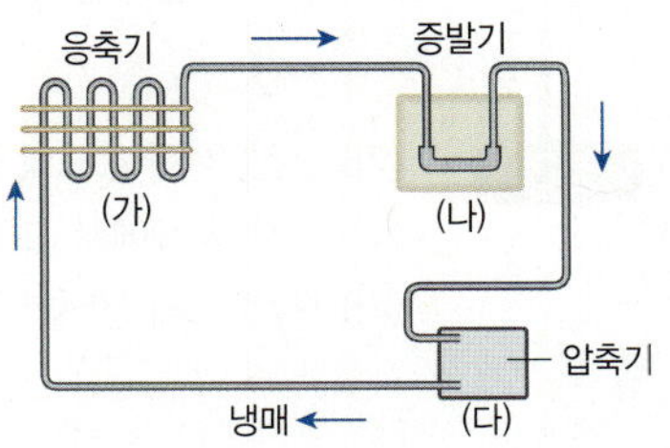

탐구 집중 분석

◀ 물을 가열할 때의 온도 변화 ▶

과정

❶ 250 mL 삼각 플라스크에 증류수를 절반 정도 담고 끓임쪽을 넣는다.

❷ 삼각 플라스크를 가열 장치에 올려놓고, 온도 센서를 스탠드에 설치한다.

❸ 증류수의 처음 온도를 측정하여 기록한 다음, 증류수를 가열한다.

❹ 가열하는 동안 삼각 플라스크 내부의 변화를 관찰하면서 1분 간격으로 증류수의 온도를 측정하여 기록한다.

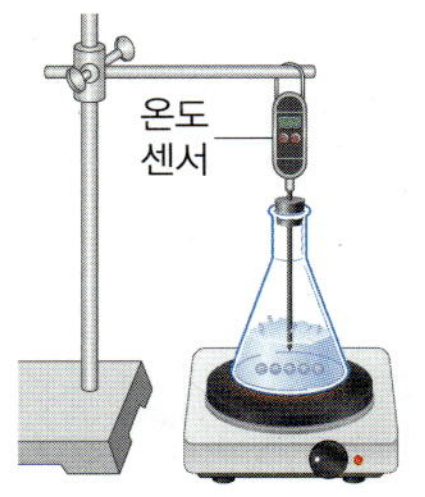

• 온도계가 삼각 플라스크 바닥에 닿지 않도록 설치해야 한다.
• 물을 가열할 때 화상을 입지 않도록 내열 장갑을 착용한다.

끓임쪽
액체가 갑자기 끓어 넘치는 것을 막기 위해 넣는 돌이나 사기 조각

결과

시간 (분)	0	1	2	3	4	5	6	7	8	9	10	11	12
온도 (℃)	13	14	16	25	32	41	54	68	85	100	100	100	100

1 물을 가열하면 온도가 계속 높아지다가 100 ℃에서 일정하게 유지된다.

2 100 ℃에서 물이 끓기 시작한다.

정리

• (가) 구간: 액체 상태의 물을 가열하면 열에너지를 얻으므로 물의 온도가 높아진다.

• (나) 구간: 액체에서 기체로 상태 변화(기화)가 진행되는 동안 가해 준 열에너지가 상태 변화에 사용되므로 온도가 일정하게 유지된다.
└ 기화열 흡수

또 다른 유사 탐구 분석

과정

└ 얼음과 물을 3 : 1로 섞으면 약 −21 ℃까지 온도를 낮출 수 있다.

❶ 잘게 부순 얼음과 소금을 스타이로폼 컵에 채우고 약숟가락으로 골고루 섞는다.

❷ 시험관에 증류수 10 mL를 담은 다음, 시험관을 스타이로폼 컵에 넣고 온도계를 설치한다.

❸ 냉각하는 동안 시험관 내부의 변화를 관찰하면서 1분 간격으로 증류수의 온도를 측정하여 기록한다.

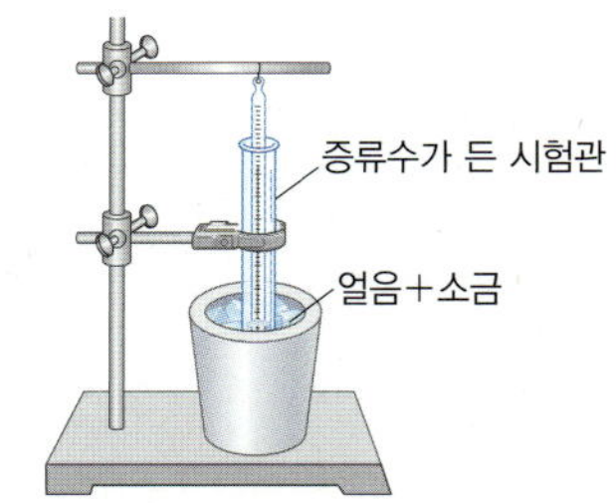

결과

시간(분)	0	1	2	3	4	5	6	7	8	9	10	11	12
온도(℃)	23	18	11	16	0	0	0	0	0	−2	−6	−8	−9

1 물을 냉각하면 온도가 계속 낮아지다가 0 ℃에서 일정하게 유지된다.

2 0 ℃에서 물이 얼기 시작한다.

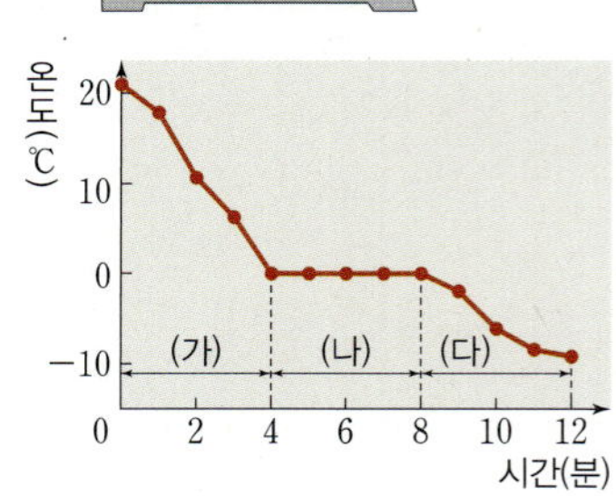

정리

• (가) 구간: 액체 상태의 물을 냉각하면 열에너지를 잃으므로 물의 온도가 낮아진다.

• (나) 구간: 액체에서 고체로 상태 변화(응고)가 진행되는 동안 열에너지를 방출하므로 온도는 일정하게 유지된다.
└ 응고열 방출

• (다) 구간: 고체 상태의 얼음을 냉각하면 열에너지를 잃으므로 얼음의 온도가 낮아진다.

탐구 바로 확인

01 이 실험에 대한 설명으로 옳은 것은 ○, 옳지 <u>않은</u> 것은 ×로 표시하시오.

(1) 100 ℃에서 물이 끓기 시작한다. ·········· (　　)

(2) 100 ℃에서 물은 기화열을 방출한다. ··· (　　)

(3) 물이 얼 때는 주위의 온도가 낮아진다. ··· (　　)

(4) 물이 얼 때 입자 배열은 규칙적으로 변한다.
·· (　　)

02 그림은 물질의 상태 변화를 모형으로 나타낸 것이다. A~F 중 이 실험의 100 ℃에서 일어나는 상태 변화를 고르시오.

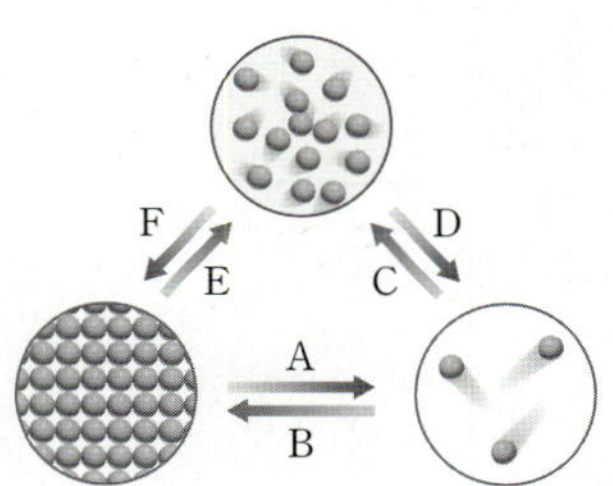

시험에서는 이렇게!

03 그림은 어떤 액체 물질의 가열 곡선을 나타낸 것이다.

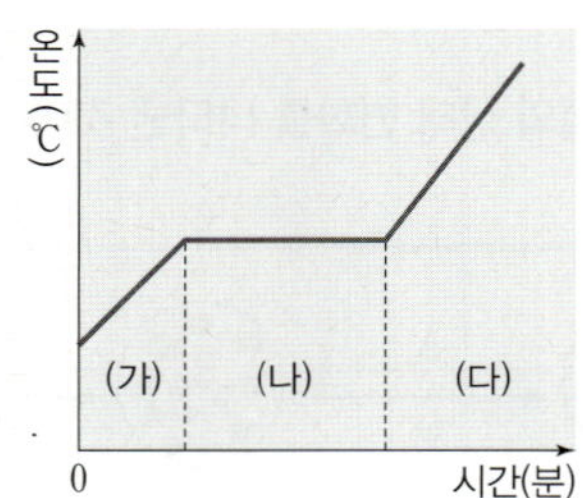

이에 대한 설명으로 옳은 것은?

① (가)에서는 입자 운동이 점차 둔해진다.

② (나)에서는 액화가 일어난다.

③ (나)에서는 액체와 기체 상태가 함께 존재한다.

④ (다)에서는 열에너지를 방출한다.

⑤ (다)에서 물질은 담는 그릇에 관계없이 모양과 부피가 일정한 상태로 존재한다.

04 그림은 액체 물질을 냉각할 때 시간에 따른 온도 변화를 나타낸 것이다. 이에 대한 설명으로 옳지 <u>않은</u> 것은?

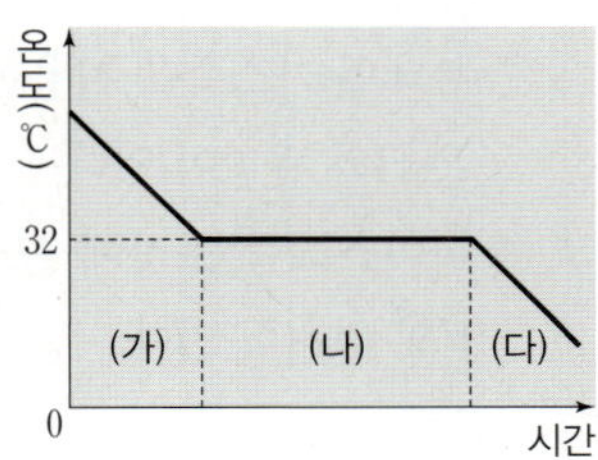

① (가)에서 입자 운동은 둔해진다.

② (가)에서 물질이 가진 열에너지는 점점 감소한다.

③ (나)에서는 열에너지의 출입이 없어 온도가 일정하다.

④ (나)에서 물질은 고체와 액체 상태가 함께 존재한다.

⑤ (다)에서 물질은 고체 상태로 존재한다.

05 그림은 물의 가열 곡선을 나타낸 것이다.

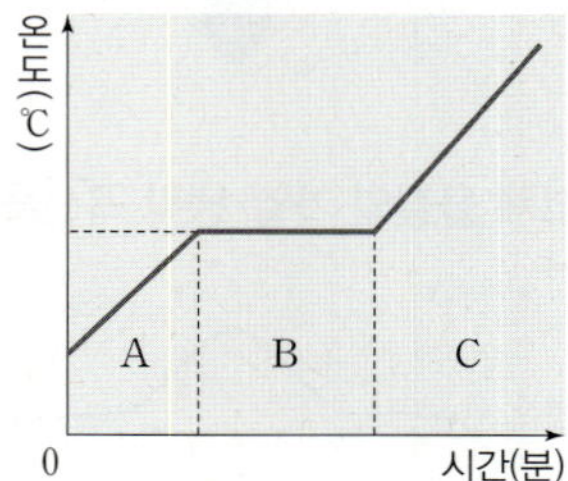

A~C에서 물의 상태를 각각 쓰고, B에서 온도가 일정하게 나타나는 까닭을 서술하시오.

____

06 그림은 물의 냉각 곡선을 나타낸 것이다.

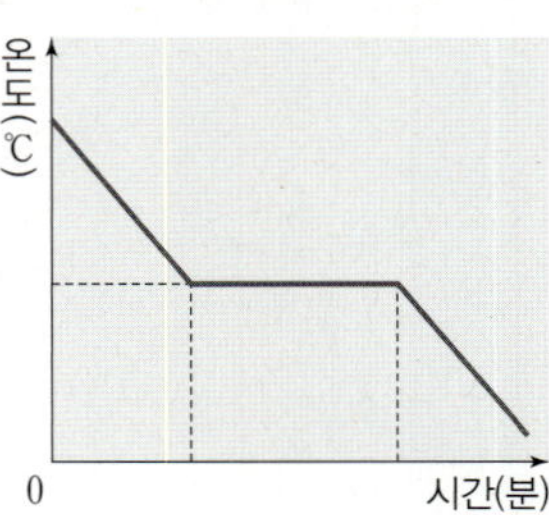

온도가 일정한 구간이 나타나는 까닭을 서술하시오.

____

상태 변화와 열에너지

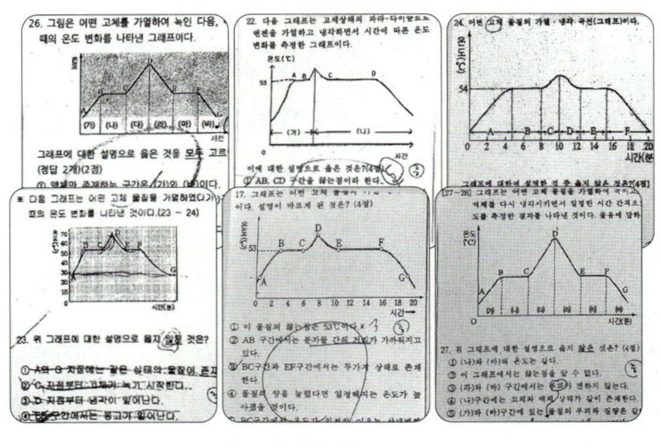

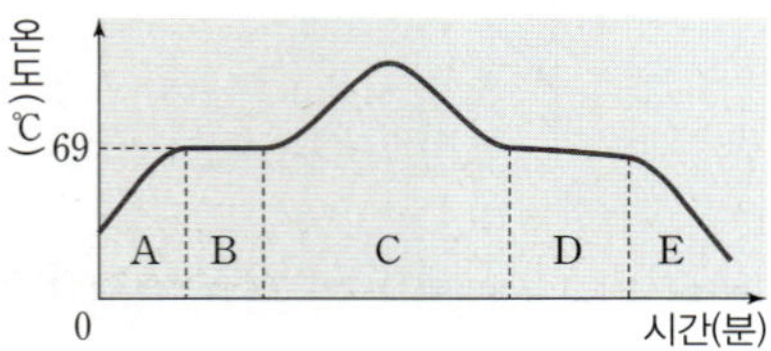

상태 변화가 일어날 때 열에너지를 흡수·방출하는 예

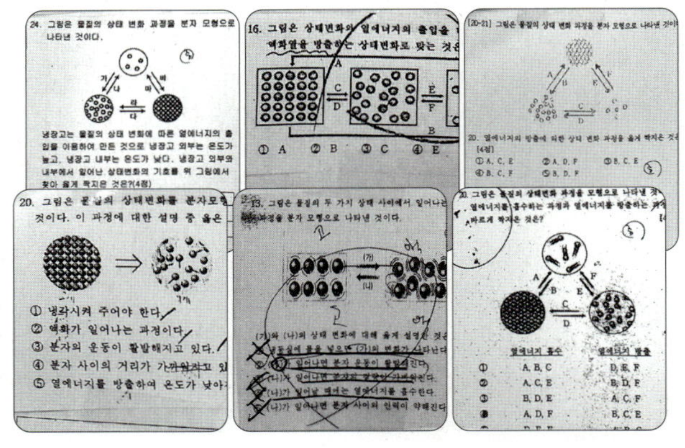

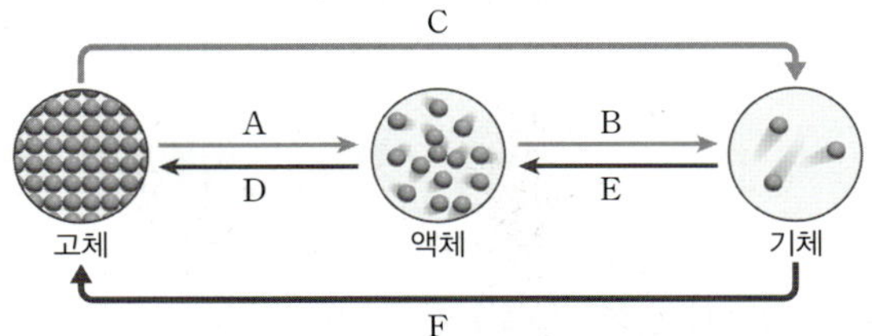

01

그림은 어떤 고체 물질의 가열·냉각 곡선을 나타낸 것이다.

이에 대한 설명으로 옳은 것을 모두 고르면? (4개)

① 이 물질이 녹기 시작하는 온도는 69 ℃이다.

② A에서는 융해, E에서는 응고가 일어난다.

③ B에서 물질은 한 가지 상태로 존재한다.

④ B에서는 가해 준 열이 상태 변화에 사용된다.

⑤ A~E에서 입자 운동이 가장 활발한 구간은 A이다.

⑥ D에서 물질은 고체와 액체 상태가 함께 존재한다.

⑦ D에서는 열에너지의 출입이 없어 온도가 일정하다.

⑧ E에서 물질은 고체 상태로 존재한다.

02

그림은 물질의 상태 변화를 나타낸 것이다.

이에 대한 설명으로 옳은 것을 모두 고르면? (4개)

① A가 일어날 때 융해열을 방출한다.

② B가 일어날 때 물질의 온도는 일정하게 유지된다.

③ C가 일어날 때 승화열을 흡수한다.

④ D가 일어날 때 물질의 온도는 낮아진다.

⑤ E가 일어날 때 액화열을 흡수한다.

⑥ A~F 중 주위의 온도가 낮아지는 상태 변화는 A, B, C이다.

⑦ 뷰테인 가스통을 사용한 후 가스통이 차가워지는 까닭은 B와 관련이 있다.

⑧ 아이스크림 포장에 드라이아이스를 사용하는 까닭은 F와 관련이 있다.

학교 시험 기출 변형 문제

Level 1 난이도

정답 및 해설 • 36쪽

 A 상태 변화와 열에너지

01 물질의 상태와 열에너지에 대한 설명으로 옳지 <u>않은</u> 것은?

① 열에너지는 물질의 온도나 상태를 변화시킨다.
② 열에너지가 물질에 가해지면 입자 운동이 활발해진다.
③ 같은 물질인 경우 온도가 높을수록 열에너지가 크다.
④ 물질의 세 가지 상태 중 열에너지가 가장 큰 것은 기체 상태이다.
⑤ 같은 온도에서는 물질의 상태와 관계없이 열에너지가 동일하다.

02 다음 중 열에너지의 크기가 가장 큰 것은?

① $-10\,°C$의 얼음
② $0\,°C$의 얼음
③ $0\,°C$의 물
④ $100\,°C$의 물
⑤ $100\,°C$의 수증기

03 그림은 물질의 상태 변화를 입자 모형으로 나타낸 것이다.

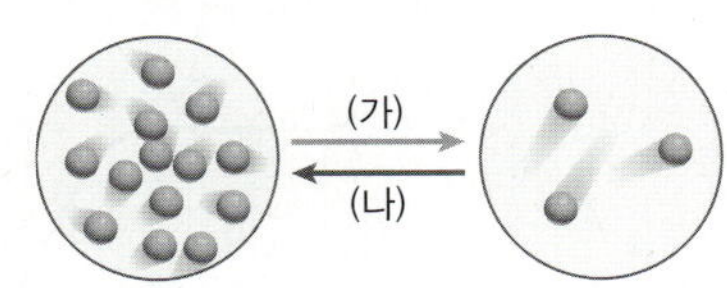

(가)와 (나) 과정에 대한 변화를 옳게 짝 지은 것은?

		(가)	(나)
①	열에너지	방출	흡수
②	입자 운동	둔해짐	활발해짐
③	입자 배열	규칙적으로 변함	불규칙적으로 변함
④	입자 사이의 거리	멀어짐	가까워짐
⑤	입자 사이의 인력	강해짐	약해짐

04 그림은 물질의 상태 변화를 나타낸 것이다.

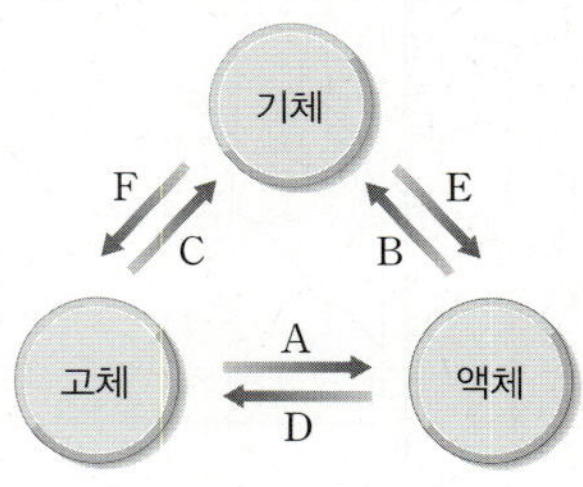

A~F에 대한 설명으로 옳은 것은?

① A는 열에너지를 방출하는 상태 변화이다.
② 입자 배열이 불규칙적으로 변하는 상태 변화는 B, C, D이다.
③ E는 입자 운동이 활발해지는 상태 변화이다.
④ F는 물질의 열에너지가 커지는 상태 변화이다.
⑤ A~F가 일어날 때 물질의 온도는 모두 변하지 않는다.

05 그림은 얼음의 가열 곡선을 나타낸 것이다.

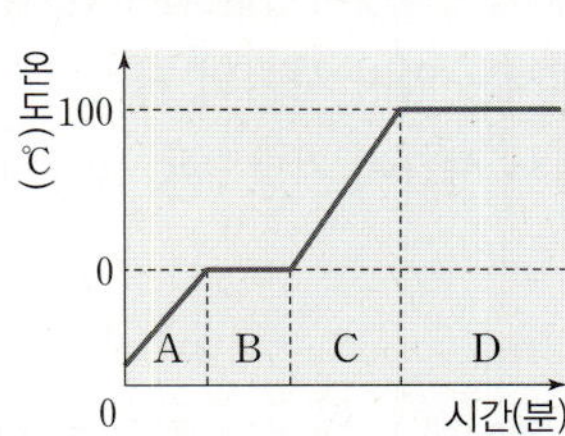

이에 대한 설명으로 옳은 것은?

① A에서는 융해가 일어난다.
② B에서는 열에너지를 방출한다.
③ B에서는 물질이 액체 상태로만 존재한다.
④ C에서 입자 사이의 거리는 가까워진다.
⑤ D에서 흡수한 열에너지는 모두 상태 변화하는 데 사용된다.

06 그림은 에탄올의 가열 곡선을 나타낸 것이다.

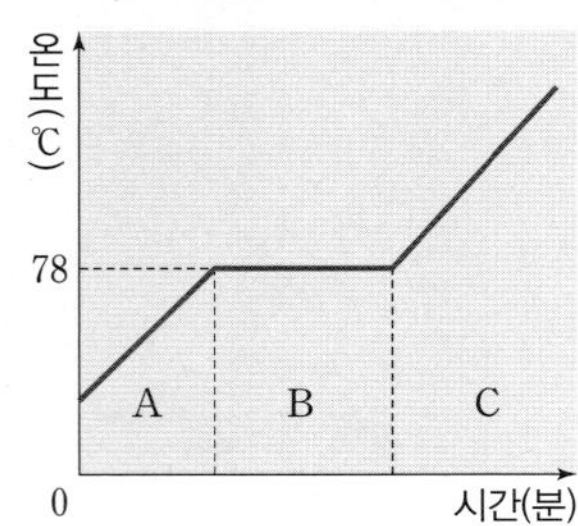

이에 대한 설명으로 옳은 것은?

① 에탄올이 녹기 시작하는 온도는 78 ℃이다.

② A에서는 기화가 일어난다.

③ B에서는 열에너지를 방출한다.

④ C에서는 입자 사이의 거리가 매우 멀다.

⑤ 에탄올의 양을 늘리면 B 구간의 온도가 높아진다.

[07-09] 그림은 어떤 고체 물질을 가열할 때 시간에 따른 온도 변화를 나타낸 것이다.

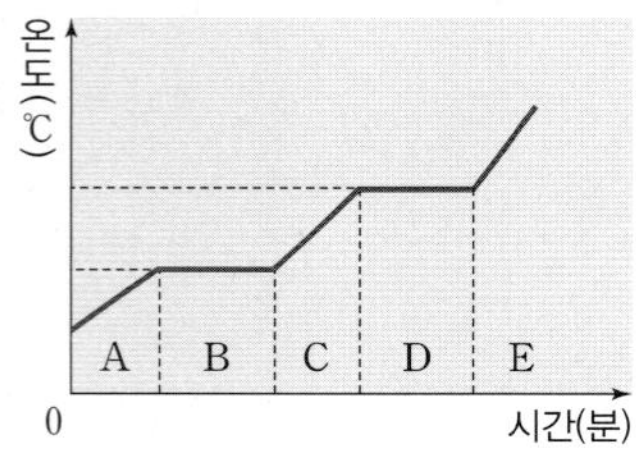

07 이에 대한 설명으로 옳지 <u>않은</u> 것은?

① A에서는 입자 운동이 활발해진다.

② B에서는 물질의 응고가 일어난다.

③ C에서는 열에너지를 흡수한다.

④ D에서는 입자 사이의 거리가 멀어진다.

⑤ E에서 시간이 지날수록 물질의 부피는 커진다.

08 그림은 물질의 상태 변화를 입자 모형으로 나타낸 것이다. A~E 중 그림과 같은 변화가 일어나는 구간은?

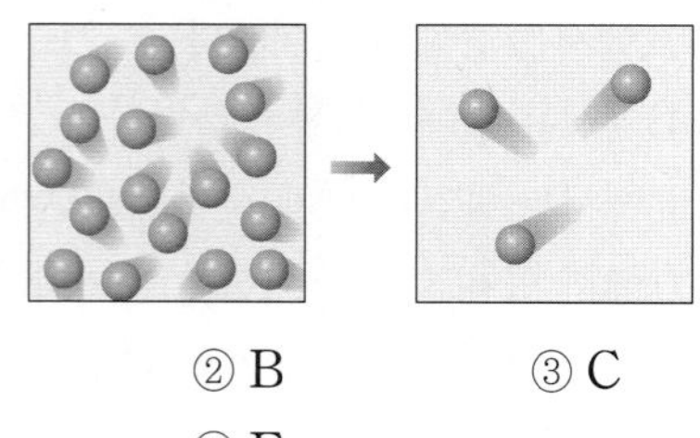

① A   ② B   ③ C

④ D   ⑤ E

09 B와 D에서 일어나는 상태 변화의 종류와 열에너지의 출입을 옳게 짝 지은 것은?

	구간	상태 변화	열에너지
①	B	응고	방출
②	B	융해	흡수
③	D	기화	방출
④	D	융해	방출
⑤	D	승화	흡수

10 그림은 물이 아닌 어떤 액체 물질의 냉각 곡선을 나타낸 것이다.

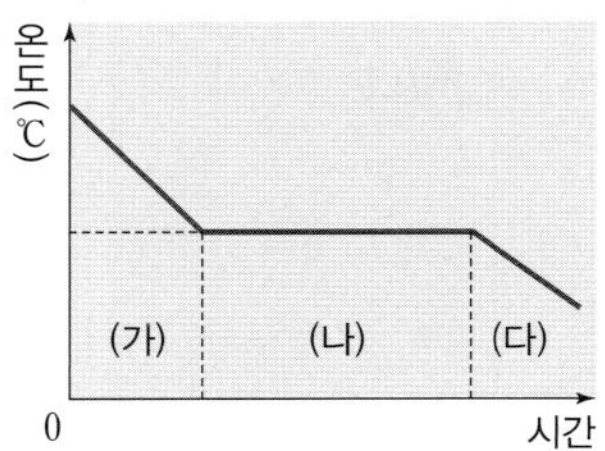

이에 대한 설명으로 옳지 <u>않은</u> 것은?

① (가)에서는 물질이 흐를 수 있는 상태로 존재한다.

② (나)에서는 액체와 고체 상태가 함께 존재한다.

③ (다)에서 물질은 모양과 부피가 일정한 상태로 존재한다.

④ (가)~(다)에서 시간이 지날수록 물질의 열에너지가 증가한다.

⑤ 입자 사이의 거리는 (가) > (다)이다.

11 그림은 어떤 기체 물질의 냉각 곡선을 나타낸 것이다.

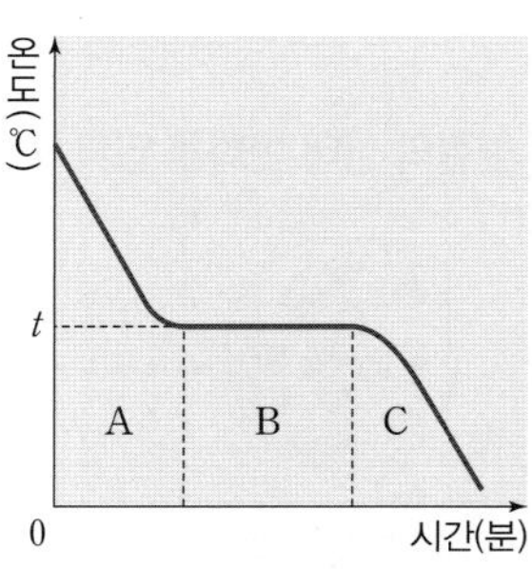

이에 대한 설명으로 옳은 것은?

① 이 물질은 t ℃에서 응고가 일어난다.

② A에서는 기체와 액체 상태가 함께 존재한다.

③ B에서는 기화가 일어난다.

④ B에서는 방출하는 열에너지에 의해 온도가 일정하게 유지된다.

⑤ C에서는 고체 상태로 존재한다.

Ⓑ 상태 변화가 일어날 때 열에너지를 흡수·방출하는 예

12 다음 중 물질이 열에너지를 방출하는 현상을 이용한 것은?

① 아이스박스에 얼음을 채워 사용한다.
② 아이스크림 포장에 드라이아이스를 함께 넣는다.
③ 몸에 열이 나면 물수건으로 몸을 닦는다.
④ 땀이 날 때 부채질을 한다.
⑤ 겨울철 과일 창고에 물이 담긴 그릇을 넣어둔다.

[13-14] 그림은 물질의 상태 변화를 나타낸 것이다.

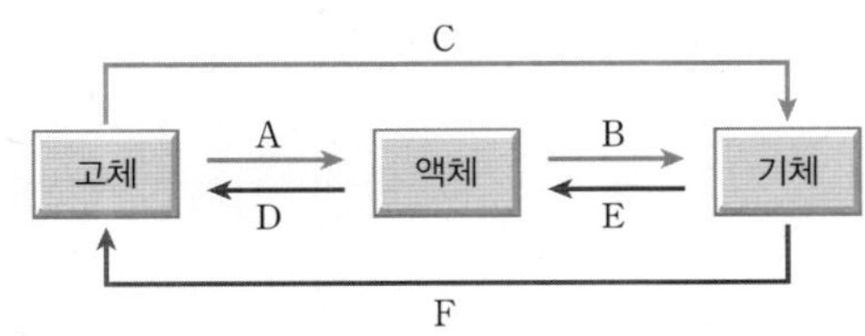

13 A~E에 해당하는 열에너지의 종류 및 출입을 옳게 짝지은 것은?

① A−융해열 방출
② B−기화열 방출
③ C−승화열 흡수
④ D−응고열 흡수
⑤ E−액화열 흡수

14 다음 중 B에서 출입하는 열에너지와 관련 있는 현상은?

① 얼음 조각상 근처에 있으면 시원해진다.
② 눈이 올 때 날씨가 포근해진다.
③ 액체 파라핀에 손을 담갔다가 꺼내면 파라핀이 굳으면서 손을 따뜻하게 찜질할 수 있다.
④ 더운 여름철 마당에 물을 뿌리면 시원해진다.
⑤ 아이스크림을 보관할 때 드라이아이스를 넣어둔다.

15 다음 현상과 공통적으로 관련된 열에너지는?

> • 냉장고 속은 시원하다.
> • 손등에 알코올을 묻힌 솜을 문지르면 시원하다.

① 융해열　　② 응고열　　③ 액화열
④ 기화열　　⑤ 승화열

16 그림은 물질의 상태 변화를 입자 모형으로 나타낸 것이다.

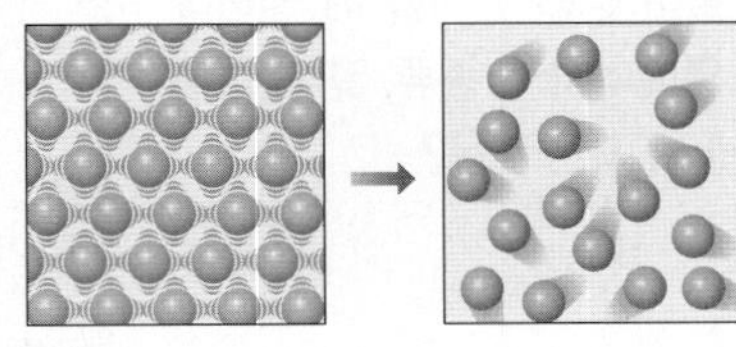

이와 관련된 현상으로 옳은 것은?

① 더운 여름철에 분수대 근처는 시원하다.
② 얼음 조각상 근처에 있으면 시원하다.
③ 땀이 날 때 부채질을 하면 시원하다.
④ 양가죽 물통에 물을 보관하면 물이 시원하다.
⑤ 드라이아이스를 사용하는 무대 근처는 시원하다.

정답 및 해설 • 36쪽

[17-18] 그림은 에어컨의 구조를 나타낸 것이다.

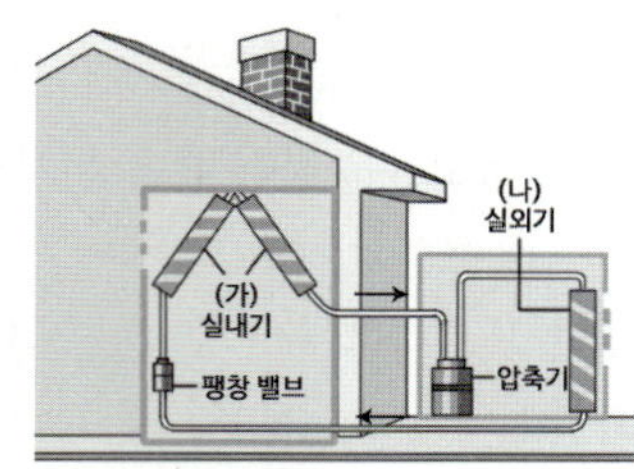

17 이에 대한 설명으로 옳은 것은?

① (가)에서는 냉매의 액화가 일어난다.

② (가)의 작동에 의해 실내 온도가 높아진다.

③ (가)에서는 냉매가 가지는 열에너지의 크기가 증가
한다.

④ (나)에서는 찬 바람이 나온다.

⑤ (나)에서는 액체 냉매가 기체 상태가 된다.

18 그림은 액체 물질의 가열·냉각 곡선을 나타낸 것이다.

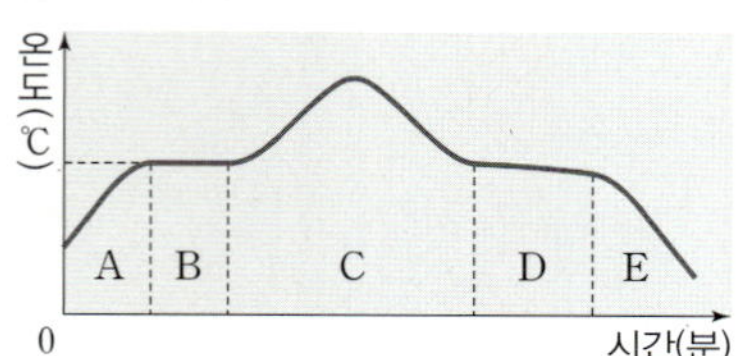

A~E 중 에어컨의 (가)에서 일어나는 현상과 관련된 구
간은?

① A ② B ③ C
④ D ⑤ E

19 그림은 증기 난방기의 구조를 나타낸 것이다. 방열기와 보일러에서 물이 상태 변화할 때 일어나는 열에너지의 종류 및 출입을 옳게 짝 지은 것은?

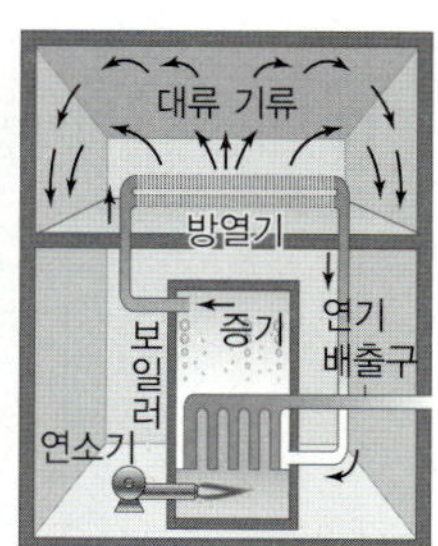

	방열기	보일러
①	기화열 흡수	액화열 방출
②	액화열 방출	기화열 흡수
③	기화열 흡수	승화열 방출
④	승화열 방출	기화열 흡수
⑤	승화열 흡수	액화열 방출

서술형 문제

20 그림은 가열에 의한 어떤 물질의 상태 변화를 입자 모형으로 나타낸 것이다.

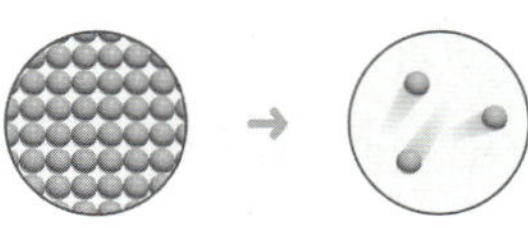

상태 변화의 종류와 이때의 부피 변화를 서술하시오.

필수 키워드) 열에너지, 입자 운동, 입자 사이의 거리

____

____

21 그림은 얼음의 가열 곡선을 나타낸 것이다.

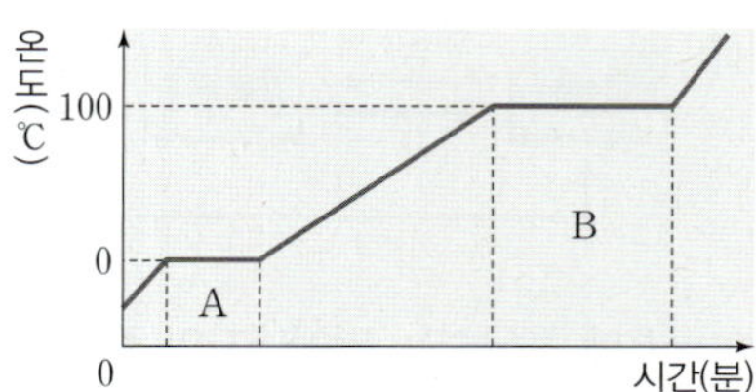

A와 B 구간의 온도가 일정한 까닭을 서술하시오.

필수 키워드) 열에너지, 상태 변화

____

____

22 다음 현상에서 공통적으로 일어나는 상태 변화의 종류를 쓰고, 이때 물질에서 일어나는 열에너지 출입을 서술하시오.

> • 땀을 흘린 뒤 시원해진다.
> • 개들은 체온을 낮추기 위해 혀를 내민다.

필수 키워드) 기화, 열에너지

____

____

학교 시험 기출 변형 문제

Level **2**

난이도

정답 및 해설 • 38쪽

A 상태 변화와 열에너지

01 그림은 물질의 상태 변화를 나타낸 것이다.

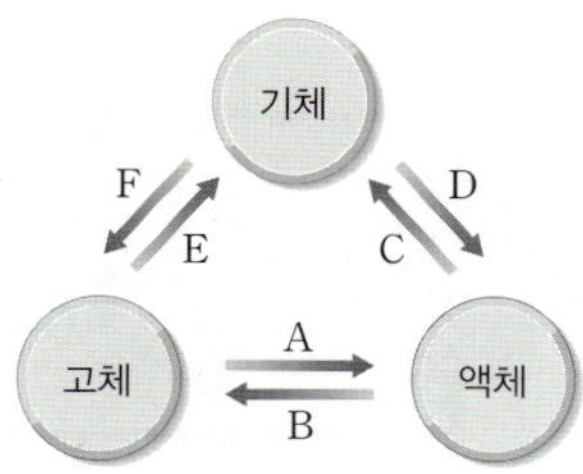

A~F에 대한 설명으로 옳은 것을 |보기|에서 모두 고른 것은?

> **보기**
> ㄱ. A와 B가 일어날 때 부피의 변화가 가장 작다.
> ㄴ. C와 E가 일어날 때 주위의 온도가 낮아진다.
> ㄷ. D와 F가 일어날 때 물질의 열에너지가 증가한다.

① ㄴ
② ㄷ
③ ㄱ, ㄴ
④ ㄱ, ㄷ
⑤ ㄱ, ㄴ, ㄷ

02 그림은 물이 담긴 비커 위에 얼음이 담긴 시계 접시를 올려놓은 뒤 비커를 가열하는 모습을 나타낸 것이다. (가)~(다)에 대한 설명을 잘못 짝 지은 것은?

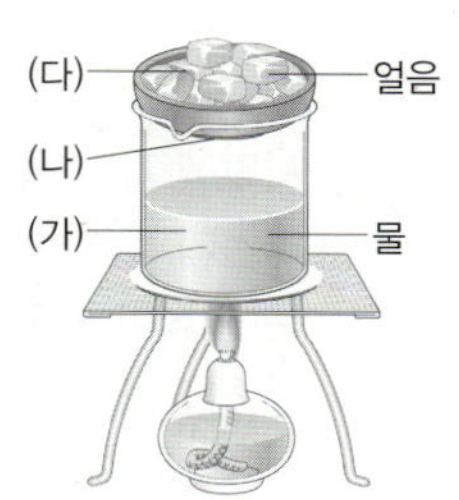

구분	(가)	(나)	(다)
① 열에너지	흡수	방출	흡수
② 입자 운동	활발해짐	둔해짐	활발해짐
③ 물질의 부피	증가	감소	증가
④ 주위 온도 변화	감소	증가	감소
⑤ 상태 변화	기화	액화	융해

03 그림은 고체 상태의 아이오딘이 들어 있는 비커 위에 찬물이 든 둥근바닥 플라스크를 올려놓은 뒤 비커를 가열하는 모습을 나타낸 것이다. 이에 대한 설명으로 옳지 <u>않은</u> 것은?

① A에서 B로 변할 때 열에너지를 흡수한다.
② B에서 C로 변할 때 열에너지의 크기가 감소한다.
③ A~C 중 입자 운동이 가장 활발한 상태는 B이다.
④ A → B → C로 상태가 변하는 과정에서 승화열이 출입한다.
⑤ 둥근바닥 플라스크 속의 찬물은 열에너지를 방출하여 B에서 C로 상태가 변하게 한다.

04 그림은 액체 물질 A와 B의 가열 곡선을 나타낸 것이다.

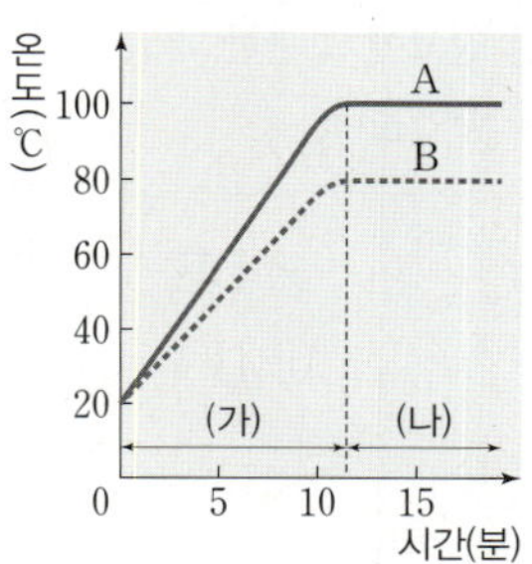

이에 대한 설명으로 옳은 것을 |보기|에서 모두 고른 것은?

> **보기**
> ㄱ. A는 B보다 높은 온도에서 끓는다.
> ㄴ. 90 ℃에서 B는 액체 상태로 존재한다.
> ㄷ. (가)에서 A와 B는 모두 액체 상태로 존재한다.
> ㄹ. (나)에서 가해 준 열에너지는 상태 변화에 사용된다.

① ㄱ, ㄴ
② ㄱ, ㄷ
③ ㄴ, ㄹ
④ ㄱ, ㄷ, ㄹ
⑤ ㄴ, ㄷ, ㄹ

05 그림은 종이컵에 물을 넣고 알코올램프로 가열하여 물이 끓고 있는 모습을 나타낸 것이다. 빈 종이컵은 불에 닿으면 타지만 물이 끓고 있는 종이컵은 불에 타지 않는다. 그 까닭에 대한 설명으로 옳은 것은?

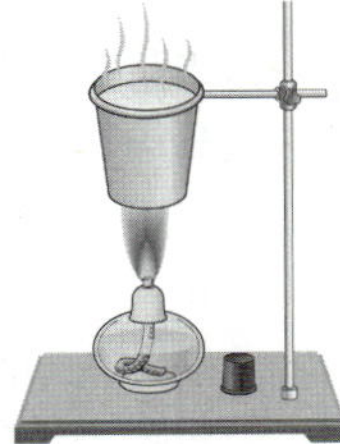

① 불은 물에 닿으면 꺼지기 때문이다.
② 물이 알코올램프에서 전해지는 열을 차단하기 때문이다.
③ 종이컵이 물에 닿으면 불에 타지 않는 재질로 변하기 때문이다.
④ 가해 준 열에너지가 물의 상태 변화에 사용되기 때문이다.
⑤ 종이컵이 젖어서 불에 타기 어렵기 때문이다.

06 그림은 어떤 고체 물질의 가열·냉각 곡선을 나타낸 것이다.

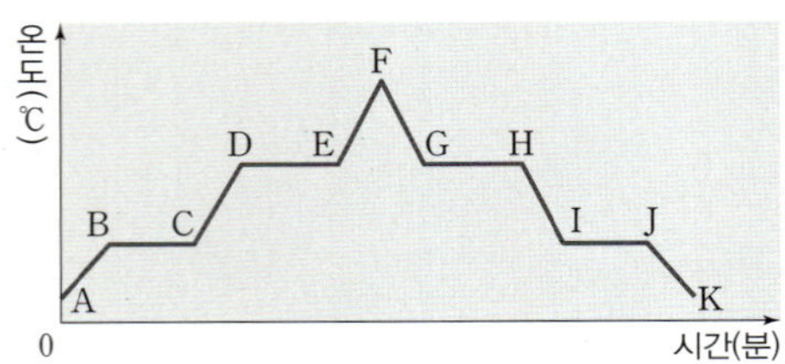

A~K 중 다음과 같은 현상과 관련 있는 상태 변화가 일어나는 구간으로 옳은 것은?

> 겨울철 창고에 보관한 과일이 얼지 않도록 물이 담긴 그릇을 놓아둔다.

① BC   ② DE   ③ EG
④ GH   ⑤ IJ

07 표는 1기압에서 물질 A와 B에 대한 자료이다.

물질	녹기 시작하는 온도(℃)	끓기 시작하는 온도(℃)
A	17	118
B	0	100

A와 B가 모두 액체 상태로 존재하는 온도는?

① 0 ℃ 이하   ② 0~17 ℃   ③ 17~100 ℃
④ 100~118 ℃   ⑤ 118 ℃ 이상

B 상태 변화가 일어날 때 열에너지를 흡수·방출하는 예

08 그림은 물질의 상태 변화를 입자 모형으로 나타낸 것이다.

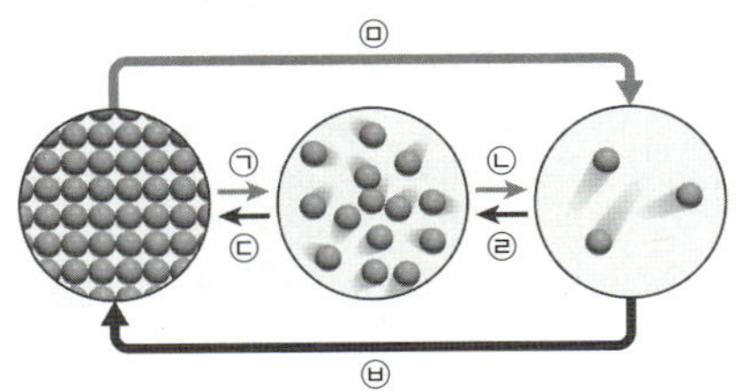

다음 현상과 관련 있는 상태 변화와 이때 출입하는 열에너지의 종류를 옳게 짝 지은 것은?

> 이른 봄 호수의 얼음이 녹을 때 호수 주변의 지역은 다른 지역보다 춥다.

① ㉠ㅡ융해열   ② ㉡ㅡ기화열
③ ㉢ㅡ응고열   ④ ㉣ㅡ액화열
⑤ ㉤ㅡ승화열

09 사막에 사는 사람들은 양가죽으로 만든 물통에 물을 보관하는데, 양가죽 물통은 표면에서 물이 조금씩 새어 나오는 단점이 있지만 다른 물통에 비해 물이 매우 시원하다는 장점을 가진다. 그 까닭에 대한 설명으로 옳은 것은?

① 물의 확산이 빠르게 일어나기 때문이다.
② 양가죽이 열을 효과적으로 차단하기 때문이다.
③ 사막의 일교차가 심하기 때문에 밤에 양가죽이 차가워진 것이 낮까지 계속 유지되기 때문이다.
④ 표면에서 새어 나온 물이 기화할 때 물통 속 물의 열에너지를 흡수하기 때문이다.
⑤ 사막에서는 물이 잘 증발되지 않기 때문이다.

10 그림과 같이 선풍기 앞에 (가) 아무것도 장치하지 않은 온도계와, (나) 물 묻은 솜으로 감싼 온도계를 놓은 후, 온도 변화를 관찰하였다.

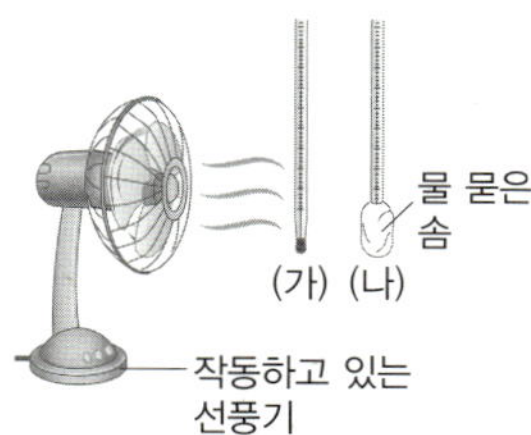

시간이 지난 후 온도가 더 낮은 온도계와 이때 출입하는 열에너지의 종류를 옳게 짝 지은 것은? (단, (가)와 (나)의 처음 온도는 동일하다.)

① (가) – 기화열 흡수　　② (가) – 액화열 방출

③ (나) – 승화열 흡수　　④ (나) – 기화열 흡수

⑤ (나) – 액화열 방출

11 그림 (가)는 증기 난방기의 구조를, (나)는 냉장고의 구조를 나타낸 것이다.

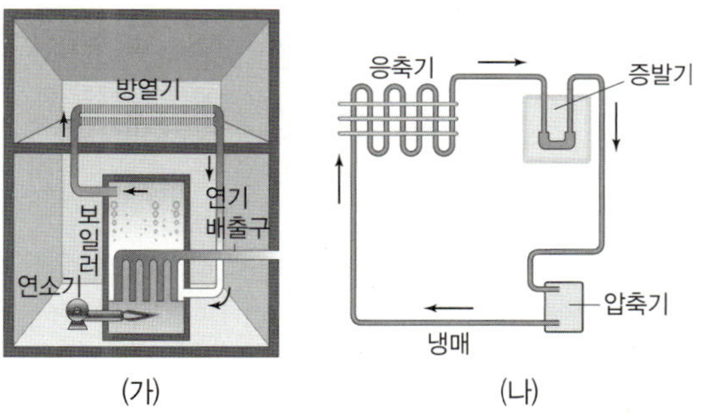

이에 대한 설명으로 옳지 않은 것은?

① (가)의 보일러에서 방열기 쪽으로 이동하는 물질은 수증기이다.

② (가)의 보일러에서는 연료가 연소되면서 물의 기화가 일어난다.

③ (나)의 응축기에서는 물질의 부피가 줄어드는 상태 변화가 일어난다.

④ (나)의 증발기에서는 물질을 이루는 입자 사이의 거리가 멀어지는 상태 변화가 일어난다.

⑤ (가)의 방열기와 (나)의 증발기에서 일어나는 상태 변화의 종류는 같다.

서술형 문제

12 표는 어떤 액체 물질을 냉각할 때 시간에 따른 온도 변화를 나타낸 것이다.

시간(분)	0	2	4	6	8	10
온도(℃)	20	14	10	6	0	0

8분 이후부터는 물질을 냉각해도 물질의 온도가 낮아지지 않고 일정하게 유지되는데, 그 까닭을 서술하시오.

____

____

13 그림은 물질의 상태 변화를 나타낸 것이다.

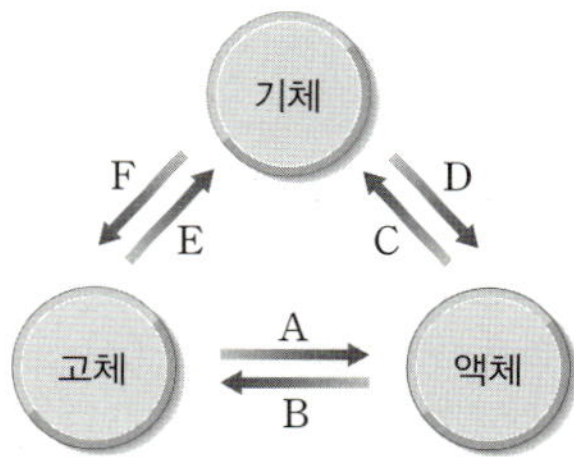

A~F 중 열에너지를 흡수하는 상태 변화를 모두 고르고, 이때 주위의 온도 변화에 대해 서술하시오.

____

____

14 그림은 에어컨의 구조를 나타낸 것이다.

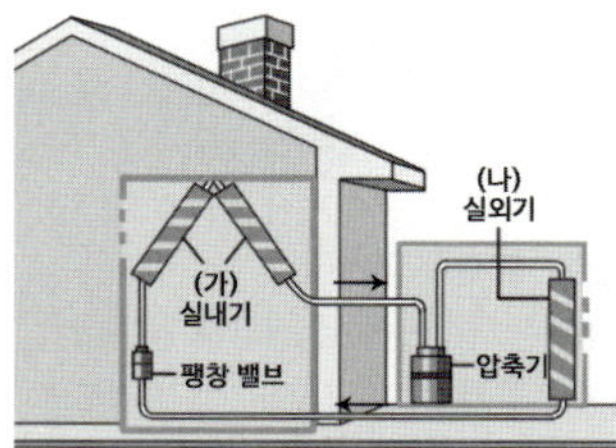

(가)의 실내기와 (나)의 실외기에서 일어나는 냉매의 상태 변화 과정과 열에너지 출입 및 주위의 온도 변화에 대해 서술하시오.

____

____

대단원 핵심 정리

확산과 증발

1. 물질을 구성하는 입자: 모든 물질은 크기가 매우 작은 입자들로 이루어져 있다.
- 입자 모형: 눈에 보이지 않는 입자의 운동을 설명하기 위해 입자를 간단한 모형으로 나타낸 것

2. 입자의 운동: 물질을 이루는 입자가 정지해 있지 않고 스스로 (❶   ) 방향으로 움직이는 현상
- 입자의 운동은 고체, 액체, 기체에서 모두 일어난다.
- 확산과 증발은 입자의 (❷   )에 의해 나타나는 현상이다.

3. (❸   ): 물질을 이루는 입자들이 스스로 운동하여 퍼져 나가는 현상

입자 모형	▲ 액체 속에서의 확산 ▲ 기체 속에서의 확산	
예	• 물에 잉크를 떨어뜨리면 물 전체가 잉크 색으로 변한다. • 냉면에 식초를 떨어뜨리면 국물 전체에서 신맛이 난다. • 방 안에 향수병을 열어 놓으면 방 전체에 향수 냄새가 난다.	
잘 일어나는 조건	온도	(❹)
	물질의 상태	고체<액체<기체
	입자의 질량	(❺)
	확산 장소	액체 속 < 기체 속 < 진공 속

4. (❻   ): 액체를 이루는 입자가 액체 표면에서 기체로 변하는 현상

입자 모형	(물 입자)	
예	• 젖은 빨래가 마른다. • 염전에서 바닷물로 소금을 얻는다. • 꺼내 놓은 빵이 말라서 딱딱해진다. • 손등에 바른 알코올이 날아간다. • 고추나 오징어 등을 오래 보관하기 위해 말린다.	
잘 일어나는 조건	온도	(❼)	추운 날보다 따뜻한 날 빨래가 잘 마른다.
	바람	강할수록	바람이 불면 빨래가 잘 마른다.
	습도	낮을수록	건조할수록 빨래가 잘 마른다.
	액체의 표면적	(❽)	빨래를 뭉치지 않고 펼쳐서 널면 잘 마른다.

02

물질의 상태 변화

1. 물질의 세 가지 상태

상태	고체	(❾)	기체
담는 그릇에 따른 모양과 부피	모양과 부피 일정	모양 변함, 부피 일정	모양과 부피 (❿)
흐르는 성질	(⓫)	있음	있음
압축되는 성질	압축되지 않음	거의 압축되지 않음	압축이 잘 됨
예	얼음, 철 등	물, 에탄올 등	수증기, 공기 등

2. 상태 변화: 물질의 성질이 유지되면서 물질의 상태만 변하는 것

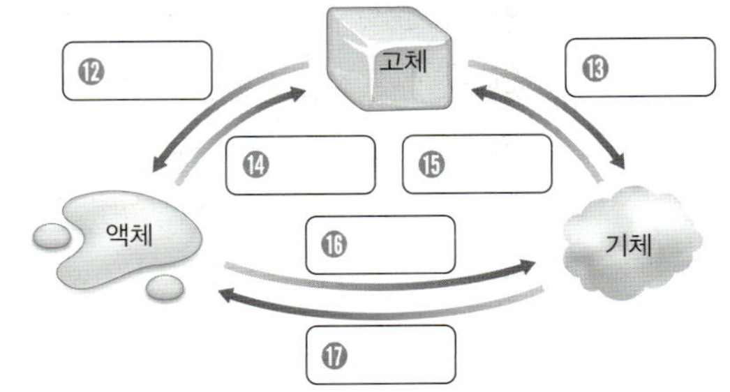

융해	응고
• 초콜릿이나 아이스크림이 녹는다. • 버터가 프라이팬에서 녹는다.	• 고깃국에 뜬 기름이 식어 굳는다. • 겨울철 지붕 끝에 고드름이 생긴다.

기화	액화
• 젖은 빨래가 마른다. • 물이 끓어 수증기가 된다.	• 새벽에 안개가 생긴다. • 풀잎에 이슬이 맺힌다.

승화(고체 → 기체)	승화(기체 → 고체)
• 냉동실 속 얼음의 크기가 작아진다. • 드라이아이스의 크기가 작아진다.	• 추운 겨울 유리창에 성에가 생긴다. • 겨울철 나뭇잎에 서리가 내린다.

3. 물질의 상태와 입자 배열

상태	고체	액체	(⑱)
입자 모형			
입자 배열	(⑲)	불규칙적	매우 불규칙적
입자 사이의 거리	매우 가까움	비교적 가까움	매우 멂
입자 사이의 인력	매우 강함	고체보다 약함	거의 없음
입자 운동	제자리에서 진동 운동만	비교적 자유롭게 운동	매우 자유롭고 활발하게 운동

4. 상태 변화에 따른 입자 배열의 변화

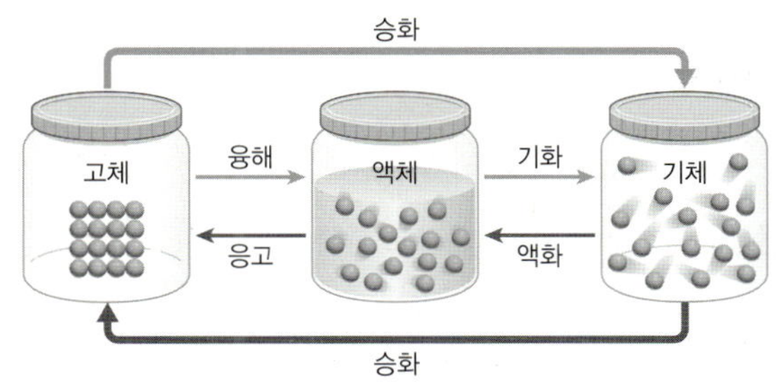

구분	물질을 가열할 때	물질을 (⑳)할 때
상태 변화	융해, (㉑), 승화(고체 → 기체)	응고, 액화, 승화(기체 → 고체)
입자 배열	불규칙적으로 변함	규칙적으로 변함
입자 사이의 거리	멀어짐	가까워짐
입자 사이의 인력	약해짐	강해짐
입자 운동	활발해짐	둔해짐

5. 상태 변화에 따른 부피의 변화

일반적인 물질	고체 < (㉒) < 기체
물	액체(물) < 고체(얼음) < 기체(수증기)

6. 상태 변화가 일어날 때 변하는 것과 변하지 않는 것

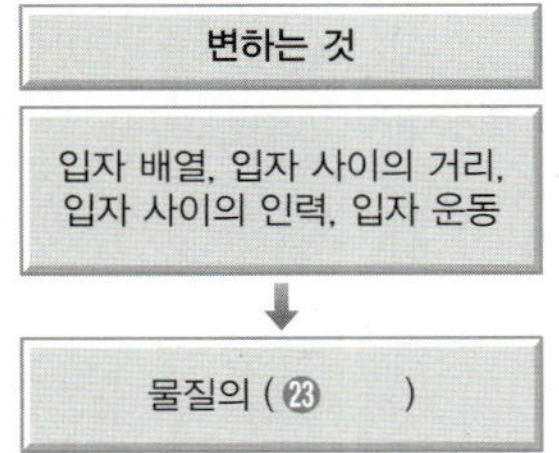

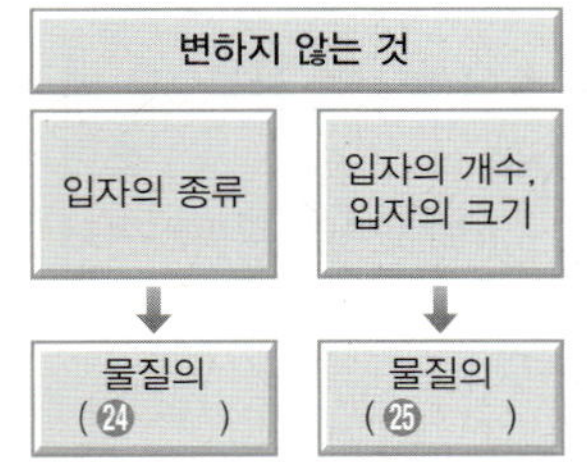

03 상태 변화와 열에너지

1. 상태 변화와 열에너지

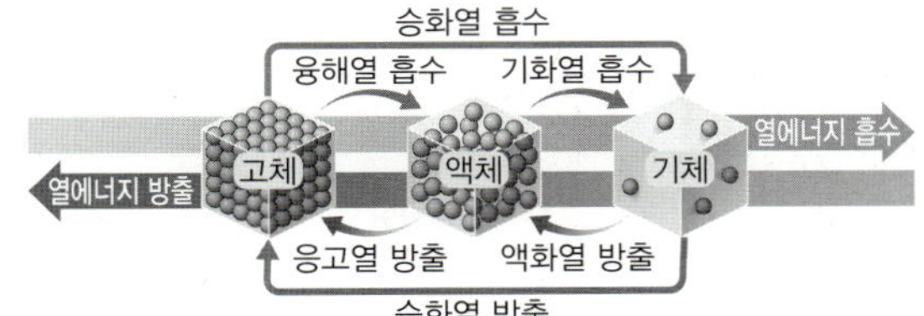

구분	물질을 가열할 때	물질을 냉각할 때
상태 변화	융해, 기화, 승화(고체 → 기체)	응고, (㉖), 승화(기체 → 고체)
열에너지	(㉗)	방출
입자 운동	활발해짐	둔해짐
입자 배열	불규칙적으로 변함	규칙적으로 변함

• 가열할 때: 물질이 열에너지를 흡수하며, 상태 변화가 일어나는 동안에는 온도가 일정하게 유지된다.

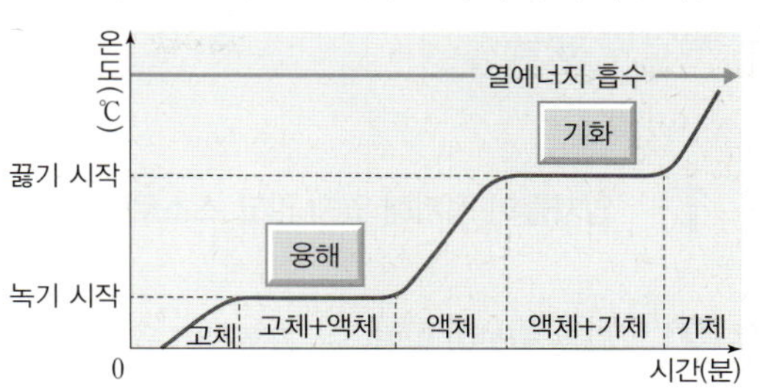

• 냉각할 때: 물질이 열에너지를 (㉘   )하며, 상태 변화가 일어날 때는 (㉙   )가 일정하게 유지된다.

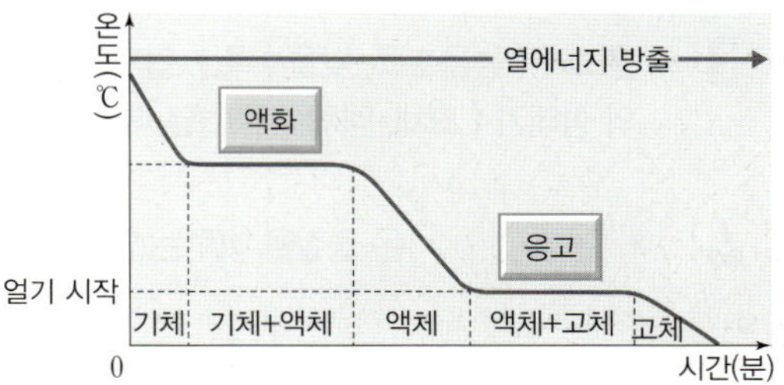

2. 상태 변화가 일어날 때 열에너지를 흡수·방출하는 예

• 열에너지를 (㉚   )하는 상태 변화: 주위 온도 낮아짐

(㉛)열 흡수 (고체 → 액체)	• 얼음물에서 얼음이 융해되면서 물이 차가워진다. • 얼음 조각상 근처에 있으면 시원하다.
(㉜)열 흡수 (액체 → 기체)	• 더운 여름철에 도로에 물을 뿌리면 시원해진다. • 손등에 알코올을 문지르면 시원하다.
승화열 흡수 (고체 → 기체)	아이스크림 포장에 드라이아이스를 넣으면 아이스크림이 잘 녹지 않는다.

• 열에너지를 방출하는 상태 변화: 주위 온도 높아짐

(㉝)열 방출 (액체 → 고체)	추운 겨울, 창고에 보관한 과일이 얼지 않도록 물이 담긴 그릇을 놓아둔다.
액화열 방출 (기체 → 액체)	비가 오기 전에 날씨가 후텁지근하다.
(㉞)열 방출 (기체 → 고체)	눈이 올 때 날씨가 포근해진다.

3. 증기 난방기와 에어컨의 원리

증기 난방기	• 보일러: 연료의 연소로 인해 물이 수증기로 기화 → 기화열 흡수 • 방열기: 뜨거운 수증기가 물로 액화 → 액화열 (㉟) → 내부 온도 (㊱)
에어컨	• 실내기: 액체 냉매가 기체로 기화 → 기화열 (㊲) → 내부 온도 낮아짐 • 실외기: 기체 냉매가 액체로 액화 → 액화열 (㊳) → 더운 공기 배출

01 확산과 증발

1 입자들이 정지해 있지 않고 스스로 모든 방향으로 움직이는 현상을 (　　　　　　)이라고 한다.

2 다음 현상이 일어나는 공통적인 원인을 쓰시오.

> • 젖은 빨래가 마른다.
> • 마약 탐지견이 냄새로 마약을 찾아낸다.

3 온도가 (높을수록, 낮을수록), 입자의 질량이 (클수록, 작을수록) 입자 운동이 활발해지고, 세 가지 상태 중 물질의 상태가 (고체, 액체, 기체)일 때 입자의 운동이 가장 활발하다.

4 (　　　　　　)은 물질을 이루는 입자들이 스스로 운동하여 기체나 액체 또는 진공 속으로 퍼져 나가는 현상이다.

5 표는 주어진 조건에서 확산 속도를 비교한 것이다. (　　　) 안에 알맞은 부등호를 쓰시오.

(1) 온도	(2) 입자의 질량	(3) 물질의 상태	(4) 확산 장소
높다 (　) 낮다	작다 (　) 크다	고체 (　) 액체 (　) 기체	액체 속 (　) 기체 속 (　) 진공 속

6 그림과 같이 페트리 접시에 페놀프탈레인 용액을 떨어뜨린 솜을 일정한 간격으로 배열한 뒤 접시의 중앙에 암모니아수를 떨어뜨리면 암모니아수와 (　　　　　) 쪽의 솜부터 붉은색으로 변한다. 이를 통해 입자가 (　　　　　) 방향으로 운동하면서 확산이 일어난다는 것을 알 수 있다.

7 증발에 대한 설명으로 옳은 것은 ○, 옳지 <u>않은</u> 것은 ×로 표시하시오.

(1) 입자 운동의 증거가 된다. ·· (　　　　)
(2) 액체를 이루는 입자들이 스스로 운동하여 나타나는 현상이다. ················· (　　　　)
(3) 액체 표면과 내부에서 액체를 이루는 입자들이 기체로 변하는 현상이다. ·········· (　　　　)

8 표는 주어진 조건에서 증발 속도를 비교한 것이다. (　　　) 안에 알맞은 부등호를 쓰시오.

(1) 온도	(2) 습도	(3) 바람	(4) 액체의 표면적
높다 (　) 낮다	높다 (　) 낮다	강하다 (　) 약하다	넓다 (　) 좁다

9 수평을 이룬 윗접시저울의 한쪽 거름종이에 에탄올을 몇 방울 떨어뜨린 뒤 충분한 시간이 흐르면 저울이 다시 수평으로 돌아온다. 이 실험을 통해 에탄올의 (　　　　　) 현상을 확인할 수 있다.

10 다음 중 증발의 예는 '증발', 확산의 예는 '확산'이라고 쓰시오.

(1) 염전에서 바닷물을 가두어 소금을 얻는다. ··· (　　　　)
(2) 냉면에 식초를 떨어뜨리면 냉면 국물 전체에서 신맛이 난다. ····················· (　　　　)
(3) 향수병의 뚜껑을 열어 놓으면 방 전체에 향수 냄새가 퍼진다. ····················· (　　　　)

02 물질의 상태 변화

11 물질의 세 가지 상태와 그 특징을 서로 연결하시오.

(1) 고체 •　　　　　　　　　　　　• ㉠ 모양과 부피가 일정하다.

(2) 액체 •　　　　　　　　　　　　• ㉡ 모양과 부피가 일정하지 않다.

(3) 기체 •　　　　　　　　　　　　• ㉢ 모양은 일정하지 않고, 부피는 일정하다.

12 실온에서 고체, 액체, 기체 상태로 존재하는 물질을 각각 모두 고르시오.

> 철, 산소, 우유, 에탄올, 소금, 수소, 이산화 탄소, 암석, 수은

(1) 고체:　　　　　　　　(2) 액체:　　　　　　　　(3) 기체:

13~15 그림은 물질의 상태 변화를 나타낸 것이다.

13 (가)~(바)에 해당하는 상태 변화의 종류를 쓰시오.

14 (가)~(바) 중 가열에 의해 일어나는 상태 변화와 냉각에 의해 일어나는 상태 변화를 각각 모두 골라 기호로 쓰시오.

(1) 가열에 의해 일어나는 상태 변화:

(2) 냉각에 의해 일어나는 상태 변화:

15 다음 현상과 관련있는 상태 변화를 (가)~(바)에서 골라 기호로 쓰시오.

(1) 젖은 빨래가 마른다. ··· (　　　)

(2) 이른 새벽 풀잎에 이슬이 맺힌다. ··· (　　　)

(3) 처마 밑에 매달린 고드름이 녹는다. ··· (　　　)

(4) 영하의 날씨에 그늘에 있는 눈사람의 크기가 작아진다. ·························· (　　　)

16~17 그림은 물질의 세 가지 상태 변화를 입자 모형으로 나타낸 것이다.

(가)　　　　　(나)　　　　　(다)

16 (가)~(다)에 해당하는 상태를 각각 쓰시오.

17 일반적으로 입자 사이의 거리가 가장 가까운 상태는 (　　　　　)이고, 입자 운동이 가장 활발한 상태는 (　　　　　) 이다.

18 물질의 상태가 변할 때 물질의 질량과 성질은 (변하고, 변하지 않고), 입자 배열과 물질의 부피는 (변한다, 변하지 않는다).

03 상태 변화와 열에너지

19 다음과 같은 특징을 나타내는 상태 변화를 연결하시오.

(1) 열에너지를 방출한다. •

(2) 입자 배열이 불규칙적으로 변한다. •

(3) 입자 사이의 거리가 멀어진다. •

(4) 입자 사이의 인력이 강해진다. •

• ㉠ 융해, 기화, 승화(고체 → 기체)

• ㉡ 응고, 액화, 승화(기체 → 고체)

20 그림은 물질의 상태 변화를 입자 모형으로 나타낸 것이다. A~F 중 주위의 온도가 낮아지는 상태 변화를 모두 고르시오.

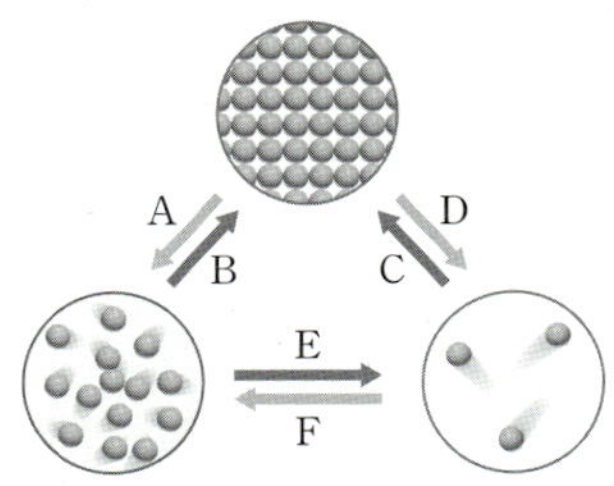

21~23 그림은 어떤 고체 물질을 가열할 때 시간에 따른 온도 변화를 나타낸 것이다.

21 (가) 상태 변화가 일어나는 구간의 기호와 (나) 각 구간에서 일어나는 상태 변화의 종류를 순서대로 쓰시오.

22 각 구간에서 물질이 어떤 상태로 존재하는지 쓰시오.

(1) A: (   ) (2) B: (   ) (3) C: (   )

(4) D: (   ) (5) E: (   )

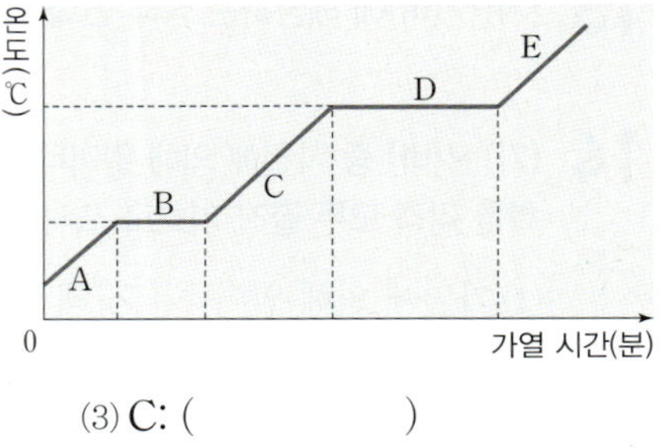

23 B와 D 구간에서 온도가 일정한 까닭은 흡수된 열에너지가 모두 (   )에 사용되기 때문이다.

24 물질을 냉각할 때 상태 변화가 일어나는 동안에는 온도가 일정하게 유지되는데, 이는 상태 변화하는 동안 (흡수, 방출)하는 열에너지가 온도가 낮아지는 것을 막아 주기 때문이다.

25 융해, 기화, 승화(고체 → 기체)가 일어날 때는 주위의 온도가 (높아, 낮아)지고, 응고, 액화, 승화(기체 → 고체)가 일어날 때는 주위의 온도가 (높아, 낮아)진다.

26 다음 현상에서 상태 변화가 일어날 때 출입하는 열에너지의 종류와 흡수 또는 방출을 쓰시오.

(1) 더운 여름날 얼음 조각 옆에 있으면 시원하다. ·······················(   )

(2) 도심 속 식물의 잎에서 증산 작용이 일어나 물이 수증기로 변하면서 도심의 온도를 낮춘다.

·······················(   )

(3) 날씨가 갑자기 추워지면 오렌지 나무에 물을 뿌려 오렌지가 어는 것을 막는다. ··········(   )

27 증기 난방기의 보일러에서는 연료가 연소할 때 발생한 열에 의해 물이 수증기로 (   )하고 방열기에서는 수증기가 물로 변하면서 열에너지를 (   )하므로 방 안이 따뜻해진다.

28 그림은 에어컨의 구조를 나타낸 것이다. (가)와 (나)에서 일어나는 열에너지의 종류와 흡수 또는 방출을 쓰시오.

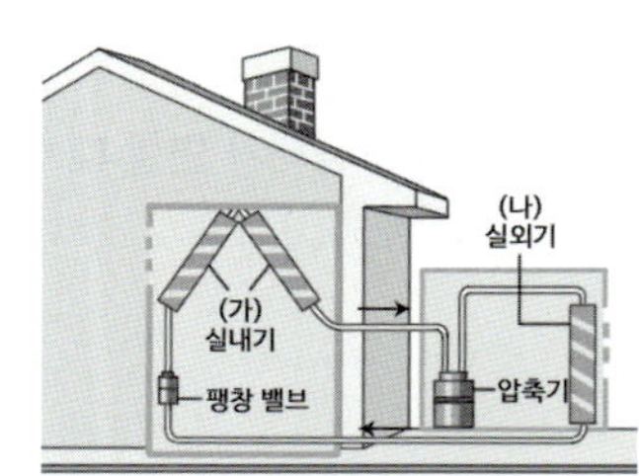

01 확산과 증발

01 설탕을 물에 넣으면 저어 주지 않아도 물 전체에서 단맛이 난다. 이러한 현상이 나타나는 까닭으로 옳은 것은?

① 입자의 개수가 많아지기 때문이다.
② 입자가 스스로 운동하기 때문이다.
③ 입자의 성질이 변하지 않기 때문이다.
④ 입자의 크기가 변하지 않기 때문이다.
⑤ 입자 사이의 거리가 가까워지기 때문이다.

02 다음 현상에서 공통적으로 알 수 있는 특징으로 옳은 것은?

> • 여름철에는 주유소 근처에서 기름 냄새가 더 많이 난다.
> • 그늘보다 햇볕에서 젖은 빨래가 잘 마른다.

① 물질을 이루는 입자의 질량은 변하지 않는다.
② 물질을 이루는 입자의 크기는 변하지 않는다.
③ 물질을 이루는 입자 사이에는 인력이 작용한다.
④ 물질을 이루는 입자는 고유한 성질을 가지고 있다.
⑤ 물질을 이루는 입자의 운동은 온도가 높아지면 활발해진다.

03 증발과 확산에 해당하는 현상의 예를 각각 |보기|에서 모두 골라 옳게 짝 지은 것은?

> 보기
> ㄱ. 어항 속의 물이 줄어든다.
> ㄴ. 꽃밭 근처를 지나면 꽃 향기가 난다.
> ㄷ. 설탕을 물속에 넣으면 물 전체에서 단맛이 난다.
> ㄹ. 에탄올을 손등에 떨어뜨리면 잠시 후에 에탄올이 사라진다.

	증발	확산
①	ㄱ	ㄴ, ㄷ, ㄹ
②	ㄱ, ㄴ	ㄷ, ㄹ
③	ㄱ, ㄹ	ㄴ, ㄷ
④	ㄴ, ㄷ	ㄱ, ㄹ
⑤	ㄱ, ㄷ, ㄹ	ㄴ

04 확산에 대한 설명으로 옳지 <u>않은</u> 것은?

① 입자 운동의 증거가 된다.
② 확산은 모든 방향으로 일어난다.
③ 입자의 질량이 클수록 확산이 빠르게 일어난다.
④ 물질을 이루는 입자가 액체나 기체 또는 진공 속으로 퍼져 나가는 현상이다.
⑤ 진공에서는 입자 사이의 충돌로 인한 방해가 가장 적으므로 확산이 가장 잘 일어난다.

05 확산이 가장 잘 일어나는 조건은?

① 20 ℃의 물에 잉크 방울이 떨어졌을 때
② 20 ℃의 물에 커피 알갱이가 물에 녹을 때
③ 30 ℃의 공기 중에서 향수 냄새가 퍼질 때
④ 40 ℃의 공기 중에서 산소 기체가 퍼질 때
⑤ 40 ℃의 진공 속에서 산소 기체가 퍼질 때

06 증발에 대한 설명으로 옳은 것을 |보기|에서 모두 고른 것은?

> 보기
> ㄱ. 모든 온도에서 일어난다.
> ㄴ. 입자 운동에 의해 일어난다.
> ㄷ. 액체 전체에서 일어나는 현상이다.
> ㄹ. 기체에서 액체로 상태가 변한다.

① ㄱ, ㄴ ② ㄱ, ㄷ ③ ㄱ, ㄹ
④ ㄴ, ㄷ ⑤ ㄷ, ㄹ

07 다음 중 증발이 잘 일어나는 조건을 옳게 짝 지은 것은?

	온도	습도	액체의 표면적
①	낮을수록	낮을수록	좁을수록
②	낮을수록	높을수록	좁을수록
③	높을수록	낮을수록	좁을수록
④	높을수록	낮을수록	넓을수록
⑤	높을수록	높을수록	넓을수록

02 물질의 상태 변화

08 표는 물질의 세 가지 상태의 특징이다.

구분	(가)	(나)	(다)
모양	일정하지 않음	일정함	일정하지 않음
부피	일정함	일정함	일정하지 않음

실온에서 (가)~(다)의 상태에 해당하는 물질을 옳게 짝 지은 것은?

	(가)	(나)	(다)
①	물	수소	소금
②	식용유	암석	산소
③	질소	얼음	소금물
④	수소	설탕	우유
⑤	설탕물	이산화 탄소	소금

09 물질의 세 가지 상태에 대한 설명으로 옳은 것을 |보기| 에서 모두 고른 것은?

> 보기
> ㄱ. 고체와 액체는 모두 부피가 일정하다.
> ㄴ. 기체는 담는 그릇에 따라 모양이 달라진다.
> ㄷ. 고체와 액체는 모두 흐르는 성질이 없다.
> ㄹ. 액체와 기체는 모두 압축되는 성질이 있다.

① ㄱ, ㄴ   ② ㄱ, ㄹ   ③ ㄴ, ㄷ
④ ㄴ, ㄹ   ⑤ ㄷ, ㄹ

10 그림은 물질의 상태 변화를 나타낸 것이다. 각 과정에 해당하는 상태 변화의 예를 잘못 짝 지은 것은?

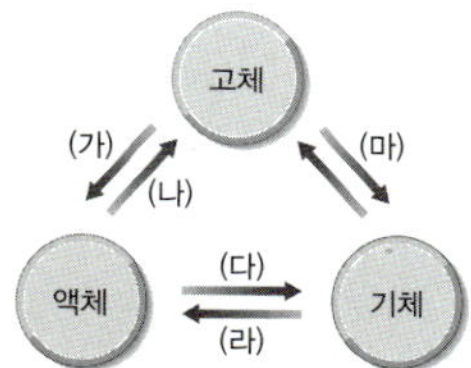

① (가) – 초콜릿이 녹는다.
② (나) – 추운 겨울 강물이 언다.
③ (다) – 추운 겨울에 얼어 있는 빨래가 마른다.
④ (라) – 목욕탕 천장에 물방울이 맺힌다.
⑤ (마) – 드라이아이스가 공기 중에서 사라진다.

11 다음과 같은 종류의 상태 변화가 일어난 예는?

> 겨울철 실내로 들어오면 안경에 김이 서린다.

① 냉동실 벽면에 성에가 생긴다.
② 이른 새벽 풀잎에 이슬이 맺힌다.
③ 처마 밑에 매달린 고드름이 녹는다.
④ 찌개를 계속 끓이면 국물이 줄어든다.
⑤ 옷장 속 나프탈렌의 크기가 작아진다.

12 그림은 주전자에 물을 넣고 끓였을 때 김이 발생한 모습을 나타낸 것이다. A와 B 중 김에 해당하는 것과 김에 대한 설명을 옳게 짝 지은 것은? (단, B는 주전자 입구에 존재하지만 투명해서 보이지 않는 물질이다.)

① A – 김은 수증기가 액화된 것으로 눈에 보인다.
② A – 김은 수증기가 기화된 것으로 눈에 보인다.
③ A – 김은 수증기가 먼지에 섞여 흰 연기처럼 보인다.
④ B – 김은 물이 끓을 때 발생한 수증기이다.
⑤ B – 김은 물이 끓을 때 발생한 기포이다.

13 그림은 비커에 물을 넣고 얼음이 담긴 시계 접시를 올려놓은 뒤 가열하는 모습을 나타낸 것이다. 이에 대한 설명으로 옳지 않은 것은?

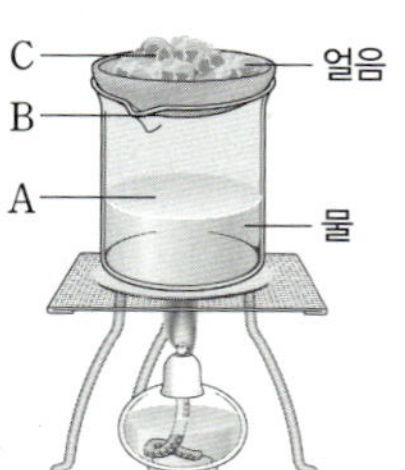

① A에서는 기포가 발생한다.
② B에서 일어나는 상태 변화는 안개가 생기는 것과 같은 종류의 상태 변화이다.
③ C에서 일어나는 상태 변화는 냉각할 때 일어나는 상태 변화에 해당한다.
④ 비커 속의 물은 액체 → 기체 → 액체로 상태가 변한다.
⑤ A, B, C에서 상태 변화가 일어나도 물의 성질은 변하지 않는다.

14 그림은 물질의 세 가지 상태를 입자 모형으로 나타낸 것이다.

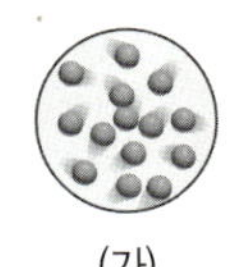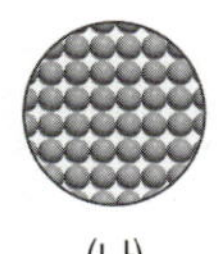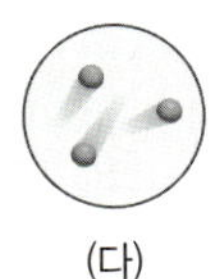

(가)　　　　(나)　　　　(다)

이에 대한 설명으로 옳지 <u>않은</u> 것은?

① (가)는 (나)보다 입자 배열이 불규칙하다.
② (나)는 입자 운동을 하지 않는다.
③ (나)는 입자 사이의 인력이 매우 강하다.
④ (다)는 입자 운동이 매우 활발하다.
⑤ (다)는 입자 사이의 거리가 매우 멀다.

15 다음 현상에서 일어나는 상태 변화를 입자 모형으로 나타낸 것으로 옳은 것은?

> 수채화를 그릴 때 도화지 위에 칠한 물감이 마른다.

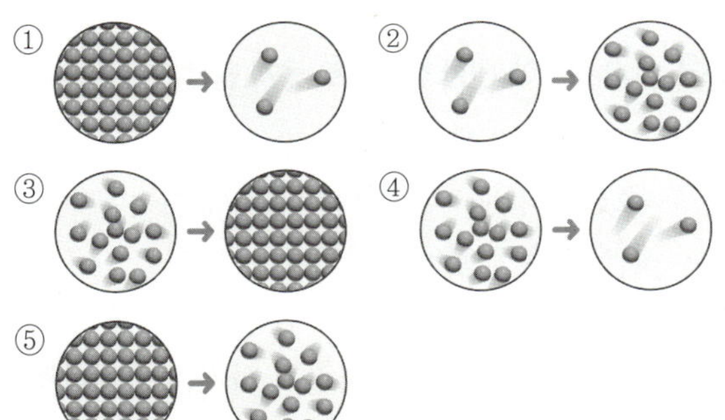

16 그림과 같이 아세톤이 들어 있는 비닐봉지의 입구를 잘 묶은 후 뜨거운 물을 부었더니 비닐봉지가 부풀어 올랐다.

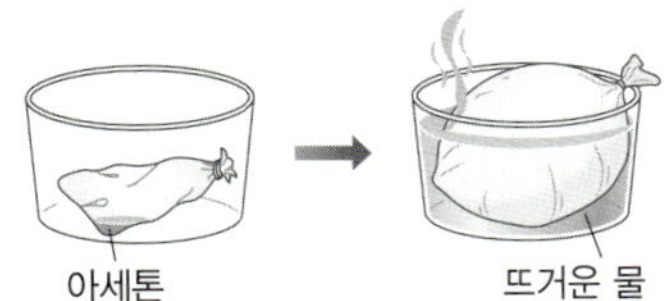

아세톤이 상태 변화할 때 변하지 않는 것을 모두 고르면? (2개)

① 아세톤의 질량
② 아세톤의 부피
③ 아세톤 입자의 개수
④ 아세톤 입자 사이의 인력
⑤ 아세톤 입자 사이의 거리

03 상태 변화와 열에너지

17 그림은 물질의 상태 변화를 입자 모형으로 나타낸 것이다.

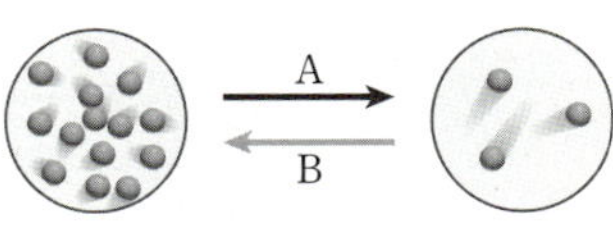

A와 B에 대한 설명으로 옳지 <u>않은</u> 것은?

① A에서 물질은 열에너지를 흡수한다.
② B에서 물질이 가지는 열에너지의 크기가 감소한다.
③ A에서 입자 운동이 활발해진다.
④ B에서 주위의 온도가 높아진다.
⑤ A에서 물질의 부피는 작아진다.

18 20 ℃에서 얼음과 드라이아이스의 상태 변화가 일어날 때의 공통점을 |보기|에서 모두 고른 것은?

> **보기**
> ㄱ. 열에너지를 흡수한다.
> ㄴ. 융해가 일어난다.
> ㄷ. 주위의 온도가 낮아진다.
> ㄹ. 부피가 증가한다.

① ㄱ, ㄴ　　　② ㄱ, ㄷ　　　③ ㄱ, ㄹ
④ ㄴ, ㄷ　　　⑤ ㄴ, ㄹ

[19-20] 그림은 어떤 기체 물질의 냉각 곡선을 나타낸 것이다.

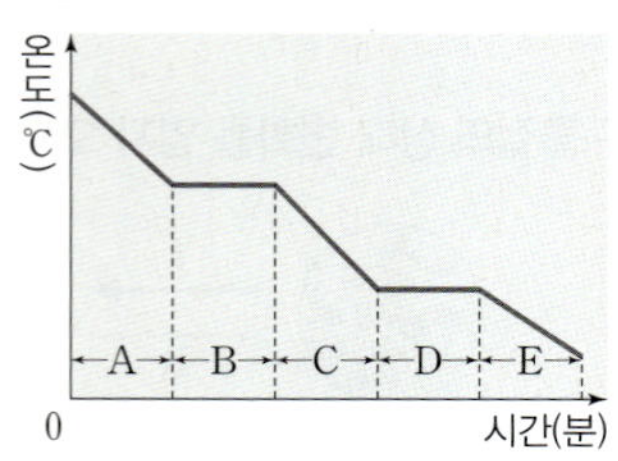

19 A, C, E 구간에서 입자 운동의 활발한 정도를 옳게 비교한 것은?

① A<C<E 　② A<E<C
③ C<A<E 　④ E<A<C
⑤ E<C<A

20 A~E 구간에 대한 설명으로 옳은 것은?

① A 구간에서는 열에너지를 흡수한다.
② B 구간에서 물질은 기체 상태와 액체 상태가 함께 존재한다.
③ C 구간에서 액화가 일어난다.
④ D 구간에서 융해가 일어나며 열에너지를 방출한다.
⑤ E 구간에서 입자 사이의 인력이 가장 약하다.

21 그림은 어떤 고체 물질을 가열할 때 시간에 따른 온도 변화를 나타낸 것이다.

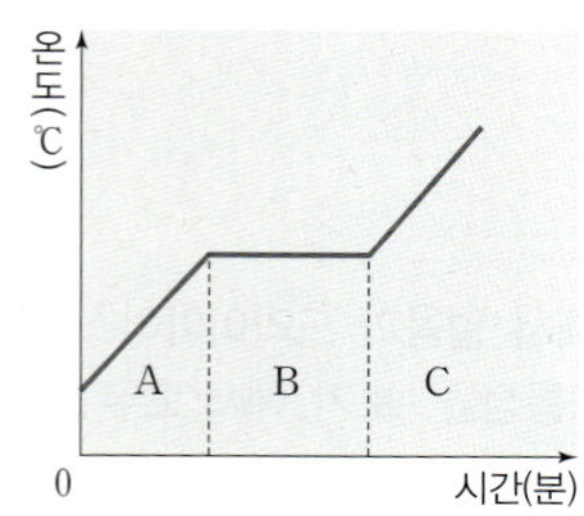

B 구간에서 온도가 일정한 까닭으로 옳은 것은?

① 가열을 잠깐 멈췄기 때문이다.
② 입자 사이의 거리가 가까워지기 때문이다.
③ 흡수한 열에너지가 상태 변화에 쓰이기 때문이다.
④ 열에너지가 주위로 방출되기 때문이다.
⑤ 입자 운동이 둔해지기 때문이다.

[22-24] 그림은 어떤 고체 물질의 가열·냉각 곡선을 나타낸 것이다.

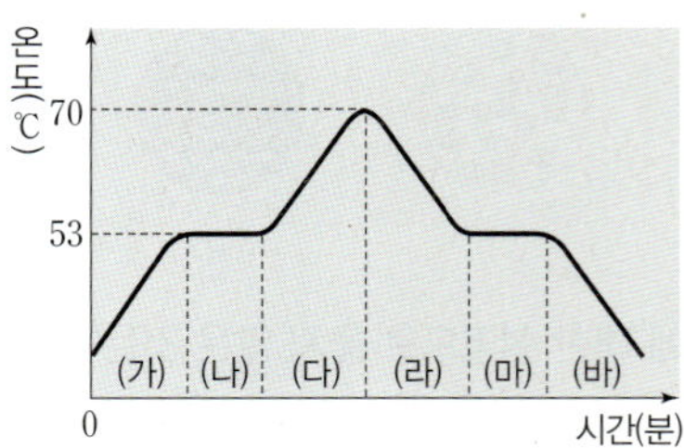

22 이에 대한 설명으로 옳지 <u>않은</u> 것은?

① (가) 구간에서 물질은 열에너지를 흡수한다.
② 상태 변화가 일어나는 구간은 (나)와 (마)이다.
③ (다)와 (라) 구간에서 물질은 액체 상태로만 존재한다.
④ (바) 구간에서 시간이 지날수록 물질이 가지는 열에너지의 크기는 점점 작아진다.
⑤ 70 ℃에서 물질이 녹기 시작한다.

23 (나) 구간에 대한 설명으로 옳지 <u>않은</u> 것은?

① (마) 구간과 온도가 같다.
② 물질의 세 가지 상태가 동시에 존재한다.
③ 입자의 배열이 달라진다.
④ 입자의 크기와 종류가 변하지 않는다.
⑤ 시간이 지날수록 물질이 가지는 열에너지의 크기가 증가한다.

24 다음은 상태 변화를 일상생활에 이용한 예이다.

> • 이누이트들은 얼음집 안에 물을 뿌려 내부를 따뜻하게 한다.
> • 겨울철 과일이 어는 것을 막기 위해 과일 저장 창고에 물그릇을 넣어 둔다.

위에서 공통으로 이용한 원리로 옳은 것은?

① 물이 응고할 때 부피가 증가한다.
② 물이 응고할 때 열에너지를 흡수한다.
③ 물이 응고할 때 열에너지를 방출한다.
④ 물이 기화할 때 열에너지를 흡수한다.
⑤ 물이 기화할 때 열에너지를 방출한다.

25 다음과 같은 열에너지의 출입을 이용하는 경우는?

> 사막에서 가죽으로 만든 물통에 물을 담아 두면 물이 시원하게 유지된다.

① 더운 날 얼음 조각 근처에 있으면 시원해진다.
② 아이스크림을 포장할 때 드라이아이스를 같이 넣는다.
③ 몸에 열이 날 때 물수건으로 몸을 닦으면 열이 내려간다.
④ 추운 겨울 오렌지 나무에 물을 뿌려 오렌지의 냉해를 막는다.
⑤ 얼음을 채운 아이스박스에 음식을 넣으면 차갑게 보관할 수 있다.

서술형 문제

26 그림과 같이 양초 조각을 비커에 담아 가열하여 액체 양초를 만든 후 질량을 측정하고, 액체 양초가 굳으면 다시 질량을 측정하였다.

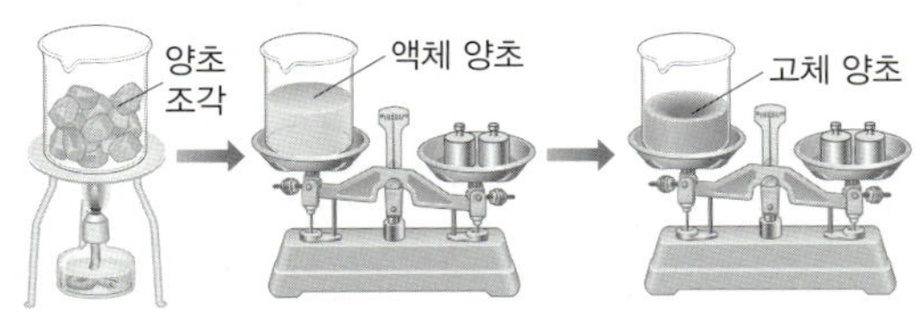

(1) 위 실험에서 양초의 질량은 어떻게 변하는지 쓰시오.

(2) (1)과 같은 결과가 나타나는 까닭을 양초를 이루는 입자와 관련지어 서술하시오.

27 그림과 같이 비닐장갑에 드라이아이스 조각을 넣고 입구를 묶었더니 비닐장갑이 부풀어 올랐다.

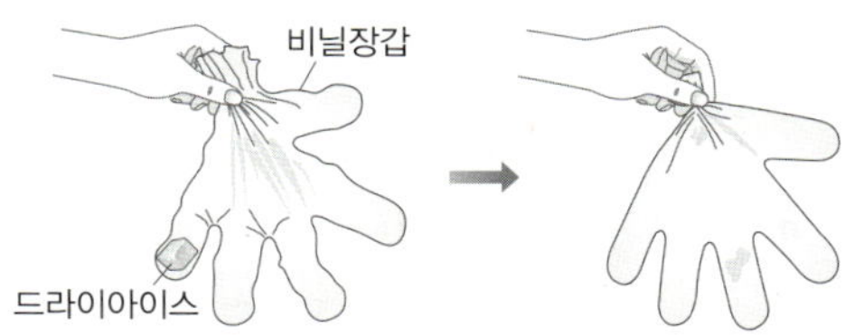

이와 같은 변화가 일어날 때 드라이아이스 입자의 운동, 입자 배열, 입자 사이의 거리는 어떻게 변하는지 서술하시오.

28 그림과 같이 드라이아이스를 물에 넣으면 물속에서 기포가 발생하면서 물이 끓는 것처럼 보인다.

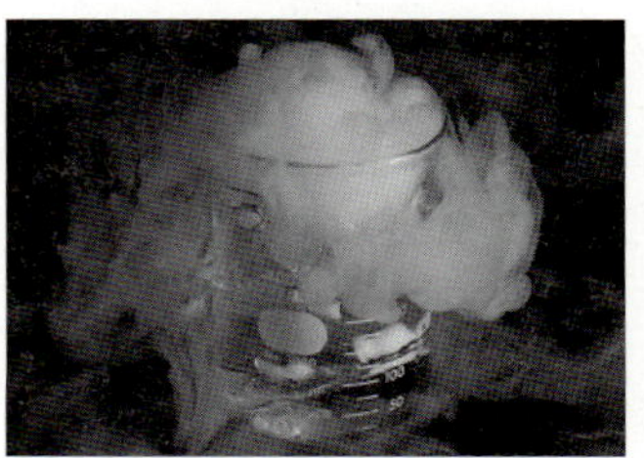

드라이아이스에서 일어나는 상태 변화의 종류를 쓰고 물의 온도가 어떻게 변하는지 서술하시오.

29 그림은 증기 난방기의 구조를 나타낸 것이다. 보일러와 방열기에서 일어나는 물의 상태 변화 과정과 열에너지 출입 및 주위의 온도 변화를 포함하여 증기 난방기의 원리를 서술하시오.

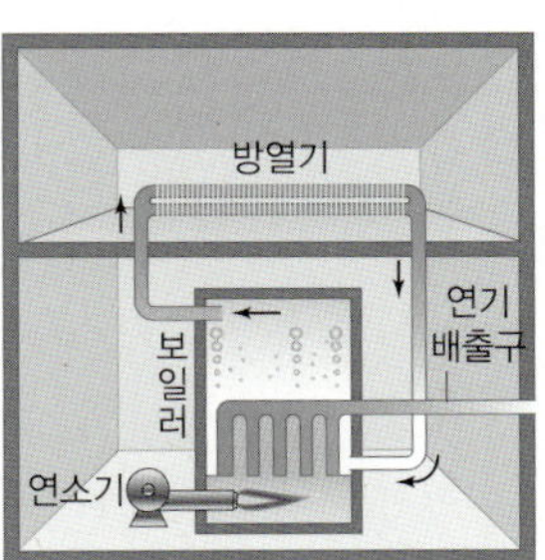

본

중등과학 本

정답 및 해설

1·1

본

本

개념이 글로 되다
내성이 기본이 되다

중등과학 1·1

정답 및 해설

정답 및 해설

I. 과학과 인류의 지속가능한 삶

01 과학과 인류의 지속가능한 삶

개념 바로 확인

11쪽

초성 확인 문제
01 문제 인식 02 가설 03 인공지능 04 인공위성
05 지속가능

01 (1) 가설 설정 (2) 자료 해석
02 (1) ㉢ (2) ㉣ (3) ㉤ (4) ㉠ (5) ㉡
03 탐구 설계 및 수행
04 (1) ㉢ (2) ㉠ (3) ㉡
05 (1) 개인 (2) 사회 (3) 사회 (4) 개인 (5) 사회 (6) 개인

01 과학적 탐구 방법은 문제 인식 → 가설 설정 → 탐구 설계 및 수행 → 자료 해석 → 결론 도출의 과정으로 진행한다.

03 주어진 과정은 탐구 과정을 설계하고 수행하는 '탐구 설계 및 수행'이다.

학교 시험 기출 변형 문제 Level 1

12쪽

01 ④ 02 ④ 03 ③ 04 ④ 05 ② 06 해설 참조

01 과학적 탐구 방법은 문제 인식 → 가설 설정 → 탐구 설계 및 수행 → 자료 해석 → 결론 도출의 과정으로 진행한다.

02 과학적 탐구 방법의 '탐구 설계 및 수행' 단계는 가설을 확인하기 위한 탐구 과정을 설계하고 수행하는 과정이다.
오답 피하기 ① '문제 인식' 단계는 발견한 문제에 관한 질문을 분명히 나타내는 과정이다.
② '가설 설정' 단계는 발견한 문제에 대한 잠정적인 결론인 가설을 세우는 과정이다.
③ '자료 해석' 단계는 탐구 수행 과정을 통해 알게 된 결과를 표나 그래프로 정리하여 해석하는 과정이다.
⑤ '결론 도출' 단계에서는 탐구 결과로부터 가설이 맞는지 판단하고, 탐구의 결론을 내리는 과정이다.

03 인터넷을 통해 전 세계의 다양한 정보를 공유할 수 있다.

04 사물 인터넷은 우리 주변의 각종 사물을 인터넷에 연결하여 서로 연결해 주는 기술이다.

05 ② 과학기술은 지속가능한 삶에 부정적인 영향뿐만 아니라 긍정적인 영향도 미칠 수 있으므로 지속가능한 삶을 위한 과학기술의 역할이 중요하다.

06 모범 답안 가설을 수정하여 탐구를 다시 설계한다.

채점 기준	배점
가설을 수정하여 탐구를 다시 설계한다는 내용을 모두 서술한 경우	100 %
가설을 수정해야 한다는 내용만 서술한 경우	50 %

학교 시험 기출 변형 문제 Level 2

13쪽

01 ① 02 ③ 03 ⑤ 04 해설 참조 05 해설 참조

01 (가)는 '탐구 설계 및 수행'의 단계로 이 단계에서는 설정한 가설을 확인하기 위한 탐구 과정을 설계하고, 탐구를 수행한다. 탐구 과정을 설계할 때는 탐구 결과에 영향을 줄 수 있는 조건을 확인하고 통제해야 하므로, 조작변인과 통제변인을 설정해야 한다.

02 (다)는 탐구 결과로부터 탐구의 결론을 내리는 '결론 도출' 단계이다.
오답 피하기 ① (가)는 발견한 문제의 잠정적인 결론인 가설을 세우는 '가설 설정' 단계이다.
② (나)는 가설을 확인하기 위한 탐구 과정을 설계하고 수행하는 '탐구 설계 및 수행' 단계이다.
④ (라)는 탐구 수행 과정을 통해 알게 된 결과를 정리하고 해석하는 '자료 해석' 단계이다.
⑤ (마)는 발견한 문제에 관한 질문을 갖게 되는 '문제 인식' 단계이다.

03 고속 열차로 인해 사람들이 먼 거리를 빠르게 다닐 수 있게 되었고, 금속 활자로 인해 대량 인쇄가 가능해졌다. 3D 프린팅 기술로 인해 인공 기관 등을 만들 수 있게 되었다.

04 모범 답안 푸른곰팡이에서는 세균의 증식을 멈추는 물질이 생성될 것이다.

채점 기준	배점
가설을 옳게 서술한 경우	100 %
가설을 옳게 서술하지 못한 경우	0 %

05 모범 답안 조작변인은 얼음의 크기이고, 통제변인은 물의 양, 컵의 크기, 물의 처음 온도이다.

채점 기준	배점
조작변인과 통제변인을 모두 옳게 서술한 경우	100 %
조작변인과 통제변인 중 한 가지만 옳게 서술한 경우	50 %

01 생물의 구성

개념 바로 확인

초성 확인 문제

01 세포 **02** 기능 **03** 상피 **04** 수 **05** 핵
06 마이토콘드리아 **07** 엽록체 **08** 세포 **09** 결합
10 기관 **11** 기관계 **12** 조직계 **13** 영구 **14** 물관

01 (1) ○ (2) × (3) × (4) × (5) ○ **02** (1) A: 세포벽, B: 엽록체, C: 핵, D: 마이토콘드리아, E: 액포, F: 세포막 (2) (나) **03** (1)-ⓒ, (2)-ⓑ, (3)-ⓒ, (4)-ⓐ, (5)-ⓖ, (6)-ⓜ **04** ⓖ: 세포, ⓒ: 기관, ⓒ: 기관, ⓔ: 기관계, ⓜ: 조직, ⓗ: 조직계 **05** (1) (가): 조직, (나): 세포, (다): 기관계, (라): 기관 (2) (가) (3) (다) (4) (나) → (가) → (라) → (다) **06** (1) (가): 세포, (나): 조직계, (다): 조직, (라): 개체, (마): 기관 (2) (나) (3) (가) → (다) → (나) → (마) → (라)

01 (2) 세포의 크기는 현미경으로 볼 수 있는 것부터 맨눈으로 볼 수 있는 것까지 다양하다.
(4) 한 생물의 몸을 구성하는 세포의 모양과 크기는 부위와 기능에 따라 다양하다.

02 엽록체와 세포벽은 동물세포에는 없고, 식물세포에만 있다. 따라서 세포벽(A)과 엽록체(B)를 가지는 (가)는 식물세포이고, (나)는 동물세포이다.

04 생물의 공통 구성 단계는 세포 → 조직 → 기관 → 개체이다. 동물의 구성 단계는 세포 → 조직 → 기관 → 기관계 → 개체이고, 식물의 구성 단계는 세포 → 조직 → 조직계 → 기관 → 개체이다.

05 (1), (4) (가)는 조직, (나)는 세포, (다)는 기관계, (라)는 기관이고, 동물의 구성 단계는 세포(나) → 조직(가) → 기관(라) → 기관계(다) → 개체이다.

06 (1), (3) (가)는 세포, (나)는 조직계, (다)는 조직, (라)는 개체, (마)는 기관이고, 식물의 구성 단계는 세포(가) → 조직(다) → 조직계(나) → 기관계(마) → 개체(라)이다.

탐구 집중 분석

01 (1) × (2) × (3) ○ **02** ⓖ: 있음, ⓒ: 있음, ⓒ: 규칙적 **03** (1) (가): 입안 상피세포, (나): 검정말잎 세포 (2) 엽록체, 세포벽 **04** ② **05** (1) (다) → (나) → (라) → (가) (2) 기포가 생기지 않게 하기 위해서 **06** ②

02 핵은 입안 상피세포와 검정말잎 세포에 모두 있고, 세포벽과 엽록체는 검정말잎 세포에만 있다. 입안 상피세포의 세포 모양은 일정하지 않은 모양으로 불규칙적으로 배열되어 있고, 검정말잎 세포의 세포 모양은 일정한 모양으로 규칙적으로 배열되어 있다.

04 (가)는 입안 상피세포를, (나)는 검정말잎 세포를 관찰한 것이다. ② 엽록체는 식물세포에만 있다. 따라서 검정말잎 세포인 (나)에서만 엽록체를 관찰할 수 있다.

오답 피하기 ① A는 핵으로, 핵(A)을 뚜렷하게 관찰하기 위해서 염색 용액을 사용한다.
③ (나)는 검정말잎 세포를 관찰한 것이다.
④ 검정말잎 세포는 세포벽을 가지므로 관찰 결과 세포의 모양이 규칙적으로 배열되어 있다.
⑤ 입안 상피세포와 검정말잎 세포는 모두 세포막과 세포질이 있다.

06 ② 검정말잎 세포를 관찰할 때 사용하는 염색 용액은 아세트산 카민 용액이다.

오답 피하기 ① (가)에서 여러 장의 검정말잎을 겹쳐 놓으면 세포를 뚜렷하게 관찰할 수 없다.
③ 검정말잎 세포를 아세트산 카민 용액으로 염색하면 핵이 붉은색으로 염색되어 관찰된다.
④ (다)에서 덮개 유리를 덮을 때 기포가 생기지 않도록 비스듬히 기울여 천천히 덮어 준다.
⑤ (라)에서 여분의 염색 용액을 흡수하기 위해 거름종이를 엄지손가락으로 지그시 눌러준다.

학교 시험 분석 다지선다

01 ④, ⑤, ⑦ **02** ②, ④, ⑤, ⑧

01 (가)는 식물세포, (나)는 동물세포이다.
④ 핵은 (가)와 (나)에서 모두 관찰된다.
⑤ 마이토콘드리아는 (가)와 (나)에 모두 있다.
⑦ 세포를 관찰할 때 염색 용액으로 염색해야 핵을 뚜렷하게 관찰할 수 있다.

오답 피하기 ① (가)는 식물세포이다.
② 엽록체는 식물세포에만 있으므로 (가)에서 관찰된다.
③ (가)와 (나)는 모두 다세포 생물이다.
⑥ 세포막은 식물세포와 동물세포에 모두 있다. 따라서 세포막의 유무로 식물세포와 동물세포를 구분할 수 없다.
⑧ 식물세포인 (가)의 관찰을 위해 아세트산 카민 용액을, 동물세포인 (나)의 관찰을 위해 메틸렌 블루 용액을 사용한다.

02 (가)는 조직, (나)는 기관, (다)는 기관계, (라)는 세포, (마)는 개체이다.
② 소장은 기관이므로 (나)에 해당한다.
④ 기관(나)은 식물의 구성 단계에도 있다.

⑤ 생물의 공통 구성 단계는 세포 → 조직 → 기관 → 개체이다. 따라서 생물의 공통 구성 단계에 포함되지 않는 단계는 기관계(다)이다.
⑧ 동물의 구성 단계는 세포(라) → 조직(가) → 기관(나) → 기관계(다) → 개체(마)이다.

오답 피하기 ① (가)는 조직이다.
③ 근육조직은 (가)에 해당한다.
⑥ 조직계는 동물의 구성 단계에 없다.
⑦ 여러 조직이 모여 특정한 기능을 수행하는 단계는 기관(나)이다.

빈/출/연/별 학교 시험 기출 변형 문제 Level 1 · 23~26쪽

01 ⑤ 02 ① 03 ② 04 ② 05 ⑤ 06 ⑤ 07 ④
08 ③ 09 ④ 10 ④ 11 ① 12 ④ 13 ② 14 ②
15 ③ 16 ② 17 ③ 18 ① 19 ③ 20 ⑤ 21 ②
22 해설 참조 23 해설 참조

01 ㄱ. 단세포 생물은 몸이 하나의 세포로 이루어진 생물로, 세균, 짚신벌레 등이 이에 속한다.
ㄴ. 다세포 생물은 몸이 여러 개의 세포로 이루어진 생물로, 개구리, 해바라기 등이 이에 속한다.
ㄷ. 세포는 생물을 이루는 구조적 기본 단위이자, 생명활동을 수행하는 기능적 기본 단위이다.

02 ㄱ. 동물세포와 식물세포는 모두 핵을 가진다.
오답 피하기 ㄴ. 세포는 일정 크기가 되면 더 이상 커지지 않는다.
ㄷ. 세포의 모양과 크기는 생물의 종류에 따라 다양하다.

03 ② 한 생물을 구성하는 세포라도 부위와 기능에 따라 모양과 크기가 서로 다양하다.

04 ② 가운데가 오목한 원반 모양으로, 혈관을 따라 몸속을 이동하여 산소를 운반하는 세포는 적혈구이다.

05 ㄱ. 세포에는 대부분 핵이 한 개씩 들어 있다.
ㄴ, ㄷ. 핵은 세포의 생명활동을 조절하며, 유전물질을 가지고 있어 생물의 형질을 결정한다.

06 ⑤ 마이토콘드리아는 식물세포와 동물세포에 모두 존재하며, 산소를 이용하여 세포의 활동에 필요한 에너지를 생성한다. 활발하게 활동하는 세포에는 더 많은 마이토콘드리아가 있다.

07 A는 핵, B는 엽록체, C는 액포, D는 세포벽, E는 마이토콘드리아이다.
④ 세포벽(D)은 식물세포의 가장 바깥쪽에 위치하고 있으며, 두껍고 단단하여 식물세포를 보호하고 형태를 유지하는 역할을 한다.

08 ③ 광합성을 하는 엽록체(B)와 식물세포의 모양을 일정하게 유지시키는 세포벽(D)은 식물세포에만 있다.

09 ④ 입안 상피세포는 동물세포이므로 세포벽이 없다. 따라서 (라)의 결과 세포벽이 관찰되지 않는다.

10 ㄱ. 식물세포의 핵을 염색하는 데 사용되는 용액은 아세트산 카민 용액이다. 따라서 (나)에서 아세트산 카민 용액으로 염색한다.
ㄴ. 덮개 유리를 덮을 때는 비스듬히 하여 천천히 덮어야 기포가 생기지 않는다.
오답 피하기 ㄷ. 현미경 표본의 제작 순서는 (다) → (나) → (라) → (가)이다.

11 ① 세포를 관찰하기 전에 염색하는 이유는 세포의 핵을 뚜렷하게 관찰하기 위해서이다.

12 ④ 생물의 공통 구성 단계는 세포 → 조직 → 기관 → 개체이다. 기관계는 동물의 구성 단계에만 있다.

13 ② 동물의 구성 단계는 세포 → 조직 → 기관 → 기관계 → 개체이다.

14 ② 신경세포들이 모여 신경조직을 이룬다.
오답 피하기 ① 동물과 식물의 구성 단계는 서로 다르다. 동물의 구성 단계에는 기관계가, 식물의 구성 단계에는 조직계가 있다.
③ 동물을 구성하는 기본 단위는 세포이다.
④ 폐, 기관, 기관지 등이 모여 호흡계를 이룬다.
⑤ 모양과 기능이 비슷한 세포들이 모여 조직을 이룬다.

15 (가)는 세포, (나)는 기관계, (다)는 조직, (라)는 기관이다.
③ 기관계(나)는 기관(라)의 단계가 모여 관련된 기능을 수행하는 단계이다.
오답 피하기 ①, ② (가)는 세포로, 우리 몸을 구성하는 기본 단위이다.
④ (다)는 모양과 기능이 비슷한 세포가 모인 단계인 조직이다.
⑤ 동물의 구성 단계는 (가) → (다) → (라) → (나) → 개체의 순으로 구성된다.

16 (가)는 조직, (나)는 세포, (다)는 개체, (라)는 기관, (마)는 기관계에 대한 설명이다.
② 동물의 구성 단계는 세포(나) → 조직(가) → 기관(라) → 기관계(마) → 개체(다)이다.

17 ③ 결합조직이 속하는 단계는 조직이므로 (가)는 조직이다. 혈액은 조직(가)에 해당한다.
오답 피하기 간과 뇌는 기관, 적혈구는 세포, 소화계는 기관계에 해당한다.

18 ① 입과 항문은 소화계에, 요도는 배설계에, 코는 호흡계에, 혈관은 순환계에 해당하는 기관이다.

19 (가)는 세포, (나)는 기관, (다)는 개체, (라)는 조직계, (마)는 조직이다.
오답 피하기 ① (가)는 세포이다.
② (다)는 여러 기관이 모여 독립된 구조와 기능을 가진 완전한 생

물체인 개체이다.
④ (마)는 세포가 모여 이루어진 조직이다.
⑤ 식물의 구성 단계는 (가) → (마) → (라) → (나) → (다)이다.

20 (가)는 개체, (나)는 기관, (다)는 조직계, (라)는 조직, (마)는
세포에 대한 설명이다.
⑤ 식물의 구성 단계는 세포(마) → 조직(라) → 조직계(다) → 기관
(나) → 개체(가)이다.

21 ② (나)는 여러 조직계가 모여 일정한 기능을 수행하는 단계인
기관이다. 열매가 (나) 단계에 해당한다.

22 A는 핵, B는 엽록체, C는 액포, D는 세포벽, E는 마이토콘
드리아이다.

모범 답안 B와 D. 엽록체(B)는 빛에너지를 흡수하여 양분을 만드는
광합성이 일어나는 장소이며, 세포벽(D)은 두껍고 단단하여 식물
세포를 보호하고 일정한 모양을 유지하는 역할을 한다.

채점 기준	배점
동물세포에는 없고 식물세포에만 있는 세포소기관을 모두 쓰고, 필수 키워드를 제시하여 기능을 옳게 서술한 경우	100 %
동물세포에는 없고 식물세포에만 있는 세포소기관을 1가지만 쓰고, 필수 키워드를 제시하여 기능을 옳게 서술한 경우	50 %
동물세포에는 없고 식물세포에만 있는 세포소기관만을 쓴 경우	30 %

23 (가)는 검정말잎 세포를, (나)는 입안 상피세포를 관찰한 결과
를 나타낸 것이다.

모범 답안 (가)는 규칙적인 모양이고, (나)는 불규칙적인 모양이다.
(가)는 세포벽이 있고, (나)는 세포벽이 없다.

채점 기준	배점
(가)와 (나)의 차이점 2가지를 필수 키워드를 제시하여 옳게 서술한 경우	100 %
(가)와 (나)의 차이점 1가지를 필수 키워드를 제시하여 옳게 서술한 경우	50 %

빈/출/연/별
학교 시험 기출 변형 문제 Level 2

27~29쪽

01 ② **02** ㄴ, ㄷ, ㅁ **03** ③ **04** ⑤ **05** ④ **06** ④
07 ④ **08** ④ **09** ④ **10** ④ **11** ③ **12** ① **13** ④
14 해설 참조 **15** 해설 참조 **16** 해설 참조

01 ㄴ. 모든 생물은 세포로 이루어져 있다.
오답 피하기 ㄱ. 짚신벌레는 단세포 생물이다.
ㄷ. 생물체의 크기는 세포의 크기가 아닌 세포 수와 관련이 있다.

02 세균, 아메바, 짚신벌레는 단세포 생물이고, 소, 소나무, 무당
벌레는 다세포 생물이다.

03 (가)는 신경세포, (나)는 상피세포, (다)는 적혈구이다.
ㄷ. (다)는 가운데가 오목한 원반 모형으로, 혈관을 따라 이동하는

적혈구이다.
오답 피하기 ㄱ. (가)는 신경세포이다.
ㄴ. 신호를 받아들이고 전달하는 역할을 하는 세포는 신경세포(가)
이다.

04 A는 마이토콘드리아, B는 세포질, C는 핵, D는 세포막이다.
ㄱ. A는 마이토콘드리아로, 생명활동에 필요한 에너지가 생성되
고, 세포호흡이 일어나는 장소이다.
ㄴ. 세포질(B)에 여러 세포소기관이 존재한다.
ㄷ. 핵(C)과 세포막(D)은 동물세포와 식물세포에 모두 있다.

05 A는 마이토콘드리아, B는 세포질, C는 핵, D는 엽록체, E
는 세포막, F는 세포벽이다.
④ 엽록체(D)와 세포벽(F)은 식물세포에서만 발견된다.
오답 피하기 ① A는 마이토콘드리아로, 생명활동에 필요한 에너지를
생성하고 세포호흡이 일어나는 장소이다.
② 생명활동을 조절하는 것은 핵(C)이다.
③ 원생동물은 핵(C)이 존재한다.
⑤ 세포의 형태를 유지하는 역할을 하는 것은 세포벽(F)이다.

06 A는 세포질, B는 핵, C는 엽록체, D는 세포막, E는 액포, F
는 세포벽, G는 마이토콘드리아이다.
ㄱ. A는 세포막의 안쪽 부분으로, 여러 세포소기관이 존재하는 세
포질이다.
ㄷ. 마이토콘드리아(G)에서는 산소를 이용하여 세포호흡이 일어
난다.
오답 피하기 ㄴ. 엽록체(C)에서 빛을 이용하여 광합성이 일어난다.

07 식물세포에만 있는 구조는 엽록체(C)와 세포벽(F)이다. 액포
(E)는 주로 식물세포에서 발달하지만, 동물세포에도 있다.

08 ④ 식물세포에서만 관찰되고 세포의 형태를 유지하는 데 관여
하는 것은 세포벽(F)이다.

09 ④ 세포의 관찰 결과 식물세포(가)는 규칙적으로 배열되어 있
고, 동물세포(나)는 불규칙적으로 배열되어 있다.
오답 피하기 ① 핵은 동물세포와 식물세포에 모두 있다.
② 세포벽은 식물세포에만 있다.
③ (가)는 식물세포, (나)는 동물세포이다.
⑤ 세포를 관찰하기 전 식물세포(가)는 아세트산 카민 용액을, 동
물세포(나)는 메틸렌 블루 용액을 사용하여 염색한다.

10 ④ 기관은 연관된 조직 또는 조직계가 모여 일정한 기능을 담
당하는 단계이다.
오답 피하기 ① 식물의 구성 단계에는 조직계가 있다. 기관계는 동물
의 구성 단계에만 있다.
② 생물을 구성하는 기본 단위는 세포이다.
③ 비슷한 기능을 하는 기관들이 모인 단계는 기관계이다.

⑤ 생물은 공통으로 세포 → 조직 → 기관 → 개체의 구성 단계를 가진다.

11 ③ 체관, 물관, 형성층, 울타리조직은 조직의 예이고, 열매는 기관의 예이다.

12 (가)는 개체, (나)는 기관계, (다)는 세포, (라)는 기관, (마)는 조직이다.
ㄱ. (가)는 여러 기관계가 모여 이루어진 하나의 개체이다.
ㄴ. 한 생물 내에서 세포(다)의 모양은 다양하다.
[오답 피하기] ㄷ. 생물의 구성 단계 중 가장 작은 단계는 세포(다)이다.
ㄹ. 동물의 구성 단계는 세포(다) → 조직(마) → 기관(라) → 기관계(나) → 개체(가)이다.

13 (가)는 세포, (나)는 개체, (다)는 조직, (라)는 조직계, (마)는 기관이다.
④ 동물의 뇌는 기관(마)의 예에 해당한다.
[오답 피하기] ①, ② (가)는 생물의 공통 구성 단계 중 가장 작은 단계이다.
③ 조직계(라)는 비슷한 기능을 하는 조직(다)이 모인 것이다.
⑤ 식물의 구성 단계는 세포(가) → 조직(다) → 조직계(라) → 기관(마) → 개체(나)이다.

14 [모범 답안] 코끼리는 쥐보다 몸을 구성하는 세포 수가 많기 때문이다.

채점 기준	배점
코끼리가 쥐보다 몸집이 훨씬 큰 이유를 세포 수와 관련지어 옳게 서술한 경우	100 %
세포 수라고만 쓴 경우	50 %

15 엽록체는 동전이 여러 층으로 쌓여 있는 구조를 가진다. 따라서 A는 엽록체이다.
[모범 답안] 엽록체, 빛에너지를 이용하여 광합성을 하고 양분을 생성한다.

채점 기준	배점
A의 이름을 쓰고, 기능을 옳게 서술한 경우	100 %
A의 이름 또는 기능 중 한 가지만 옳게 서술한 경우	50 %

16 [모범 답안] 동물은 식물과 달리 스스로 양분을 만들지 못하므로 먹이를 찾아 이동하고, 소화하며, 배설하는 등의 다양한 생명활동을 위한 기관계의 상호작용이 필요하기 때문이다.

채점 기준	배점
식물과 달리 동물이 다양한 기관계가 발달한 이유를 옳게 서술한 경우	100 %
스스로 양분을 만들지 못한다라고만 쓴 경우	50 %

02 생물다양성

개념 바로 확인

초성 확인 문제

01 생물다양성 **02** 생물 종류 **03** 변이 **04** 변이
05 환경, 유전 **06** 생존, 번식 **07** 적응

01 생태계, 특징 **02** (1) ○ (2) ○ (3) × (4) × **03** (1) ○
(2) × (3) × (4) ○ **04** 유전자 **05** (1) ○ (2) ○ (3) ×

02 (1) 생물다양성에는 생태계의 다양함, 생물 종류의 다양함, 같은 종류의 생물에서 나타나는 특징의 다양함이 포함된다.
(3) 생태계의 다양함은 습지, 산림, 강, 바다, 사막, 초원 등과 같은 다양한 생태계가 있음을 의미한다.
(4) 자연 상태를 유지하고 보전한 곳은 사람이 인위적으로 개발한 곳보다 생물다양성이 더 높다.

03 (2) 변이는 부모로부터 자손에게 전해지는 생김새, 크기, 색깔 등의 특징이 개체마다 조금씩 다르게 나타나는 것을 말한다.
(3) 변이는 환경이나 유전적인 영향을 많이 받는다.

05 (1) (가)는 온도가 낮은 지방에 사는 북극여우이고, (나)는 온도가 높은 지방에 사는 사막여우이다.
(3) 사막여우(나)는 북극여우(가)에 비해 귀가 크고 몸집이 작은 편이어서 몸의 열을 방출하기 쉽다.

학교 시험 분석

01 ①, ④, ⑥, ⑦ **02** ①, ③, ④, ⑥

01 ①, ④ 숲이 밭보다 더 다양한 생물종이 분포하고 있다. 따라서 숲이 밭보다 생물다양성이 높다.
⑥ 생물 종류가 다양하다는 것은 생태계가 안정되어 있음을 의미한다.
⑦ 사막, 초원, 삼림, 습지, 산, 호수, 강, 농경지 등은 생태계 다양성을 의미한다.
[오답 피하기] ② 따뜻한 열대지방이 추운 극지방보다 생물다양성이 높다.
③ 생물다양성은 생태계에 살고 있는 생물 종류와 각 종의 특징이 다양할수록 높으므로 생물의 종류와 관계가 있다.
⑤ 어떤 지역에 다양한 생태계가 있으면 생물의 종류도 대체적으로 복잡해진다.
⑧ 같은 종류에 속하는 생물의 특성이 다양하면 급격한 환경 변화가 나타났을 때 멸종될 가능성이 낮다.

02 ①, ③ 생물이 다양한 것은 변이와 관련이 있으며, 환경이 달라지면 생존에 유리한 변이도 달라진다.

④ 조개껍데기의 무늬와 색깔이 조금씩 다른 것은 변이의 예이다.
⑥ 환경에 가장 적합한 변이를 가진 개체가 자손을 많이 남길 수 있다.

[오답 피하기] ② 변이는 생물의 생존에 영향을 줄 수 있다.
⑤ 변이는 같은 종류의 생물 사이에서 생김새, 특성, 색깔 등의 특징이 다르게 나타나는 것을 말한다.
⑦ 변이가 다양하게 나타나는 생물일수록 환경이 변했을 때 멸종 가능성이 낮다.
⑧ 얼룩말 줄무늬의 크기와 간격이 개체마다 조금씩 다른 것은 변이에 해당한다.

빈/출/연/별
학교 시험 기출 변형 문제 Level 1
33-34쪽

01 ③ **02** ③ **03** 생물다양성 **04** ㄴ **05** ③ **06** ③
07 ① **08** ⑤ **09** 변이, 변이 **10** 해설 참조 **11** 해설 참조

01 ③ 생물 종류의 다양함은 어떤 생태계 내에 존재하는 생물의 종류가 다양함을 의미하고, 생태계의 다양함은 사막, 초원, 강, 습지 등 다양한 생태계가 존재함을 의미한다.

02 ㄱ. 일정한 지역에 얼마나 많은 종의 생물이 사는지에 따라 생물다양성은 달라진다.
ㄴ. 생태계의 다양함, 생물 종류의 다양함뿐만 아니라 같은 종의 생물 사이에 나타나는 특징의 다양함도 생물다양성을 결정하는 중요한 요인이다.
[오답 피하기] ㄷ. 어떤 지역에 여러 종의 생물이 고르게 분포할 때가 한 종의 생물이 대부분을 차지할 때보다 생물다양성이 높다.

04 ㄴ. 곤충, 원생동물, 조류, 균류, 세균류에 해당하는 많은 수의 생물이 다양하게 존재한다.
[오답 피하기] ㄱ, ㄷ. 주어진 그림 자료를 통해서는 생태계가 다양한지와 하나의 생물에서 나타나는 특징이 다양한지를 알 수 없다.

05 (가)와 (나)는 각각 5종류의 식물 총 10그루가 존재하지만, (가)가 (나)보다 식물이 고르게 분포하고 있다. 따라서 (가)가 (나)보다 생물다양성이 높고 생태계가 안정적이다.
[오답 피하기] ㄴ. (가)와 (나)는 식물의 종류의 수가 같다.

06 생물은 온도, 계절 등 생활하는 환경에 따라 다른 특징을 가지며, 이처럼 같은 종의 개체 사이에서 생김새, 크기, 색깔 등의 특징이 조금씩 다르게 나타나는 것을 변이라고 한다.
ㄱ, ㄴ. 코스모스의 꽃잎 색이 여러 가지이고, 얼룩말의 줄무늬 간격이 조금씩 다른 것은 변이의 예이다.
[오답 피하기] ㄷ. 새의 알이 단단한 껍데기에 둘러싸여 있는 것은 변이의 예가 아니다.

07 북극여우는 귀가 작고 몸집이 커서 열의 손실을 줄일 수 있는 반면, 사막여우는 귀가 크고 몸집이 작아서 몸의 열을 방출하기 쉽다.

08 ⑤ 무당벌레마다 반점 무늬와 색이 서로 다른 것은 각 개체마다 가지고 있는 유전자가 다르기 때문이다.

10 [모범 답안] 같은 종류의 생물에서 나타나는 특징의 다양함

채점 기준	배점
필수 키워드를 포함하여 무당벌레에서 다양한 반점 무늬가 나타나는 것이 생물다양성의 요인 중 어느 것에 해당하는지 옳게 쓴 경우	100 %
특징이라고만 쓴 경우	50 %

11 [모범 답안] 섬에 따라 먹이의 종류가 달랐으며, 먹이의 종류에 따라 살아가기에 가장 적합한 부리를 가진 핀치가 많이 살아남아 자손을 남겼기 때문이다.

채점 기준	배점
필수 키워드를 모두 포함하여 핀치의 부리 모양이 다양하게 변한 이유를 옳게 서술한 경우	100 %
키워드를 모두 포함하지 않고 일부만 옳게 서술한 경우	50 %

빈/출/연/별
학교 시험 기출 변형 문제 Level 2
35쪽

01 ④ **02** ④ **03** ④ **04** ② **05** ② **06** 해설 참조

01 ④ 한 종의 생물이 많이 분포할 때보다 여러 종의 생물이 고르게 분포할 때 생물다양성이 더 높다.
[오답 피하기] ①, ③ 생태계가 다양할수록, 생물 종류가 다양할수록 생물다양성이 높다.
② 생물다양성은 특정 지역에 사는 생물의 다양한 정도이다.
⑤ 같은 종이라도 생김새와 크기 등이 다양하듯이 유전적인 다양함도 생물다양성을 결정하는 요인이다.

02 생태계의 다양함, 생물 종류의 다양함, 같은 종류의 생물에서 나타나는 특징의 다양함은 모두 생물다양성에 포함된다.

03 ④ 같은 부모에게서 태어난 자손 사이에서도 변이가 나타날 수 있다.
[오답 피하기] ① 생물이 다양해진 것은 변이와 관련이 있다.
② 갈라파고스제도의 여러 섬에 살고 있는 핀치가 먹이에 따라 부리가 다양해진 것은 변이와 관련이 있다.
③, ⑤ 변이는 생물의 생존과 번식에 영향을 줄 수 있으며, 변이가 다양한 생물은 환경이 변했을 때 적응하여 살아남을 가능성이 높다.

04 ② 북극여우와 사막여우의 몸집과 생김새는 온도에 따라 적응한 결과이다.

05 ② 한 종류의 생물 무리에서 다양한 변이가 일어난 후, 특정 환경에서 적합한 특성을 가진 생물이 번식하여 자손을 남기고, 자신의 특징을 자손에게 전달한다. 이 과정이 오랜 시간 동안 여러 세대를 거치며 반복되면 새로운 종이 생긴다. 따라서 생물이 다양해지는 과정의 순서는 (가) → (라) → (나) → (다) 순이다.

06 모범답안 추운 지역에 사는 북극여우는 열의 손실을 줄이기 위해 몸집이 커지고 귀가 작아졌으며, 더운 지역에 사는 사막여우는 몸의 열 방출을 쉽게 하기 위해 몸집이 작아지고 귀가 커졌다.

채점 기준	배점
환경에 따라 북극여우와 사막여우의 생김새가 어떻게 달라졌는지 옳게 서술한 경우	100 %
북극여우와 사막여우의 생김새만 옳게 서술한 경우	50 %

03 생물의 분류

개념 바로 확인

초성 확인 문제

01 분류 **02** 고유, 특징 **03** 분류 기준 **04** 종
05 원생생물계 **06** 원핵생물계 **07** 식물계 **08** 동물계
09 균계

01 (1) × (2) ○ (3) ○ (4) ○ (5) × **02** 번식 방법
03 ㉠: 종, ㉡: 목, ㉢: 계 **04** (1) ○ (2) ○ (3) ○ (4) × (5) ×
05 핵 **06** (1) ㄹ (2) ㄷ (3) ㅁ (4) ㄱ (5) ㄴ **07** (가): 균계,
(나): 원생생물계, (다): 원핵생물계 **08** (1) 원핵생물계 (2) 균계
(3) 원생생물계 (4) 식물계 (5) 동물계

01 (1) 생물을 분류할 때는 가장 먼저 생물의 특징을 관찰한 후 생물 고유의 특징을 기준으로 분류 기준을 세운다. 이때 사람에 따라 인위적으로 기준을 정하면 생물을 분류한 결과가 달라질 수 있다.
(5) 세포의 구조나 몸의 구조, 광합성 여부, 번식 방법 등으로 생물을 분류하는 것은 생물 고유의 특징을 기준으로 생물을 분류하는 것이다.

02 고사리, 곰팡이, 버섯은 포자로 번식하고, 민들레와 소나무는 종자로 번식한다. 따라서 분류 기준은 번식 방법이다.

03 생물 분류는 종 < 속 < 과 < 목 < 강 < 문 < 계 순으로 범위가 넓어진다.

04 (4) 같은 강에 속하는 종은 모두 같은 문에 속한다.
(5) 자연 상태에서 교배하여 생식 능력이 있는 자손을 낳을 수 있는 무리는 종이다.

05 생물의 5계 분류에서 원핵생물계와 원생생물계를 나누는 가장 큰 분류 기준은 핵의 유무이다.

06 (1)은 균계, (2)는 식물계, (3)은 동물계, (4)는 원핵생물계, (5)는 원생생물계에 속한다.

07 (가)는 균계, (나)는 원생생물계, (다)는 원핵생물계이다.

08 5계는 핵의 유무에 따라 핵이 없는 원핵생물계, 핵이 있는 원생생물계, 식물계, 균계, 동물계로 나눌 수 있다.

학교 시험 분석

01 ⑤, ⑦, ⑧ **02** ③, ⑥, ⑧

01 ⑤ 생물의 분류는 특징이 비슷한 생물끼리 무리를 지어 나눈 것으로, 생물 사이의 가깝고 먼 관계를 알 수 있다.

⑦ 생물을 분류하는 단계 중 가장 좁은 범위로 분류하는 단계는 종이다.

⑧ 종자식물은 씨방의 유무에 따라 겉씨식물과 속씨식물로 분류한다.

오답 피하기 ①, ④, ⑤ 생물의 분류란 생물을 고유의 특징을 기준으로 나눈 것이다. 사람의 편의에 따라 분류 기준을 세우면 분류 결과가 달라질 수 있다.

②, ③ 생물 분류를 통해 생물 사이의 가깝고 먼 관계를 알 수 있으며, 이를 통해 생물다양성을 이해할 수 있다.

02 ③ 식물계와 동물계는 세포에 핵이 있다.

⑥ 균계는 다른 생물의 사체나 배설물을 분해하여 양분을 얻는다.

⑧ 식물계는 엽록체가 있어 광합성을 하여 양분을 얻는다.

오답 피하기 ① 버섯은 균계에 속한다.

② 균계와 식물계는 양분을 얻는 방법으로 구분할 수 있다.

④ 동물계에 속하는 생물은 대부분 몸에 기관을 가지고 있다.

⑤ 원핵생물과 균계는 핵의 유무로 구분할 수 있다.

⑦ 5계 분류는 생물을 원핵생물계, 원생생물계, 균계, 식물계, 동물계로 분류한다.

빈~출~연~별

학교 시험 기출 변형 문제 Level 1

41~43쪽

01 ④	02 ①	03 ⑤	04 ②	05 ②	06 ④	07 ③
08 ②	09 ⑤	10 ②	11 ②	12 ①	13 ⑤	14 ⑤
15 ④	16 ④	17 ⑤	18 해설 참조	19 해설 참조		

01 생물의 분류를 통해 생물의 진화 과정과 가깝고 먼 관계를 파악할 수 있어 생물을 체계적으로 연구할 수 있다.

02 생물이 사는 곳이나 먹이, 사람이 먹을 수 있는 것 등으로 생물을 분류하는 것은 사람의 편의에 의한 분류이다.

03 ⑤ 짝짓기를 통해 생식 능력이 있는 자손을 낳을 수 있는 집단을 하나의 종이라고 한다.

오답 피하기 ① 백인과 흑인은 같은 종이다.

②, ④ 서로 다른 종 사이에도 라이거 같은 자손이 태어날 수 있으나 라이거는 생식 능력이 없으므로 별도의 종이 될 수 없다.

③ 서식지나 먹이는 분류의 기준으로 적합하지 않다.

04 ㄴ. 분류의 단계는 종 < 속 < 과 < 목 < 강 < 문 < 계이며, 종이 가장 하위 단계이다. 따라서 같은 과에 속하는 두 식물은 그 상위 단계인 목, 강, 문, 계가 모두 같다.

오답 피하기 ㄱ. 같은 과에 속하는 두 식물은 종이 같을 수도 있고 다를 수도 있다.

ㄷ. 떡갈나무와 밤나무는 서로 다른 종이므로 교배시키면 생식 능력이 있는 자손이 생산될 수 없다.

05 생물의 분류 단계를 범위가 작은 것부터 나열하면 종 < 속 < 과 < 목 < 강 < 문 < 계이다.

06 생물의 분류 단계 중 가장 기본적인 단위는 종으로 종 < 속 < 과 < 목 < 강 < 문 < 계의 순으로 넓어진다.

④ 하위 단계인 같은 과에 속하는 생물은 모두 상위 단계인 같은 목에 속한다.

07 ③ 5계 분류체계는 원핵세포로 된 원핵생물계, 다양한 미생물이 포함된 원생생물계, 몸이 균사로 된 균계, 광합성을 하는 식물계, 운동성이 있는 동물계로 나뉜다.

08 ② (가)는 척추가 없는 무척추동물에 해당하고, (나)는 척추가 있는 척추동물에 해당한다.

09 ⑤ 식물계와 동물계는 핵이 있는 다세포 진핵생물이며, 조직과 기관이 발달되어 있다.

오답 피하기 ① 곰팡이와 버섯은 균계(A)에 속한다.

② 균계(A)와 원생생물계(B)의 생물은 모두 뚜렷한 핵이 있는 진핵세포로 되어 있다.

③ 균계(A)의 생물은 광합성을 하지 못한다.

④ 원핵생물계의 생물은 단세포 생물이며, 진화적으로 가장 먼저 나타났다.

10 ② 버섯과 곰팡이는 균계에 속하고, 짚신벌레와 아메바는 원생생물계에 속하며, 이끼는 광합성을 하는 식물계에 속한다.

11 ㄴ. 균계, 원생생물계, 식물계는 모두 핵을 가지고 있다.

오답 피하기 ㄱ. 이끼는 광합성을 할 수 있으나, 버섯은 엽록체가 없어 광합성을 할 수 없다.

ㄷ. 푸른곰팡이는 균계에 속하므로 버섯과 가장 가까운 관계라고 할 수 있다.

12 ① 핵막이 없어 핵과 세포질이 구별되지 않는 세포인 원핵세포로 되어 있는 생물은 원핵생물계에 속한다.

13 ⑤ 동물계는 세포막이 있고, 기관계가 발달하였다.

14 ⑤ 민들레와 우산이끼는 식물계에 속한다. 식물계에 속하는 식물은 모두 세포벽이 있고, 광합성을 통해 스스로 양분을 만든다.

15 ④ 짚신벌레, 유글레나, 김, 미역은 원생생물계에 속하는 생물이다. 원생생물은 세포에 핵이 있으며, 대부분 물속에서 생활한다.

16 ④ 소나무와 우산이끼는 식물계에 속하고, 송이버섯과 푸른곰팡이는 균계에 속한다. 식물계와 균계에 속하는 생물은 모두 세포벽을 가지고 있다.

17 ⑤ 식물은 엽록체를 가지고 있으므로 광합성을 하여 스스로 양분을 만들지만, 동물은 엽록체가 없으므로 다른 생물들로부터 양분을 얻는다.

18 모범 답안 종은 생물을 분류하는 가장 기본적인 단위로, 자연 상태에서 짝짓기를 했을 때 생식 능력이 있는 자손을 낳을 수 있는 무리이다.

채점 기준	배점
필수 키워드를 모두 사용하여 종을 구분하는 생물학적 정의를 서술한 경우	100 %
필수 키워드 중 두 가지 이하를 사용하여 종을 구분하는 생물학적 정의를 서술한 경우	50 %

19 모범 답안 원핵생물계는 핵막이 없어 핵이 뚜렷하게 구분되지 않으며, 원생생물계는 핵막이 있어 핵이 뚜렷하게 구분된다. 원핵생물계는 단세포 생물로 이루어져 있고, 원생생물계는 단세포 생물과 다세포 생물로 이루어져 있다.

채점 기준	배점
필수 키워드를 모두 사용하여 원생생물계와 원핵생물계의 차이점 두 가지를 옳게 서술한 경우	100 %
필수 키워드 중 두 가지 이하를 사용했거나, 원생생물계와 원핵생물계의 차이점을 한 가지만 옳게 서술한 경우	50 %

빈/출/연/별
학교 시험 기출 변형 문제 Level 2
44~45쪽

01 ④ **02** ② **03** ①, ⑤ **04** ④ **05** ④ **06** ①
07 ② **08** ③ **09** ①, ④ **10** ③ **11** 해설 참조

01 ④ 생물이 가진 고유의 특징이 아닌 사람의 편의에 따라 분류하면 사람에 따라 결과가 달라질 수 있다.

02 ② 민들레는 광합성을 할 수 있고, 개구리와 송이버섯은 광합성을 할 수 없다. 개구리는 스스로 움직일 수 있지만, 송이버섯은 스스로 움직일 수 없다.

03 ①, ⑤ 종은 생물 분류의 기본 단위로 같은 종의 생물을 교배하였을 때 생식 능력이 있는 자손을 낳을 수 있다.

04 ④ 생식이 가능한 자손을 낳을 수 있는 생물 집단은 종이다.
오답 피하기 ① 생물 분류의 기본 단위는 종이다.
②, ③ 생물의 분류 단계를 범위가 작은 것부터 나열하면 종 < 속 < 과 < 목 < 강 < 문 < 계이다.
⑤ 같은 단위에 속하는 생물은 다른 단위에 속하는 생물보다 더 가까운 관계라고 할 수 있다.

05 ④ 개와 늑대는 개속에 속하지만, 여우는 여우속에 속하므로 개는 늑대와의 거리가 더 가깝다.
오답 피하기 ① 식육목은 포유강에 속한다.
② 개과에는 여우속과 개속이 속한다.
③ 여우와 개는 계부터 과까지 같은 단계로 분류되므로 분류 단계에서 공통점이 많다.
⑤ 동물계는 척삭동물문보다 더 넓은 분류 단계이다.

06 ① 식물계에 속하는 생물은 엽록체를 가지고 있어 광합성을 통해 양분을 만든다.
오답 피하기 ② 원생생물계는 대부분 단세포 생물이지만, 다세포인 생물도 있다.
③ 원핵생물계는 핵막을 가지고 있지 않다.
④ 식물계와 동물계는 세포벽의 유무로 구분할 수 있다.
⑤ 동물계와 균계는 모두 엽록체를 가지고 있지 않다.

07 ② 뚜렷한 핵이 없는 (라)는 원핵생물계, 양분을 스스로 생산하는 (다)는 식물계, 몸속에서 음식물을 소화시키는 (가)는 동물계, 외부로 소화 효소를 분비하는 (나)는 균계이다.

08 ③ 식물계는 종자나 포자로 번식한다.
오답 피하기 ① 핵을 가지며 초록색을 띠는 다세포 생물은 식물계이다.
② 원핵생물계와 원생생물계에 속하는 생물은 단세포인 경우가 많으므로 세포 수로 구분할 수 없다.
④ 균계는 진핵세포로 이루어진 다세포 생물이다.
⑤ 동물계는 스스로 양분을 만들 수 없어 먹이를 섭취하여 양분을 얻으며, 식물계는 엽록체를 통해 광합성을 하여 스스로 양분을 만든다.

09 ①, ④ 표고버섯과 검은빵곰팡이는 균계에 속한다. 균계는 몸이 균사로 되어 있으며, 대부분 핵이 있는 진핵생물이다.
오답 피하기 ② 균계에 속하는 생물은 스스로 양분을 합성하지 못하고, 조직과 기관이 뚜렷하게 발달되어 있지 않다.
③ 균계는 생태계에서 분해자 역할을 한다.
⑤ 지구상에 최초로 출현한 생물 무리는 원핵생물계이다.

10 ③ 균계는 대부분 다세포 진핵생물이므로 핵과 세포질의 구분이 뚜렷하며, 엽록소가 없어 외부에서 양분을 흡수하여 생활한다.

11 모범 답안 같은 종은 자연 상태에서 짝짓기를 하였을 때 태어난 자손이 생식 능력을 가지고 있어야 하는데, 노새는 생식 능력이 없으므로 말과 당나귀는 같은 종이 아니다.

채점 기준	배점
말과 당나귀가 같은 종이 아닌 까닭을 옳게 서술한 경우	100 %
생식 능력만이 없다고 간단히 서술한 경우	50 %

04 생물다양성보전

개념 바로 확인

초성 확인 문제

01 먹이관계　**02** 먹이그물　**03** 높을, 복잡　**04** 생물
05 서식지　**06** 기후 변화　**07** 협약

---

01 (1) (가) (2) 낮다　**02** (1) ○ (2) ○ (3) ○ (4) ×
03 (1) ㄱ (2) ㄹ (3) ㄴ (4) ㄷ　**04** (1) ○ (2) × (3) ×
05 (1)-ⓒ (2)-ⓔ (3)-ⓐ (4)-ⓑ (5)-ⓓ
06 (1) 외래종 (2) 사회적 (3) 국가적 (4) 국제적
07 (1) × (2) ○ (3) ○

---

01 (1) 생물종이 단순하면 먹이그물도 단순해지고, 생물종이 다양하면 먹이그물도 복잡해진다. 먹이그물이 복잡한 (가)에서는 어떤 생물종이 사라져도 대체할 수 있는 다른 생물이 있으므로 생태계 전체는 큰 영향을 받지 않는다. 그러나 먹이그물이 단순한 (나)에서는 어떤 한 종이 사라지면 대체할 수 있는 생물이 적어 생태계의 평형이 쉽게 깨진다.
(2) 생물다양성은 생물의 종 수가 많은 (가)가 (나)보다 높고, 생태계평형도 (가)가 더 잘 유지된다.

02 (1) (가)에서 메뚜기가 없어지면 메뚜기만을 먹이로 섭취하던 뒤쥐와 참새는 사라지지만, 수리부엉이는 생쥐, 오리, 도요새를 먹이로 섭취할 수 있어 사라지지 않는다. 그러나 (나)에서 메뚜기가 없어지면 메뚜기를 먹고 살던 뒤쥐도 사라지고, 뒤쥐를 먹고 살던 수리부엉이도 사라진다.
(2) (가)에서 뒤쥐의 개체수가 감소하면 뒤쥐의 먹이가 되는 메뚜기의 개체수는 일시적으로 증가한다.
(3) (나)에서 메뚜기가 멸종하면 메뚜기를 먹고 사는 뒤쥐의 개체수가 감소하므로 뒤쥐를 먹고 사는 수리부엉이의 개체수도 감소한다. 따라서 두 종 모두 멸종할 가능성이 높아진다.
(4) (나)에서 뒤쥐의 개체수가 감소하면 뒤쥐의 먹이인 메뚜기의 개체수는 증가하고, 뒤쥐를 먹고 사는 수리부엉이의 개체수는 감소한다.

03 (1) 벼, 보리, 밀 등을 가공하여 먹는 것은 식량 자원이다.
(2) 목재를 이용하여 가구나 집을 만드는 것은 건축 및 산업용 자원이다.
(3) 누에고치, 목화 등에서 추출한 섬유로 옷감을 만드는 것은 의복 재료의 자원이다.
(4) 항생제 원료가 되는 푸른곰팡이와 아스피린의 원료가 되는 버드나무 추출물은 의약품 자원이다.

04 (1) 물, 공기, 토양 등을 오염시키는 환경 오염은 생물다양성을 감소시킬 수 있다.

(2) 무분별한 도로 건설로 인해 동물의 서식지가 감소되면 생물종이 감소한다.
(3) 기후 변화는 서식지 환경을 변화시키고 파괴할 수 있다.

05 (1) 생물의 남획을 방지하기 위해서는 멸종 위기 생물을 지정하여 생물을 보호해야 한다.
(2) 기후 변화를 방지하기 위해서는 국제적인 차원에서의 협력을 이행해야 한다.
(3) 환경 오염을 방지하기 위해서는 쓰레기 줄이기, 일회용품 사용 줄이기 등의 노력을 해야 한다.
(4) 서식지 파괴를 막기 위해서는 국립 공원 등 생물 보호 구역을 지정해야 한다.
(5) 외래종의 유입을 막기 위해서는 외래종을 들여와 기르지 않고 무분별하게 자연에 방류하지 않아야 한다.

06 (1) 외래종은 원래 살던 곳과 다른 환경인 새로운 서식지로 유입된 동식물이다.
(2) 야생 동물의 서식지를 확보하여 생물다양성을 보전하기 위한 사회적 차원의 노력은 생태통로를 마련하는 것이다.
(3) 국가적 차원에서 생물다양성을 보전하기 위해 개체수가 감소하여 사라질 위기에 처한 생물을 멸종 위기 종으로 지정해 보호하고 있으며, 야생 생물 보호 및 관리에 관한 법률을 제정하여 야생 동식물의 멸종을 예방하고 있다. 또한 야생 동식물이 많이 살고 있는 지역은 국립 공원으로 지정하여 관리하고 있으며, 서식지 내에서 생물을 보전하는 것이 어려울 때에는 별도의 시설에서 임시 보호하여 번식시킨 후 다시 야생으로 돌려보내는 활동을 하고 있다.
(4) 생물다양성보전을 위한 국제적 차원의 노력 중 대표적인 예로는 생물다양성 협약이 있다. 우리나라는 국제 사회의 일원으로서 여러 가지 국제 협약에 참여하여 생물다양성을 보전하기 위해 노력하고 있다.

07 (1) 생태통로는 야생 동물이 오고갈 수 있도록 만든 통로이다.
(2) 최근에는 야생 동물이 서식하는 지역에 도로를 만들 때 야생 동물이 분할된 서식지 사이를 오고갈 수 있도록 횡단보도나 육교의 역할을 해 주는 이동 통로를 만들어 주는데, 이를 생태통로라고 한다.
(3) 야생 동물이 생태통로를 통해 이동하면 도로를 직접 건너다 차에 치여 죽을 확률을 줄일 수 있다.

학교 시험 분석

50쪽

01 ③, ④, ⑥, ⑧　**02** ①, ④, ⑤, ⑦

01 ③ 생물다양성이 풍부한 (나)가 (가)보다 여러 가지 생물자원을 얻기 쉽다.
④ (나)가 (가)보다 먹이그물이 복잡하므로 생물다양성이 높아 생태계의 평형이 쉽게 깨지지 않는다.

⑥ (나)는 특정 생물이 사라져도 이 생물을 대체하는 생물이 있다.
⑦ 무분별한 개발과 남획은 생물다양성을 감소시켜 먹이그물을 단순화시킬 수 있다.

오답 피하기 ① 생물다양성은 (나)가 (가)보다 높다.
② 먹이 그물은 (나)가 (가)보다 복잡하다.
⑤ 생태계의 평형은 (나)가 (가)보다 안정적으로 유지될 수 있다.
⑦ (가)에서 참새가 사라지면 메뚜기의 수는 증가하고, 부엉이의 수는 감소한다.
⑨ 참새가 사라졌을 때 생태계의 균형이 쉽게 파괴되는 쪽은 (가)이다.

02 ① 남획을 방지하기 위해서는 멸종 위기 종을 지정하여 관리해야 한다.
④ 기후 변화를 방지하기 위해서는 기후 변화 방지 협약이나 사막화 방지 협약을 체결하여 따라야 한다.
⑤ 환경 오염을 방지하기 위해서는 쓰레기 배출량을 줄이거나 일회용품 사용을 줄여야 한다.
⑦ 서식지를 보호하기 위해서는 보호 구역을 설정하고 생태통로를 설치해야 한다.

학교 시험 기출 변형 문제 Level 1

51~52쪽

01 ①　**02** ④　**03** ②　**04** ②　**05** ⑤　**06** ③　**07** ③
08 ④　**09** ③　**10** ③　**11** 해설 참조　**12** 해설 참조

01 ㄱ. (가)에서 쥐는 메뚜기, 관목, 개미를 먹고 사는데, 메뚜기가 사라지면 관목이나 개미를 먹고 살아갈 수 있으므로 사라지지 않는다.

오답 피하기 ㄴ. (나)에서 메뚜기가 사라져도 쥐는 관목을 먹고 살 수 있으므로 매는 사라지지 않는다.
ㄷ. (가)와 같이 복잡한 생태계가 (나)와 같이 단순한 생태계보다 안정적이다.

02 ④ 숲은 생물에게 필요한 산소를 제공하고 이산화 탄소를 흡수한다.

03 ② 목재로 이용되는 것은 삼림 자원이다.

04 ㄷ. 생물다양성이 증가하면 먹이사슬은 더 복잡해지고 인간이 이용할 수 있는 생물이 늘어난다.
오답 피하기 ㄱ. 생물다양성이 감소하면 생태계 안정성이 감소한다.
ㄴ. 생물다양성이 증가하면 먹이그물은 복잡해진다.

05 생물다양성이 주는 혜택으로는 생활에 필요한 자원(식량, 의약품, 섬유, 목재) 등과 맑은 공기, 깨끗한 물, 비옥한 토양 등을 제공하는 것이 있다. 이외에도 생물다양성은 우리 생활에 필요한 여러 가지 아이디어를 제공해 준다.

06 ㄱ. 상아를 얻기 위해 코끼리를 남획하면 코끼리의 개체수가 감소되어 멸종 위기에 처할 수 있다.
ㄴ. 외래종인 큰입배스는 우리나라 하천에 천적이 없어 개체수가 크게 증가하고, 토종 생물을 닥치는 대로 잡아먹어 문제가 되고 있다.

오답 피하기 ㄷ. 자연 생태계와 문화 경관을 지정하여 관리하는 것은 생물다양성보전의 방법이다.

07 ㄱ. 황소개구리, 큰입배스, 돼지풀 등은 다른 나라에서 들어온 외래종이다.
ㄷ. 외래종은 대부분 새로운 환경에 적응하기 어려워 정착하지 못하지만 일부 종은 환경에 적응하여 토종 생물을 대체할 만큼 번성할 수 있다. 그 결과 토종 생물이 쉽게 사라질 수 있으며 먹이그물이 단순해진다.

오답 피하기 ㄴ. 모든 외래종이 생태계의 안정을 깨뜨리지는 않는다.

08 ㄴ. 간척 사업을 통해 갯벌을 농지로 바꾸면 갯벌 생태계가 파괴되어 생물다양성이 감소한다.
ㄷ. 유조선이 좌초되어 기름이 해안으로 유출되면 해양생태계가 파괴되어 생물다양성이 감소한다.

오답 피하기 ㄱ. 멸종 위기 종을 법으로 지정하여 보호하는 것은 생물다양성을 유지하기 위한 방법이다.

09 ③ 개체수 조절을 위해 인위적으로 수렵을 허용하면 먹이그물을 이루고 있는 다른 생물에게 치명적인 영향을 줄 수 있으므로 생물다양성보전 대책으로 좋은 방법이 아니다.

10 ㄱ. 보존되는 서식지의 면적이 줄어들수록 발견되는 종의 비율이 적어지므로 생물의 멸종으로 이어질 수 있다.
ㄴ. 서식지의 면적이 50 % 감소하면 그 지역에 살던 종의 비율은 10 % 감소한다.

오답 피하기 ㄷ. 종 수가 감소되는 비율은 구간 A에서가 B에서보다 더 크다.

11 모범 답안 생물다양성이 높을수록 생물 간의 먹이관계가 복잡하여 생태계평형을 잘 유지할 수 있으며, 인간에게 필요한 자원을 풍부하게 얻을 수 있다.

채점 기준	배점
필수 키워드를 모두 사용하여 생물다양성의 중요성을 두 가지 모두 옳게 서술한 경우	100 %
필수 키워드를 모두 사용하지 않고 생물다양성의 중요성을 옳게 서술한 경우	50 %

12 모범 답안 도로 건설로 인해 단절된 서식지를 연결하고, 야생 동물이 안전하게 이동할 수 있도록 하기 위해서이다.

채점 기준	배점
필수 키워드를 모두 사용하여 생태통로를 만드는 까닭을 옳게 서술한 경우	100 %
필수 키워드를 두 가지 이하로 사용하여 생태통로를 만드는 까닭을 옳게 서술한 경우	50 %

빈/출/연/별 학교 시험 기출 변형 문제 Level 2

01 ① **02** ③ **03** ② **04** 해설 참조 **05** 해설 참조

01 ㄴ. (나)는 (가)에 비해 생물종의 수가 많고 먹이그물이 복잡하므로 생태계 안정성이 높다.

[오답 피하기] ㄱ. (가)는 (나)보다 먹이그물이 단순하므로 종다양성이 낮다.

ㄷ. (가)와 (나)에서 개구리가 사라질 경우, (나)의 뱀은 쥐를 먹고 살 수 있지만 (가)의 뱀은 대체할 먹이가 없다. 따라서 뱀이 사라질 확률은 (가)가 더 높다.

02 ③ 희귀종을 반려동물로 기르는 것은 자연에서 생물다양성이 감소하는 원인이 된다.

03 ㄴ. 뉴트리아, 돼지풀, 붉은귀거북은 토종 생물의 생존을 위협하는 외래종이다.

[오답 피하기] ㄱ. 뉴트리아, 돼지풀, 붉은귀거북은 모두 생물다양성을 감소시킨다.

ㄷ. 외래종의 개체수가 증가할수록 토종 생물이 위협받으므로 개체수 감소를 위해 사회적으로 노력해야 한다.

04 [모범 답안] (나), 먹이그물이 복잡하여 하나의 종이 사라지더라도 다른 종이 그 종을 대체할 수 있기 때문이다.

채점 기준	배점
생태계 안정성이 더 높은 생태계를 쓰고 그 까닭을 옳게 서술한 경우	100 %
생태계 안정성이 더 높은 생태계와 그 까닭 중 하나만 옳게 서술한 경우	50 %

05 [모범 답안] 큰입배스, 황소개구리, 돼지풀은 모두 외래종이다. 이들과 같은 외래종은 천적이 없어 토종 생물보다 쉽게 환경에 적응할 수 있으므로 새로운 서식지에서 토종 생물의 자리를 대신할 수 있다.

채점 기준	배점
큰입배스, 황소개구리, 돼지풀의 공통점과 이들이 생태계에 미치는 영향을 모두 옳게 서술한 경우	100 %
큰입배스, 황소개구리, 돼지풀의 공통점과 이들이 생태계에 미치는 영향 중 한 가지만 옳게 서술한 경우	50 %

대단원 핵심 정리

❶ 세포 ❷ 단세포 ❸ 기능 ❹ 세포질 ❺ 핵
❻ 엽록체 ❼ 세포벽 ❽ 마이토콘드리아 ❾ 규칙적
❿ 기관계 ⓫ 기관계 ⓬ 조직계 ⓭ 조직계 ⓮ 변이
⓯ 종 ⓰ 계 ⓱ 식물계 ⓲ 원핵생물계 ⓳ 균계
⓴ 생물다양성

대단원 쪽지 시험

01 생물의 구성

01 세포 **02** (1) ○ (2) × (3) ○ **03** 적혈구 **04** (1) B (2) E (3) F (4) D (5) A (6) C (7) G **05** 세포벽 **06** 조직 **07** 기관, 기관계 **08** 세포벽 **09** 조직, 조직계 **10** 핵

02 생물다양성

01 생물다양성 **02** 생태계 **03** 생물 종류 **04** 생물다양성 **05** 높다 **06** 유전자 **07** 변이 **08** 생존 **09** 적응, 진화 **10** 북극, 사막

03 생물의 분류

01 인간(사람), 고유 **02** 종 **03** 관계 **04** 계 **05** 핵 **06** 원생생물계, 균계 **07** 균계 **08** 광합성, 광합성 **09** 계 **10** ㉠: 원핵생물계 ㉡: 원생생물계 ㉢: 식물계 ㉣: 균계 ㉤: 동물계

04 생물다양성보전

01 벼 **02** (가), (나) **03** 복잡 **04** 서식지 **05** 외래종 **06** 감소 **07** 기후 **08** 국제적 **09** 협력(협약) **10** 생태통로

대단원 최종 확인 문제

01 ② **02** ⑤ **03** ④ **04** ① **05** ④ **06** ③, ⑤ **07** ⑤
08 ⑤ **09** ⑤ **10** ⑤ **11** ② **12** ⑤ **13** ② **14** ③
15 ② **16** ④ **17** ⑤ **18** ④ **19** ②, ③ **20** ④
21 ①, ③ **22** ③ **23** ② **24** ⑤ **25** ③ **26** ①
27 해설 참조 **28** 해설 참조 **29** 해설 참조
30 해설 참조 **31** 해설 참조 **32** 해설 참조

01 ㄱ, ㄴ. 세포는 생물체를 구성하는 기본 단위로, 세포의 모양과 크기는 생물의 종류에 따라 다양하다.

[오답 피하기] ㄷ. 세포는 현미경으로 볼 수 있는 작은 것부터 맨눈으로 볼 수 있는 큰 것까지 크기가 매우 다양하다.

02 ⑤ 한 생물에서도 부위와 기능에 따라 세포의 모양과 크기가 다양하다.

오답 피하기 ①, ④ 생물은 단세포 생물과 다세포 생물로 구분되며, 세포의 모양은 몸의 각 부분의 기능에 따라 다르다.
② 생물의 크기는 세포의 수에 따라 결정된다.
③ 동물과 식물은 다세포 생물로, 수많은 세포로 구성되어 있다.

03 ④ 개구리 알은 맨눈으로 볼 수 있고, 사람의 난자는 광학 현미경으로 볼 수 있으므로 개구리 알이 사람의 난자보다 크다는 것을 알 수 있다.

04 ① 동물이 자라면서 몸의 크기가 커지는 이유는 세포의 수가 많아지기 때문이다.

05 A는 세포막, B는 핵, C는 엽록체, D는 마이토콘드리아, E는 액포이다.
④ 생명활동을 조절하는 부분은 핵(B)이다. D는 마이토콘드리아로 에너지를 생성하는 세포소기관이다.

오답 피하기 ① 세포막(A)은 세포 안팎으로 물질의 출입을 조절한다.
② 핵(B)은 유전물질을 가지고 있어, 생명활동을 조절한다.
③ 엽록체(C)는 광합성이 일어나는 장소이다.
⑤ 액포(E)는 노폐물, 양분, 색소 등을 저장한다.

06 ③, ⑤ 동물세포와 달리 식물세포는 세포벽이 있어 일정한 모양을 유지하며, 엽록체가 있어 빛을 이용해 스스로 양분을 만든다.

07 (가)는 식물세포, (나)는 동물세포이고, A는 마이토콘드리아, B는 핵, C는 엽록체, D는 세포막이다.
⑤ 아세트산 카민 용액은 식물세포인 (가)의 핵(B)을 염색하는 데 이용된다.

오답 피하기 ① (가)는 식물세포, (나)는 동물세포이다.
② 세포벽은 식물세포(가)에만 있다.
③ 광합성이 일어나는 장소는 엽록체(C)이다.
④ 세포막(D)은 여러 물질이 드나드는 것을 조절한다.

08 ⑤ 핵을 뚜렷하게 관찰하기 위해 염색 용액을 사용한다.
오답 피하기 ①, ② 세포벽은 양파 표피세포에만 있고, 양파의 표피세포는 육각형 모양이다.
③, ④ 1개의 세포에는 1개의 핵만 있고, 입안 상피세포의 모양은 불규칙적으로 배열되어 있다.

09 ⑤ 모양과 기능이 비슷한 세포가 모여 이루는 단계는 조직이다.
오답 피하기 ①, ③ 폐는 호흡계에 해당하는 기관이며, 기관계는 동물의 구성 단계에만 있다.
② 동물의 몸을 구성하는 기본 단위는 세포이다.
④ 근육조직, 상피조직 등이 모여 기관을 이룬다.

10 A는 조직, B는 기관이다.

⑤ 근육조직, 결합조직, 상피조직, 혈액 등은 조직(A)의 예에 해당하고, 위, 소장, 심장, 혈관 등은 기관(B)의 예에 해당한다.

11 (가)는 세포, (나)는 개체, (다)는 조직, (라)는 조직계, (마)는 기관이다. 따라서 식물의 구성 단계는 세포(가) → 조직(다) → 조직계(라) → 기관(마) → 개체(나)이다.

12 ㄱ, ㄴ. 생물종이 다양할수록 안정된 생태계가 유지되며, 유전자가 다양하지 못한 종은 멸종될 가능성이 높다.
ㄷ. 인공적으로 설치된 습지보다 자연적인 습지에서 생물다양성이 더 높다.

13 사막, 숲, 습지, 갯벌 등 다양한 생태계는 생태계의 다양함, 같은 종류의 생물에서 나타나는 특징이 매우 다양한 것은 같은 종류의 생물에서 나타나는 특징의 다양함, 지구상에는 수많은 종의 생물이 살고 있고 새로운 종의 생물이 계속 발견되는 것은 생물 종류의 다양함이다.

14 ㄱ, ㄴ. 무당벌레마다 몸의 색깔과 무늬가 다른 것, 얼룩말마다 줄무늬가 조금씩 다른 것은 모두 변이의 예에 해당한다.
오답 피하기 ㄷ. 올챙이가 자라면 개구리가 되는 것은 변이의 예에 해당하지 않는다.

15 추운 곳에 사는 북극여우는 귀가 작고 몸집이 큰 반면, 더운 곳에 사는 사막여우는 귀가 크고 몸집이 작은 편이다. 이는 온도에 적응하여 진화한 결과이다.

16 ④ 섬이 분리됨으로 인해 핀치는 서로 다른 환경에 살게 되었고, 그 결과 먹는 먹이가 달라져 각 환경에 적합한 부리 모양을 가진 핀치가 더 많이 살아남게 되었다. 이후 자손을 남기는 과정을 거쳐 섬마다 부리 모양이 다양한 핀치가 생겨났다.

17 ⑤ 토마토와 은행나무는 광합성을 하는 생물이고, 닭, 나비, 개구리, 잠자리는 광합성을 하지 않는 생물이다.

18 ④ 생물을 일정한 기준에 따라 비슷한 종류의 무리로 나누는 것을 생물의 분류라고 한다.

19 ②, ③ 종은 외부의 형태나 서식지가 아닌 자연 상태에서 짝짓기했을 때 생식 능력이 있는 자손을 낳을 수 있는지 여부를 기준으로 분류한다.

20 생물의 분류 단계는 종 < 속(㉠) < 과(㉡) < 목 < 강(㉢) < 문(㉣) < 계이며, 종이 가장 좁은 분류 단계이고, 계가 가장 넓은 분류 단계이다.

21 고양이는 동물계에 속하며, 가장 넓은 분류 단계는 동물계이다.

22 ② A는 균계이며, 버섯, 곰팡이, 효모 등이 여기에 속한다.
오답 피하기 ① 뱀, 해파리 – 동물계
② 이끼, 고사리 – 식물계

④ 아메바, 짚신벌레 – 원생생물계

⑤ 대장균, 헬리코박터균 – 원핵생물계

23 ㄷ. B는 원생생물계이며, 먹이를 섭취하는 생물도 있고 엽록체가 있어 스스로 광합성을 통해 양분을 얻는 생물도 있다.

[오답 피하기] ㄱ. 원생생물계에 속하는 생물은 대부분 단세포 생물이지만, 여러 개의 세포가 모여 덩어리를 이루거나 다세포인 생물도 있다.

ㄴ. 핵막이 없어 핵이 뚜렷하게 구분되지 않는 생물은 원핵생물계에 속한다.

24 ⑤ 천적이 없는 외래종의 도입은 토종 생물의 생존을 위협할 수 있으므로 생물다양성을 감소시킨다.

25 ㄱ. 쌀, 콩 등은 식량 자원으로 이용된다.

ㄴ. 목화와 누에고치를 이용하여 옷을 만든다.

[오답 피하기] ㄷ. 세균은 동식물을 분해하여 비옥한 토양을 만든다.

ㄹ. 버드나무에서 추출한 성분인 살리실산을 이용하여 아스피린을 만든다. 페니실린은 푸른곰팡이에서 추출한 물질이다.

26 ㄴ. (나)는 (가)에 비해 생물종의 수가 많고 먹이그물이 복잡하므로 생태계 안정성이 높아 생태계 평형이 더 잘 유지된다.

[오답 피하기] ㄱ. (나)가 (가)보다 생물종의 수가 많으므로 종다양성이 높다.

ㄷ. (가)와 (나)에서 각각 개구리가 사라질 경우, (가)의 뱀은 먹이를 잃지만 (나)의 뱀은 먹이로 쥐를 먹으므로 뱀이 사라질 가능성은 (가)가 (나)보다 높다.

27 A는 마이토콘드리아, B는 엽록체, C는 세포질, D는 세포막, E는 세포벽, F는 핵이다.

[모범 답안] (1) B: 엽록체, E: 세포벽

(2) A: 마이토콘드리아, C: 세포질, D: 세포막, F: 핵

채점 기준	배점
(1)과 (2)를 모두 옳게 쓴 경우	100 %
(1)과 (2) 중 하나만 옳게 쓴 경우	50 %

28 [모범 답안] (가): 메틸렌 블루 용액, (나): 아세트산 카민 용액, 염색 용액을 사용하는 이유는 핵을 염색하여 뚜렷하게 관찰하기 위해서이다.

채점 기준	배점
(가)와 (나)의 염색 용액을 쓰고, 염색 용액을 사용하는 이유를 모두 옳게 서술한 경우	100 %
(가)와 (나)의 염색 용액과 염색 용액을 사용하는 이유 중 하나만 옳게 서술한 경우	50 %

29 [모범 답안] 무당벌레의 반점 무늬 차이는 유전자의 차이에 의한 것으로, 같은 종류의 생물에서 나타나는 특징의 다양함이 높은 집단은 급격한 환경 변화에 적응하여 살아남기 쉽다.

채점 기준	배점
무당벌레의 반점 무늬가 다양하게 나타나는 이유와 이로 인해 생물다양성이 높아질 경우 유리한 점에 대해 모두 옳게 서술한 경우	100 %
무당벌레의 반점 무늬가 다양하게 나타나는 이유만 서술한 경우	50 %

30 [모범 답안] 무궁화와 코스모스는 식물계에 속하며, 식물계에 속하는 생물은 균계와 달리 광합성을 하여 스스로 양분을 만든다.

채점 기준	배점
식물계를 언급하고 균계와의 차이를 옳게 서술한 경우	100 %
식물계만 언급한 경우	40 %

31 [모범 답안] 생물종이 다양한 생태계는 복잡한 먹이그물을 형성하여 생태계의 평형이 쉽게 깨지지 않기 때문이다.

채점 기준	배점
생물종, 먹이그물, 생태계의 평형을 모두 사용하여 까닭을 옳게 서술한 경우	100 %
생물종, 먹이그물, 생태계의 평형 중 두 가지를 사용하여 까닭을 옳게 서술한 경우	50 %
생물종, 먹이그물, 생태계의 평형 중 한 가지 이하를 사용하여 까닭을 옳게 서술한 경우	30 %

32 [모범 답안] 토종 물고기들의 개체수 감소는 외래종인 블루길과 큰입배스의 도입에 의한 것이다.

채점 기준	배점
외래종을 언급하고 원인을 옳게 서술한 경우	100 %
외래종에 대한 내용이 없는 경우	50 %

01 온도와 열

개념 바로 확인

초성 확인 문제

01 온도 **02** 열 **03** 높, 낮 **04** 열평형 **05** 전도
06 고체 **07** 대류 **08** 복사

---

01 (1) (나) (2) (다) **02** 열, 열평형 **03** (1) ○ (2) × (3) ○
04 (1) B, A (2) A, B (3) A, B **05** A−B−C
06 (1) A, B (2) 대류 (3) 기체 **07** (1) × (2) ○ (3) ×
08 (1) × (2) ○ (3) ○ (4) × (5) ×

---

01 (1) (나)의 입자 운동이 가장 둔하고, (다)의 입자 운동이 가장 활발하다.
(2) 온도가 높을수록 물질을 이루는 입자 운동이 활발하므로, (다)의 온도가 가장 높다.

02 열은 온도가 다른 두 물체 사이에서 이동하는 에너지이고, 열평형은 온도가 다른 두 물체 사이에서 열이 이동하여 두 물체의 온도가 같아진 상태이다.

03 (1), (2) (가)는 열이 이동하여 두 물체의 온도가 변하는 구간으로 온도가 높은 물체는 열을 잃어 온도가 낮아지고(입자 운동은 둔해지고), 온도가 낮은 물체는 열을 얻어 온도가 높아진다.(입자 운동은 활발해진다.)
(3) (나)의 열평형에 도달하여 두 물체의 온도가 같아진 상태로 입자 운동이 활발한 정도가 같다.

04 (1) A보다 B의 온도가 높으므로 열은 B에서 A로 이동한다.
(2), (3) A는 열을 얻고 온도가 높아져 입자 운동이 활발해지고, B는 열을 잃고 온도가 낮아져 입자 운동이 둔해진다.

05 가열되는 부분에서 가까운 A에서 B로, B에서 C로 입자의 운동이 이웃한 입자에 전달되면서 열이 이동한다.

06 가열되어 따뜻해진 물은 가벼워져 아래에서 위로 이동하고, 위에 있던 물이 온도가 상대적으로 낮아 위에서 아래로 이동한다. 이와 같이 입자가 직접 이동하여 열이 이동하는 방식을 대류라고 하며, 주로 액체나 기체 상태의 물질에서 일어난다.

07 태양의 열이 지구에 도달하는 것은 복사와 관련된 현상으로 물질의 도움 없이 열이 직접 이동한다.
(2) 태양의 열이 복사에 의해 직접 전달되므로 햇빛이 잘 드는 곳이 그늘보다 따뜻하다.
오답 피하기 (1) 난로를 방의 아래쪽에 설치하면 난로 주변의 뜨거운

공기가 아래에서 위로 올라가면서 열이 이동하고, 이는 대류와 관련된 현상이다.
(3) 가열한 금속판 위에 놓인 고기가 익는 것은 전도와 관련된 현상이다.

08 (1) 전도는 주로 고체 상태의 물질에서 열이 이동하는 방식이다.
(2) 온도가 높을수록 물질을 이루는 입자의 운동이 활발해진다.
(3) 액체에서는 입자가 직접 이동하여 열을 전달하는 대류로 열이 이동한다.
(4) 액체나 기체의 온도가 높아진 부분은 입자 운동이 활발해지고, 가벼워져 아래에서 위로 이동한다.
(5) 온도가 다른 두 고체가 붙어 있을 때 열이 이동하는 방식은 전도이다.

탐구 집중 분석

01 (1) 다르다 (2) 열화상 카메라 (3) 위로, 아래로 (4) 복사
02 (1) ○ (2) × (3) ○ (4) ○ (5) ○
03 ③ **04** ④ **05** 해설 참조 **06** ④

---

01 (1) 금속에서는 열이 잘 전도되고, 비금속에서는 열이 잘 전도되지 않는다.
(2) 열화상 카메라는 물체에서 방출되는 열을 측정하는 장치로, 유리판의 온도 변화를 관찰할 수 있다.
(3) 액체나 기체에서 온도가 높아진 부분은 가벼워져 위로 이동하고, 상대적으로 온도가 낮은 부분은 아래로 이동한다.
(4) 태양의 열이 지구로 이동하는 방식은 복사이다.

02 (1) 열화상 카메라는 물체에서 방출되는 열을 측정하는 장치로, 물체의 온도 변화를 눈으로 직접 관찰할 수 있다.
(2) 전도는 입자의 운동이 이웃한 입자에 차례로 전달되어 열이 이동하는 방식이다. 물질의 도움 없이 열이 이동하는 방식은 복사이다.
(3) 금속에서는 열이 잘 전도되고, 비금속에서는 열이 잘 전도되지 않는다.
(4) 철은 금속이고, 유리와 나무는 비금속이다.
(5) 물이 데워지는 것은 대류에 의한 열의 이동 방식과 관계있는 현상으로, 입자가 직접 이동하면서 열이 이동한다.

03 열의 전도 실험으로 물질의 종류에 따른 열의 이동 정도를 살펴보는 실험이다.
① 고체의 종류에 따른 열의 이동 정도를 확인하는 실험으로 다른 조건들은 같아야 한다.
② 열화상 카메라는 물체에서 방출되는 열을 측정하는 장치로, 물체의 온도 변화를 관찰할 수 있다.
④ 물질을 구성하는 입자의 운동이 이웃한 입자에 차례로 전달되어 열이 이동하는 방식은 전도이다.
⑤ 냄비나 프라이팬에서 음식을 익히기 위한 부분은 금속으로 만들어 열이 잘 이동하도록 해야 한다.

오답 피하기 ③ 열의 전도 정도는 물질의 종류에 따라 다르다.

04 ㄱ. 열은 가열되는 부분에서 가까운 B에서 A로 이동한다.

ㄷ. 온도가 높아진 부분의 입자 운동은 활발해진다

오답 피하기 ㄴ. 입자의 운동이 이웃한 입자에 차례로 전달되어 열이 이동한다.

05 액체나 기체 물질에서 가열된 입자가 직접 이동하여 열이 이동하는 방식을 대류라고 한다.

모범 답안 유리 비커 바닥에서 가열된 따뜻한 물은 위로 이동하고, 위쪽의 차가운 물은 아래로 이동하는 대류로 물 전체가 데워진다.

채점 기준	배점
대류를 언급하고 온도에 따른 물의 이동을 옳게 서술한 경우	100 %
대류를 언급하지 못했으나 각 부분에서 물의 이동을 옳게 서술한 경우	70 %
대류만 언급하고 물의 이동을 옳게 서술하지 못한 경우	30 %

06 ①, ②, ③, ⑤ 복사에 의한 열의 이동 방식과 관계있는 현상이다.

오답 피하기 ④ 대류에 의한 열의 이동 방식과 관계있는 현상이다.

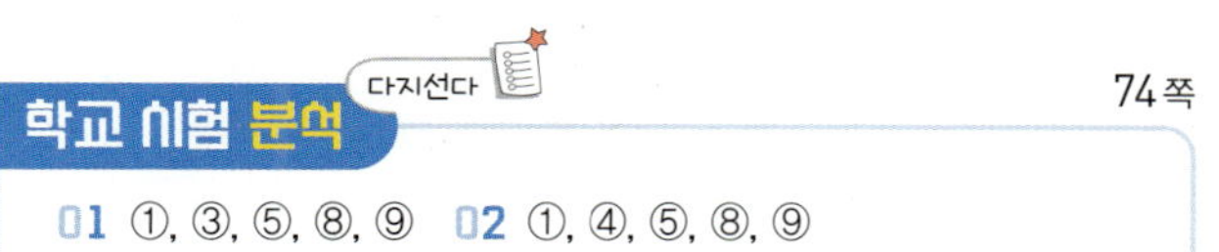

학교 시험 분석 다지선다 74쪽

01 ①, ③, ⑤, ⑧, ⑨ **02** ①, ④, ⑤, ⑧, ⑨

01 ③ 열은 온도가 높은 A에서 온도가 낮은 B로 이동한다.
⑤, ⑧, ⑨ 4분일 때, 열평형이 되므로 더 이상 온도가 변하지 않는다.
오답 피하기 ② 열은 온도가 높은 A에서 온도가 낮은 B로 이동하므로 B의 입자는 운동이 활발해진다.
④, ⑥, ⑦ 0~4분 동안, A의 온도 변화는 30 ℃이고 B의 온도 변화는 20 ℃이며, A가 잃은 열의 양과 B가 얻은 열의 양은 서로 같다.

02 금속에서 열이 이동하는 방식은 전도이다.
①, ⑤ 전도는 주로 고체 상태의 물질에서 일어나며 입자의 운동이 이웃한 입자에 차례로 전달되어 열이 이동한다.
④ 입자가 열을 얻으면 온도가 높아지고 입자 운동이 활발해진다.
⑧ 겨울에 금속 의자에 앉으면 나무 의자에 앉을 때보다 더 차갑게 느끼는 까닭은 물질의 종류에 따라 열이 전도되는 빠르기가 다르기 때문이다.
⑨ 금속 전체가 뜨거워지는 까닭은 전도에 의해 열이 이동하기 때문이다.
오답 피하기 ② 금속에서는 비금속에서보다 열이 빠르게 이동한다.
③ 물질을 구성하는 입자의 운동이 이웃한 입자에 차례로 전달하면서 열이 이동한다.
⑥ 액체나 기체의 경우, 가열되어 온도가 높아진 입자는 가벼워져 위쪽으로 이동한다.
⑦ 열의 이동 방향과 입자가 활발해지는 방향은 같다.

학교 시험 기출 변형 문제 Level 1

01 ⑤ **02** ① **03** ④ **04** ④ **05** ① **06** ⑤ **07** ①
08 ③ **09** ⑤ **10** ⑤ **11** ④ **12** ③ **13** ④ **14** ⑤
15 ① **16** ④ **17** ① **18** ④ **19** 해설 참조 **20** 해설 참조 **21** 해설 참조

01 ㄱ. 온도는 물체의 차갑고 뜨거운 정도를 수치로 나타낸 물리량이다.
ㄴ. 온도가 높으면 입자 운동이 활발하고, 온도가 낮으면 입자 운동이 둔하다.
ㄷ. 물체를 구성하는 입자의 운동은 온도에 따라 달라진다.

02 ㄱ. A에서보다 B에서 잉크가 더 빨리 퍼져나간다.
오답 피하기 ㄴ. A에서보다 B에서 잉크가 더 빨리 퍼져나가므로 A에서보다 B에서 입자 운동이 활발하다.
ㄷ. 물체의 온도가 높을수록 물체를 이루는 입자의 운동이 활발하므로, 잉크가 더 빨리 퍼지는 B가 A보다 온도가 높다.

03 ㄴ. 입자 사이의 거리가 멀어진 것으로 보아 입자 운동이 활발해진 것이다.
ㄷ. 물질이 열을 얻어 온도가 높아지면 입자 운동이 활발해진다.
오답 피하기 ㄱ. 입자 운동이 활발해지므로 온도가 높아진 경우이다.

04 열은 온도가 다른 두 물체 사이에서 이동하는 에너지로, 물체가 열을 얻으면 온도가 높아져 입자 운동이 활발해지고, 열을 잃으면 온도가 낮아져 입자 운동이 둔해진다.
오답 피하기 ④ 열은 항상 온도가 높은 물체에서 온도가 낮은 물체로 이동한다.

05 열은 항상 온도가 높은 물체에서 온도가 낮은 물체로 이동하고, 접촉한 두 물체의 온도 차가 클수록 많이 이동한다.

06 ⑤ 열은 온도가 높은 물체에서 온도가 낮은 물체로 이동한다. 입자의 운동 상태로 보아 A~C의 온도는 C>A>B 순이다.
오답 피하기 ① 입자 운동이 가장 둔한 것은 B이다.
② 온도가 가장 높은 것은 C이다.
③ A가 담긴 물통과 B가 담긴 물통을 붙이면 온도가 높은 A에서 B로 열이 이동하여 A의 입자 운동은 둔해지고, B의 입자 운동은 활발해진다.
④ 열평형 온도는 두 물체 중 온도가 높은 물체의 처음 온도보다 높아질 수 없다.

07 ㄱ. 온도가 낮아지는 A는 입자 운동이 둔해지고, 온도가 높아지는 B는 입자 운동이 활발해진다.
오답 피하기 ㄴ. 처음 온도는 A가 B보다 높으므로 A에서 B로 열이 이동한다.
ㄷ. 0~4분 동안, A와 B의 온도 차가 점점 줄어들고 있으므로, A와 B 사이에서 이동하는 열의 양은 점점 적어진다.

08 ①, ②, ④ 열은 항상 온도가 높은 물체에서 온도가 낮은 물체로 이동하고, 접촉한 두 물체의 온도 차가 클수록 많이 이동한다. 또한 온도가 높을수록 입자 운동은 활발하다.

⑤ 충분한 시간이 지나면, A와 B는 열평형에 도달한다.

[오답 피하기] ③ B가 열을 잃고 온도가 낮아지므로, B 입자 사이의 거리는 점점 가까워진다.

09 열의 이동 방향이 A → C이므로 A의 온도>C의 온도이고, D → A이므로 D의 온도>A의 온도, C → B이므로 C의 온도>B의 온도이다. 따라서 네 물체의 처음 온도는 D>A>C>B이다.

10 온도가 다른 두 물체를 접촉시킨 후, 충분한 시간이 지나면 온도가 같아지는 열평형이 된다. 즉 두 물체는 온도가 같아진 10분 이후부터 열평형에 도달하였다.

11 ④ 접촉한 두 물체의 온도 차가 클수록 열이 많이 이동한다. 0 ~ 2분 구간에서 두 물체의 온도 차가 가장 크므로 열이 가장 많이 이동한다.

[오답 피하기] ①, ⑤ B의 온도가 A보다 높으므로 B에서 A로 열이 이동하며, A가 열을 얻어 온도가 높아지므로 A를 구성하는 입자 사이의 거리는 점점 멀어진다.

②, ③ 열을 얻은 A는 입자 운동이 활발해지고, 열을 잃은 B는 입자 운동이 둔해진다.

12 ㄱ, ㄴ. 열을 받은 입자의 운동이 이웃한 입자에 전달되어 열이 이동하는 전도는 주로 고체에서 일어난다.

[오답 피하기] ㄷ. 전도에 의한 열의 이동은 접촉해 있는 두 물체 사이에서 일어난다.

13 ④ 대류는 액체나 기체의 입자가 직접 이동하면서 열이 이동하는 현상이다.

[오답 피하기] ①, ② 온도가 낮은 입자는 아래로 이동하고, 온도가 높은 입자는 위로 이동한다.

③ 대류는 주로 액체나 기체 상태의 물질에서 열이 이동하는 방식이다.

⑤ 뜨거운 국에 담가 둔 금속 숟가락이 뜨거워지는 것은 전도와 관련이 있는 현상이다.

14 ①, ③ 복사는 물질의 도움 없이 열이 직접 이동하는 현상으로 물체의 온도가 높을수록 복사열의 세기가 세다.

② 물질의 도움이 필요 없기 때문에 진공 상태에서도 열이 이동할 수 있다.

④ 태양의 열은 복사에 의해 지구에 도달한다.

[오답 피하기] ⑤ 물질의 도움을 받지 않으므로 떨어져 있는 두 물체 사이에서도 복사에 의해 열이 직접 이동할 수 있다.

15 (가) 모닥불 가까이 앉아 몸을 따뜻하게 한다. ― 복사

(나) 주전자의 물을 모닥불로 가열한다. ― 대류

(다) 뜨거운 물이 담긴 컵을 손으로 감싸 손을 따뜻하게 한다. ― 전도

16 가정에서 에어컨을 위쪽에, 난로는 아래쪽에 설치하는 까닭은 공기 중에서 대류에 의해 열이 이동하기 때문이다.

④ 주전자를 가열하면 주전자 속의 물이 전체적으로 데워지는 것은 액체에서 대류에 의해 열이 이동하기 때문이다.

[오답 피하기] ①, ② 복사에 의한 열 이동의 예이다.

③, ⑤ 전도에 의한 열 이동의 예이다.

17 프라이팬이나 냄비에서 열의 이동 방식은 전도이다. 프라이팬이나 냄비에서 음식과 닿는 부분은 금속으로 만들어 열이 잘 전달되도록 하고, 손잡이는 비금속으로 만들어 열이 잘 전달되지 않도록 한다.

[오답 피하기] ②, ④는 대류에 의한 열 이동 방식의 예이고, ③은 전도에 의한 열 이동 방식의 예이다.

18 ①, ②, ③, ⑤의 현상에서 열이 이동하는 방식은 복사 때문이다.

[오답 피하기] ④ 뜨거운 물을 담은 유리컵을 만지면 따뜻해지는데, 그 까닭은 물에서 유리컵으로 전도에 의해 열이 이동하기 때문이다.

19 액체나 기체 물질에서 입자가 직접 이동하여 열이 이동하는 방식을 대류라고 한다.

[모범 답안] 주전자 바닥에서 가열된 따뜻한 물은 위로 이동하고, 위쪽의 차가운 물은 아래로 이동하는 대류가 일어나기 때문이다.

채점 기준	배점
대류를 언급하고 온도에 따른 물의 이동을 옳게 서술한 경우	100 %
대류를 언급하지 못했으나 각 부분에서 물의 이동을 옳게 서술한 경우	70 %
대류만 언급하고 물의 이동을 옳게 서술하지 못한 경우	30 %

20 충분한 시간이 지난 후에는 따뜻한 물과 차가운 물이 열평형에 도달하므로 입자 운동의 활발한 정도와 온도가 같아질 것이다.

(1) [모범 답안] 물체의 온도가 높을수록 입자 운동이 활발하므로, A가 차가운 물이고 B가 따뜻한 물이다.

(2) [모범 답안] A의 입자 운동은 활발해지고, B의 입자 운동은 둔해져서 A와 B의 입자 운동의 활발한 정도는 같아진다.

(3) [모범 답안] 열평형, A와 B의 온도가 같다.

	채점 기준	배점
(1)	A와 B의 온도와 그 까닭을 옳게 서술한 경우	35 %
	A와 B의 온도만 옳게 비교한 경우	20 %
(2)	A와 B의 입자 운동의 변화 과정과 최종 상태를 모두 옳게 서술한 경우	35 %
	A와 B의 입자 운동의 변화 과정과 최종 상태 중 하나만 옳게 서술한 경우	20 %
(3)	열평형을 언급하고, 두 물체의 온도를 옳게 서술한 경우	30 %
	열평형과 두 물체의 온도 중 하나만 옳게 서술한 경우	20 %

21 [모범 답안] (가)는 복사로 물질(학생)의 도움 없이 열(공)이 직접 이동한다. (나)는 전도로 물질을 구성하는 입자(학생)의 운동이 이웃한 입자(학생)에 차례로 전달하면서 열(공)이 이동한다. (다)는 대류로 입자(학생)가 직접 이동하면서 열(공)이 이동한다.

채점 기준	배점
(가), (나), (다)의 열의 이동 방식을 까닭과 함께 옳게 서술한 경우	100 %
(가), (나), (다)의 열의 이동 방식만 옳게 쓴 경우	50 %

빈/출/연/별 학교 시험 기출 변형 문제 Level 2

01 ④ **02** ③ **03** ① **04** ③ **05** ① **06** ⑤ **07** ④
08 ③ **09** ④ **10** ② **11** ④ **12** 해설 참조 **13** 해설 참조

01 ①, ⑤ 온도는 물체의 차갑고 뜨거운 정도를 수치로 나타낸 물리량으로, 물체를 구성하는 입자의 운동이 활발한 정도를 나타낸다.
② 온도의 단위는 섭씨온도에서는 ℃로, 절대 온도에서는 K으로 나타낸다.
③ 물체의 온도가 낮을수록 입자 운동이 둔해져서 입자 사이의 거리가 가깝다.
오답 피하기 ④ 물체의 온도가 높을수록 입자 운동이 활발해져 입자 사이의 거리가 멀어진다.

02 ①, ② 열은 높은 온도의 물체에서 낮은 온도의 물체로 이동하므로 플라스크의 물에서 수조의 물로 이동하며 물의 온도차가 작아지므로 이동하는 열의 양은 점점 줄어든다.
④, ⑤ 뜨거운 물이 잃은 열의 양과 차가운 물이 얻은 열의 양은 같으며, 열평형에 도달했을 때의 온도는 온도가 더 이상 변하지 않는 30 ℃이다.
오답 피하기 ③ 5분 이후 두 물체는 열평형이 되며 물의 온도(입자 운동의 활발한 정도)는 같다.

03 A에서 B, C, D로 열이 이동하므로 A의 온도가 가장 높고, C에서 D로 열이 이동하므로 C의 온도>D의 온도, D에서 B로 열이 이동하므로 D의 온도>B의 온도이다. 즉 네 물체의 온도는 A>C>D>B 순이다. 따라서 두 물체의 온도 차가 클수록 이동하는 열의 양이 많아지므로 A와 B를 접촉시킬 때, 열이 가장 많이 이동한다.

04 ㄴ, ㄷ. A의 온도가 B보다 높으므로 A에서 B로 열이 이동하며 충분한 시간이 지나면 A와 B는 열평형에 도달할 것이다.
오답 피하기 ㄱ. A의 입자 운동이 B보다 활발하므로 A의 온도가 B보다 높다.
ㄹ. 충분한 시간이 지나면 열평형에 도달하여 두 물체의 온도가 같아지므로 입자 운동의 활발한 정도도 같아질 것이다.

05 ㄱ. 열은 온도가 높은 물체에서 낮은 물체로 이동하므로 비커에 담긴 물은 수조에 담긴 물로부터 열을 얻는다. 따라서 비커에 담긴 물의 입자 운동은 시간이 지날수록 활발해진다.
오답 피하기 ㄴ. 수조에 담긴 물은 열을 잃어 온도가 낮아지므로, 물 입자 사이의 거리는 점점 가까워진다.
ㄷ. 시간이 지나면 비커에 담긴 물의 온도와 수조에 담긴 물의 온도가 같아지는 열평형이 된다.

06 ㄱ, ㄴ. A는 열을 잘 전도하는 금속류이고, B는 열을 잘 전도하지 않는 비금속류이다. 냄비나 프라이팬 손잡이는 열이 빠르게 전달되면 안된다. 따라서 B를 이용하여 만든다.

ㄷ. 전도는 물질을 구성하는 입자의 운동이 이웃한 입자에 차례로 전달하면서 열이 이동한다.
오답 피하기 ㄹ. 난로를 아래쪽에 설치해야 하는 까닭은 기체의 대류 현상을 이용하기 위한 것이다.

07 열을 얻어 입자 운동이 활발해진 물은 가벼워져 위로 이동하고, 상대적으로 입자 운동이 둔한 물은 아래로 이동한다.

08 ㄱ, ㄷ. 대류는 주로 액체나 기체에서 일어나는 열의 이동 방식이다.
오답 피하기 ㄴ. 대류에서는 열을 입자가 직접 이동하여 전달한다.

09 ④ 적외선은 복사열의 한 종류로 온도에 따라 열의 세기가 다르기 때문에 열화상(적외선) 사진의 색이 달라진다.
오답 피하기 ① 입자 운동이 이웃한 입자에 차례로 전달되어 열이 이동하는 방식은 전도이다.
③ 입자가 직접 이동하여 열을 전달하는 방식은 대류이다.

10 ①, ③ 열을 얻어 입자 운동이 활발해진 물(A)은 가벼워져 위로 이동하고, 상대적으로 입자 운동이 둔한 물(B)은 무거워 아래로 이동한다.
④, ⑤ 대류는 주로 액체나 기체에서 일어나는 열의 이동 방식으로 에어컨을 위쪽에 설치해야 하는 까닭이다.
오답 피하기 ② 물질의 도움 없이 열이 직접 이동하는 열의 이동 방식은 복사이다.

11 공을 열에 비유하면 공이 직접 이동하는 (가)는 복사, 이웃한 학생에게 공을 전달하는 (나)는 전도, 학생이 공을 직접 들고 이동하는 (다)는 대류를 의미한다.
A. 물을 가열하면 대류에 의해 물이 끓는다.
B. 태양열은 복사에 의해 지구에 도달하므로 양산을 쓰면 태양에서 복사된 열이 차단되어 시원해진다.
C. 뜨거운 국에 금속 숟가락을 담그면 전도에 의해 숟가락이 뜨거워진다. 따라서 (가)-B, (나)-C, (다)-A이다.

12 **모범 답안** 열을 잃은 A는 입자 운동이 둔해지고, 열을 얻은 B는 입자 운동이 활발해진다.

채점 기준	배점
A와 B의 입자 운동의 변화를 모두 옳게 서술한 경우	100 %
A와 B 중 한 물질의 입자 운동의 변화만을 옳게 서술한 경우	50 %

13 복사에 의해 난로의 열이 손으로 직접 이동하는데, (나)와 같이 난로와 손 사이에 가로막이 있으면 열이 손으로 이동하기 어렵다.
모범 답안 열이 이동하는 방식은 복사이고, (나)에서 따뜻함이 잘 느껴지지 않는 까닭은 난로에서 직접 이동하는 열이 가림막에 의해 차단되기 때문이다.

채점 기준	배점
복사를 언급하고, 따뜻함이 느껴지지 않는 까닭을 옳게 서술한 경우	100 %
복사만 언급하거나 까닭만 옳게 서술한 경우	50 %

02 비열과 열팽창

개념 바로 확인

초성 확인 문제

01 비열 **02** 비열, 질량 **03** 비열 **04** 물 **05** 열팽창
06 온도, 팽창 **07** 기체 **08** 바이메탈

---

01 (1) ◯ (2) × (3) × **02** (1) 구리, 알루미늄 (2) 알루미늄,
구리 **03** 8 kcal **04** 0.8 kcal/(kg·℃) **05** (1) ◯ (2) ◯
(3) × (4) × **06** 높아진다, 활발해진다, 멀어진다 **07** (1) ×
(2) ◯ (3) ◯ (4) × **08** A>B>C **09** (1) ◯ (2) ◯ (3) ×
(4) ◯ (5) ◯

01 (2) 비열은 물질마다 다르므로 물질의 종류를 구별할 수 있는
특성이다.
(3) 질량이 같은 물질에 같은 열량을 가할 때, 비열이 작은 물질일
수록 온도 변화가 크게 나타난다.

02 (1) '열량(Q)=비열(c)×질량(m)×온도 변화(t)'이므로 질량
이 같은 세 물질에 같은 열량을 가할 때 온도 변화가 가장 큰 물질
은 비열이 가장 작은 구리이다.
(2) 질량이 같은 세 물질의 온도를 10 ℃ 높이는 데 가장 많은 열량
이 필요한 물질은 비열이 가장 큰 알루미늄이다.

03 열량(Q)=비열(c)×질량(m)×온도 변화(t)
=0.4 kcal/(kg·℃)×2 kg×10 ℃=8 kcal이다.

04 비열=$\dfrac{열량}{질량×온도 변화}$=$\dfrac{80\ \text{kcal}}{10\ \text{kg}×10\ ℃}$=0.8 kcal/(kg·℃)
이다.

05 (3) 해안 지역에서는 낮에 바다에서 육지로 해풍이 불고, 밤에
육지에서 바다로 육풍이 분다.
(4) 비열이 클수록 물질의 온도를 높이는 데 더 많은 열량이 필요하
다. 같은 열량을 가했을 때 금속 냄비의 온도가 뚝배기의 온도보다
빠르게 높아지므로 금속 냄비의 비열이 뚝배기의 비열보다 작다.

06 물체에 열을 가하면 물체의 온도가 높아진다. → 입자 운동이
활발해진다. → 입자 사이의 거리가 멀어진다. → 물체가 팽창한다.

07 (1) 물질이 열을 얻으면 입자 운동이 활발해지며 입자 사이의
거리가 멀어져 팽창하게 된다.
(4) 고체의 열팽창 정도는 종류에 따라 다르다. 종류에 따라 열팽창
정도가 다른 고체의 특징을 이용한 장치가 바이메탈이다.

08 바이메탈에 열을 가하면 바이메탈은 열팽창 정도가 작은 금속
쪽으로 휘어진다. (가)에서 두 금속 A, B의 열팽창 정도를 비교하
면 A>B이고, (나)에서 두 금속 B, C의 열팽창 정도를 비교하면
B>C이다.

---

09 (3) 뜨거운 물을 담은 유리컵이 따뜻한 까닭은 물의 열이 유리
컵에서 손으로 전도에 의해 열이 이동되었기 때문이다.

탐구 집중 분석

01 (1) 같다 (2) 1, 0.1, 30, 3 (3) 0.4 (4) 작다
02 (1) × (2) ◯ (3) ◯ (4) ×
03 ④ **04** ③ **05** ④ **06** ①
07 (1) 길어진다 (2) 멀다 (3) 다르다 (4) 열팽창
08 (1) × (2) × (3) ◯ (4) ×
09 ⑤ **10** ⑤ **11** ② **12** 해설 참조

01 (1) 같은 시간 동안 물과 식용유에 가한 열량은 같다.
(2) 물은 5분 동안 30 ℃만큼 높아졌다. 따라서 물이 얻은 열량은
1 kcal/(kg·℃)×0.1 kg×30 ℃=3 kcal이다.
(3) 식용유가 얻은 열량은 3 kcal이므로 식용유의 비열은
$\dfrac{열량}{질량×온도 변화}$=$\dfrac{3\ \text{kcal}}{0.1\ \text{kg}×75\ ℃}$=0.4 kcal/(kg·℃)이다.
(4) 같은 열량을 얻었을 때 온도 변화가 작은 물질이 비열이 크다.

02 (1) 온도 변화는 식용유에서가 물에서보다 크므로, 식용유의
비열이 물의 비열보다 작다.
(4) 같은 열량을 얻었을 때, 물질의 질량이 커지면 온도 변화는 작
아진다.

03 ㄱ, ㄷ. 얻은 열량이 같은 물과 식용유의 온도 변화가 다른 것
은 비열 차이 때문으로 비열은 물이 식용유보다 크다.
ㄹ. 비열은 물질의 특성으로 물질의 종류에 따라 다르다.
[오답 피하기] ㄴ. 5분 동안 물의 온도는 8 ℃에서 38 ℃로 30 ℃가 높
아졌고, 식용유의 온도는 8 ℃에서 83 ℃로 75 ℃가 높아졌다.

04 같은 전열기를 사용했으므로 5분 동안 물이 얻은 열량과 식용
유가 얻은 열량은 같다. 물이 얻은 열량=비열×질량×온도 변화
=1 kcal/(kg·℃)×0.1 kg×(38−8) ℃=3 kcal이다. 따라서
식용유의 비열=$\dfrac{열량}{질량×온도 변화}$=$\dfrac{3\ \text{kcal}}{0.1\ \text{kg}×75\ ℃}$=0.4 kcal/
(kg·℃)이다.

05 ㄱ. (가)에서 물의 온도가 100 ℃이므로 물과 열평형을 이룬
금속의 온도도 100 ℃이다.
ㄷ. (나)에서 금속의 온도는 낮아지고 열량계 속 물의 온도는 높아
지며 충분한 시간이 지나면 금속과 물의 온도가 같아진다. 이때 금
속이 잃은 열량은 열량계 속 물이 얻은 열량과 같다.
[오답 피하기] ㄴ. (나)에서 금속의 비열이 물의 비열보다 작으므로 금속
의 온도 변화가 물의 온도 변화보다 크다.

06 물의 비열을 이용하여 열량계 속 물이 얻은 열량을 계산하
면 열량계 속 물이 얻은 열량=비열×질량×온도 변화=1 kcal/

$(kg \cdot ℃) \times 0.2\,kg \times (40-10)\,℃ = 6\,kcal$이다. (열량계 속 물이 얻은 열량=금속이 잃은 열량)이고 금속의 처음 온도는 100 ℃이므로 금속의 비열 $= \dfrac{열량}{질량 \times 온도\ 변화} = \dfrac{6\,kcal}{1\,kg \times (100-40)\,℃} = 0.1\,kcal/(kg \cdot ℃)$이다.

07 ⑴, ⑵ 금속 막대를 가열하면 입자 운동이 활발해지며 입자 사이의 거리가 멀어져 금속 막대의 길이는 길어진다.
⑶ 바늘의 회전과 액체의 높이 변화로부터 고체와 액체는 종류에 따라 열팽창 정도가 다르다는 것을 알 수 있다.

08 ⑴ 고체와 액체는 열을 받으면 팽창한다.
⑵ 고체에 열을 가하면 입자 운동이 활발해지면서 팽창한다.
⑷ 열은 수조에 부은 뜨거운 물에서 에탄올로 이동한다.

09 ①, ②, ④ 세 금속이 얻은 열량은 같으며, 금속을 가열하면 입자 운동이 활발해져 금속 막대의 길이가 늘어난다.
③ 바늘이 움직이는 정도가 클수록 열팽창 정도가 크므로 금속의 열팽창 정도는 $C>B>A$ 순이다.
오답 피하기 ⑤ 금속 막대의 길이가 많이 늘어나면 바늘이 움직이는 정도가 크다.

10 열팽창 측정 장치의 바늘이 움직인 정도로 보아 열팽창 정도는 $C>B>A$ 순이다. 따라서 금속 고리를 가열하면 C가 가장 많이 팽창하여 구멍이 가장 크고, A가 가장 적게 팽창하여 구멍이 가장 작을 것이다.

11 ①, ③, ④ 열은 뜨거운 물에서 액체로 이동하고, 열을 받은 액체는 입자 운동이 활발해져 부피가 팽창한다.
⑤ 액체의 높이 변화로부터 액체의 종류에 따라 열팽창 정도가 다르다는 것을 알 수 있다.
오답 피하기 ② 액체의 높이 변화가 B가 A보다 크므로 열팽창 정도는 B가 A보다 크다.

12 모범 답안 뜨거운 물을 넣기 전과 넣은 후의 액체의 높이 변화가 B가 A보다 크므로, 열팽창 정도는 B가 A보다 크다.

채점 기준	배점
액체의 높이 변화를 언급하고, 열팽창 정도와 연관지어 서술한 경우	100 %
열팽창 정도만 서술한 경우	70 %

학교 시험 분석 90쪽

01 ⑤, ⑥, ⑦, ⑨ **02** ⑥, ⑧

01 ①, ③ 온도 변화가 A가 B보다 크므로 비열은 A가 B보다 작으며, A와 B는 다른 물질이다.

②, ④ 같은 시간 동안 A와 B가 얻는 열량은 같다. 질량과 얻은 열량이 같을 때 온도 변화는 비열에 반비례하므로 A의 온도 변화가 B의 2배이면 비열은 B가 A의 2배이다.
⑧ B를 10 ℃ 높이는 데 필요한 열량은 비열×질량×온도 변화 $= 1\,kcal/(kg \cdot ℃) \times 0.2\,kg \times 10\,℃ = 2\,kcal$이다.
오답 피하기 ⑤ 온도-시간 그래프에서 기울기가 클수록 비열은 작아진다.
⑥ 비열은 물질의 종류에 따라 달라지는 물질의 특성으로 질량과는 상관없다.
⑦ A와 B의 비열이 다르므로 온도를 10 ℃ 높이는 데 필요한 열량은 다르다.
⑨ 같은 물질이라면 온도를 10 ℃ 높이는 데 필요한 열량은 질량에 비례한다. 따라서 질량이 200 g일 때가 질량이 100 g일 때보다 더 많은 열량이 필요하다.

02 ⑥ B를 A보다 열팽창 정도가 큰 금속으로 바꾼 후 가열하면 아래 방향으로 오목해진다.
오답 피하기 ① A가 B보다 더 많이 휘어지는 것으로 보아 열팽창 정도는 A가 B보다 크다.
②, ③ 금속이 열을 받으면 입자 운동은 활발해지며 입자 사이의 거리는 멀어지고 부피는 증가한다.
④ 바이메탈은 물질의 종류에 따라 열팽창 정도가 다른 특징을 이용한 장치이다.
⑤ 열팽창은 고체뿐 아니라 기체와 액체에서도 나타난다.
⑦ A와 B를 냉각시키면 바이메탈은 열팽창 정도가 큰 금속 쪽으로 휘어지므로 A 쪽으로 휘어진다.

빈/출/연/별 91~94쪽
학교 시험 기출 변형 문제 Level 1

01 ⑤ **02** ③ **03** ② **04** ⑤ **05** ⑤ **06** ① **07** ⑤
08 ④ **09** ⑤ **10** ④ **11** ⑤ **12** ① **13** ② **14** ③
15 ③, ⑤ **16** ④ **17** ③ **18** 해설 참조 **19** 해설 참조
20 해설 참조 **21** 해설 참조 **22** 해설 참조

01 ⑤ 어떤 물질 1 kg의 온도를 1 ℃ 높이는 데 필요한 열량을 비열이라고 하며, 질량이 같은 물질에 같은 열량을 가할 때 물질의 비열이 클수록 온도 변화가 작다.
오답 피하기 ① 비열의 단위는 $kcal/(kg \cdot ℃)$나 $cal/(g \cdot ℃)$를 사용한다.
② 비열은 물질의 종류에 따라 다르므로 물질을 구별하는 특성이 된다.
③ 일반적으로 액체의 비열이 고체의 비열보다 크다.
④ 비열이 큰 물질일수록 온도를 1 ℃ 높이기 위해 더 많은 열량이 필요하다.

02 ㄱ, ㄴ. 그래프에서 기울기가 큰 식용유의 온도 변화가 물의 온도 변화보다 크므로, 같은 온도만큼 높이는 데 걸리는 시간은 식용유가 더 짧다.

오답 피하기 ㄷ. 같은 시간 동안 식용유의 온도 변화가 물의 온도 변화보다 크므로 식용유의 비열은 물의 비열보다 작다.

03 어떤 물질이 얻은 열량＝비열×질량×온도 변화＝비열×0.5 kg ×10 ℃＝2 kcal에서 비열은 $\dfrac{2 \text{ kcal}}{0.5 \text{ kg} \times 10 \text{ ℃}}$＝0.4 kcal/(kg·℃)이다.

04 물이 얻은 열량은 금속이 잃은 열량과 같으므로 1 kcal/(kg·℃)×0.2 kg×(36−20) ℃＝c×0.1 kg×(100−36) ℃에서 금속의 비열 c＝0.5 kcal/(kg·℃)이다.

05 ①, ②, ④ 금속 도막의 온도 변화가 물의 온도 변화보다 크므로 비열은 금속 도막이 물보다 작다.
③ 열은 금속 도막에서 물로 이동하며, 물이 얻은 열량과 금속 도막이 잃은 열량은 같다.

오답 피하기 ⑤ 비열은 물질의 특성으로 질량과 상관없이 일정하다.

06 ② 온도가 높은 A는 열을 잃고 온도가 낮은 B는 열을 얻었다. 즉 A에서 B로 열이 이동하였다.
③, ④ A, B는 5분 후에 온도가 같아지는 열평형에 도달하였으며, 이때 (A가 잃은 열량＝B가 얻은 열량)이다.
⑤ 열평형이 되면 A와 B의 온도가 같으므로 열평형 온도는 30 ℃ 이다.

오답 피하기 ① A와 B의 질량이 같고 A의 온도 변화가 B의 온도 변화의 $\dfrac{3}{2}$배이므로 A의 비열은 B의 비열의 $\dfrac{2}{3}$배이다.

07 ㄴ. 같은 열량을 얻은 물질의 온도 변화가 작을수록 비열은 크다. 따라서 비열의 크기는 물＞식용유＞모래 순이다.
ㄷ. 질량이 같은 물질의 온도 1 ℃를 높이는 데 필요한 열량이 가장 작은 것은 비열이 가장 작은 모래이다.

오답 피하기 ㄱ. 같은 세기의 열로 같은 시간 동안 가열하였으므로 식용유와 물이 얻은 열량은 같다.

08 ④ 해안 지역에서는 낮에 바다에서 육지로 해풍이 불고, 밤에 육지에서 바다로 육풍이 분다. 이는 육지보다 바다의 비열이 크기 때문에 나타나는 현상이다.

오답 피하기 ①, ②, ③ 육지보다 바다의 비열이 크므로 낮에는 바다가 육지보다 천천히 따뜻해지고, 밤에는 바다가 육지보다 천천히 식는다. 따라서 낮에는 바다의 온도가 육지보다 낮고 밤에는 바다의 온도가 육지보다 높다.
⑤ 육지와 바다가 받는 햇빛의 양은 같다.

09 ⑤ 뚝배기의 열이 금속 냄비의 열보다 오래가는 까닭은 뚝배기의 비열이 금속의 비열보다 크기 때문이다.

오답 피하기 ①, ②는 전도와 관련된 예이고, ③, ④는 열팽창과 관련

된 예이다.

10 ④ 물질에 열을 가하면 입자 운동이 활발해져 입자 사이의 거리가 멀어지며 팽창한다.

오답 피하기 ①, ② 물질에 열을 가해도 입자의 크기나 개수는 변하지 않는다.
③ 열팽창 정도는 물질의 종류에 따라 다르다.
⑤ 같은 물질이라도 물질의 상태에 따라 열팽창 정도가 다르다.

11 ⑤ 바이메탈은 열팽창 정도가 다른 두 금속을 붙여 놓은 장치로, 온도에 따라 자동으로 작동하거나 전원이 차단되는 제품에 사용된다.

오답 피하기 ①, ② A와 B의 열팽창 정도가 다르기 때문에 가열하였을 때 더 적게 팽창한 쪽으로 바이메탈이 휘어지며, B쪽으로 휘어졌으므로 A의 열팽창 정도가 B보다 크다. 따라서 입자 사이의 거리는 A가 B보다 더 많이 멀어진다.
③, ④ 바이메탈을 냉각시키면 A가 B보다 많이 수축하므로 가열할 때와 반대 방향으로 휘어진다.

12 ㄴ. A의 온도가 높아지면 입자 운동은 활발해진다.

오답 피하기 ㄱ. 온도가 높을 때 B가 A보다 더 많이 휘어졌으므로 열팽창 정도는 B가 A보다 크다.
ㄷ. 온도가 높아졌을 때 회로가 끊어지므로 온도가 높을 때 전류는 차단된다.

13 ② 가스관의 중간 부분이 구부러져 있는 것은 여름에 열팽창으로 인해 가스관이 손상되지 않도록 한 것으로, 기차 레일의 연결 부위에 틈을 만든 것과 같은 원리이다.

오답 피하기 ①, ③, ⑤ 비열과 관련된 현상이다.
④ 전도에 의한 열의 이동과 관련된 현상이다.

14 ㄷ. 두 액체의 열팽창 정도는 액체의 부피가 팽창하여 유리관을 따라 올라간 높이를 통해 비교한다.

오답 피하기 ㄱ. 유리관을 따라 올라간 A와 B의 높이 변화가 다르므로 액체의 종류에 따라 열팽창 정도가 다르다.
ㄴ. A와 B는 뜨거운 물에서 열을 받으므로 입자의 움직임이 활발해지고 입자 사이의 거리는 멀어진다.

15 열팽창 정도는 A＜B＜C 순으로 크다. 바이메탈을 가열하면 열팽창 정도가 작은 금속 쪽으로 휘어지므로 ①, ②, ④는 위쪽으로 휘어지고, ③, ⑤는 아래쪽으로 휘어진다.

16 ④ 유리관을 따라 올라간 액체의 높이에 따라 액체의 열팽창 정도는 에탄올＞식용유＞물 순으로 크다는 것을 알 수 있다.

17 ㄱ. 열은 온도가 높은 곳에서 온도가 낮은 곳으로 이동하므로 뜨거운 물에서 각각의 액체로 열이 이동한다.
ㄴ. 액체가 열을 얻으면 입자 운동은 활발해진다.

오답 피하기 ㄷ. 물은 입자 운동이 활발해지면 부피가 증가한다.

18 (1) **모범 답안** 비열이 클수록 온도가 잘 변하지 않는다. 따라서 온도가 가장 빨리 높아지는 물질은 B이고, 가장 느리게 높아지는 물질은 D이다.

(2) **모범 답안** A가 얻은 열량=비열×질량×온도 변화=0.22 kcal/(kg·℃)×2 kg×20 ℃=8.8 kcal이다.

	채점 기준	배점
(1)	온도가 가장 빨리 높아지는 물질과 가장 느리게 높아지는 물질을 그 까닭과 함께 옳게 서술한 경우	50 %
	온도가 가장 빨리 높아지는 물질과 가장 느리게 높아지는 물질만 쓴 경우	20 %
(2)	A가 얻은 열량을 풀이 과정과 함께 옳게 구한 경우	50 %
	A가 얻은 열량만 쓴 경우	20 %

19 모래의 비열은 물의 비열보다 작다.

모범 답안 같은 양의 태양열을 받은 낮에는 모래의 온도가 물보다 빨리 높아지고, 태양열을 받지 못하는 밤에는 모래의 온도가 물보다 빨리 낮아진다. 따라서 일교차가 큰 지역은 사막 지역이다.

채점 기준	배점
일교차가 큰 지역을 그 까닭과 함께 옳게 서술한 경우	100 %
일교차가 큰 지역만 옳게 쓴 경우	50 %

20 **모범 답안** 금속 뚜껑이 유리병보다 열팽창 정도가 크므로 더 많이 팽창하기 때문에 뜨거운 물에 넣었다가 꺼내면 뚜껑이 쉽게 열린다.

채점 기준	배점
열팽창을 언급하고 금속과 유리의 열팽창 정도를 모두 옳게 서술한 경우	100 %
열팽창만 언급하고 금속과 유리의 열팽창 정도를 옳게 서술하지 못한 경우	50 %

21 뜨거운 물에 의해 액체가 열팽창하여 유리관 속 액체의 높이가 높아진다. 이때 액체의 종류에 따라 열팽창하는 정도가 다르므로 액체가 올라간 높이가 다른데, 액체의 높이가 가장 높아진 벤젠의 열팽창 정도가 가장 크다.

모범 답안 벤젠, 뜨거운 물로부터 열을 얻은 액체는 입자 운동이 활발해진다.

채점 기준	배점
열팽창 정도가 가장 큰 액체와 액체의 입자 운동에 대한 내용을 모두 옳게 서술한 경우	100 %
열팽창 정도가 가장 큰 액체와 액체의 입자 운동에 대한 내용 중 하나만 옳게 서술한 경우	50 %

22 여름에 온도가 높아지면 다리나 철로가 열팽창하는 데, 다리의 이음매와 철로의 연결부에 틈을 만들면 열팽창했을 때 다리나 철로가 휘어지는 것을 방지할 수 있다.

모범 답안 여름철에는 열을 얻어 온도가 높아진 다리 이음매의 입자 운동이 활발해져 입자 사이 거리가 멀어지며 부피가 팽창하게 된다.

채점 기준	배점
다리 이음매의 입자 운동의 변화 과정과 최종 상태를 모두 옳게 서술한 경우	100 %
다리 이음매의 입자 운동의 변화 과정과 최종 상태 중 하나만 옳게 서술한 경우	50 %

빈/출/언/별 학교 시험 기출 변형 문제 Level 2

01 ⑤   02 ②   03 ⑤   04 ④, ⑤   05 ⑤   06 ⑤
07 ③   08 ②   09 ④, ⑤   10 ②   11 ②   12 해설 참조
13 해설 참조   14 해설 참조   15 해설 참조

01 ①, ② 가열 시간이 길수록 물질이 얻는 열량이 많고, 물질의 온도 변화도 커진다.

③ 열은 온도가 다른 물체 사이에서 이동하는 에너지이며, 이때 이동한 열의 양을 열량이라고 한다.

④ 물 1 kg의 온도를 1 ℃ 높이는 데 필요한 열량을 1 kcal로 정하고, 물의 비열을 1 kcal/(kg·℃)로 정하였다.

오답 피하기 ⑤ 질량이 같은 물질에 같은 열량을 가하면 비열이 큰 물질일수록 온도 변화가 작다.

02 ② 온도와 질량이 같은 식용유와 물에 같은 열량을 주면 비열이 큰 물의 온도 변화가 식용유의 온도 변화보다 작다.

03 ㄱ. 3분 동안 A, B, C가 잃은 열량은 같다.

ㄴ, ㄷ. 비열이 클수록 온도가 변화하는 데 필요한 열량이 많다. 따라서 비열의 크기는 A>B>C 순이다.

04 ④ 질량이 2배가 되면 필요한 열량도 2배가 된다.

⑤ 물질이 얻는 열량이 절반으로 줄면 온도 변화도 절반이 된다.

오답 피하기 ① 비열은 물질의 종류에 따라 다르므로 물질을 구별하는 특성이 된다.

② 비열이 작을수록 같은 온도만큼 높이는 데 필요한 열량이 적다.

③ C는 A보다 비열이 작다. 찜질팩의 온도가 가장 오랫동안 유지되기 위해서는 비열이 가장 큰 물질인 A를 사용해야 한다.

05 ⑤ 액체가 열을 얻으면 입자 운동이 활발해지며 입자 사이의 거리가 멀어져 팽창하게 된다.

오답 피하기 ①, ②, ③ 액체가 열을 얻으면, 입자 수가 늘어나거나 입자의 부피가 커지는 것이 아니라 입자 운동이 활발해져 입자 사이의 거리가 멀어지는 것이다.

④ 액체는 액체의 종류에 따라 열팽창 정도가 다르다.

06 ①, ② 고체는 열을 얻으면 팽창하고 열을 잃으면 수축하게 된다.

③ 고체가 열을 얻으면 입자 운동이 활발해지고, 열을 잃으면 입자 운동이 둔해진다.

④ 고체의 온도 변화가 클수록 입자 운동이 활발해지므로 열팽창하는 정도가 크다.

[오답 피하기] ⑤ 금속이 열팽창하는 정도는 금속의 종류에 따라 다르다.

07 ①, ②, ⑤ 액체는 열을 얻으면(잃으면) 입자 운동이 활발(둔)해지고, 입자 사이의 거리는 멀어지며(가까워지며) 부피는 증가(감소)한다.

[오답 피하기] ③ 온도가 높아지면 액체의 입자 사이의 거리는 멀어진다.

08 ㄷ. 바이메탈을 이루는 두 금속의 열팽창 정도 차이가 클수록 바이메탈은 많이 휜다.

[오답 피하기] ㄱ. 열을 얻은 고체의 열팽창 정도를 비교하는 장치이다.
ㄴ. 같은 열량을 잃었을 때 가장 많이 수축하는 금속은 C이다.

09 ④ (가)에서 B를 대신하여 C를 사용해도 온도가 높아졌을 때 도선 쪽으로 바이메탈이 휘어 전류가 흐르게 된다.

[오답 피하기] ① 바이메탈은 열팽창 정도가 다른 두 금속을 붙여서 만든 장치이다.
② 화재 경보기와 전기다리미가 정상적으로 작동하기 위해서 A, B, C의 열팽창 정도는 A>B>C 순이다.
③ 온도가 높아졌다가 다시 낮아지면 팽창된 금속은 원래 상태로 수축한다.

10 ② 금속 공이 금속 고리를 통과하게 하려면 금속 공을 냉각시켜 수축시키거나 금속 고리를 가열하여 팽창시켜야 한다.

[오답 피하기] ① 금속 공을 가열하면 팽창하므로 금속 공이 금속 고리를 통과하지 못한다.
③ 금속 고리를 냉각시키면 수축하므로 금속 공이 금속 고리를 통과하지 못한다.
④ 금속 공과 금속 고리를 모두 냉각시키면 공과 고리가 모두 수축하므로 금속 공이 금속 고리를 통과하지 못한다.
⑤ 금속 공은 가열하고 금속 고리를 냉각시키면 금속 공은 팽창하고 금속 고리는 수축하므로 금속 공이 금속 고리를 통과하지 못한다.

11 여름철 전신주의 전선이 겨울철 전신주의 전선보다 길게 늘어지는 까닭은 열팽창 때문이다.
① 열리지 않는 유리병 금속 뚜껑을 따뜻하게 하면 열팽창 정도가 금속 뚜껑이 유리병보다 크므로 금속 뚜껑을 열 수 있다.
④ 페트병에 음료수를 가득 채우지 않는 까닭은 음료수가 페트병보다 열팽창 정도가 크기 때문이다.
⑤ 철로나 다리를 만들 때 철로와 이음매에 틈을 만든 까닭은 열팽창하여 휘어지는 것을 막기 위한 것이다.

[오답 피하기] ② 겨울에 난로를 틀어 방 전체의 공기를 따뜻하게 하는 것은 대류와 관련된 현상이다.

12 물은 다른 물질에 비해 비열이 큰 편이기 때문에 온도가 잘 변하지 않는다.

[모범 답안] 물의 비열이 크기 때문에 체온 변화가 작다.

채점 기준	배점
물을 언급하여 사람의 체온이 잘 변하지 않는 까닭을 옳게 서술한 경우	100 %

13 물의 처음 온도는 20 ℃이고 나중 온도는 60 ℃이므로, 물의 온도 변화는 40 ℃이다.

[모범 답안] 물이 얻은 열량＝비열×질량×온도 변화＝1 kcal/(kg·℃)×0.1 kg×(60−20) ℃＝4 kcal이다.

채점 기준	배점
물이 얻은 열량을 풀이 과정과 함께 옳게 구한 경우	100 %
열량을 구하는 과정만 옳게 쓴 경우	50 %

14 [모범 답안] 금속판이 열팽창하므로 안쪽 반지름이 길어지면서 가운데 구멍이 커지고, 바깥쪽 반지름도 길어진다.

채점 기준	배점
안쪽 반지름과 바깥쪽 반지름의 변화를 모두 옳게 서술한 경우	100 %
안쪽 반지름과 바깥쪽 반지름의 변화 중 하나만 옳게 서술한 경우	50 %

15 [모범 답안] 바다의 공기가 먼저 따뜻해져 위로 올라가고, 그 빈자리로 육지의 공기가 이동한다. 그 결과 낮에 육지에서 바다로 육풍이 분다.

채점 기준	배점
육풍이 불게 되는 과정을 옳게 서술한 경우	100 %
육풍이 분다는 것만 쓴 경우	50 %

98-99쪽

대단원 핵심 정리

❶ 온도 ❷ 열 ❸ 높은 ❹ 낮은 ❺ 열평형 ❻ 운동 ❼ 고체 ❽ 기체 ❾ 위 ❿ 아래 ⓫ 아래 ⓬ 위 ⓭ 복사 ⓮ 열량 ⓯ 1 ⓰ 큰 ⓱ > ⓲ > ⓳ 해풍 ⓴ 육풍 ㉑ 크다 ㉒ 물 ㉓ 활발 ㉔ 멀어 ㉕ < ㉖ < ㉗ 바이메탈 ㉘ 크다

100-101쪽

대단원 쪽지 시험

1 온도 **2** 높은, 낮은 **3** 활발 **4** (1) ← (2) ← (3) ← **5** (1) A, B (2) 둔, 활발 (3) 열평형 **6** (1) ㉃ (2) ㉠ (3) ㉆ **7** (1) ㉠ (2) ㉆ (3) ㉃ **8** (1) ○ (2) ○ (3) ○ (4) × **9** (1) A (2) C>B>A (3) A **10** 사막, 해안, 사막, 해안 **11** 멀어, 팽창 **12** (1) 바이메탈, 다른 (2) B, A **13** (1) ○ (2) ○ (3) × (4) ○

대단원 최종 확인 문제

01 ④	02 ⑤	03 ⑤	04 ③	05 ③	06 ③	07 ①
08 ③	09 ③	10 ④	11 ④	12 ②	13 ①	14 ④
15 ③	16 ①	17 ②	18 ④	19 ④	20 ②	21 ②
22 ②	23 ②	24 ③	25 ③	26 ②	27 ③	28 ③
29 해설 참조	30 해설 참조	31 해설 참조	32 해설 참조			
33 해설 참조	34 해설 참조	35 해설 참조				

01 ①, ② 온도는 물체의 차갑고 뜨거운 정도를 수치로 나타낸 물리량이고, 섭씨온도의 단위는 ℃(섭씨도), 절대 온도의 단위는 K(켈빈)이다.
⑤ 물체가 열을 잃으면 입자 운동이 둔해지고, 입자 사이의 거리가 가까워진다.
오답 피하기 ④ 물체의 온도가 낮을수록 물체를 이루는 입자 운동이 둔하므로 잉크가 느리게 퍼진다.

02 온도가 높을수록 입자 운동이 활발하다. 입자 운동은 (다)>(가)>(나) 순으로 활발하므로, 물체의 온도는 (다)>(가)>(나) 순이다.

03 ㄱ, ㄴ, ㄷ. 열은 온도가 높은 물체에서 온도가 낮은 물체로 이동한다. A의 입자 운동이 B와 접촉한 후 더 활발해진 것으로 보아, 열은 B에서 A로 이동한다. 그 결과 A의 온도는 높아지고, B의 입자 운동은 처음보다 둔해진다.

04 ① A의 온도가 B보다 높으므로 A에서 B로 열이 이동한다.
② A가 잃은 열의 양은 B가 얻은 열의 양과 같다.
④, ⑤ 충분한 시간이 지나 열평형 온도(30 ℃)에 도달하면, A와 B의 온도는 더 이상 변하지 않는다.
오답 피하기 ③ 시간이 지날수록 두 물체의 온도 차이는 감소하므로 이동하는 열의 양은 감소한다.

05 두 물체의 열평형 온도는 A의 처음 온도보다 낮고, B의 처음 온도보다 높다. 따라서 입자 운동이 가장 활발한 (나)는 A의 입자 운동, 가장 둔 한 (가)는 B의 입자 운동, 그 중간인 (다)는 열평형일 때의 입자 운동의 모습이다.

06 ㄱ. A와 B의 열평형 온도는 21 ℃이다.
ㄷ. A의 온도가 B보다 높으므로 A에서 B로 열이 이동한다.
오답 피하기 ㄴ. A와 B의 온도는 열평형에 도달하면 더 이상 변하지 않는다. 따라서 10분일 때, A의 온도는 21 ℃이다.

07 ㄱ. 이웃한 입자에 입자 운동이 전달되어 열이 이동하는 방식은 전도이다. 겨울에 금속 의자에 앉으면 나무 의자에 앉을 때보다 차갑게 느껴지는 것은 전도와 관련된 현상이다.
오답 피하기 ㄴ. 태양의 열이 지구에 도달한다. — 복사
ㄷ. 난방기는 방의 아래쪽에 설치하고, 냉방기는 방의 위쪽에 설치한다. — 대류

08 ㄱ. 구리가 유리보다 열을 잘 전달한다.
ㄴ. 나무보다 철에서 열이 잘 전도되므로, 나무 조각상을 만졌을 때보다 철 조각상을 만졌을 때 우리 몸이 열을 빠르게 빼앗긴다. 그 결과 철 조각상이 더 차갑게 느껴진다.
오답 피하기 ㄷ. 열이 가장 잘 전도되는 구리가 가장 먼저 뜨거워진다.

09 ①, ②, ④, ⑤ 전도는 주로 고체 상태의 물질에서 열이 전달되는 방식이며, 물질의 종류에 따라 열이 전도되는 정도가 다르다.
오답 피하기 ③ 입자가 직접 이동하여 열을 이동하는 것은 대류이다. 전도는 입자의 운동이 이웃한 입자에 차례대로 전달되어 열이 이동하는 방식이다.

10 ④ 대류 현상은 주로 액체나 기체 상태의 물질에서 일어난다.
오답 피하기 ① 에어컨에서 나온 차가운 공기는 무거워져 아래로 이동한다.
② 대류는 입자가 직접 이동하여 열을 전달한다.
③ 난로를 켜 놓으면 공기(기체)의 대류로 방 전체의 온도가 올라간다.
⑤ 태양열이 지구에 전달되는 것은 복사와 관련된 현상이다.

11 ④ 복사는 물질의 도움 없이 열이 직접 이동하는 방식으로, 떨어져 있는 두 물체 사이에서도 복사에 의해 열이 직접 전달될 수 있다.
오답 피하기 ① 태양의 열이 지구에 도달하는 것은 복사에 의한 현상이다.
② 액체나 기체의 입자가 직접 이동하여 열을 전달하는 열의 이동 방식은 대류이다.
③ 온도가 다르면 복사열의 세기도 다르다. 물체의 온도가 높을수록 복사열의 세기가 세다.
⑤ 뜨거운 물이 담긴 컵을 만지면 따뜻해지는 것은 전도와 관련된 현상이다.

12 ② 뜨거운 다리미의 열이 옷감에 전도되어 주름이 펴진다.
오답 피하기 ①, ⑤ 난방 기구를 방의 아래쪽에, 냉방 기구를 방의 위쪽에 설치하는거나 주전자의 물을 데우는 것은 대류와 관련이 있다.
③ 모닥불의 열은 복사에 의해 전달된다.
④ 열화상 카메라의 원리는 복사와 관련이 있다.

13 (가) 냄비 안의 물을 데우는 것은 대류에 의한 현상이다.
(나) 냄비의 손잡이에 열이 이동하는 것은 전도에 의한 현상이다.
(다) 모닥불의 열이 몸으로 이동하는 것은 복사에 의한 현상이다.

14 ①, ② 액체나 기체에서 열을 받아 온도가 높아진 부분은 위로 이동하고, 상대적으로 온도가 낮은 부분은 아래로 이동하는 과정을 통해 열이 이동한다.
⑤ 뜨거운 다리미의 열이 옷감의 주름을 펴는 것은 전도와 관련된 방법이다.

[오답 피하기] ④ 전도는 물질을 이루는 입자의 운동이 이웃한 입자에 차례로 전달되어 열이 이동하는 방식으로 서로 떨어져 있는 물체 사이에서 열의 이동 방식이 아니다.

15 ㄴ. 1 kcal는 순수한 물 1 kg의 온도를 1 ℃ 높이는데 필요한 열량이다.
ㄷ. 물질이 얻은 열량이 커질수록 물질의 온도 변화는 커진다.
[오답 피하기] ㄱ. 열량은 온도가 높은 물체에서 온도가 낮은 물체로 이동하는 열의 양이다.
ㄹ. 비열은 물질의 특성으로 질량과 상관없이 일정하다.

16 물질이 얻은 열량＝비열×질량×온도 변화이다. 질량과 온도 변화가 같으면 비열은 물질이 얻은 열량에 비례한다. 10분 동안 얻은 열량은 B가 A의 2배이므로 비열은 B가 A의 2배이다. 따라서 비열의 비는 A : B＝1 : 2이다.

17 ①, ② 가열하는 시간과 물질이 얻는 열량은 비례하며 같은 시간 동안 온도 변화가 가장 큰 물질은 A이므로 A의 비열이 가장 작다.
④ 세 물질은 같은 시간 동안 같은 세기로 열을 받으므로 세 물질이 얻은 열량은 같다.
⑤ 비열은 물질의 특성으로 질량과 상관없이 일정하다.
[오답 피하기] ③ 시간에 따른 온도 변화가 가장 작은 C가 비열이 가장 크므로 비열은 C＞B＞A 순이다.

18 질량이 같은 물질에 같은 열량을 가할 때 온도 변화는 비열이 클수록 작다. 따라서 비열이 가장 큰 D의 온도 변화가 가장 작다.

19 ㄴ. B의 비열이 가장 작으므로 온도 변화가 커서 가장 빨리 식는다.
ㄷ. 질량이 같을 때, 비열이 클수록 온도를 변화시키는 데 많은 열량이 필요하다.
[오답 피하기] ㄱ. 비열은 물질의 질량에 관계없는 고유한 특성으로 물질의 종류에 따라 다르다.

20 열량＝비열×질량×온도 변화＝0.06 kcal/(kg·℃)×3 kg ×10 ℃＝1.8 kcal이다.

21 ② 같은 양의 태양열을 받았을 때 비열이 큰 물이 많은 해안 지역은 다른 지역에 비해 온도 변화가 작게 나타난다. 따라서 사막 지역은 해안 지역에 비해 기온의 일교차가 크다.
[오답 피하기] ①, ⑤ 대류와 관련된 현상이다. ③ 열팽창과 관련된 현상이다. ④ 전도와 관련된 현상이다.

22 ㄷ. 다리 이음매에 틈을 만들면 여름에 열팽창으로 다리가 파손되는 것을 막을 수 있다.
[오답 피하기] ㄱ. 물질이 열을 얻으면 입자 운동이 활발해지고 부피는 증가한다.
ㄴ. 일반적으로 물질의 상태에 따른 열팽창 정도는 기체＞액체＞고체 순이다.

23 바이메탈이 (나) 쪽으로 휘어지기 위해서는 열팽창 정도가 (가)가 (나)보다 커야 하고, 두 금속의 열팽창 정도 차이가 클수록 바이메탈은 많이 휘게 된다.

24 뜨거운 물에 넣었을 때 유리관 속 액체의 높이 변화가 클수록 열팽창을 많이 한 액체이다. 따라서 열팽창 정도는 벤젠이 가장 크다.

25 ㄱ, ㄷ. 액체는 열을 받으면 팽창하며, 열팽창 정도는 액체의 종류에 따라 다르다.
[오답 피하기] ㄴ. 액체를 냉각시킬 경우에도 가열할 때와 마찬가지로 벤젠이 가장 많이 수축한다.

26 ①, ③ 가스관을 만들 때 중간에 구부러진 부분을 만든 경우와 열팽창 정도가 비슷한 물질로 치아 충전재를 만든 경우 열팽창에 따른 파손을 방지하기 위한 것이다.
④ 페트병에 음료수를 가득 채우지 않는 까닭은 열팽창에 의해 음료수가 밖으로 나오는 것을 방지하기 위한 것이다.
⑤ 고체의 열팽창 정도의 차이를 이용한 바이메탈은 전기 주전자가 과열되는 것을 방지한다.
[오답 피하기] ② 냉동 식품을 포장할 때 스타이로폼 박스를 이용하는 것은 단열과 관련된 예이다.

27 ㄱ, ㄷ. 온도를 측정하려는 물체와 온도계가 접촉하여 열평형을 이룰 때, 온도계 안의 액체의 높이가 가리키는 눈금을 읽는다.
[오답 피하기] ㄴ. 온도가 변하여 입자 운동의 활발한 정도가 변해도 물질을 이루는 입자 수는 변하지 않는다.

28 ③ 온도가 높아지면 금속 A, B는 모두 열팽창한다.
[오답 피하기] ① 바이메탈은 두 금속의 열팽창 정도가 다른 것을 이용한다.
② 온도가 높아지면 바이메탈이 A 쪽으로 휘어져 전류가 흐르지 않게 되는데, 이를 통해 B의 열팽창 정도가 A보다 크다는 것을 알 수 있다.
④ 온도가 낮아지면 열팽창 정도가 큰 B가 A보다 더 많이 수축하여 B 쪽으로 휘어진다.
⑤ A, B의 위치를 서로 바꾸면 온도가 높아질 때 바이메탈이 아래쪽으로 휘어지므로 전류를 차단시키는 기능을 하지 못한다.

29 열을 잃은 물체는 온도가 높은 A이고, 열을 얻은 물체는 온도가 낮은 B이다. 열평형에 도달할 때까지 A가 잃은 열의 양은 B가 얻은 열의 양과 같다.
(1) [모범 답안] A는 열을 잃고, B는 열을 얻는다. 이때 A가 잃은 열의 양은 B가 얻은 열의 양과 같다.
(2) [모범 답안] 열평형에 도달하기 전까지 온도가 높은 물체 A는 입자의 운동이 처음보다 둔해지고, 온도가 낮은 물체 B는 입자의 운동이 처음보다 활발해지다가 열평형에 도달하면 A, B의 온도가 같아지므로 입자 운동의 활발한 정도가 같아진다.

채점 기준	배점
열을 잃거나 얻은 물체와 두 물체 사이에 이동한 열의 양을 옳게 비교한 경우	50 %
열을 잃거나 얻은 물체와 두 물체 사이에 이동한 열의 양 중 하나만 옳게 비교한 경우	20 %
열평형에 도달하기 전과 후의 A, B의 입자 운동 변화와 최종 상태를 모두 옳게 서술한 경우	50 %
열평형에 도달하기 전과 후 중 한 가지 경우의 입자 운동만 옳게 서술한 경우	20 %

30 아래층 난로를 통해 따뜻해진 공기가 위로 이동하고, 위층의 공기는 아래로 이동하는 대류를 통해 집 전체가 따뜻해진다.

모범 답안 아래층 난로를 통해 따뜻한 공기가 대류에 의해 위층으로 이동하였기 때문이다.

채점 기준	배점
대류를 언급하고, 따뜻한 공기의 이동 방향을 옳게 서술한 경우	100 %
대류와 따뜻한 공기의 이동 방향 중 하나만 옳게 서술한 경우	50 %

31 (1) 모범 답안 복사에 의해 백열등의 열이 손에 직접 전달된다.
(2) 모범 답안 복사는 물질의 도움 없이 열이 직접 이동하는 방식으로 가림막으로 열의 이동을 막으면 열이 차단된다.

	채점 기준	배점
(1)	복사를 언급하고 열의 이동 방식을 옳게 서술한 경우	50 %
(2)	복사를 언급하고 열이 이동하지 않는 까닭을 옳게 서술한 경우	50 %

32 물이 얻은 열량과 금속이 잃은 열량은 같다.
(1) 모범 답안 비열은 어떤 물질 1 kg의 온도를 1 ℃ 높이는 데 필요한 열량이다.
(2) 모범 답안 물이 얻은 열량 $=$ 비열×질량×온도 변화$=1×0.2×10=2(\text{kcal})$이므로 금속의 비열은 비열$×0.1×80=2$에서 $0.25\ \text{kcal/(kg·℃)}$이다.

	채점 기준	배점
(1)	비열의 정의를 옳게 쓴 경우	50 %
(2)	금속의 비열과 풀이 과정을 모두 옳게 서술한 경우	50 %
	풀이 과정은 옳게 서술했지만 계산 실수로 금속의 비열만 틀린 경우	20 %

33 여름에 온도가 높아지면 철로가 열팽창하는데, 철로의 연결부에 틈을 만들면 열팽창했을 때 철로가 휘어지는 것을 방지할 수 있다.

모범 답안 철로가 열팽창했기 때문에 휘어진 것이며, 이를 방지하기 위해 철로의 연결부에 틈을 만든다.

채점 기준	배점
철로가 휘어진 까닭과 방지하는 방법을 모두 옳게 서술한 경우	100 %
철로가 휘어진 까닭과 방지하는 방법 중 한 가지만 옳게 서술한 경우	50 %

34 물질의 온도가 1 ℃ 높아지는 데 필요한 열량은 '비열×질량×온도 변화'로 구한다.
(1) 모범 답안 (나)의 질량은 (가)의 2배이므로 (나)에서가 (가)에서의 2배의 열량이 필요하고, B의 비열은 A의 2배이므로 (다)에서가 (나)에서의 2배의 열량이 필요하다. 따라서 필요한 열량의 비는 (가) : (나) : (다)$=1 : 2 : 4$이다.
(2) 모범 답안 찜질 팩은 오랫동안 따뜻함을 유지해야 하므로 비열이 큰 물질을 사용해야 한다. 따라서 B를 사용해야 한다.

	채점 기준	배점
(1)	(가), (나), (다)의 온도를 1 ℃ 높이려고 할 때 필요한 열량의 비와 풀이 과정을 모두 옳게 서술한 경우	50 %
	(가), (나), (다)의 온도를 1 ℃ 높이려고 할 때 필요한 열량의 비만 옳게 쓴 경우	20 %
(2)	찜질 팩에 사용해야 하는 물질과 까닭을 모두 옳게 서술한 경우	50 %
	찜질 팩에 사용해야 하는 물질만 옳게 쓴 경우	20 %

35 회로에 전류가 흐르지 않기 위해서는 바이메탈은 위 쪽으로 휘어야 한다.
(1) 모범 답안 바이메탈이 윗방향으로 휘어지기 위해서는 온도가 높아졌을 때 B가 A보다 더 많이 팽창해야 한다. 따라서 B가 A보다 열팽창 정도가 큰 금속이다.
(2) 모범 답안 바이메탈을 이용하는 예로는 전기 기구의 자동 온도 조절 장치, 보일러의 온도 조절기, 화재 경보기 등이 있다. 전기 기구의 온도가 높아지면 바이메탈이 휘어져 전류가 흐르지 않게(흐르게) 되고 온도가 낮아지면 바이메탈이 원래 상태로 되돌아와 전류가 흐르게(흐르지 않게) 된다.

	채점 기준	배점
(1)	A와 B 중 열팽창 정도가 큰 금속과 까닭을 모두 옳게 서술한 경우	50 %
	A와 B 중 열팽창 정도가 큰 금속만 옳게 쓴 경우	20 %
(2)	바이메탈을 이용하는 전기 기구를 쓰고 그 장치에서 바이메탈의 역할을 모두 옳게 서술한 경우	50 %
	바이메탈을 이용하는 전기 기구만 옳게 쓴 경우	20 %

01 확산과 증발

개념 바로 확인

확인 문제

01 입자 **02** 입자 모형 **03** 확산, 증발 **04** 확산
05 표면, 기체

01 모든, 높, 기체 **02** (1) 높을 때 (2) 기체 (3) 진공
03 (1) × (2) × (3) ○
04 (1) 높을 때 (2) 강할 때 (3) 낮을 때 (4) 넓을 때
05 (1) 확 (2) 증 (3) 증 (4) 확 (5) 확 (6) 확

01 입자의 운동은 모든 방향으로 일어나고 온도가 높을수록 활발하며, 고체<액체<기체 순으로 활발하다.

02 (1) 온도가 높을수록 입자의 운동이 활발하므로 확산이 빠르다.
(2) 기체 입자의 운동이 가장 자유로우므로 확산이 가장 빠르다.
(3) 확산은 입자 사이의 충돌로 인한 방해가 적은 곳일수록 빠르다.

03 (3) 증발은 모든 온도에서 일어나며, 끓음은 끓기 시작하는 온도 이상에서 일어난다.
[오답 피하기] (1) 액체 표면과 내부에서 액체가 기체로 변하는 현상은 끓음이다.
(2) 증발이 일어날 때는 기포를 관찰할 수 없다.

04 증발은 온도가 높고, 바람이 강하며, 습도가 낮고, 액체의 표면적이 넓을 때 잘 일어난다.

05 (1), (4), (6) 기체에서 확산이 일어나는 예에 해당한다.
(2), (3) 증발의 예에 해당한다.
(5) 액체에서 확산이 일어나는 예에 해당한다.

탐구 집중 분석

01 (1) ○ (2) × (3) ○ (4) × **02** ④
03 ①, ④ **04** ① **05** 해설 참조 **06** 해설 참조
07 (1) ○ (2) ○ (3) × (4) ○ **08** ③
09 ④ **10** ① **11** 해설 참조 **12** 해설 참조

01 [오답 피하기] (2) 솜은 암모니아수와 가까운 쪽에서부터 모든 방향으로 붉은색으로 변하므로 확산은 모든 방향으로 일어남을 알 수 있다.

(4) 암모니아수를 떨어뜨린 곳에서 가까운 쪽의 솜부터 붉은색으로 변한다.

02 ④ 실험실 내부의 온도를 높이면 확산이 더 빨라지므로 모든 솜이 붉은색으로 변하는 데 걸리는 시간이 짧아진다.

03 ①, ④ 암모니아 입자가 스스로 운동하여 나타나는 확산 현상이다.
[오답 피하기] ② 암모니아 입자는 모든 방향으로 운동한다.
③ 암모니아수에서 가까운 쪽의 솜부터 색이 변한다.
⑤ 주변 온도를 낮춰 주면 솜의 색 변화가 느려진다.

04 암모니아 입자가 스스로 운동하여 나타나는 확산 현상이다.
[오답 피하기] ② 암모니아수를 묻힌 솜에서 가까운 곳부터, 즉 C → B → A의 순으로 시험지가 푸르게 변한다.
③ 플라스틱 컵 안의 온도를 높이면 색 변화가 빨라진다.
④ 플라스틱 컵 안을 진공으로 만들면 색 변화가 빨라진다.
⑤ 암모니아 입자는 모든 방향으로 운동한다.

05 [모범 답안] C → B → A, 암모니아 입자는 모든 방향으로 확산하여 퍼져 나가므로, 암모니아수에서 가까운 쪽의 솜부터 붉은색으로 변한다.

채점 기준	배점
솜의 색이 변하는 순서를 옳게 쓰고, 그 까닭을 확산과 관련지어 옳게 서술한 경우	100 %
솜의 색이 변하는 순서만 옳게 쓴 경우	30 %

06 [모범 답안] 암모니아 입자가 스스로 운동하여 모든 방향으로 퍼져 나가므로(확산), 만능 pH 시험지는 암모니아수를 묻힌 솜에서 가까이 있는 쪽부터 차례대로 푸른색으로 변한다.

채점 기준	배점
시간이 지남에 따라 나타나는 변화를 옳게 쓰고 그 까닭을 확산과 관련지어 옳게 서술한 경우	100 %
시간이 지남에 따라 나타나는 변화만 옳게 서술한 경우	30 %

07 액체를 이루는 입자가 액체 표면에서 기체로 변하는 현상을 증발이라고 한다.
[오답 피하기] (3) 아세톤 입자가 분해되는 것이 아니라, 액체가 기체로 변해 증발하기 때문에 이러한 결과가 나타난다.

08 ③ 확산의 예이다.
[오답 피하기] ①, ②, ④, ⑤ 증발의 예이다.

09 증발이 일어날 때 아세톤 입자의 크기는 변하지 않는다.

10 에탄올의 증발이 일어나면서 오른쪽으로 기울었던 저울은 점점 수평이 된다.

11 [모범 답안] 아세톤 입자는 증발하여 공기 중으로 날아가기 때문에 전자저울의 숫자는 점점 감소하다가 0이 된다.

채점 기준	배점
전자저울의 숫자 변화를 옳게 쓰고, 그 까닭을 증발과 관련지어 서술한 경우	100 %
전자저울의 숫자 변화만 옳게 서술한 경우	30 %

12 모범 답안 실험실 내부의 온도를 높여 준다. 실험실 내부의 습도를 낮춰 준다. 바람을 불어 준다.

채점 기준	배점
저울이 수평으로 돌아오는 데 걸리는 시간을 줄이는 방법을 증발과 관련지어 두 가지 이상 옳게 서술한 경우	100 %
저울이 수평으로 돌아오는 데 걸리는 시간을 줄이는 방법을 증발과 관련지어 한 가지만 옳게 서술한 경우	50 %

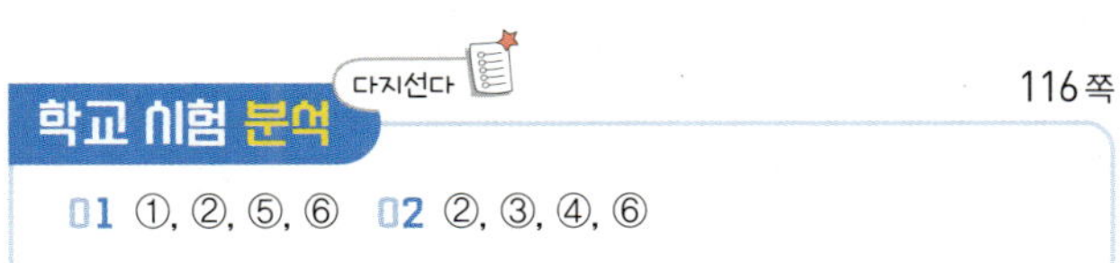

학교 시험 분석   116쪽

01 ①, ②, ⑤, ⑥   **02** ②, ③, ④, ⑥

01 ① 페놀프탈레인 용액은 무색이지만 암모니아를 만나면 붉게 변한다. 따라서 거름종이의 색은 붉게 변한다.
②, ⑤ 암모니아수는 기체 입자가 되어 스스로 운동하여 주변으로 퍼져 나가며, 이를 확산이라고 한다.
⑥ 멀리서도 향수 냄새를 맡을 수 있는 까닭은 향수 입자의 확산 때문이다.
오답 피하기 ③ 암모니아 입자는 모든 방향으로 운동한다.
④ A → B → C의 순으로 거름종이의 색이 변한다.
⑦ 온도가 낮은 곳에서 실험하면 거름종이의 색은 더 느리게 변한다.
⑧ 페놀프탈레인 용액은 암모니아 입자의 확산을 확인하는 역할을 한다.

02 ② 윗접시저울의 오른쪽 거름종이에 아세톤을 떨어뜨린 직후에는 저울이 오른쪽으로 기울었다가 충분한 시간이 지나면 다시 수평을 유지한다.
③ 아세톤의 증발에 의한 현상이고, 증발은 입자가 스스로 운동하여 공기 중으로 날아가는 현상이다.
④ 염전에서 바닷물을 이용해 소금을 만드는 것과 제시된 실험 모두 증발 현상을 이용한 것이다.
⑥ 온도가 높은 곳에서 실험하면 저울이 수평으로 돌아오는 데 걸리는 시간이 짧아진다.
오답 피하기 ① 아세톤 입자가 분해되는 것이 아니라, 액체에서 기체로 변해 공기 중으로 날아가기 때문에 나타나는 현상이다. 이 과정에서 입자의 크기는 일정하다.
⑤ 바람을 불어 주면 저울이 수평으로 돌아오는 데 걸리는 시간이 짧아진다.
⑦ 습도가 낮은 곳에서 실험하면 저울이 수평으로 돌아오는 데 걸리는 시간이 짧아진다.

01 ②　**02** ④　**03** ⑤　**04** ⑤　**05** ⑤　**06** ①　**07** ③
08 ②　**09** ②　**10** ①, ②　**11** ④　**12** ③　**13** ②　**14** ①
15 해설 참조　**16** 해설 참조　**17** 해설 참조

01 오답 피하기 ㄱ. 입자는 모든 방향으로 움직인다.
ㄷ. 기체 상태의 입자는 액체 상태의 입자보다 활발하게 움직인다.

02 기체 입자는 고체 입자보다 활발하게 움직인다.

03 피스톤을 누르면, 공기 입자 사이의 거리가 가까워져 공기의 부피가 감소한다.
오답 피하기 ①, ②, ③, ④ 피스톤을 누를 때 주사기 속 공기 입자의 개수, 모양, 종류, 크기는 일정하다.

04 확산은 물질을 이루는 입자가 스스로 운동하여 퍼져 나가는 현상이다.
오답 피하기 ① 입자는 모든 방향으로 움직인다.
② 온도가 낮을수록 확산 속도가 느리다.
③ 진공 속에서는 확산이 활발하게 일어난다.
④ 입자의 질량이 작을수록 확산 속도가 빠르다.

05 물질을 이루는 입자가 스스로 운동하여 퍼져 나가므로, 음식 냄새나 연기가 공기 중으로 퍼져 나간다.

06 그림은 확산 현상을 입자 모형으로 나타낸 것이다. 이마에 맺힌 땀이 마르는 것은 증발 현상과 관련이 있다.

07 입자의 운동은 온도가 높을수록 활발해진다. 잉크가 퍼져 나가는 속도는 (가) < (나) < (다)이므로, 물의 온도는 (가) < (나) < (다)이다. 그러므로 (가)는 25 ℃, (나)는 50 ℃, (다)는 75 ℃이다.
오답 피하기 ① 확산 현상과 관련된 실험이다.
② (가)의 비커에 담긴 물의 온도는 25 ℃이다.
④ (다)에서 잉크가 가장 빠르게 퍼진다.
⑤ 물의 온도가 높을수록 잉크가 빠르게 퍼진다.

08 암모니아 입자가 스스로 운동하여 퍼져 나가 만능 pH 시험지와 만나면 만능 pH 시험지가 푸른색으로 변한다. 이때 솜에서 가까운 쪽의 만능 pH 시험지부터 색이 변한다.

09 온도가 높을수록 증발이 잘 일어난다.

10 증발은 액체를 이루는 입자가 액체 표면에서 기체로 변하는 현상이다.

11 증발은 온도가 높을수록, 습도가 낮을수록, 바람이 강할수록, 표면적이 넓을수록, 입자 사이의 인력이 약할수록 잘 일어난다.

12 증발은 액체를 이루는 입자가 액체 표면에서 기체로 변하는 현상이다. 옷장 속 나프탈렌의 크기가 작아지는 것은 고체가 기체

로 변하는 현상이며, 증발이 아니다.

13 (가)는 암모니아의 확산, (나)는 에탄올의 증발이다. (가)와 (나) 모두 입자의 운동에 의해 일어나는 현상이다.

14 온도가 높을수록 입자의 운동이 활발하여 확산과 증발이 잘 일어난다.

15 **모범 답안** 젖은 빨래가 마르는 것은 증발, 향수 냄새가 방 안에 퍼지는 것은 확산이다. 증발과 확산은 물질을 이루는 입자가 스스로 운동하기 때문에 나타나는 현상이다.

채점 기준	배점
키워드를 모두 포함하여 까닭을 옳게 서술한 경우	100 %
키워드를 한 가지만 포함하여 까닭을 옳게 서술한 경우	50 %

16 **모범 답안** 암모니아 입자가 확산하여 페놀프탈레인 용액과 반응하므로 솜에 가까운 쪽의 거름종이부터 차례대로 붉게 변한다.

채점 기준	배점
키워드를 모두 포함하여 까닭을 옳게 서술한 경우	100 %
키워드를 한 가지만 포함하여 까닭을 옳게 서술한 경우	50 %

17 **모범 답안** 아세톤 입자가 증발하므로 시간이 지남에 따라 전자저울의 숫자는 작아지다가 0이 된다.

채점 기준	배점
키워드를 모두 포함하여 까닭을 옳게 서술한 경우	100 %
키워드를 한 가지만 포함하여 까닭을 옳게 서술한 경우	50 %

빈/출/연/별
학교 시험 기출 변형 문제 Level 2

120~121쪽

01 ②　**02** ⑤　**03** ③　**04** ②　**05** ④　**06** ⑤
07 해설 참조　**08** 해설 참조　**09** 해설 참조

01 삼각 플라스크 속 공기의 일부를 빼내면, 공기 입자의 개수가 줄어들고 입자 사이의 거리가 멀어진다. 또한 기체 입자의 크기는 변하지 않고, 용기 내에 기체 입자가 고르게 퍼져 있다.

02 유리관이 진공일 때 입자 사이의 충돌로 인한 방해가 적으므로 확산 속도가 빨라 흰 연기가 더 빨리 생성된다.
오답 피하기 ①, ④ 염화 수소 입자와 암모니아 입자는 모든 방향으로 운동하고, 흰 연기가 생긴 뒤에도 계속해서 움직인다.
②, ③ 흰 연기의 생성 위치가 왼쪽으로 치우쳐 있으므로 염화 수소 입자의 확산 속도는 암모니아 입자의 확산 속도보다 느리고, 입자의 질량은 염화 수소가 암모니아보다 크다.

03 암모니아 입자는 공기 중으로 퍼져 나가다가 만능 지시약에 닿아서 만능 지시약의 색을 변하게 한다.

04 (가)는 증발, (나)는 끓음이다. 증발은 모든 온도에서 액체를 이루는 입자들이 스스로 운동하여 액체 표면에서 기체로 변하는 현상이다.
오답 피하기 ① (가)는 증발이다.
③ (나)는 액체 전체(표면＋내부)에서 액체가 기체로 변한다.
④ (나)는 끓기 시작하는 온도 이상에서 일어난다.
⑤ (나)는 열에너지에 의해 일어난다.

05 ㄱ, ㄷ. 온도가 높을수록, 습도가 낮을수록 증발이 잘 일어난다.
오답 피하기 ㄴ. 물은 아세톤보다 입자 사이의 인력이 크므로 증발이 느리게 일어난다.

06 ㄱ, ㄷ. 물의 증발 속도보다 아세톤의 증발 속도가 빠르므로 시간이 지나 저울은 왼쪽으로 기울어진다. 하지만 충분한 시간이 지나 물도 모두 증발하면, 저울은 다시 수평이 된다. 이는 아세톤과 물을 이루는 입자의 운동에 의한 현상이다.
오답 피하기 ㄴ. 물의 증발 속도는 아세톤의 증발 속도보다 느리다.

07 **모범 답안** (다), 온도가 높을수록 입자의 운동이 활발해져 확산이 빠르게 일어나기 때문이다.

채점 기준	배점
(다)를 고르고, 확산의 빠르기가 다르게 나타나는 까닭을 온도에 따른 확산 속도 비교로 옳게 서술한 경우	100 %
(다)만 고른 경우	30 %

08 **모범 답안** 페로몬 입자는 스스로 운동하여 공기 중으로 확산되어 전달된다.

채점 기준	배점
확산을 이용하여 원리를 옳게 서술한 경우	100 %
확산을 언급하지 않고 원리를 옳게 서술한 경우	30 %

09 **모범 답안** 젖은 빨래가 마르는 것은 증발의 예이다. 온도가 높을수록, 습도가 낮을수록, 바람이 강할수록, 널어놓은 빨래의 표면적이 넓을수록 빨리 마른다.

채점 기준	배점
조건 네 가지를 옳게 서술한 경우	100 %
조건 세 가지만 옳게 서술한 경우	75 %
조건 두 가지만 옳게 서술한 경우	50 %
조건 한 가지만 옳게 서술한 경우	25 %

02 물질의 상태 변화

개념 바로 확인

핵심 확인 문제

01 고체, 액체, 기체 **02** 고체 **03** 액체, 기체
04 온도, 압력, 온도 **05** 융해, 기화, 승화
06 응고, 액화, 승화 **07** 고체 **08** 액체 **09** 기체
10 개수, 질량, 성질 **11** 고체, 액체, 기체, 부피

---

01 (1) × (2) ○ (3) ○ (4) × **02** (1) 철, 드라이아이스, 돌, 나무 (2) 수은, 아세톤, 에탄올, 식용유 (3) 공기, 산소, 질소, 이산화 탄소 **03** (1) 융해 (2) 응고 (3) 기화 (4) 액화 (5) 승화 (6) 승화 **04** (1) 승화(고체→기체) (2) 액화 (3) 응고 (4) 승화 (기체→고체) (5) 기화 (6) 융해 **05** 액체, 고체
06 (가) 고체 (나) 액체 (다) 기체 **07** 물, 식용유
08 (1) × (2) ○ (3) ○ (4) × (5) ○ **09** (1) (나), (다), (마) (2) (가), (라), (바) (3) (가), (라), (바) (4) (나), (다), (마)
10 (1) × (2) ○ (3) × (4) × (5) × (6) ○ (7) ○ (8) ○

01 오답 피하기 (1) 고체는 단단하고 모양이 일정하므로 흐르는 성질이 없다.
(4) 액체는 거의 압축되지 않는다.

02 얼음은 고체, 물은 액체, 수증기는 기체이다.

04 (1) 나프탈렌의 크기가 작아지는 것은 승화(고체 → 기체)이다.
(2) 안개는 공기 중의 수증기가 새벽에 온도가 낮아져서 물방울이 된 것으로 액화이다.
(3) 고드름은 액체가 고체로 변하는 응고이다.
(4) 서리는 공기 중의 수증기가 영하의 기온에서 얼음으로 변한 것이므로 승화(기체 → 고체)이다.
(5) 젖은 빨래가 마르는 것은 기화이다.
(6) 촛농이 생기는 것은 융해이다.

08 오답 피하기 (1) 입자 운동은 기체 상태에서 가장 활발하다.
(4) 입자의 크기는 상태가 변해도 변함없다.
(5) 상태 변화할 때 입자의 개수는 변함없다.

09 (1) 입자 운동의 활발한 정도는 고체<액체<기체 순이므로 (나) 고체 → 기체, (다) 고체 → 액체, (마) 액체 → 기체의 상태 변화에서 입자 운동이 활발해진다.
(2) 입자 사이의 거리는 고체<액체<기체 순이므로 (가) 기체 → 고체, (라) 액체 → 고체, (바) 기체 → 액체의 상태 변화에서 입자 사이의 거리가 가까워진다.
(3) 물질을 냉각할 때 (가) 기체 → 고체, (라) 액체 → 고체, (바) 기체 → 액체의 상태 변화가 일어난다.
(4) (나) 고체 → 기체, (다) 고체 → 액체, (마) 액체 → 기체의 상태 변화에서 입자 배열이 불규칙적으로 변한다.

탐구 집중 분석

01 (1) ○ (2) × (3) ○ (4) × (5) ○ **02** ②
03 ③ **04** ② **05** 해설 참조 **06** 해설 참조
07 (1) × (2) ○ (3) × (4) ○ **08** ③
09 ③ **10** ③ **11** (1) 융해 (2) 해설 참조 **12** 해설 참조

01 오답 피하기 (2) 물이 수증기로 변하는 것은 기화이다.
(4) 시계 접시 아래쪽에 생긴 액체는 수증기가 차가운 시계 접시에 닿아 액화하여 물방울로 변한 것이다.

02 B에서 수증기는 물방울로 변한다.
오답 피하기 ①, ③, ④ A에서는 기화, B에서는 액화, C에서는 융해가 일어난다. 물의 상태가 변해도 물의 성질은 변하지 않으므로 모든 경우에서 푸른색 염화 코발트 종이는 붉은색으로 변한다.
⑤ 비커 속에서 발생한 수증기는 차가운 시계 접시에 닿아 냉각되어 물방울 상태로 변한다.

03 시계 접시 위에 있는 얼음은 융해한다.

04 A에서는 물이 수증기로 변하는 기화가 일어나고, 이는 젖은 빨래가 마르는 것과 같은 상태 변화이다.
오답 피하기 ① A에서는 기화가 일어난다.
③ A~C에서 모두 푸른색 염화 코발트 종이가 붉은색으로 변한다.
④, ⑤ C에서 관찰되는 하얀 김은 수증기가 액화하여 만들어진 액체 상태의 물방울이다.

05 모범 답안 상태 변화가 일어나서 물질의 상태가 달라져도 물질의 성질은 변하지 않는다.

채점 기준	배점
상태 변화와 물질의 성질을 모두 언급하여 알 수 있는 사실을 옳게 서술한 경우	100 %
상태 변화와 물질의 성질 중 한 가지만 언급하여 알 수 있는 사실을 옳게 서술한 경우	50 %

06 모범 답안 (가)와 (나)에서 모두 푸른색 염화 코발트 종이는 붉은색으로 변한다. 이를 통해 상태 변화가 일어나도 물질의 성질은 변하지 않음을 알 수 있다.

채점 기준	배점
(가)와 (나)에서 푸른색 염화 코발트 종이의 색 변화와, 알 수 있는 사실을 모두 옳게 서술한 경우	100 %
(가)와 (나)에서 푸른색 염화 코발트 종이의 색 변화만 옳게 서술한 경우	50 %

07 (4) 물질의 상태가 변해도 입자의 크기와 개수는 변하지 않으므로 물질의 질량은 변하지 않는다.
오답 피하기 (1) 액체에서 고체로 변하는 것은 응고이다.
(3) 물질의 상태가 변할 때 입자의 크기는 변하지 않고 입자 사이의 거리가 변하므로 부피가 변한다.

08 ③ 액체가 고체로 변할 때는 입자 운동이 둔해진다.

09 액체 양초가 고체로 상태 변화해도 입자의 크기와 개수는 변하지 않으므로 질량은 일정하고, 입자 사이의 거리가 가까워지므로 부피는 감소한다.

10 물질의 상태가 변해도 입자의 개수는 변하지 않는다.

11 (1) [모범 답안] 융해
(2) [모범 답안] (가)에서와 (다)에서의 질량은 동일하다. 그 까닭은 물질의 상태가 변해도 입자의 크기와 개수는 변하지 않기 때문이다.

	채점 기준	배점
(1)	상태 변화의 종류를 옳게 쓴 경우	30 %
(2)	질량을 옳게 비교하고, 그 까닭을 입자의 크기, 개수와 관련지어 옳게 서술한 경우	70 %
	질량 비교에 대해서만 옳게 서술한 경우	50 %

12 [모범 답안] 기화, 기화가 일어나면 입자 사이의 거리가 멀어지므로 부피가 증가하고 비닐장갑은 부풀어 오른다.

채점 기준	배점
상태 변화의 종류를 옳게 쓰고, 부피 변화를 옳게 서술한 경우	100 %
상태 변화의 종류만 옳게 쓴 경우	30 %

학교 시험 분석 · 다지선다

130쪽

01 ②, ③, ④, ⑧ **02** ①, ⑤, ⑥, ⑦

01 ②, ③ A에서는 물이 수증기로 변하는 기화가 일어나고, 이는 입자 배열이 불규칙적으로 변하는 과정이다.
④ B에서는 수증기가 액화하여 액체 물방울이 맺힌다.
⑧ A~C에 푸른색 염화 코발트 종이를 대어 보면 모두 붉은색으로 변하고, 이를 통해 상태 변화가 일어나도 물질의 성질은 달라지지 않는다는 것을 알 수 있다.
[오답 피하기] ① A에서는 기화가 일어난다.
⑤ B에 맺힌 액체는 수증기가 액화한 것이다.
⑥ C에서는 얼음이 물로 융해한다.
⑦ 상태 변화가 일어나도 물질의 성질은 달라지지 않는다.

02 ① (가)에서는 양초가 고체에서 액체로 융해한다.
⑤, ⑥, ⑦ (다)에서는 양초가 액체에서 고체로 응고하여 입자 사이의 거리가 가까워지므로 부피가 감소한다. 상태 변화가 일어나도 입자의 종류, 입자의 개수, 질량은 변하지 않는다.
[오답 피하기] ② 상태 변화가 일어나도 입자의 성질은 변하지 않는다.
③ (가)에서는 융해가 일어나므로 입자 배열이 불규칙적으로 변한다.
④ (다)에서는 응고가 일어난다.
⑧ (나)에서는 (라)에서보다 양초의 부피가 크다.

학교 시험 기출 변형 문제 Level 1

01 ⑤	**02** ②	**03** ⑤	**04** ③	**05** ①	**06** ③	**07** ⑤
08 ②	**09** ②	**10** ①	**11** ③	**12** ③	**13** ④	**14** ⑤
15 ③	**16** ⑤	**17** ②	**18** ④	**19** ④	**20** ③	**21** ⑤
22 ⑤	**23** 해설 참조	**24** (1) 해설 참조 (2) 해설 참조				
25 해설 참조						

01 물질은 고체, 액체, 기체의 세 가지 상태로 존재한다.
[오답 피하기] ① 고체는 모양과 부피가 일정하다.
② 물질의 상태는 온도와 압력에 의해 변화한다.
③ 기체는 담는 그릇에 따라 모양이 변한다.
④ 액체는 흐르는 성질이 있고, 부피가 일정하다.

02 흐르는 성질이 있고, 모양과 부피가 일정하지 않으며, 압력을 가했을 때 쉽게 압축되는 물질은 기체이다.
[오답 피하기] ① 돌, 철, 나무는 고체이다.
③ 물, 에탄올, 아세톤은 액체이다.
④ 물은 액체, 공기와 이산화 탄소는 기체이다.
⑤ 산소는 기체, 아세톤은 액체, 드라이아이스는 고체이다.

03 그릇이 바뀔 때마다 물의 모양이 달라지므로 담는 그릇에 따라 액체의 모양이 달라지는 것을 알 수 있다.

04 A는 융해, B는 기화, C는 승화(고체 → 기체), D는 응고, E는 액화, F는 승화(기체 → 고체)이다.

05 고체에서 액체로 변하는 융해(A), 액체에서 기체로 변하는 기화(B), 고체에서 기체로 변하는 승화(C)는 물질을 가열할 때 일어나는 상태 변화이다.

06 C는 고체에서 기체로 상태가 변하는 승화이다. 겨울철 지붕 끝에 고드름이 생기는 것은 액체가 고체로 변하는 응고(D)이다.

07 제시된 현상은 모두 승화(고체 → 기체)의 예이다.

08 젖은 머리카락을 머리 말리개로 말리는 것과 어항 속의 물이 줄어드는 것은 기화이다.
[오답 피하기] ① 새벽에 안개가 생기는 것은 액화이다.
③ 흐르던 용암이 굳어 암석이 되는 것은 응고이다.
④ 겨울 산의 나무에 상고대가 생기는 것은 승화(기체 → 고체)이다.
⑤ 용광로에서 철이 녹아 쇳물이 되는 것은 융해이다.

09 입자 사이의 거리가 가까워지는 상태 변화는 기체 → 액체 → 고체로 변하는 경우이므로, 응고, 액화, 승화(기체 → 고체)가 해당한다.
ㄱ. 흐르던 촛농이 굳는 것은 응고이다.
ㄷ. 겨울철 유리창에 성에가 생기는 것은 승화(기체 → 고체)이다.
ㅂ. 차가운 컵 표면에 물방울이 맺히는 것은 액화이다.
[오답 피하기] ㄴ. 버터가 뜨거운 프라이팬에서 녹는 것은 융해이다.

ㄹ. 드라이아이스의 크기가 작아지는 것은 승화(고체 → 기체)이다.
ㅁ. 손에 바른 알코올이 금방 사라지는 것은 기화이다.

10 주전자에 물을 끓이면 수증기가 발생한다. 주전자 입구에서 나온 수증기(B)는 공기 중에서 액화하여 눈에 보이는 김(A)이 된다.

오답 피하기 ② A는 액체, B는 기체이다.

③ A와 B는 같은 종류의 물질(물)이다.

④ B에서 A로 변하는 상태 변화의 종류는 액화이다.

⑤ A와 B는 모두 흐르는 성질이 있다.

11 아이오딘은 승화성 물질로, 가열하면 고체에서 기체로 변한다. A에서는 고체 아이오딘이 기체로 승화하고, B에서는 기체 아이오딘이 찬물이 담긴 둥근바닥 플라스크에 닿아 고체로 변한다.

12 (가)는 고체, (나)는 액체, (다)는 기체에 해당한다.

오답 피하기 ㄴ. 산소와 질소는 기체에 해당한다.

13 상태 변화할 때 입자의 질량은 변하지 않는다.

14 고드름이 생길 때 물은 액체에서 고체로 변하면서 부피가 증가한다. 대부분 물질의 부피는 고체<액체<기체 순이지만, 물의 경우 액체(물)<고체(얼음)<기체(수증기) 순이다.

오답 피하기 ① 액화가 일어나 부피가 감소한다.

②, ④ 응고가 일어나 부피가 감소한다.

③ 승화(기체 → 고체)가 일어나 부피가 감소한다.

15 입자 운동이 활발해지는 상태 변화는 융해, 기화, 승화(고체 → 기체)이다. 냉장고 속 얼음의 크기가 작아지는 것은 승화(고체 → 기체)이다.

오답 피하기 ① 흐르던 촛농이 굳는 것은 응고이다.

② 풀잎에 이슬이 맺히는 것은 액화이다.

④ 뜨거운 음식을 먹으면 안경에 김이 서리는 것은 액화이다.

⑤ 겨울철에 높은 산의 나무에 상고대가 생기는 것은 승화(기체 → 고체)이다.

16 입자 사이의 거리가 멀어지는 상태 변화는 고체 → 액체 → 기체로 변하는 경우이므로 융해, 기화, 승화(고체 → 기체)가 해당한다. 물이 끓어 수증기가 되는 것은 기화이다.

오답 피하기 ① 안개는 기체인 수증기에서 액체인 물로 변한 것이므로 입자 사이의 거리가 가까워진다.

② 기름이 액체에서 고체로 변하므로 입자 사이의 거리가 가까워진다.

③ 성에는 기체인 수증기에서 고체인 얼음으로 변한 것이므로 입자 사이의 거리가 가까워진다.

④ 용암이 액체에서 고체로 변하므로 입자 사이의 거리가 가까워진다.

17 어항 속의 물이 줄어드는 것은 기화, 드라이아이스의 크기가 작아지는 것은 승화(고체 → 기체)이므로 모두 입자 사이의 인력이 약해진다.

18 상태 변화가 일어날 때 물질의 질량은 변하지 않는다.

오답 피하기 ① A는 고체가 액체로 변하는 융해로, 물질을 가열할 때 일어난다.

② B는 액체가 고체로 변하는 응고로, 입자 운동은 둔해진다.

③ C는 기체가 고체로 변하는 승화로, 입자 사이의 인력이 강해진다.

⑤ 상태 변화가 일어나도 입자의 개수는 변하지 않는다.

19 물을 제외하고 부피가 감소하는 상태 변화는 기체 → 액체 → 고체로 변하는 경우이므로, 응고(B), 승화(기체 → 고체)(C), 액화(F)가 해당한다.

20 그림은 기체에서 액체로의 상태 변화를 나타낸다. 이슬은 공기 중의 수증기(기체)가 물(액체)로 변한 것이다.

오답 피하기 ① 고체에서 액체로의 상태 변화(융해)이다.

② 액체에서 기체로의 상태 변화(기화)이다.

④ 기체에서 고체로의 상태 변화(승화)이다.

⑤ 고체에서 기체로의 상태 변화(승화)이다.

21 (나)에서 (다)로 변하는 과정은 응고이므로, 입자 사이의 거리가 가까워진다.

오답 피하기 ① (가)에서는 융해가 일어난다.

② (가)에서는 입자의 성질이 변하지 않는다.

③ (나)와 (다)에서의 질량을 비교하면, (나)=(다)이다.

④ (나)와 (다)에서의 부피를 비교하면, (나)>(다)이다.

22 비닐봉지 속 아세톤이 기화하면 입자의 운동이 활발해지고, 입자 배열이 불규칙적으로 변하며 입자 사이의 거리가 증가한다. 이때 아세톤 입자의 개수는 변하지 않는다.

오답 피하기 ① 아세톤은 기화한다.

② 아세톤 입자의 종류는 변하지 않으므로 아세톤의 성질은 달라지지 않는다.

③ 아세톤 입자의 운동은 활발해진다.

④ 아세톤 입자의 개수는 일정하다.

23 모범 답안 물이 끓으면서 만들어진 수증기가 주전자 밖으로 나오면 차가운 공기를 만나 액화하여 액체 상태의 물방울인 하얀 김이 만들어진다.

채점 기준	배점
하얀 김이 만들어지는 과정을 키워드를 모두 포함하여 옳게 서술한 경우	100 %
하얀 김이 만들어지는 과정을 키워드 일부만 포함하여 옳게 서술한 경우	30 %

24 (1) 모범 답안 비커 안에서는 물의 기화, 시계 접시 아래쪽에서는 수증기의 액화, 시계 접시 안에서는 얼음의 융해가 일어난다.

(2) 모범 답안 (가)와 (다)에서 모두 푸른색 염화 코발트 종이가 붉은색으로 변한다. 이를 통해 상태 변화가 일어나도 물질의 성질이 변하지 않음을 알 수 있다.

채점 기준		배점
	세 가지 상태 변화를 모두 옳게 서술한 경우	40 %
(1)	세 가지 상태 변화 중 두 가지만 옳게 서술한 경우	30 %
	세 가지 상태 변화 중 한 가지만 옳게 서술한 경우	20 %
(2)	(가)와 (다)의 색 변화를 모두 옳게 쓰고, 키워드를 모두 포함하여 알 수 있는 사실을 옳게 서술한 경우	60 %
	(가)와 (다)의 색 변화만 모두 옳게 서술한 경우	30 %

25 〔모범 답안〕 액체 양초가 고체 양초로 응고하면, 입자 사이의 거리가 가까워지므로 부피가 감소하여 양초의 표면이 오목해진다.

채점 기준	배점
양초의 표면이 오목해지는 까닭을 키워드를 모두 포함하여 옳게 서술한 경우	100 %
양초의 표면이 오목해지는 까닭을 한 가지 키워드만 포함하여 옳게 서술한 경우	40 %

빈/출/연/별
학교 시험 기출 변형 문제 Level 2

135~137쪽

01 ③ **02** ④ **03** ④ **04** ③ **05** ① **06** ⑤ **07** ⑤
08 ③ **09** ② **10** ④ **11** 해설 참조 **12** 해설 참조
13 (1) 해설 참조 (2) 해설 참조

01 기체는 부피가 일정하지 않으므로 (가)로 '부피가 일정한가?'는 적절하며, 고체는 모양이 일정하고, 액체는 모양이 일정하지 않으므로 (나)로 '모양이 일정한가?'는 적절하다.

〔오답 피하기〕 ①, ② 액체는 모양이 일정하지 않으므로 (가)로 '모양이 일정한가?'는 적절하지 않다.
④ 일반적으로 고체와 액체는 눈으로 볼 수 있고, 기체는 눈으로 볼 수 없으므로 (가)로 '눈으로 볼 수 있는가?'는 적절하다. 그러나 고체는 흐르는 성질이 없고, 액체는 흐르는 성질이 있으므로 (나)로 '흐르는 성질이 있는가?'는 적절하지 않다.
⑤ 고체는 흐르는 성질이 없고, 액체와 기체는 흐르는 성질이 있으므로 (가)로 '흐르는 성질이 있는가?'는 적절하지 않다.

02 A에서는 물의 기화, B에서는 수증기의 액화, C에서는 얼음의 융해가 일어나며, 용광로에서 철이 녹아 쇳물이 되는 것은 융해 현상이다.

〔오답 피하기〕 ① A~C 모두 푸른색 염화 코발트 종이가 붉은색으로 변한다.
②, ③ 시계 접시에 있는 얼음은 비커의 물이 기화하여 생긴 수증기를 액화시키기 위한 것이다. 따라서 얼음 대신 뜨거운 물을 넣는 것은 효과적이지 않다.
⑤ 푸른색 염화 코발트 종이는 물에 닿으면 붉은색으로 변하므로 물을 검출할 때 사용한다. 그러나 푸른색 리트머스 종이는 산성 물질이 닿으면 붉은색으로 변하므로 산성 물질 검출에 사용한다.

03 (나)에서는 고체 아이오딘이 기체로 승화하고, (가)에서는 기체 아이오딘이 다시 고체 아이오딘으로 승화한다.
ㄴ. 서리는 공기 중의 수증기가 지상의 물체 표면에 얼어붙은 것으로 승화(기체 → 고체)이다.
ㄹ. 영하의 날씨에 그늘에 있는 눈사람이 작아지는 것은 승화(고체 → 기체)이다.

〔오답 피하기〕 ㄱ. 젖은 빨래가 마르는 것은 물이 수증기로 변하는 기화이다.
ㄷ. 액체 기름이 고체 기름으로 굳는 것은 응고이다.

04 (나)에서는 고체 양초가 융해하여 액체가 되고, 이 액체 양초가 심지를 타고 올라가 (가)에서 기화하여 탄다. 그리고 일부의 액체 양초는 흘러내려 (다)에서 응고한다.

05 소줏고리에서 탁주를 가열하면 탁주 속의 알코올 성분이 먼저 기화하며, 기화한 알코올이 찬물이 들어 있는 그릇 바닥에 닿으면서 다시 액화하여 청주가 된다.
기화와 액화를 이용하면 바닷물로부터 먹을 수 있는 물을 얻을 수 있다.

〔오답 피하기〕 ②, ③, ④ 금속 캔, 유리병, 고체 초콜릿은 융해와 응고 과정을 거쳐 새로운 캔, 새로운 유리 공예품, 원하는 모양의 초콜릿으로 만들 수 있다.
⑤ 공기 중의 수증기가 컵 표면에서 액화하여 나타나는 현상이다.

06 물이 끓는 현상은 기화(E)이고, 기화로 인해 만들어진 수증기가 하얀 김으로 변하는 현상은 액화(F)이며, 하얀 김이 바로 사라지는 현상은 기화(E)이다.

07 액체 상태의 금속이 응고하면, 입자 사이의 거리가 가까워져 부피가 감소하기 때문에 원하는 크기의 금속 활자보다 주조 틀의 글자 크기를 약간 크게 만들어야 한다.

〔오답 피하기〕 ① 액체 금속이 응고하면, 질량은 일정하다.
② 액체 금속이 응고하면, 부피가 감소한다.
③ 액체 금속이 응고하면, 입자의 개수는 일정하다.
④ 액체 금속이 응고하면, 입자의 종류는 일정하다.

08 양초가 고체에서 액체로 변해도 입자의 개수는 변하지 않고 입자 배열만 변하므로 질량은 변하지 않는다.

09 A에서는 얼음이 융해하여 물이 되고, 물 입자 사이의 거리는 가까워진다. B에서는 드라이아이스가 승화(고체 → 기체)하여 이산화 탄소 기체가 되고, 이산화 탄소 입자 사이의 거리가 멀어지므로 비닐봉지가 점점 부풀어 오른다. B에서 드라이아이스의 크기는 점점 작아진다.

10 (가)는 고체, (나)는 액체, (다)는 기체이고, A에서는 기체 아이오딘이 고체 아이오딘으로 승화(기체 → 고체)하므로 (다) → (가)이다.

11 모범 답안 양초의 질량은 (가)와 (나)에서 같고, 양초의 부피는 (가)에서가 (나)에서보다 크다. 액체 양초가 고체 양초가 되는 상태 변화는 응고이고, 상태 변화가 일어나는 동안 입자의 크기와 개수 가 변하지 않으므로 질량은 변하지 않지만, 입자 배열이 규칙적으로 변하고 입자 사이의 거리가 가까워지므로 부피는 감소한다.

채점 기준	배점
질량과 부피를 옳게 비교하고, 그 까닭을 입자의 크기, 개수, 배열, 입자 사이의 거리와 관련지어 옳게 서술한 경우	100 %
질량과 부피 비교만 옳게 서술한 경우	40 %

12 모범 답안 A에서 일어나는 상태 변화는 고체에서 기체로의 승화이므로 상태 변화 과정에서 입자 배열이 불규칙적으로 변하고, 입자 사이의 거리가 멀어진다. B에서 일어나는 상태 변화는 기체에서 고체로의 승화이므로 상태 변화 과정에서 입자 배열이 규칙적으로 변하고, 입자 사이의 거리가 가까워진다.

채점 기준	배점
A와 B에서의 상태 변화의 종류와 상태 변화 과정에서의 입자 배열, 입자 사이의 거리 변화를 모두 옳게 서술한 경우	100 %
A와 B에서의 상태 변화의 종류를 옳게 쓰고, 상태 변화 과정에서의 입자 배열과 입자 사이의 거리 변화 중 한 가지만 옳게 서술한 경우	50 %
A와 B에서의 상태 변화의 종류만 옳게 서술한 경우	30 %

13 (1) 모범 답안 드라이아이스는 고체에서 기체로 승화하고, 드라이아이스의 크기는 점점 작아진다.

(2) 모범 답안 물속에 생긴 기포는 드라이아이스의 기체 상태인 이산화 탄소이고, 비커 주변에 생긴 흰 연기는 주변 공기 중의 수증기가 액화하여 생긴 작은 물방울이다.

	채점 기준	배점
(1)	드라이아이스의 상태 변화와 크기 변화를 모두 옳게 서술한 경우	50 %
	드라이아이스의 상태 변화와 크기 변화 중 한 가지만 옳게 서술한 경우	30 %
(2)	물속에 생긴 기포와 비커 주변에 생긴 흰 연기에 대해 모두 옳게 서술한 경우	50 %
	물속에 생긴 기포와 비커 주변에 생긴 흰 연기 중 한 가지만 옳게 서술한 경우	30 %

03 상태 변화와 열에너지

개념 바로 확인

139쪽, 141쪽

초성 확인 문제

01 온도, 상태   **02** 고체, 액체, 기체   **03** 온도   **04** 융해열
05 흡수   **06** 액화   **07** 낮아, 높아   **08** 액화열, 방출
09 액체, 기체, 기화열, 흡수

01 (1) × (2) ○ (3) × (4) ○ (5) ○
02 (1) 응고열 방출 (2) 융해열 흡수 (3) 승화열 흡수
(4) 승화열 방출 (5) 기화열 흡수 (6) 액화열 방출
03 융해, 흡수   **04** (1) 16.6 ℃ (2) 118 ℃ (3) AB (4) CD
(5) DE   **05** (1) (나), (마) (2) (다), (라) (3) (가), (나), (다)
06 (1) ○ (2) × (3) × (4) × (5) ○ (6) ○
07 (1) 응고열 방출 (2) 승화열 흡수 (3) 액화열 방출 (4) 기화열 흡수   **08** (1) 액화 (2) 기화   **09** (나)

01 물질이 열에너지를 흡수하면 입자 운동이 활발해지고, 입자 배열이 불규칙하게 변한다. 물질은 끓기 시작하는 온도보다 높은 온도에서 기체 상태로 존재한다.

오답 피하기 (1) 물질의 상태가 변할 때 물질의 온도는 변하지 않는다.
(3) 같은 온도에서는 액체가 고체보다 열에너지가 크다.

04 (1) 첫 번째로 온도가 일정한 구간인 BC 구간에서 융해가 일어나고, 이때의 온도인 16.6 ℃에서 물질이 녹기 시작한다.
(2) 두 번째로 온도가 일정한 DE 구간에서 기화가 일어나고, 이때의 온도인 118 ℃에서 물질이 끓기 시작한다.
(3) AB 구간에서는 고체 상태만 존재하고, BC 구간에서는 고체와 액체 상태가 함께 존재한다.
(4) 액체 상태만 존재하는 구간은 CD 구간이다.
(5) 액체와 기체 상태가 함께 존재하는 구간은 DE 구간이다.

05 (1) 온도의 변화가 없는 (나)와 (마)에서 상태 변화가 일어난다.
(2) (나)에서는 고체에서 액체로 상태가 변하고 (다), (라)에서는 액체 상태만 존재하며 (마)에서는 액체에서 고체로 상태가 변한다.
(3) 열에너지를 흡수하는 경우 온도가 높아지거나 상태가 고체 → 액체 또는 액체 → 기체, 고체 → 기체로 변할 수 있으므로 온도가 높아지는 (가), (다) 구간과 고체에서 액체로 상태가 변하는 (나) 구간은 열에너지를 흡수한다.

06 ㉠~㉡은 각각 승화(고체 → 기체), 융해, 기화, 응고, 액화, 승화(기체 → 고체)이다.

오답 피하기 (2) ㉣,㉤,㉡의 상태 변화가 일어날 때 주위로 열에너지를 방출하므로 주위의 온도는 높아진다.
(3) 더운 여름 도로에 물을 뿌리면 액체가 기체로 변하는 상태 변화가 일어나면서 주위에서 열에너지를 흡수하여 시원한 것이다. 따라서 ㉢과 관련이 있다.

(4) 눈은 공기 중의 수증기가 얼음으로 변해 만들어진 것이므로 ⑭과 관련이 있다.

07 (1) 물이 얼음으로 응고하면서 응고열을 방출한다.
(2) 고체 상태인 드라이아이스가 기체로 승화되면서 승화열을 흡수한다.
(3) 기체 상태인 수증기가 액체 상태인 물로 액화하면서 액화열을 방출한다.
(4) 뷰테인 가스가 액체 상태에서 기체 상태로 기화하면서 기화열을 흡수한다.

08 (1) 방열기(A)에서는 수증기가 물로 액화한다.
(2) 보일러(B)에서는 물이 가열되어 수증기로 기화한다.

09 냉장고 속에는 열을 흡수하는 부분이 설치되어야 하므로 액체에서 기체가 되면서 열에너지를 흡수하는 (나)의 증발기 부분이 냉장고 속에 설치되어야 한다.

탐구 집중 분석   143쪽

01 (1) ○ (2) × (3) × (4) ○   **02** D
03 ③   **04** ③   **05** 해설 참조   **06** 해설 참조

01 (2) 100 ℃에서 물은 기화열을 흡수한다.
(3) 물이 얼 때는 응고열 방출로 주위의 온도가 높아진다.

02 물을 가열하면 100 ℃에서 기화(D)가 일어난다.

03 (가)에서는 액체, (나)에서는 액체＋기체(기화), (다)에서는 기체 상태로 존재한다.
[오답 피하기] ① (가)에서는 시간이 지날수록 열에너지를 흡수하여 입자 운동이 활발해진다.
② (나)에서는 기화가 일어난다.
④ (다)에서는 열에너지를 흡수한다.
⑤ (다)에서 물질은 기체로 존재하며, 기체는 담는 그릇에 따라 모양과 부피가 변한다.

04 (나)에서는 상태 변화가 일어나면서 열에너지를 방출하여 온도가 낮아지는 것을 막아 주므로 온도가 일정하다.

05 [모범 답안] 물은 A에서 액체, B에서 액체와 기체, C에서 기체 상태로 존재한다. B에서 온도가 일정하게 나타나는 까닭은 가해 준 열에너지가 상태 변화하는 데 사용되기 때문이다.

채점 기준	배점
A~C에서 물의 상태와 B에서 온도가 일정한 까닭을 모두 옳게 서술한 경우	100 %
A~C에서 물의 상태만 모두 옳게 서술한 경우	30 %

06 [모범 답안] 온도가 일정한 구간이 나타나는 까닭은 상태 변화하는 동안 방출하는 열에너지가 온도가 낮아지는 것을 막아 주기 때문이다.

채점 기준	배점
온도가 일정한 구간이 나타나는 까닭을 옳게 서술한 경우	100 %

학교 시험 분석 〔다지선다〕   144쪽

01 ①, ④, ⑥, ⑧   **02** ②, ③, ⑥, ⑦

01 ④ B에서는 가해 준 열에너지가 상태 변화에 사용되므로 온도가 일정하게 유지된다.
⑥, ⑧ A에서는 고체, B에서는 고체＋액체(융해), C에서는 액체, D에서는 액체＋고체(응고), E에서는 고체 상태로 존재한다.
[오답 피하기] ② B에서는 융해, D에서는 응고가 일어난다.
③ B에서 물질은 고체와 액체 상태가 함께 존재한다.
⑤ A~E에서 입자 운동이 가장 활발한 구간은 물질이 액체 상태로 존재하는 C이다.
⑦ D에서는 방출하는 열에너지가 온도가 낮아지는 것을 막아 주기 때문에 온도가 일정하게 유지된다.

02 ② B가 일어날 때 물질의 온도는 일정하게 유지된다.
③, ⑥ A는 융해열 흡수, B는 기화열 흡수, C는 승화열 흡수 과정으로 주위의 온도가 낮아지는 상태 변화이다.
⑦ 뷰테인 가스통을 사용한 후 가스통이 차가워지는 까닭은 뷰테인이 액체에서 기체로 기화(B)할 때 기화열을 흡수하기 때문이다.
[오답 피하기] ① A는 융해열 흡수 과정이다.
④ D(응고)가 일어날 때 온도는 일정하게 유지된다.
⑤ E는 액화열 방출 과정이다.
⑧ 아이스크림 포장에 드라이아이스를 사용하는 까닭은 고체에서 기체로 승화(C)할 때 승화열을 흡수하여 주위의 온도가 낮아지기 때문이다.

빈/출/연/별
학교 시험 기출 변형 문제 Level**1**   145~148쪽

01 ⑤ **02** ⑤ **03** ④ **04** ⑤ **05** ⑤ **06** ④ **07** ②
08 ④ **09** ② **10** ④ **11** ④ **12** ⑤ **13** ③ **14** ④
15 ④ **16** ② **17** ③ **18** ② **19** ② **20** 해설 참조
21 해설 참조 **22** 해설 참조

01 같은 온도라도 고체 → 액체 → 기체로 갈수록 열에너지의 크기가 커진다.

02 열에너지는 온도가 높을수록 커지는데, 같은 온도인 경우 고체 → 액체 → 기체로 갈수록 커진다.

03 (가)는 액체에서 기체로의 상태 변화인 기화이고, (나)는 기체에서 액체로의 상태 변화인 액화이다.

기화가 일어나면 입자 사이의 거리가 멀어지고, 액화가 일어나면 입자 사이의 거리가 가까워진다.

오답 피하기 ① 기화가 일어나면 열에너지를 흡수하고, 액화가 일어나면 열에너지를 방출한다.

04 ⑤ 상태 변화가 일어날 때 물질의 온도는 변하지 않는다.

오답 피하기 ① A는 열에너지를 흡수하는 상태 변화이다.

② 입자 배열이 불규칙적으로 변하는 상태 변화는 A, B, C이다.

③ E는 입자 운동이 둔해지는 상태 변화이다.

④ F는 물질의 열에너지가 작아지는 상태 변화이다.

05 ⑤ D 구간에서는 흡수한 열에너지가 모두 기화가 일어나는 데 사용되므로 온도가 일정하게 유지된다.

오답 피하기 ① A 구간에서는 얼음의 온도가 올라간다.

②, ③ B 구간에서는 융해가 일어나며 열에너지를 흡수하고, 고체와 액체 상태가 함께 존재한다.

④ C 구간에서 물질은 액체 상태로 존재하며, 열에너지를 흡수하므로 입자 사이의 거리는 멀어진다.

06 A에서는 액체, B에서는 액체＋기체(기화), C에서는 기체 상태로 존재한다.

④ 기체는 입자 사이의 거리가 매우 멀다.

오답 피하기 ① 에탄올이 끓기 시작하는 온도는 78 ℃이다.

②, ③ B에서는 액체 에탄올이 기화열을 흡수하여 기체가 된다.

⑤ 에탄올의 양을 늘려도 B 구간의 온도는 78 ℃로 일정하다.

07 ② B에서는 물질이 고체에서 액체로 변하는 융해가 일어난다.

오답 피하기 ①, ③ A~E에서 물질은 열에너지를 흡수하여 온도가 높아지거나 상태가 변하면서 입자 운동이 활발해진다.

④ D에서는 상태가 변하면서 입자 사이의 거리가 멀어진다.

⑤ E에서 물질은 열에너지를 흡수하여 부피가 커진다.

08 그림은 액체에서 기체로의 상태 변화를 나타낸 것으로 A~E 중 D에 해당한다.

09 B에서는 고체에서 액체로 융해하면서 열에너지(융해열)를 흡수하고, D에서는 액체에서 기체로 기화하면서 열에너지(기화열)를 흡수한다.

10 (가)와 (다)에서는 시간이 지날수록 온도가 낮아지므로 열에너지가 감소하고, (나)에서는 온도가 일정하지만 액체에서 고체로 상태가 변하므로 물질의 열에너지가 감소한다.

11 B에서는 기체가 액체로 액화할 때 방출하는 열에너지가 온도가 낮아지는 것을 막아 주기 때문에 온도가 일정하게 유지된다.

오답 피하기 ① t ℃는 기체가 액체로 액화될 때 일정하게 유지되는 온도이다.

②, ③, ⑤ A에서는 기체, B에서는 기체＋액체(액화), C에서는 액체 상태로 존재한다.

12 겨울철 과일 창고에 물이 담긴 그릇을 넣어두면 물이 얼면서 열에너지를 방출하여 과일이 어는 것을 방지한다.

13 고체가 기체로 상태 변화할 때는 승화열을 흡수한다.

오답 피하기 A는 융해열 흡수, B는 기화열 흡수, D는 응고열 방출, E는 액화열 방출에 해당한다.

14 B는 기화열 흡수 과정이다.

더운 여름철 마당에 물을 뿌리면 시원해지는 것은 물이 수증기로 기화하면서 기화열을 흡수하기 때문이다.

오답 피하기 ①은 융해열 흡수, ②는 승화열 방출, ③은 응고열 방출, ⑤는 승화열 흡수에 해당한다.

15 냉장고 속에서는 냉매가 기화하면서 기화열을 흡수하고, 손등에 알코올을 묻힌 솜을 문지르면 알코올이 액체에서 기체로 기화하면서 기화열을 흡수하므로 시원함을 느낀다.

16 그림은 고체에서 액체로 상태가 변하는 융해를 나타낸 것으로 ②가 이와 관련된 현상이다.

오답 피하기 ①, ③, ④는 액체에서 기체로 상태가 변하는 기화와 관련된 현상이고, ⑤는 고체에서 기체로 상태가 변하는 승화와 관련된 현상이다.

17 (가) 실내기에서는 액체 냉매가 기체로 기화하면서 기화열 흡수에 의해 내부 온도가 낮아진다. (나) 실외기에서는 기체 냉매가 액체로 액화하면서 액화열 방출에 의해 더운 공기가 배출된다.

18 에어컨의 실내기 (가)에서는 기화가 일어나므로 B에 해당한다.

19 방열기에서는 수증기가 물로 액화하면서 액화열을 방출하고, 보일러에서는 물이 수증기로 기화하면서 기화열을 흡수한다.

20 **모범 답안** 고체에서 기체로 상태가 변하는 승화가 일어날 때는 열에너지를 흡수하여 입자 운동이 매우 활발해지고 입자 사이의 거리가 매우 멀어지므로 부피가 크게 증가한다.

채점 기준	배점
키워드를 모두 포함하여 상태 변화의 종류와 부피 변화를 모두 옳게 서술한 경우	100 %
키워드 중 일부만 포함하여 상태 변화의 종류와 부피 변화를 서술한 경우	50 %
상태 변화의 종류만 옳게 서술한 경우	30 %

21 **모범 답안** A와 B 구간에서는 가해 준 열에너지가 상태 변화(융해, 기화)하는 데 사용되기 때문에 온도가 일정하다.

채점 기준	배점
키워드를 모두 포함하여 온도가 일정한 까닭을 옳게 서술한 경우	100 %
키워드 중 한 가지만 포함하여 온도가 일정한 까닭을 옳게 서술한 경우	40 %

22 모범 답안 땀을 흘리거나 혀를 내밀면 땀이나 혀의 수분이 기화하여 기화열을 흡수하므로 체온을 낮춰 준다.

채점 기준	배점
상태 변화의 종류와 열에너지의 출입을 모두 옳게 서술한 경우	100 %
상태 변화의 종류만 옳게 서술한 경우	50 %

빈/출/연/별
학교 시험 기출 변형 문제 Level 2

149~151 쪽

01 ③ **02** ③ **03** ⑤ **04** ④ **05** ④ **06** ⑤ **07** ③
08 ① **09** ④ **10** ④ **11** ⑤ **12** 해설 참조 **13** 해설 참조 **14** 해설 참조

01 ㄱ. 고체가 액체로 변하는 A와 액체가 고체로 변하는 B가 일어날 때 부피의 변화가 가장 작다.
ㄴ. 액체가 기체로 변하는 C와 고체가 기체로 변하는 E가 일어날 때 열에너지를 흡수하므로 주위의 온도는 낮아진다.
오답 피하기 ㄷ. 물질의 열에너지는 고체 → 액체 → 기체로 갈수록 커지므로 기체가 액체로 변하는 D와 기체가 고체로 변하는 F가 일어날 때 열에너지는 감소한다.

02 물의 경우에는 물질의 부피가 기체(수증기)＞고체(얼음)＞액체(물)이므로, (다)에서 융해가 진행되면 물질의 부피는 감소한다.

03 A는 고체, B는 기체, C는 고체 상태이다. B에서 C로 상태 변화할 때 승화열을 방출하고 둥근바닥 플라스크 속의 찬물이 이 승화열을 흡수한다.

04 90 ℃에서 A는 액체 상태, B는 기체 상태로 존재한다.

05 알코올램프에서 가해진 열에너지가 물의 상태 변화에 사용되므로 종이컵의 온도가 높아지지 않아 종이컵이 타지 않는다.

06 겨울철 창고에 보관한 과일이 얼지 않도록 물이 담긴 그릇을 놓아두면 응고열 방출에 의해 과일이 얼지 않는다. BC 구간은 융해열 흡수, DE 구간은 기화열 흡수, GH 구간은 액화열 방출, IJ 구간은 응고열 방출 구간이다.

07 A는 17~118 ℃에서 액체 상태이고 B는 0~100 ℃에서 액체 상태이므로 17~100 ℃에서 A와 B가 모두 액체 상태로 존재한다.

08 이른 봄 호수의 얼음이 녹을 때 융해열을 흡수하므로 주위의 온도가 낮아져 호수 주변의 지역은 다른 지역보다 춥다.
㉠－융해열 흡수, ㉡－기화열 흡수, ㉢－응고열 방출, ㉣－액화열 방출, ㉤－승화열 흡수, ㉥－승화열 방출

09 양가죽으로 만든 물통 표면에서 새어 나온 물이 증발하면서 기화열을 흡수하므로 물통 속 물의 온도가 낮아진다.

10 물의 기화열 흡수로 인해 (나) 온도계의 온도가 더 낮게 측정된다.

11 ⑤ (가)의 방열기에서는 수증기가 물로 액화하면서 열에너지를 방출하고, (나)의 증발기에서는 액체 냉매가 기체로 기화하면서 열에너지를 흡수한다.

12 모범 답안 8분 이후부터는 물질이 액체에서 고체로 응고하면서 방출하는 열에너지가 온도가 낮아지는 것을 막아 주기 때문이다.

채점 기준	배점
온도가 일정한 까닭을 옳게 서술한 경우	100 %
그 외의 경우	0 %

13 모범 답안 열에너지를 흡수하는 상태 변화는 A(융해), C(기화), E(고체에서 기체로의 승화)이고, 이때 주위의 온도는 낮아진다.

채점 기준	배점
열에너지를 흡수하는 상태 변화와 이때의 온도 변화를 모두 옳게 서술한 경우	100 %
열에너지를 흡수하는 상태 변화와 온도 변화 중 한 가지만 옳게 서술한 경우	50 %

14 모범 답안 (가)의 실내기에서는 액체 냉매가 기체로 기화하며 기화열을 흡수하므로 주위의 온도가 낮아진다. (나)의 실외기에서는 기체 냉매가 액체로 액화하며 액화열을 방출하므로 주위의 온도가 높아진다.

채점 기준	배점
상태 변화 과정, 열에너지 출입, 주위의 온도 변화를 모두 옳게 서술한 경우	100 %
상태 변화 과정, 열에너지 출입, 주위의 온도 변화 중 두 가지만 옳게 서술한 경우	70 %
상태 변화 과정, 열에너지 출입, 주위의 온도 변화 중 한 가지만 옳게 서술한 경우	30 %

대단원 핵심 정리

❶ 모든 ❷ 운동 ❸ 확산 ❹ 높을수록 ❺ 작을수록
❻ 증발 ❼ 높을수록 ❽ 넓을수록 ❾ 액체 ❿ 변함
⓫ 없음 ⓬ 융해 ⓭ 승화 ⓮ 응고 ⓯ 승화 ⓰ 기화
⓱ 액화 ⓲ 기체 ⓳ 규칙적 ⓴ 냉각 ㉑ 기화 ㉒ 액체
㉓ 부피 ㉔ 성질 ㉕ 질량 ㉖ 액화 ㉗ 흡수 ㉘ 방출
㉙ 온도 ㉚ 흡수 ㉛ 융해 ㉜ 기화 ㉝ 응고 ㉞ 승화
㉟ 방출 ㊱ 높아짐 ㊲ 흡수 ㊳ 방출

대단원 쪽지 시험

1 입자의 운동 **2** 입자의 운동 **3** 높을수록, 작을수록, 기체
4 확산 **5** (1) > (2) > (3) <, < (4) <, <
6 가까운, 모든 **7** (1) ○ (2) ○ (3) ×
8 (1) > (2) < (3) > (4) > **9** 증발
10 (1) 증발 (2) 확산 (3) 확산 **11** (1) ㉠ (2) ㉢ (3) ㉡
12 (1) 철, 소금, 암석 (2) 우유, 에탄올, 수은
(3) 산소, 수소, 이산화 탄소
13 (가) 승화(기체 → 고체) (나) 승화(고체 → 기체) (다) 융해
(라) 응고 (마) 기화 (바) 액화
14 (1) (나), (다), (마) (2) (가), (라), (바)
15 (1) (마) (2) (바) (3) (다) (4) (나)
16 (가) 기체 (나) 고체 (다) 액체 **17** (나), (가)
18 변하지 않고, 변한다 **19** (1) ㉡ (2) ㉠ (3) ㉠ (4) ㉡
20 A, D, E **21** (가) B, D (나) 융해, 기화
22 (1) 고체 (2) 고체, 액체 (3) 액체 (4) 액체, 기체 (5) 기체
23 상태 변화 **24** 방출 **25** 낮아, 높아
26 (1) 융해열 흡수 (2) 기화열 흡수 (3) 응고열 방출
27 기화, 방출 **28** (가) 기화열 흡수 (나) 액화열 방출

대단원 최종 확인 문제

01 ② **02** ⑤ **03** ③ **04** ③ **05** ⑤ **06** ① **07** ④
08 ② **09** ① **10** ③ **11** ② **12** ① **13** ③ **14** ②
15 ④ **16** ①, ③ **17** ⑤ **18** ② **19** ⑤ **20** ②
21 ③ **22** ⑤ **23** ② **24** ③ **25** ③
26 (1) 양초의 질량은 변하지 않는다. (2) 해설 참조
27 해설 참조 **28** 해설 참조 **29** 해설 참조

01 설탕 입자와 물 입자의 운동으로 확산이 일어나 저어 주지 않아도 물 전체에서 단맛이 난다.

02 여름철에 주유소 근처에서 기름 냄새가 더 많이 나는 것과 그늘보다 햇볕에서 젖은 빨래가 잘 마르는 것은 모두 온도가 높아지면 물질을 이루는 입자의 운동이 활발해지기 때문이다.

03 어항 속의 물이 줄어드는 것과 손등의 에탄올이 사라지는 것

은 증발에 해당하고, 꽃 향기가 나는 것과 물에 설탕을 넣었을 때 물 전체에서 단맛이 나는 것은 확산에 해당한다.

04 입자의 질량이 작을수록 확산이 빠르게 일어난다.

05 확산은 온도가 높을수록, 확산되는 물질의 상태가 고체<액체<기체 순으로, 확산되는 장소에 따라 액체 속<기체 속<진공 속 순으로 잘 일어난다.

06 증발은 입자 운동의 증거로서 액체 표면에서만 액체에서 기체로 상태가 변하는 것이며, 모든 온도에서 일어난다.

07 증발은 온도가 높을수록, 습도가 낮을수록, 액체의 표면적이 넓을수록 잘 일어난다.

08 모양은 일정하지 않고 부피는 일정한 (가)는 액체, 모양과 부피가 모두 일정한 (나)는 고체, 모양과 부피가 모두 일정하지 않은 (다)는 기체이다.
식용유는 액체, 암석은 고체, 산소는 기체이다.

09 고체와 액체의 부피는 모두 일정하며, 기체는 담는 그릇에 따라 모양이 달라진다.
오답 피하기 ㄷ. 고체는 흐르는 성질이 없지만, 액체는 흐르는 성질이 있다.
ㄹ. 액체는 거의 압축되지 않지만, 기체는 쉽게 압축된다.

10 ③ (다)는 기화이며, 추운 겨울에 얼어 있는 빨래가 마르는 것은 승화(고체 → 기체)이므로 (마)이다.

11 겨울철 실내로 들어오면 안경에 김이 서리는 것과 풀잎에 이슬이 맺히는 것은 모두 공기 중의 수증기가 물로 액화하기 때문이다.
오답 피하기 ① 승화(기체 → 고체), ③ 융해(고체 → 액체), ④ 기화(액체 → 기체), ⑤ 승화(고체 → 기체) 현상이다.

12 김(A)은 수증기(B)가 작은 물방울로 액화된 것이기 때문에 우리 눈에 보인다.

13 ③ C에서는 얼음이 녹아 물이 되므로 가열할 때 일어나는 상태 변화에 해당한다.
오답 피하기 ① A에서는 물이 끓어 수증기로 기화되며 기포가 발생한다.
② B에서는 수증기가 물로 변하므로(액화) 안개가 생기는 것과 같은 종류의 상태 변화가 일어난다.

14 (가)는 액체, (나)는 고체, (다)는 기체이다.
② (나) 고체는 제자리에서 진동 운동을 한다.
오답 피하기 ① (가) 액체는 (나) 고체보다 입자 배열이 불규칙하다.
③ (나) 고체는 입자 사이의 인력이 매우 강하다.
④, ⑤ (다) 기체는 입자 운동이 매우 활발하고, 입자 사이의 거리가 매우 멀다.

15 도화지 위에 칠한 물감이 마르는 것은 액체에서 기체로의 상태 변화인 기화 현상이다.

[오답 피하기] ① 고체에서 기체로의 상태 변화인 승화, ② 기체에서 액체로의 상태 변화인 액화, ③ 액체에서 고체로의 상태 변화인 응고, ⑤ 고체에서 액체로의 상태 변화인 융해의 입자 모형이다.

16 액체 아세톤에 뜨거운 물을 부으면 아세톤이 기화한다. 물질의 상태 변화가 일어나도 물질을 이루는 입자의 개수가 변하지 않으므로 물질의 질량은 변하지 않는다.

[오답 피하기] ②, ④, ⑤ 아세톤이 기화하면 아세톤 입자 사이의 인력이 약해지고, 입자 사이의 거리가 멀어지면서 부피가 증가한다.

17 ⑤ A(기화)가 일어날 때 물질의 부피는 커진다.

18 20 ℃에서 얼음은 물로 융해하고 드라이아이스는 이산화 탄소로 승화한다. 모두 열에너지를 흡수하는 상태 변화이므로 주위의 온도는 낮아진다.

[오답 피하기] ㄹ. 얼음이 물로 변할 때는 부피가 감소한다.

19 이 물질은 A 구간에서 기체, C 구간에서 액체, E 구간에서 고체 상태로 존재하며, 입자 운동은 고체(E)<액체(C)<기체(A) 순으로 활발하다.

20 B 구간에서는 액화가 일어나며, 기체 상태와 액체 상태가 함께 존재한다.

[오답 피하기] ① A 구간에서는 열에너지를 방출한다.
③ C 구간에서는 상태 변화가 일어나지 않는다.
④ D 구간에서 응고가 일어나며 열에너지를 방출한다.
⑤ E 구간에서 고체 상태로 존재하므로 입자 사이의 인력이 가장 강하다.

21 B 구간에서는 가해 준 열에너지가 고체에서 액체로의 상태 변화에 쓰이므로 온도가 일정하게 유지된다.

22 ⑤ 이 물질이 녹기 시작하는 온도는 53 ℃이다.

23 ② (나) 구간에서는 고체와 액체 상태가 함께 존재하고 기체 상태는 존재하지 않는다.

[오답 피하기] ① (나) 구간에서는 고체에서 액체로 상태가 변하면서 열에너지를 흡수한다. 같은 물질의 경우 녹기 시작하는 온도와 얼기 시작하는 온도가 같으므로 (나) 구간의 온도는 액체에서 고체로 상태가 변하는 (마) 구간과 온도가 같다.

24 얼음집 안에 뿌린 물과 물그릇의 물이 얼면서 응고열을 방출하므로 주위의 온도가 높아져 얼음집 안이 따뜻해지고, 과일이 어는 것을 막을 수 있다.

25 양가죽으로 만든 물통에 물을 담아 두면 조금씩 스며 나온 물이 기화하면서 기화열을 흡수하므로 물을 시원하게 보관할 수 있다. 물수건으로 몸을 닦으면 물이 기화하면서 기화열을 흡수하므로 몸의 열이 내려간다.

26 (1) 양초의 질량은 변하지 않는다.

(2) [모범 답안] 상태 변화가 일어나도 양초를 이루는 입자의 크기와 개수는 변하지 않기 때문이다.

	채점 기준	배점
(1)	양초의 질량 변화를 옳게 쓴 경우	40 %
(2)	물질을 이루는 입자의 크기와 개수가 변하지 않기 때문이라고 서술한 경우	60 %
	물질을 이루는 입자의 크기와 개수 중 한 가지만 언급하며 변하기 않기 때문이라고 서술한 경우	40 %

27 [모범 답안] 드라이아이스 입자의 운동은 매우 활발해지고, 입자 배열은 매우 불규칙적으로 변하며, 입자 사이의 거리는 매우 멀어진다.

채점 기준	배점
입자의 운동, 입자 배열, 입자 사이의 거리 변화를 모두 옳게 서술한 경우	100 %
입자의 운동, 입자 배열, 입자 사이의 거리 변화 중 세 가지만 옳게 서술한 경우	75 %
입자의 운동, 입자 배열, 입자 사이의 거리 변화 중 두 가지만 옳게 서술한 경우	50 %
입자의 운동, 입자 배열, 입자 사이의 거리 변화 중 한 가지만 옳게 서술한 경우	25 %

28 [모범 답안] 물속에서 드라이아이스는 이산화 탄소로 승화되며, 이 과정에서 열에너지를 흡수하므로 물의 온도는 낮아진다.

채점 기준	배점
상태 변화의 종류와 물의 온도 변화를 모두 옳게 서술한 경우	100 %
상태 변화의 종류만 옳게 쓴 경우	30 %

29 [모범 답안] 연료의 연소로 인해 보일러에서는 물이 수증기로 기화하며 기화열을 흡수하고, 증기 난방기에서는 뜨거운 수증기가 물로 액화하며 액화열을 방출하여 실내 온도가 높아진다.

채점 기준	배점
상태 변화 과정, 열에너지 출입, 주위의 온도 변화를 모두 포함하여 증기 난방기의 원리를 옳게 서술한 경우	100 %
상태 변화 과정, 열에너지 출입, 주위의 온도 변화 중 두 가지만 포함하여 증기 난방기의 원리를 옳게 서술한 경우	70 %
상태 변화 과정, 열에너지 출입, 주위의 온도 변화 중 한 가지만 포함하여 증기 난방기의 원리를 옳게 서술한 경우	30 %

본

개념이 근본이 된다
내것이 기본이 된다

本

본

중등과학 1·1